高等院校信息技术系列教材

数据仓库与数据挖掘教程

（第4版）

陈文伟 ◎ 编著

清華大学出版社
北京

内 容 简 介

数据仓库是商务智能的基础,数据仓库中的数据是大企业和大单位所需的大数据。数据挖掘是指从数据中获取知识,它是人工智能的核心。

首先,本书系统介绍了数据仓库原理、联机分析处理、数据仓库的决策支持,以及数据挖掘原理和方法,包括决策树、粗糙集、关联规则挖掘、神经网络、遗传算法、公式发现、知识挖掘等。其次,本书对当前兴起的深度学习、强化学习和迁移学习新技术的原理、算法和实例进行了详细的介绍。再次,本书介绍了软件进化和数学进化的知识挖掘,软件是计算机的核心,数学是软件的基础。最后,本书对商务智能、计算智能和人工智能概念进行了比较,并将三者的概念统一为"人工智能"。

本书配有部分问答题、设计题和计算题的参考答案。问答题便利学生解惑,设计题和计算题便利学生上机实验。

本书适合作为高等院校计算机、软件工程专业高年级本科生、研究生的教材,可供对 UML 比较熟悉并且对软件建模有所了解的开发人员、广大科技工作者和研究人员参考。

图书在版编目(CIP)数据

数据仓库与数据挖掘教程 / 陈文伟编著. -- 4 版.
北京 : 清华大学出版社,2024.7(2025.1重印). --(高等院校信息
技术系列教材). -- ISBN 978-7-302-66810-7
Ⅰ. TP311.13;TP274
中国国家版本馆 CIP 数据核字第 2024G1E548 号

责任编辑:白立军　薛　阳
封面设计:何凤霞
责任校对:王勤勤
责任印制:杨　艳

出版发行:清华大学出版社
　　　　网　　　址:https://www.tup.com.cn,https://www.wqxuetang.com
　　　　地　　　址:北京清华大学学研大厦 A 座　　　　　邮　　编:100084
　　　　社 总 机:010-83470000　　　　　　　　　　　　邮　　购:010-62786544
　　　　投稿与读者服务:010-62776969,c-service@tup.tsinghua.edu.cn
　　　　质量反馈:010-62772015,zhiliang@tup.tsinghua.edu.cn
　　　　课件下载:https://www.tup.com.cn,010-83470236
印 装 者:三河市铭诚印务有限公司
经　　销:全国新华书店
开　　本:185mm×260mm　　印　张:20.25　　　　字　　数:491 千字
版　　次:2006 年 7 月第 1 版　　2024 年 8 月第 4 版　　印　　次:2025 年 1 月第 2 次印刷
定　　价:69.00 元

产品编号:102360-01

FOREWORD

第4版前言

数据仓库（data warehouse，DW）是从数据库发展起来的。数据仓库中的数据是集成了多个相关的数据库的数据，又包含它们的综合数据和多年的历史数据。它的数据量达到了数据库的 100 倍。数据库是为管理业务服务的，而数据仓库是为决策服务的。数据仓库结合多维数据分析工具（OLAP）和数据挖掘算法，实现了商务智能。即从大量数据中获取现状信息和变化信息，为决策提供有力支持，能够解决商务中随机出现的问题，从而提高企业的利润和竞争力。数据仓库也是大企业和政府部门所需的大数据。

数据挖掘（data mining，DM）算法来自机器学习（machine learning，ML）中涉及数据库的有关算法（如归纳学习算法）。数据挖掘是知识发现（knowledge discovery in database，KDD）过程中一个最重要的步骤。它已经成为数据库的发展新方向，独立形成了一门学科。数据挖掘和机器学习都是人工智能的核心组成部分。

本书简化了决策树方法和粗糙集方法的原理，用同一个例子的计算进行了对比。书中突出了信息论中的互信息的价值，选取最大值的属性用来建决策树。取最小值的属性作为粗糙集中被约简的约简集，从而对两个方法的原理和方法有更深入的了解，为读者给出了一个新的思路。

本书对深度学习的卷积网络、强化学习和迁移学习等机器学习方法的原理、算法和实例进行了详细的介绍。卷积网络中的卷积核，把方块中的数用网络线的权值来代替，样本误差的回传公式就同 BP 反向传播公式一样，很容易理解。强化学习的过程和我们常说的从错误中吸取教训相似。对于迁移学习，与类比学习和基于案例推理进行了比较。对于以上 3 个新的机器学习方法，换一个角度来理解，就能很容易掌握它们的实质。

人工智能在进入深度学习后，强调了"算法、算力和数据"的作用，没有提"知识"。实际上"知识"仍然是极为重要的一个角色，深度学习中的神经网络在完成大样本数据的学习后，得到的网络权值（卷积网络的卷积核）与网络结构共同组成了"知识"，它是具有规律性的信息，它的表现形式不同于人们认知的规则知识形式。网络节点（网络权值的线性组合）的几何意义是超平面，大量网络节点的组合，才达到了分割样本的效果。由于大家没有仔细地去深入了解它，把它忽略了。在此应该认为，使人工智能兴起的机器学习，它的核心是算法、算力、数据和知识（这里提的"数据"实质上是"信息"，即有含义的数据）。

在人工智能的兴起过程中,一直强调"知识"的核心作用,在深度学习出现后,也不能忽略这种知识的价值。全靠这种知识,才能完成所有样本和非样本的分类效果。

2022年末,以机器人ChatGPT和GPF-4为代表的生成式人工智能,能生成全新的、完全原创的内容(如文字、图片、视频),引起了世界各国的关注。2024年2月发布的"文本生成视频模型Sora",可以根据用户的文本提示,创建最长60秒的逼真视频。人工智能在理解真实世界并与之互动的能力方面再次实现了飞跃。

生成式人工智能是当前的最重大进展。本书专门做了介绍。

在大数据中,强调了"相关关系"的研究。书中对"比较、矛盾、机遇"3个相关关系做了较详细的分析,它们都是创新的重要方法。相关关系的有效结果,就成了因果关系。人工智能强调的是"因果关系",大数据中强调的是"相关关系"。它们都是知识,都能解决问题和发挥创新的作用。对于大数据型研究已经成为科学研究的新范式。

本书对商务智能、计算智能与人工智能的关系和特点进行了比较,它们的共同点是,能够适应"变化"的要求,并且它们都属于机器智能。

本书还介绍了软件进化和数学进化的知识挖掘。"数字化"极大地推动了软件的发展,"形式化"促进了数学进化。数字化和形式化是科学技术进步的两个最重要的推手。

本书提供了部分问答题的参考答案和设计题与计算题的参考答案,以帮助读者更好地掌握书中的内容,其中计算题可以作为实习内容。

由于数据挖掘的基础理论涉及面较宽,建议在本科生教学中对信息论原理和集合论方法只讲定义和例子,对神经网络和遗传算法只讲公式和应用,省略原理的深层内容和公式的推导。这些省略的内容适合研究生教学。

作者从事数据仓库与数据挖掘多年,并得到了国家自然科学基金和国防预研项目的资助。本书还介绍了作者领导的课题组完成的科研成果:①IBLE决策规则树方法(用信道容量代替互信息,决策树的节点取一个属性改为取多个属性,产生的知识更有效);②FDD公式发现系统(启发式规则中,采用两个变量之间的运算向直线靠拢,区别于BACOM的向常数靠拢);③遗传分类学习系统GCLS(遗传算法一般用于求最优值,现改为求覆盖例子多的规则知识);④变换规则的知识挖掘(在静态的规则知识中加入变换,形成变换规则知识,使知识具有变化的特点,扩充了知识的应用范围)。这些内容并不要求本科生掌握,而在于启发他们如何去创新,它们更适合研究生学习和相关科技人员参考。

为本书的出版做出贡献的人员有:陈晟、陈芃、王朝霞、钟鸣、邹雯、马建军、陆飚、高人伯、赵东升、黄金才、赵新昱、何义、廖建文、杨春燕等。

欢迎广大读者与作者进行交流,为促进我国数据仓库、数据挖掘和人工智能的发展而共同努力。

陈文伟

2024年3月

第3版前言

数据仓库(data warehouse,DW)是商务智能的基础,它从大量数据中获取信息和知识,解决商务中随机出现的问题。数据仓库也是大企业和大单位所需的大数据。

数据挖掘(data mining,DM)和机器学习(machine learning,ML)都是从数据中获取知识,它们都是人工智能(artificial intelligence,AI)的核心。本书增加了当前兴起的深度学习、强化学习和迁移学习新技术,对其原理、算法和实例进行了详细的介绍,读者可以在实践中参考。

本书对商务智能、计算智能与人工智能的关系和特点进行了比较,它们都属于机器智能。用"人工智能"概念统一起来,商务智能和计算智能分别是人工智能的分支。人工智能的长远目标是模拟人的智能行为。但在人的认知问题上,人工智能还有较大差距。人工智能目前能解决的问题属于随机出现的问题如医疗专家系统能给不同的人看病,无人驾驶汽车能在不同路况下行驶,图像识别能对不同图像给出结论意见。这些随机出现的问题是靠大量知识做支撑的。符号表示的规则知识和数字表示的网络权值都是知识,它们都是具有规律的信息。

数据挖掘的各种算法的原理可以归纳为3个:①信息论原理。对数据库的属性计算它的信息量(互信息和信道容量)来建决策树。②集合论原理。讨论所有记录数据的集合(如条件属性的集合和结论属性的集合)之间的覆盖关系和相交关系,并计算集合中元素的个数所对应的概率和条件概率来获取知识。③仿生物技术。如神经网络和遗传算法,它们采用了简化生物结构(如神经元)和运行原理(如交配和变异),并指出了反复迭代计算的运算方向(如神经网络的梯度下降和遗传算法中适应值函数取大者)。最后利用计算机的快速运算和大量存储的能力,逐步收敛到所需要的知识(网络权重)和接近的最优解(遗传算法)。这实质上是一种非常有效的启发式方法。

生物结构和运行原理实际上是生物进化了千亿年才形成的,人类一下子难于理解它。用简化的原理和提出迭代的方向,再用上计算机快速的运行来解决问题。这种启发式方法是今后设计新算法时的有效途径。

在第11章知识挖掘中,介绍了软件进化和数学进化的知识挖掘。软件是计算机的核心,数学是软件的基础。在软件进化中,对汉字、多媒体存入和处理需要采用二值数据表示,这是数字化的重要方法,从而开启了万物的数字化过程,极大地推动了科技的进步。在数学进化中,形式化方法是抽去了事物的内容,变成了符号的推演,从而加速了数学的进化发展,也使数学成了自然科学的坚实基础。数字化和形式化是两项极为重要的科学技术进化的推手。

本书增加了部分问答题、设计题与计算题的参考答案。这样,既可以帮助读者更好地熟悉书中的内容,又扩充了书中的内容。希望借助本书的内容,帮助读者根据书中介绍的方法编写出计算机程序并实现它。

由于数据挖掘的基础理论涉及面较宽,建议在本科生教学中,对信息论原理和集合论方法只讲定义和例子,对神经网络和遗传算法只讲公式和应用,省略原理的深层内容和公式的推导。这些省略的内容适合研究生教学。

作者从事数据仓库与数据挖掘研究工作多年,并得到过国家自然科学基金项目的资助。书中还介绍了作者领导的课题组完成的 IBLE 决策规则树方法、FDD 经验公式发现系统、遗传分类学习系统(GCLS)、变换规则的知识挖掘等。这些内容并不要求本科生掌握,关键在于启发他们如何去创新,它们更适合研究生学习和相关工作人员参考。

欢迎广大读者与作者进行交流,为促进我国数据仓库与数据挖掘的发展而共同努力。

陈文伟

2020 年 10 月

FOREWORD
第2版前言

数据仓库(data warehouse,DW)和数据挖掘(data mining,DM)是决策支持的两项重要技术。在数据仓库中利用多维数据分析来发现问题,并找出问题产生的原因,能从大量历史数据中预测未来;利用数据挖掘方法能从大量数据中获取知识。两项技术的共同特点是都需要利用大量的数据资源。

数据仓库和数据挖掘是在20世纪90年代中期兴起的,经过10多年的发展,在技术和应用两方面都得到了很大的提高。为了提高数据仓库的决策支持效果,近年来开展了对综合数据的数据立方体的压缩技术研究,以及对多维数据分析的MDX语言的推广。本书第2版增加了这两项内容。为了强化数据挖掘中神经网络与遗传算法两项实用技术,在第2版中把它们列为独立的两章。在神经网络中,按从易到难的顺序将内容重新安排,并增加了径向基函数(RBF)网络的内容。在遗传算法中增加了进化计算的内容,以便扩大读者的视野。

本书仍保留了按数据仓库的形成过程来讲述其内容的方式,即从数据库到数据仓库及对比,从联机事务处理(OLTP)到联机分析处理(OLAP)及对比,用它们的对比来突出数据仓库决策支持的作用。按形成过程讲述,既有利于掌握它们的连贯性,又有利于掌握数据仓库的新特点。

本书保留了依照数据挖掘的理论基础来讲述数据挖掘的方法:大家熟悉的决策树方法实质上是利用信息论中计算信息量的公式来选择属性构造决策树的节点;影响较大的粗糙集方法是典型的利用集合的覆盖原理;关联规则挖掘方法是对相关事务(项)的子集占整个集合的比例,大于阈值时建立关联规则;在集合论方法中增加了影响最大的k均值聚类算法。读者在懂得数据挖掘方法的理论基础后,能够更好地掌握和使用这些方法。

本书第12章由原来第12章的"数据仓库与数据挖掘的发展"修订为"知识挖掘",这一章是全新的内容。第13章做了部分修改,增加了"Web日志分析与实例"一节。

作者从事数据仓库与数据挖掘研究工作多年,在本书第12章中介绍了作者完成的项目——"软件进化规律的知识挖掘",相信能对本科生有启发作用。掌握这些软件进化规律,一方面能够帮助读者提高软件使用能力;另一方面能够引起他们的兴趣,再进一步去挖掘软件进化规律,促进软件进化。本书中也介绍了作者领导的团队完成的项目:IBLE决策规则树方法、FDD经验公式发现系统、遗传分类学习系统(GCLS)、变换规则的知识挖掘等。这些内容并不要求本科生掌握,关键在于启发他们如何去创新。它们更适合研究生学习和相关行业的工作人员参考。

　　建议在本科教学中,对信息论原理、集合论方法、神经网络和遗传算法,只讲公式和应用,概略地说明原理的深层内容和公式的推导。这些知识的详细内容适合于研究生教学。

　　王珊教授曾说过:我觉得数据仓库或者数据挖掘,有时候挖掘出来的东西并不是很有用,可能要经过很长时间,也许在某些情况下得到一个非常好的结果,能够给领导者一个启示。但是不会像宣传的那样,我们今天建立了数据仓库系统,明天就能够解决商业竞争中的很多问题,就能取得很大的效益。而且,领导者的素质也是一个重要因素。领导者能不能发现这些问题,技术人员给他的新提示他能不能接受,数据挖掘对他是否有效,等等。这些问题都影响了数据仓库和数据挖掘的效果。

　　这段话说明了一个问题,即数据仓库与数据挖掘的应用有时比技术显得更重要。作者也希望学员在学习这门课程时,除学习原理与技术外,还要加强应用能力的锻炼,即通过计算机去亲自实现它,体会它的真正价值。

　　欢迎广大读者与作者进行交流,为促进我国数据仓库与数据挖掘的发展而共同努力。

陈文伟

2011 年 9 月于广州

FOREWORD

第1版前言

数据仓库(data warehouse,DW)是利用数据资源提供决策支持的技术。它比利用模型资源辅助决策更有效,而且辅助决策的范围更大。由于在现实中,数据大量存在,而且在迅速增长,只要将面向应用(事务驱动)的数据库重新组织转变为面向决策分析的数据仓库,就可以帮助决策者从不同的视角,通过综合数据分析掌握现状,通过多维数据分析发现存在的各种问题,通过对数据层次的钻取找出问题产生的原因,通过历史数据预测未来。由于数据仓库辅助决策效果明显,数据仓库已经从20世纪90年代中期兴起,经过几年的发展,迅速形成了潮流。

数据挖掘(data mining,DM)是指从数据中挖掘出信息和知识,它是从人工智能(artificial intelligence,AI)的机器学习(machine learning,ML)中发展而来的。机器学习是通过让计算机模拟人的学习方法来获取知识。机器学习中的大量学习方法已经引入数据挖掘中。数据挖掘也是20世纪90年代中期兴起的。正是由于数据挖掘具有获取知识的能力,目前各数据仓库均将数据挖掘作为数据仓库的前端分析工具,用于提高数据仓库的决策支持能力。

数据仓库、数据挖掘和联机分析处理(online analytical processing,OLAP)结合起来的新决策支持系统是以数据驱动的决策支持系统。而传统决策支持系统(decision support system,DSS)是以模型和知识驱动的,是由模型库系统、知识库系统、数据库系统和人机交互系统组成的。新决策支持系统利用的是数据资源,而传统决策支持系统利用的是模型资源和知识资源,它们辅助决策的方式和效果均不相同。新决策支持系统并不能代替传统决策支持系统,它们是相互补充的。新决策支持系统与传统决策支持系统结合起来形成的综合决策支持系统将是决策支持系统发展的新方向。

数据仓库、数据挖掘、联机分析处理等结合起来的技术也称为商务智能(business intelligence,BI)。商务智能是一种新的智能技术,区别于人工智能和计算智能(computational intelligence,CI)。人工智能采用的技术是符号推理,符号推理过程形成了概念的推理链。计算智能采用的技术是计算推理,模拟人和生物的模糊推理、神经网络计算和遗传进化过程。商务智能是从数据仓库和数据挖掘中获取信息和知识,对变化的商业环境提供决策支持。商务智能是目前企业界正在大力推广的知识管理(knowledge management,KM)的基础。

　　作者于 1997 年 6 月 30 日在《计算机世界》报上发表了一组关于数据开采(数据挖掘)的文章,最早向国内学者介绍了数据挖掘概念和技术。作者又于 1998 年 6 月 15 日在《计算机世界》报上发表了一组关于数据仓库与决策支持系统的文章,在介绍基于数据仓库的决策支持系统上,提出了将基于数据仓库的决策支持系统和传统决策支持系统结合的综合决策支持系统,在国内产生了一定的影响。

　　本书的特点是从数据仓库与数据挖掘的兴起与演变来说明它们的本质,通过例子来解释它们的原理,既系统地介绍了数据仓库和数据挖掘的概念和技术,又介绍了它们之间的关系,以及今后的发展。

　　在数据仓库的章节中,重点介绍数据仓库原理、联机分析处理、数据仓库设计与开发、数据仓库的决策支持应用。在数据挖掘的章节中重点介绍信息论方法、集合论方法、公式发现、神经网络和遗传算法,这些数据挖掘方法在现实中应用较广泛。由于数据挖掘的基础理论涉及面较宽,建议在本科生教学中对信息论原理和集合论方法只讲定义和例子,对神经网络和遗传算法只讲公式和应用,省略原理的深层内容和公式的推导。这些省略的内容适合研究生教学。

　　作者从事数据仓库与数据挖掘工作多年,并得到过国家自然科学基金项目的资助。书中还介绍了作者领导的课题组完成的 IBLE 决策规则树方法、FDD 经验公式发现系统、遗传分类学习系统(GCLS)等。本书也包含了作者提出的综合决策支持系统概念和可拓数据挖掘概念及理论,这些内容适合研究生学习和相关工作人员参考。

　　欢迎广大读者与作者进行交流,为促进我国数据仓库与数据挖掘的发展而共同努力。

　　参加本书录入的同志有毕季明、廖建文、赵健、徐怡峰、田昊等,在此表示感谢!

陈文伟

2006 年 5 月 29 日于广州

CONTENTS

目录

第1章　数据仓库与数据挖掘概述 ………………………………………… 1

1.1　数据仓库的兴起 ……………………………………………………… 1

1.1.1　从数据库到数据仓库 ………………………………………… 1

1.1.2　从 OLTP 到 OLAP ……………………………………………… 3

1.1.3　数据字典与元数据 …………………………………………… 4

1.1.4　数据仓库的定义与特点 ……………………………………… 6

1.2　数据挖掘的兴起 ……………………………………………………… 7

1.2.1　从机器学习到数据挖掘 ……………………………………… 7

1.2.2　数据挖掘含义 ………………………………………………… 8

1.2.3　数据挖掘与 OLAP 的比较 …………………………………… 8

1.2.4　数据挖掘与统计学 …………………………………………… 9

1.3　智能技术 ……………………………………………………………… 10

1.3.1　智能技术简述 ………………………………………………… 10

1.3.2　数据仓库与商务智能 ………………………………………… 14

1.3.3　数据挖掘与人工智能 ………………………………………… 17

习题 1 ……………………………………………………………………… 19

第2章　数据仓库原理 …………………………………………………… 20

2.1　数据仓库结构体系 …………………………………………………… 20

2.1.1　数据仓库结构 ………………………………………………… 20

2.1.2　数据集市及其结构 …………………………………………… 22

2.1.3　数据仓库系统结构 …………………………………………… 24

2.1.4　数据仓库的运行结构 ………………………………………… 25

2.2　数据仓库的数据模型 ………………………………………………… 26

2.2.1　星形模型 ……………………………………………………… 26

2.2.2　雪花模型与星网模型 ………………………………………… 28

2.2.3　第三范式 ……………………………………………………… 29

2.3　数据抽取、转换和装载 ……………………………………………… 29

2.3.1　数据抽取 ……………………………………………………… 30

2.3.2　数据转换 ························· 31

2.3.3　数据装载 ························· 33

2.4　元数据 ····························· 34

2.4.1　元数据的重要性 ··················· 34

2.4.2　关于数据源的元数据 ··············· 35

2.4.3　关于数据模型的元数据 ············· 35

2.4.4　关于数据仓库映射的元数据 ········· 36

2.4.5　关于数据仓库使用的元数据 ········· 37

习题 2 ································· 38

第3章　联机分析处理 ····················· 39

3.1　OLAP 概念 ························· 39

3.1.1　OLAP 的定义 ····················· 39

3.1.2　OLAP 准则 ······················· 40

3.1.3　OLAP 的基本概念 ················· 42

3.2　OLAP 的数据模型 ··················· 43

3.2.1　MOLAP 数据模型 ················· 43

3.2.2　ROLAP 数据模型 ················· 44

3.2.3　MOLAP 与 ROLAP 的比较 ········· 44

3.3　多维数据的显示 ····················· 47

3.3.1　多维数据的显示方法 ··············· 47

3.3.2　多维类型结构 ····················· 48

3.3.3　多维数据的分析视图 ··············· 49

3.4　OALP 的多维数据分析 ··············· 50

3.4.1　多维数据分析的基本操作 ··········· 50

3.4.2　多维数据分析实例 ················· 52

3.4.3　广义 OLAP 功能 ··················· 54

3.4.4　数据立方体 ······················· 56

习题 3 ································· 60

第4章　数据仓库的决策支持 ··············· 61

4.1　数据仓库的用户 ····················· 61

4.1.1　信息查询者 ······················· 61

4.1.2　知识探索者 ······················· 62

4.2　数据仓库的决策支持与决策支持系统 ····· 62

4.2.1　查询与报表 ······················· 63

4.2.2　多维分析与原因分析 ··············· 64

4.2.3　预测未来 ························· 65

4.2.4　实时决策 ························· 65

　　　　4.2.5　自动决策 ·· 66

　　　　4.2.6　决策支持系统 ·· 67

　　4.3　基于数据仓库决策支持系统的应用实例 ······················ 68

　　　　4.3.1　航空公司基本数据仓库决策支持系统简例 ············ 68

　　　　4.3.2　统计业数据仓库系统 ···································· 72

　　　　4.3.3　沃尔玛数据仓库系统 ···································· 74

　　习题 4 ·· 76

第 5 章　数据挖掘原理 ·· 77

　　5.1　数据挖掘综述 ·· 77

　　　　5.1.1　数据挖掘与知识发现 ···································· 77

　　　　5.1.2　数据挖掘任务与分类 ···································· 78

　　　　5.1.3　不完全数据处理 ·· 81

　　　　5.1.4　数据库的数据浓缩 ······································ 83

　　5.2　数据挖掘方法和技术 ·· 85

　　　　5.2.1　归纳学习的信息论方法 ································· 85

　　　　5.2.2　归纳学习的集合论方法 ································· 86

　　　　5.2.3　仿生物技术的神经网络方法 ···························· 87

　　　　5.2.4　仿生物技术的遗传算法 ································· 87

　　　　5.2.5　数值数据的公式发现 ···································· 87

　　5.3　数据挖掘的知识表示 ·· 88

　　　　5.3.1　规则知识 ·· 88

　　　　5.3.2　决策树知识 ·· 88

　　　　5.3.3　知识基(浓缩数据) ······································ 89

　　　　5.3.4　神经网络权值 ·· 89

　　　　5.3.5　公式知识 ·· 89

　　　　5.3.6　案例 ··· 90

　　习题 5 ·· 90

第 6 章　信息论方法 ·· 92

　　6.1　信息论原理 ·· 92

　　　　6.1.1　信道模型和学习信道模型 ······························ 93

　　　　6.1.2　信息熵与条件熵 ·· 93

　　　　6.1.3　互信息与信息增益 ······································ 95

　　　　6.1.4　信道容量与译码准则 ···································· 95

　　6.2　决策树方法 ·· 96

　　　　6.2.1　决策树概念 ·· 96

　　　　6.2.2　ID3 算法基本思想 ······································ 97

　　　　6.2.3　ID3 算法 ·· 98

　　　　6.2.4　实例与讨论 ··· 99

　　　　6.2.5　C4.5 算法 ·· 101

　　6.3　决策规则树方法 ··· 103

　　　　6.3.1　IBLE 算法基本思想 ··· 103

　　　　6.3.2　IBLE 算法 ··· 105

　　　　6.3.3　IBLE 算法实例 ·· 107

　　习题 6 ·· 113

第 7 章　集合论方法 ·· 115

　　7.1　粗糙集方法 ·· 115

　　　　7.1.1　粗糙集概念 ·· 115

　　　　7.1.2　粗糙集方法的属性约简与实例 ·· 117

　　　　7.1.3　粗糙集方法的规则知识获取 ·· 119

　　　　7.1.4　粗糙集方法规则获取实例 ·· 119

　　　　7.1.5　约简集的选择 ··· 122

　　7.2　k 均值聚类 ·· 123

　　　　7.2.1　聚类方法简介 ··· 123

　　　　7.2.2　k 均值聚类算法与实例 ·· 126

　　7.3　关联规则挖掘 ·· 127

　　　　7.3.1　关联规则挖掘的原理 ··· 127

　　　　7.3.2　Apriori 算法基本思想 ··· 130

　　　　7.3.3　基于 FP-tree 的关联规则挖掘算法 ······································ 133

　　习题 7 ·· 136

第 8 章　神经网络与深度学习 ·· 138

　　8.1　神经网络原理与反向传播网络 ··· 138

　　　　8.1.1　神经网络原理 ··· 138

　　　　8.1.2　反向传播网络 ··· 139

　　　　8.1.3　BP 网络学习公式推导 ··· 140

　　　　8.1.4　BP 网络的典型实例 ··· 145

　　8.2　神经网络的几何意义 ·· 145

　　　　8.2.1　神经网络的超平面含义 ··· 145

　　　　8.2.2　异或问题的实例分析 ··· 147

　　8.3　深度学习 ·· 148

　　　　8.3.1　深度学习与多层网络的链式法则 ·· 148

　　　　8.3.2　卷积网络深度学习算法 ··· 153

　　　　8.3.3　深度学习实例 ··· 159

　　习题 8 ·· 164

第 9 章　遗传算法与计算智能 ……………………………………………………… 168

9.1　遗传算法 ……………………………………………………………………… 168
　　9.1.1　遗传算法基本原理 ……………………………………………………… 169
　　9.1.2　遗传算子 ………………………………………………………………… 170
　　9.1.3　遗传算法简例 …………………………………………………………… 174
　　9.1.4　遗传算法的特点 ………………………………………………………… 176

9.2　基于遗传算法的分类学习系统 ……………………………………………… 177
　　9.2.1　概述 ……………………………………………………………………… 177
　　9.2.2　遗传分类学习系统的基本原理 ………………………………………… 177
　　9.2.3　遗传分类学习系统的应用 ……………………………………………… 181

9.3　计算智能 ……………………………………………………………………… 182
　　9.3.1　计算智能概述 …………………………………………………………… 182
　　9.3.2　计算智能与人工智能 …………………………………………………… 184

习题 9 ………………………………………………………………………………… 185

第 10 章　强化学习、迁移学习和公式发现 ……………………………………… 187

10.1　强化学习 ……………………………………………………………………… 187
　　10.1.1　强化学习概念 ………………………………………………………… 187
　　10.1.2　强化学习算法与实例 ………………………………………………… 189

10.2　迁移学习 ……………………………………………………………………… 192
　　10.2.1　迁移学习综述 ………………………………………………………… 192
　　10.2.2　迁移学习与类比学习比较 …………………………………………… 194
　　10.2.3　迁移学习与基于案例的推理比较 …………………………………… 195

10.3　公式发现 ……………………………………………………………………… 196
　　10.3.1　曲线拟合与发现学习 ………………………………………………… 196
　　10.3.2　科学定律发现系统 …………………………………………………… 199
　　10.3.3　经验公式发现系统 …………………………………………………… 203

习题 10 ……………………………………………………………………………… 207

第 11 章　知识挖掘 ………………………………………………………………… 208

11.1　软件进化规律的知识挖掘 …………………………………………………… 208
　　11.1.1　数值计算的进化 ……………………………………………………… 208
　　11.1.2　计算机程序的进化 …………………………………………………… 212
　　11.1.3　数据存储的进化 ……………………………………………………… 214
　　11.1.4　知识处理的进化 ……………………………………………………… 217
　　11.1.5　进化规律的知识挖掘 ………………………………………………… 219
　　11.1.6　小结 …………………………………………………………………… 222

11.2　数学进化规律的知识挖掘 …………………………………………………… 222

11.2.1　数学进化综述 ……………………………………………… 222

11.2.2　数学进化的知识发现方法 ………………………………… 223

11.2.3　数学发展中的映射变换 …………………………………… 226

11.2.4　数学进化规律小结 ………………………………………… 228

11.3　变换规则的知识挖掘 …………………………………………… 229

11.3.1　适应变化环境的变换和变换规则 ………………………… 230

11.3.2　变换规则的知识挖掘的理论基础 ………………………… 231

11.3.3　变换规则的知识推理 ……………………………………… 234

11.3.4　变换规则链的知识挖掘 …………………………………… 235

11.3.5　适应变化环境的变换规则元知识 ………………………… 238

习题 11 …………………………………………………………………… 241

第 12 章　大数据与人工智能 ……………………………………………… 242

12.1　大数据时代 ……………………………………………………… 242

12.1.1　从数据到决策的大数据时代 ……………………………… 242

12.1.2　大数据的分析方法和决策支持方式 ……………………… 245

12.1.3　数据仓库与云计算 ………………………………………… 248

12.2　大数据型科学研究 ……………………………………………… 250

12.2.1　大数据型科学研究范式 …………………………………… 250

12.2.2　大数据中的小数据 ………………………………………… 252

12.2.3　科学研究中的相关性 ……………………………………… 253

12.2.4　矛盾与机遇两类相关性 …………………………………… 256

12.2.5　大数据应用现状 …………………………………………… 259

12.3　人工智能 ………………………………………………………… 260

12.3.1　人工智能发展过程 ………………………………………… 260

12.3.2　人工智能目前研究的主要内容 …………………………… 263

12.3.3　人工智能的最新进展——生成式人工智能 ……………… 265

12.3.4　中国人工智能研究的进展 ………………………………… 267

习题 12 …………………………………………………………………… 268

附录 A　各章习题中部分问答题的参考答案 …………………………… 270

附录 B　各章习题中设计题和计算题的参考答案 ……………………… 288

参考文献 …………………………………………………………………… 304

数据仓库与数据挖掘概述

◇ 1.1　数据仓库的兴起

1.1.1　从数据库到数据仓库

由数据库(database,DB)发展到数据仓库(data warehouse,DW),主要原因有如下 3 点。

(1) 数据太多,信息贫乏(data rich,information poor)。随着数据库技术的发展,企事业单位建立了大量的数据库,数据越来越多,而辅助决策信息却很贫乏,如何将大量的数据转化为辅助决策信息成为研究热点。

(2) 异构环境数据的转换和共享。随着各类数据库产品的增加,异构环境的数据也逐渐增加,如何实现这些异构环境数据的转换和共享也成为研究热点。

(3) 利用数据进行事务处理转变为利用数据支持决策。数据库用于事务处理,若要达到辅助决策的目的,则需要更多的数据。例如,利用历史数据的分析来进行预测,对大量数据的综合得到宏观信息等,都需要大量的数据。

数据仓库中的数据是企业所需要的大数据。数据仓库概念提出后,在短短几年的时间内就得到了迅速的发展。数据仓库产品也不断出现并陆续进入市场。

1. 数据库用于事务处理

数据库存储大量的共享数据,作为数据资源用于管理业务中的事务处理。它已经成为成熟的信息基础设施。

数据库中存放的数据基本上是保存当前的数据,随着业务的变化再随时更新数据库中的数据。例如,学生数据库,随着新生的入校,数据库中要增加新学员的数据记录;随着毕业学生的离校,数据库中要删除毕业学员的数据记录。数据库总是保存当前的数据记录。

不同的管理业务需要建立不同的数据库。例如,银行中储蓄业务要建立储蓄数据库,记录所有储蓄用户的存款及使用信息;信用卡业务要建立信用卡数据库,记录所有用户信用卡的存款及使用信息;贷款业务要建立贷款数据库,记录所有贷款用户的贷款及使用信息。

数据库是为满足事务处理需求而设计和建立的,从而使计算机在事务处理上发挥了极大的效果。但是,数据库在帮助人们进行决策分析时就显得不适用了。例如,银行想了解用户的经济状态(收入与支出情况)及信誉情况(是否超支、还贷情况等),决定是否继续贷款给用户,单靠一个数据库是无法完成这种决策分析的。必须将储蓄数据库、信用卡数据库、贷款数据库集中起来,对用户进行全面分析,才能准确了解他的存款及收支情况、信用卡使用情况及贷款和还贷情况。这样,银行才能有效地决定是否继续贷款给此人。

同时使用3个数据库进行操作并非一件简单的事,由于3个管理业务各自独立,在建立数据库时对同一个用户可能使用了不同的编码,对于用户的姓名可能有的用汉字,有的用汉语拼音,有的用英文。这为使用3个数据库共同进行决策分析带来了困难。

2. 数据仓库用于决策分析

随着决策分析需求的扩大,兴起了支持决策的数据仓库。它是以决策主题为需求集成多个数据库,重新组织数据结构,统一编码规范,使其有效地完成各种决策分析。

从数据库到数据仓库的演变,体现了以下4点。

(1)数据库用于事务处理,数据仓库用于决策分析。

事务处理功能单一,数据库完成事务处理的增加、删除、修改、查询等操作。决策分析要求数据较多。数据仓库需要存储更多的数据,它不需要修改数据,它主要从大量数据中提取综合信息以及利用历史数据的规律得到预测信息。

(2)数据库保持事务处理的当前状态,数据仓库既保存过去的数据又保存当前的数据。

数据库中的数据随业务的变化一直更新,总保存当前的数据,如学生数据库、财务数据库等。数据仓库中的数据不随时间变化而变化,但它保留大量不同时间的数据,即保留历史数据和当前数据。

(3)数据仓库的数据是大量数据库的集成。

数据仓库的数据不是数据库的简单集成,而是按决策主题,将大量数据库中的数据进行重新组织,统一编码进行集成。

如银行数据仓库数据是由储蓄数据库、信用卡数据库、贷款数据库等多个数据库按"用户"主题进行重新组织、编码和集成而建立的。

可见,数据仓库的数据量比数据库的数据量大得多。

(4)对数据库的操作比较明确,操作数据量少。对数据仓库的操作不明确,操作数据量大。

一般对数据库的操作都是事先知道的事务处理工作,每次操作(增加、删除、修改、查询)涉及的数据量也小,如一个或几个记录数据。

对数据仓库的操作都是根据当时决策需求而临时决定进行的。例如,比较两个地区某个商品销售的情况,该操作所涉及的数据量很大,不是几个记录数据,而是两个地区多个商店的某商品的所有销售记录。

3. 数据库与数据仓库的对比

数据库与数据仓库的对比如表1.1所示。

表1.1　数据库与数据仓库的对比

数　据　库	数　据　仓　库
面向应用	面向主题

续表

数　据　库	数　据　仓　库
数据是详细的	数据是综合的和历史的
保持当前数据	保存过去和现在的数据
数据是可更新的	数据不更新
对数据的操作是重复的	对数据的操作是启发式的
操作需求是事先可知的	操作需求是临时决定的
一个操作存取一个记录	一个操作存取一个集合
数据非冗余	数据时常冗余
操作比较频繁	操作相对不频繁
查询基本是原始数据	查询基本是经过加工的数据
事务处理需要的是当前数据	决策分析需要过去和现在的数据
很少有复杂的计算	有很多复杂的计算
支持事务处理	支持决策分析

1.1.2　从 OLTP 到 OLAP

1. 联机事务处理

联机事务处理(online transaction processing,OLTP)是在网络环境下面向交易的事务处理,利用计算机网络技术,以快速的事务响应和频繁的数据修改为特征,使用户利用数据库能够快速地处理具体的业务。其基本特征是用户的数据可以立即传送到计算中心进行处理,并在很短的时间内给出处理结果。这样做的最大优点是可以实时地处理用户输入的数据,及时回答。这样的系统也称为实时系统(real-time system)。

OLTP 主要用于银行业、航空业、邮购订单、超级市场和制造业等的输入数据和取回交易数据。例如,银行为分布在各地的自动取款机(ATM)完成即时取款交易;机票预订系统每秒能处理的订票事务峰值可以达到 20 000 个。

OLTP 是事务处理从单机到网络环境发展的新阶段。OLTP 的特点在于事务处理量大、应用要求多个并行处理、事务处理内容比较简单且重复率高。大量的数据操作主要涉及的是增加、删除、修改、查询等操作。每次操作的数据量不大且多为当前的数据。

OLTP 的数据是高度结构化的,涉及的事务比较简单,数据访问路径是已知的,至少是固定的。事务处理应用程序可以直接使用具体的数据结构,如表、索引等。OLTP 数据库存储的数据量很大,经常每天要处理成千上万的事务,在处理业务数据时是非常有效的。

OLTP 面对的是事务处理操作人员和低层管理人员。但是,在为高层领导者提供决策分析时,则显得力不从心。

2. 联机分析处理

关系数据库之父 E. F. Codd 在 1993 年提出,联机事务处理已经不能满足终端用户对数据库决策分析的需要,决策分析需要对多个关系数据库共同进行大量的综合计算才能得到结果。为此,他提出了多维数据库和多维分析的概念,即联机分析处理(online analytical processing,OLAP)概念。关系数据库是二维(平面)数据,多维数据库是空间立体数据。

近年来,人们利用信息技术生产和搜集数据的能力大幅度提高,大量的数据库被用于商业管理、政府办公、科学研究和工程开发等领域,这一势头仍将持续发展下去。于是,一个新的挑战被提出来:在信息爆炸的时代,信息过量几乎成为人人需要面对的问题,如何才能不被信息的汪洋大海所淹没,从中及时发现有用的知识或者规律,提高信息利用率呢?要想使数据真正成为一个决策资源,必须充分利用它为一个组织的业务决策和战略发展服务才行,否则大量的数据可能成为包袱,甚至成为垃圾。OLAP 是解决这类问题的最有力的工具之一。

OLAP 专门用于支持复杂的分析操作,侧重对分析人员和高层管理人员的决策支持,可以应分析人员的要求快速、灵活地进行大数据量的复杂处理,并且以一种直观易懂的形式将查询结果提供给决策制定人,以便他们准确掌握企业(公司)的经营情况,了解市场需求,制定正确方案,增加效益。OLAP 软件以其先进的分析功能和用多维形式提供数据的能力,正作为一种支持企业决策的解决方案而迅速崛起。

OLAP 的基本思想是让决策者从多方面和多角度,以多维的形式来观察企业的状态和了解企业的变化。

3. OLTP 与 OLAP 的对比

OLAP 以数据仓库为基础,其最终数据来源与 OLTP 一样均来自底层的数据库系统,但由于二者面对的用户不同,OLTP 面对的是操作人员和低层管理人员,OLAP 面对的是决策人员和高层管理人员,因而数据的特点与处理也明显不同。

OLTP 和 OLAP 是两类不同的应用,它们各自的特点如表 1.2 所示。

表 1.2　OLTP 与 OLAP 的对比

OLTP	OLAP
数据库数据	数据仓库数据
细节性数据	综合性数据
当前数据	历史数据
经常更新	不更新,但周期性刷新
一次处理的数据量小	一次处理的数据量大
对响应时间要求高	响应时间合理
用户数量大	用户数量相对较小
面向操作人员,支持日常操作	面向决策人员,支持决策需要
面向应用,事务驱动	面向分析,分析驱动

1.1.3　数据字典与元数据

1. 数据库的数据字典

数据字典是数据库中各类数据描述的集合,它在数据库设计中具有很重要的地位。数据字典通常包括数据项、数据结构、数据流、数据存储和处理过程 5 部分,其中数据项是数据的最小组成单位,若干个数据项可以组成一个数据结构,数据字典通过对数据项和数据结构的定义来描述数据流、数据存储的逻辑内容。

1)数据项

数据项是不可再分的数据单位。对数据项的描述通常包括数据项名、数据项含义说明、数据类型、长度、取值范围、取值含义等。

2)数据结构

数据结构反映了数据之间的组合关系。一个数据结构可以由若干个数据项组成,也可以由若干个数据结构组成。数据结构的描述通常包括数据结构名、含义说明、数据项等。

3)数据流

数据流是数据结构在系统内传输的路径,对数据流的描述通常包括数据流名、说明、数据流来源、数据流去向、平均流量等。其中,数据流来源用于说明该数据流来自哪个过程;数据流去向用于说明该数据流将到哪个过程去;平均流量是指单位时间(如每天)内的传输次数。

4)数据存储

数据存储是数据结构保存数据的地方,数据存储的描述通常包括数据存储名、说明、编号、输入的数据流、输出的数据流、数据量、存取频度、存取方式。其中:存取频度指每小时或每天或每周存取几次、每次存取多少数据等信息;存取方式包括是批处理还是联机处理、是检索还是更新、是顺序检索还是随机检索等。另外,输入的数据流要指出其来源,输出的数据流要指出其去向。

5)处理过程

处理过程一般用判定表或判定树来描述。数据字典中只需要描述处理过程的说明性信息,通常包括处理过程名、说明、输入、输出、处理。其中,处理主要说明该处理过程的功能及处理要求。

可见,数据字典是关于数据库中数据的描述,而不是数据本身。数据字典是数据库的元数据。

2. 数据仓库的元数据

元数据(metadata)被定义为关于数据的数据(data about data)。元数据早期主要指网络资源的描述数据,用于网络信息资源的组织。其后,逐步扩大到各种以电子形式存在的信息资源的描述数据。目前,元数据这一术语实际用于各种类型信息资源的描述记录。

元数据在数据仓库中是描述数据仓库中数据及其环境的数据。数据仓库远比数据库复杂。在数据仓库中引入元数据的概念,它不仅仅是数据仓库的字典,而且还是数据仓库本身功能的说明数据。

元数据在数据仓库中不仅定义了数据仓库有什么,还指明了数据仓库中信息的内容和位置,刻画了数据的抽取和转换规则的说明,存储了与数据仓库主题有关的各种商业信息,而且整个数据仓库的运行都是基于元数据的,如数据的修改、跟踪、抽取、装入、综合及使用等。由于元数据遍及数据仓库的所有方面,因此它已成为整个数据仓库的核心。

数据仓库的元数据共有 4 类,除对数据仓库中数据的描述(数据仓库字典)外,还有以下3 类元数据。

（1）关于数据源的元数据。数据仓库的数据源包含了很多不同数据库的数据结构，以及源数据的字段长度和数据类型。为数据仓库挑选数据时，必须将源数据的记录拆分，并将来自不同源数据的记录的某些部分组合起来。另外还要解决编码和字段长度不同的问题。当将这些信息传递给最终数据仓库时，必须把这些数据与原始数据联系起来。

（2）关于抽取和转换的元数据。这类元数据包含了源数据系统的数据抽取方法、数据抽取规则以及抽取频率等数据转换的所有说明数据。

（3）关于最终用户使用数据仓库的元数据。最终用户使用数据仓库的元数据是数据仓库的导航图，它使最终用户可以从数据仓库中找到自己需要的信息。

1.1.4　数据仓库的定义与特点

数据仓库的概念是由 W. H. Inmon 在《建立数据仓库》(*Building the Data Warehouse*)一书中提出的。数据仓库是以关系数据库、并行处理和分布式技术为基础的信息新技术。

从目前的发展形势看，数据仓库技术已紧跟 Internet 而上，成为信息社会中获得企业竞争优势的又一关键技术。

1. 数据仓库的定义

1）W. H. Inmon 对数据仓库的定义

数据仓库是面向主题的、集成的、稳定的、不同时间的数据集合，用于支持经营管理中的决策制定过程。

2）SAS 软件研究所的观点

数据仓库是一种管理技术，旨在通过通畅、合理、全面的信息管理，达到有效的决策支持。

从数据仓库的定义可以看出，数据仓库是明确为决策支持服务的，而数据库是为事务处理服务的。

2. 数据仓库的特点

从数据仓库的定义可以看出数据仓库有如下 6 个特点。

1）数据仓库是面向主题的

主题是数据归类的标准，每个主题基本对应一个宏观的分析领域。例如，保险公司的数据仓库的主题为客户、政策、保险金、索赔等。

数据库组织则完全不同，它的数据只是为处理某个应用而组织在一起的。保险公司按具体应用，其数据库分别是汽车保险、生命保险、健康保险、伤亡保险等。

数据仓库把各种保险集中起来，形成多维数据库(汽车、生命、健康等各为一个维)。

2）数据仓库是集成的

数据进入数据仓库前，必须经过加工与集成，统一不同来源数据的结构和编码，统一原始数据中的所有矛盾之处，如字段的同名异义、异名同义、单位不统一、字长不一致等。总之，将原始数据结构做一个从面向应用到面向主题的大转变。

3）数据仓库是稳定的

数据仓库中包括了大量的历史数据。数据经集成进入数据仓库后是极少或根本不更新的。

4）数据仓库是随时间变化的

数据仓库内的数据时限在 5～10 年,故数据的键码包含时间项,标明数据的历史时期,这适合决策分析时进行时间趋势分析。

而数据库只包含当前数据,即存储某一时间的、正确的有效数据。

5）数据仓库中的数据量很大

数据仓库的数据量通常为 10GB 级,相当于一般数据库(约 100MB)的 100 倍,大型数据仓库是 1TB(1024GB)级数据量。

数据仓库中数据量的比重是索引和综合数据占 2/3,原始数据占 1/3。

6）数据仓库软硬件要求较高

(1) 需要一个巨大的硬件平台。

(2) 需要一个并行的数据库系统。

◆ 1.2　数据挖掘的兴起

1.2.1　从机器学习到数据挖掘

数据挖掘(data mining,DM)来源于机器学习(machine learning,ML)。学习是人类具有的智能行为,主要目的在于获取知识。机器学习研究计算机怎样模拟或实现人类的学习行为,即让计算机通过算法自动获取知识。机器学习是人工智能领域中的重要研究方向。

20 世纪 50 年代开始了机器学习的研究。其中比较典型的成果有:Rosenblatt 的感知机,它是最早用神经网络进行模式识别的方法;Samuel 的西洋跳棋程序,它用线性表达式的启发式方法,通过多次人机对弈,自动修改表达式中的系数,使程序逐渐变聪明,该程序竟然击败了 Samuel 本人和州冠军。

20 世纪 80 年代,机器学习取得了较大的成果。Michalski 等的 AQ11 系统(1980 年),能从大量病例中归纳出大豆病症的判断规则,AQ11 是一个很成功的归纳学习方法;Quinlan 的 ID3 决策树方法(1986 年)影响很大,实用性很强;Langley 等的 BACON 系统(1987 年)能重新发现物理学的大量规律;Rumelhart 等研制的反向传播神经网络 BP 模型(1986 年)为神经网络的学习开创了一个新阶段。

这些显著成果的出现,使机器学习逐渐形成了人工智能的主要学科方向之一。1980 年在美国召开了第一届国际机器学习学会研讨会;1984 年《机器学习》杂志问世。

我国在 1987 年召开了第一届全国机器学习研讨会。1989 年成立了中国人工智能学会机器学习专业委员会。我国学者洪家荣研制的 AE1 系统(1985 年)采用了扩张矩阵方法;钟鸣和本书作者研制的 IBLE 算法(1992 年)利用信道容量建立决策规则树,识别效果比 ID3 算法更高。本书作者研制的 FDD 经验公式发现系统(1998 年),能发现含初等函数或复合函数的经验公式,发现的公式比 BACON 系统发现的公式范围更大。

1989 年在美国召开了第一届知识发现 KDD 国际学术会议,形成了从数据库中发现知识(knowledge discovery in database,KDD)的新概念。KDD 研究的问题:①定性知识和定量知识的发现;②知识发现方法;③知识发现的应用;等等。

1995 年在加拿大召开了第一届知识发现和数据挖掘国际学术会议。由于把数据库中的"数据"形象地比喻成矿床,因此数据挖掘一词很快流传开来。

数据挖掘是知识发现中的核心工作,主要研究知识发现的各种方法和技术。而这些方法和技术主要来自机器学习。随着数据挖掘的发展,出现了一些新的数据挖掘方法,如大型数据库中关联规则的挖掘、利用粗糙集进行属性约简和规则获取等。

数据挖掘兴起时主要是在数据库中挖掘知识,随着数据仓库的出现和发展,很快将数据挖掘技术和方法用于数据仓库。典型的啤酒与尿布的故事(这两种商品同时出售出现的概率很大)就是在数据仓库中挖掘出的关联知识。

1.2.2　数据挖掘含义

按《人工智能辞典》的定义,信息是数据中所蕴含的意义,知识是人们对客观世界的规律性认识。数据库中每个数据记录的字段名(属性名)代表了该记录的信息。而数据挖掘是从数据库的所有数据记录中归纳总结出知识。知识的数量大大少于数据记录量。这些知识代表了数据库中数据信息的规律,即用少量的知识能够覆盖数据库中所有的记录。

例如,人口数据库中存储各国人口的记录,它将是一个庞大的数据库。但是,通过数据挖掘,可以得出形式化表示的规则知识:

$$(头发＝黑色) \lor (眼睛＝黑色) \rightarrow 亚洲人$$

其中,$\lor$ 表示"或",$\rightarrow$ 表示"蕴涵",规则知识表示为"若(条件)则(结论)",即表示若头发是黑色或者眼睛是黑色的人,则他是亚洲人。

该知识代表了亚洲人的特点,覆盖了所有亚洲人的记录。

知识的获得是通过数据挖掘算法,如 AQ11 算法、ID3 算法等计算得到的。

1.2.3　数据挖掘与 OLAP 的比较

1. OLAP 的多维分析

OLAP 是在多维数据结构上进行数据分析,而对多维数据进行分析是复杂的。一般在多维数据中取出(切片、切块)二维或三维数据来进行分析,或对层次的维进行钻取操作,向下钻取(简称下钻)获得更详细的数据,向上钻取(简称上钻)获得更综合的数据。

OLAP 要适应大量用户同时使用同一批数据,适应不同地理位置的分散化的决策。OLAP 的功能和算法包括聚合、分配、比率、乘积等描述性的建模功能。

OLAP 平时需要查询大量的日常商业活动信息,如每周布匹的购买量、每周布匹的内部库存及布匹的销售量等。OLAP 更需要查询商业活动的变化情况,如每周布匹购买量的变化值、衣服生产量的变化值、衣服销售价格的变化值等。这些变化值对经理们制定决策更重要。

经理们往往从查询出的变化值中,通过 OLAP 追踪查询找出问题存在的原因。例如,经理看到利润小于预计值的时候,他可能会深入各个国家查看整个产品的利润情况。这样,他可能发现有些国家的利润明显低于其他国家,于是他自然就会查看这些国家中不同产品组的利润情况,总的目标就是寻找一些比较异常的数据来解释某种现象。经过一番观察后,就会发现非直接成本在这些国家明显偏高。进一步对这些非直接成本进行分析,可以发现近期对于某些产品的赋税明显增加,从而明显影响了最终的利润。这种分析查询要求响应时间快。

以上是 OLAP 的典型应用,通过商业活动变化的查询发现问题,经过追踪查询找出问题出现的原因,达到辅助决策的作用。

2. 数据挖掘

OLAP 是在带层次的维和跨维进行多维数据分析的。数据挖掘则不同,它以变量和记录为基础进行分析的。

数据挖掘任务在于聚类(如神经网络聚类)、分类(如决策树分类)、预测等。这些是带有探索性的建模功能。

数据挖掘在于寻找不平常的且有用的商业运作模型,考察数据的不同类型或者找出变量之间的关系。数据挖掘需要查看海量数据,主要是详细数据和历史数据。为此经常需要将数据仓库中的数据复制到一个专门的存储器上。对数据的挖掘分析可能要花去大量的时间,即不要求快速分析。数据挖掘人员有时并不能精确地知道什么是必须分析的,因此可能会一无所获。但是,有时通过数据挖掘会发现意外的、无价的信息"金块"。例如,如果能够确定一个高价值的客户或可能离开的客户的特征,就可以要求公司采取措施留住这些客户,这比从竞争对手那里重新获得客户所需要的费用少得多。

1.2.4　数据挖掘与统计学

1. 统计学的发展过程

统计学是一门有悠久历史的学科。统计学开始于 17 世纪,它与国家政治有紧密的关系。英国人 W. Petty(1623—1682)的《政治算术》一书中第一次用计量和比较的方法,对英国与法国、意大利、荷兰等国进行国力比较。J. Graunt(1620—1674)通过统计计算,发现男女人数占人口数的比例大致相同、出生儿中男婴比例稍高、婴幼儿的死亡率较大等规律性的现象。

17 世纪,B. Pascal 等提出"概率"的概念,用来描述某一事件发生的可能性。18 世纪,天文学家观测天体距离时总会有误差产生,虽然多次测量,但是由于有误差,得到的总是和真值不同的值。此时,高斯(Gauss,1777—1855)提出误差值落在 (a,b) 区间的概率等于该区间上正态分布曲线下的面积,称误差服从正态分布(高斯分布)。比利时的凯特勒(A. Quetelet,1796—1874)认为支配着社会现象的法则和方法是概率论。

近代统计学重视社会调查。通过对全部对象(总体)进行调查,为制订计划和决策提供依据,如果对总体的某些分布情况有一定把握,就不必搞全面调查,可以搞部分调查,即抽样调查,由部分推断全部。概率论和数理统计理论起着重要的作用。现在,各国在进行经济统计、国事调查、社会调查、收视率调查、民意测验时,采用的几乎都是抽样调查。

现代统计学,从线性到非线性、从低维到高维、从显在到潜在、从连续到离散等方面有较完备的理论和方法。统计软件包 SPSS、SAS 等已经普及,统计工作基本上是利用计算机来完成。

2. 统计学中应用于数据挖掘的内容

1)常用统计

在大量数据中求最大值、最小值、总和、平均值等。

2)相关分析

通过求变量间的相关系数来确定变量间的相关程度。

3)回归分析

建立回归方程(线性或非线性)以表示变量间的数量关系,再利用回归方程进行预测。

4)假设检验

在总体存在某些不确定情况时,为了推断总体的某些性质,提出关于总体的某些假设,对此假设利用置信区间来检验,即任何落在置信区间之外的假设判断为"拒绝",任何落在置信区间之内的假设判断为"接受"。

5)聚类分析

对样品或变量进行聚类的方法。具体方法是把每个样品看成是 m 维空间的一个点,聚类是把"距离"较近的一些点归为同一类,而将"距离"较远的点归为不同的类。

6)判别分析

建立一个或多个判别函数,并确定一个判别标准。对未知对象利用判别函数将它划归某个类别。

7)主成分分析

主成分分析是把多个变量化为少数的几个综合变量,而这几个综合变量可以反映原来多个变量的大部分信息。

主成分分析的一种推广是因子分析,即用少数几个因子(F_i)描述许多变量(X_j)之间的关系。变量(X_j)是可以观测的显在变量,而因子(F_i)是新的潜在变量。

3. 统计学与数据挖掘的比较

统计学主要是对数量数据(数值)或连续值数据(如年龄、工资等)进行数值计算(如初等运算)的定量分析,得到数量信息,如常用统计量(最大值、最小值、平均值、总和等)、相关系数、回归方程等。

数据挖掘主要对离散数据(如职称、病症等)进行定性分析(覆盖、归纳等),得到规则知识。例如,如果某人的眼睛是黑的或者头发是黑的,则可以认为他是亚洲人。

在统计学中有聚类分析和判别分析,它们与数据挖掘中的聚类和分类相似,但是采用的标准不一样。统计学的聚类采用的"距离"是欧氏距离,即两点间的坐标(数值)距离;而数据挖掘的聚类采用的"距离"是汉明距离,即属性取值是否相同,相同者距离为 0,不相同者距离为 1。

总之,统计学与数据挖掘是有区别的,但是它们之间是相互补充的。不少数据挖掘的著作中均把统计学的不少方法引入数据挖掘中,与将机器学习中的不少方法引入数据挖掘中一样,作为从数据获取知识的一大类方法。

虽然统计学的不少方法可以归入数据挖掘中,但统计学仍然是一门独立的学科。

◇ 1.3 智能技术

1.3.1 智能技术简述

智能是人类具有的对外感知、语言理解、形象思维、逻辑判断、知识学习、问题求解、制定决策、发明创造等行为,以及解决各种随机出现的问题和新出现的问题的能力。"随机应变"是智能的典型体现。在词典中,把"智能"解释成"智慧和能力",对"智慧"的解释是"对事务能迅速、灵活、正确地理解和解决的能力"。

1. 人类智能的早期研究

公元前 300 多年,亚里士多德(Aristotle)就开始了形式逻辑的研究,创造了三段论推理的演绎法(从一般规律推出个别现象)。

公元 15 世纪,英国哲学家培根(Bacon)提出了归纳法(从大量现象中归纳出一般规律),并提出了"知识就是力量"的名句。

公元 17 世纪,德国数学家莱布尼茨(Leibnitz,微积分的发明者之一)提出了数理逻辑,它把形式逻辑符号化,从而能对人的思维进行运算和推理(演绎和归纳),这奠定了逻辑思维的理论基础。

公元 18 世纪,德国数学家弗雷格(Frege)完成了命题逻辑和谓词逻辑的研究,丰富了逻辑思维。

1936 年,英国数学家图灵(Turing)提出了一种理想计算机的数学模型,后来世人称其为图灵机。

1946 年,第一台计算机出现。1950 年,图灵提出了一种机器智能(machine intelligence)的测试方法:如果机器能够非常好地模仿人回答问题,使提问者在相当长时间内误认为它不是机器,那么机器就可以被认为是能思维的。即一个房间放一台机器,另一个房间有一个人,当人们提出问题,房间里的人和机器分别作答。如果提问的人分辨不了哪个是人的回答哪个是机器的回答,则认为机器有了智能。

2. 人工智能研究的兴起

人工智能(artificial intelligence,AI)概念是 1956 年由麦卡锡(J. McCarthy)、明斯基(M. L. Minsky)、信息论创始人香农(Shannon)、IBM 公司的塞缪尔(A. L. Samuel)、卡内基-梅隆大学(CMU)的艾伦·纽厄尔(A. Newell)和赫伯特·西蒙(H. A. Simon)等 10 名学者,在美国达特莫斯(Dartmouth)大学召开的长达 2 个月的研讨会上首次提出来的。这次智能学术研讨会被公认为人工智能学科诞生的标志。

当时,相继出现了一批显著的成果。典型实例如下。

(1) 1956 年,纽厄尔、西蒙和肖(J. C. Shaw)等提出逻辑理论(Logic Theorist,LT)程序系统,证明了罗素(Russell)与怀特海的名著《数学原理》第 2 章全部 52 条定理。这是计算机模拟人的高级思维活动的一个重大成果,是人工智能的真正开端。

(2) 1956 年,塞缪尔研制了西洋跳棋程序 Checkers。该程序能积累下棋过程中所获得的经验,具有自学习和自适应能力,这是模拟人类学习过程的一次卓有成效的探索。该程序在 1959 年击败了塞缪尔本人,在 1962 年击败了一个州冠军,此事引起了世界性的大轰动。这是人工智能的又一个重大突破。

人工智能的发展也不是一帆风顺。在这一阶段,由于机器翻译出了荒谬的结论,人工智能走向低潮。

3. 人工智能走向成熟

公元 20 世纪 60 年代末至 70 年代,专家系统的出现,使人工智能研究出现了新高潮。典型实例如下。

(1) 1968 年,斯坦福大学费根鲍姆(E. A. Feigenbaum)和生物学家莱德伯格(J. Lederberg)等合作研制了 DENDRAL 专家系统,该系统是一个化学质谱分析系统,能根据质谱仪的数据和核磁谐振的数据及有关知识推断有机化合物的分子结构,起到了帮助化学家推断出分子结构的作用。这个专家系统中使用了大量的化学知识。

(2) 1974 年,E. H. Shortliffe 等研制了诊断和治疗感染性疾病的 MYCIN 专家系统,其特点如下:①使用了经验性知识,用可信度表示,进行不精确推理;②对推理结果具有解释功能,使系统是透明的;③第一次使用了知识库的概念。以后的专家系统受 MYCIN 的影响很大。

(3) 1976 年,R. O. Duda 等研制矿藏勘探的 PROSPECTOR 专家系统。该系统用语义网络表示地质知识,该系统在华盛顿州发现一处钼矿,获利 1 亿美元。

这个时期的人工智能突出了知识推理,又称为符号(用文字和字母表示知识)推理。

关于人工智能有两个典型的定义。

图灵定义:如果机器能够有效模仿人回答问题,使提问者误认为它不是机器,那么机器就可以被认为有了智能。

费根鲍姆定义:只告诉机器做什么,而不告诉怎样做,机器就能完成工作,便可以说机器有了智能。专家系统就具有这样的智能行为。

4. 机器学习的兴起

1943 年,麦卡洛克(McCulloch)与皮茨(Pitts)对神经元模型(简称 MP 模型)的研究,首次揭示了人类神经系统的工作方式。皮茨为神经元的工作方式建立了数学模型,正是这个数学模型深刻地影响了机器学习的研究。

机器学习是用计算机模拟人类学习的一门科学,始于 20 世纪 50 年代,真正发展是在 20 世纪 70 年代末。机器学习的研究,经历了如下 5 个发展阶段。

第一阶段始于 20 世纪 50 年代中期,主要是神经网络的感知机模型和跳棋学习程序。

1958 年,Rosenblatt 提出了感知机模型,由于感知机具有分类器和学习器的作用,激起了人们的研究热情,形成了神经网络的第一次高潮。1969 年,M. Minsky 和 S. Papert 在《感知机》(*Perceptron*)一书中证明了感知机的局限性,即它不适合于非线性样本,从而使神经网络走向低潮(时间达 10 多年之久)。

Samuel 的计算机跳棋学习程序(曾击败过州级冠军)中采用了判别函数法。

第二阶段始于 20 世纪 60 年代初期,这一阶段主要是概念学习和语言获取,有人称其为符号概念获取阶段。这一时期的代表作有 E.B. Hunt 的决策树学习算法 CLS,Winston 的结构学习系统。另外,在学习计算理论方面,建立了极限辨识理论。

第三阶段始于 20 世纪 80 年代,机器学习逐渐走向兴盛,各种学习策略、学习方法相继出现。除了作为主流的归纳学习外,还出现了类比学习、解释学习、观察学习和发现学习等。这一时期有影响力的工作是:AQ11 算法学习大豆疾病诊断规则系统、利用信息论的 ID3 算法、数学概念发现系统 AM、符号积分系统 LEX 及物理化学定律重新发现系统 BACON。

第四阶段始于 20 世纪 80 年代中后期,主要源于神经网络的重新兴起以及计算智能的提出。

1982 年,美国霍普菲尔德(Hopfield)提出了一种反馈神经网络模型,能解决运筹学的巡回售货商问题(TSP)。1986 年,Rumelhart 等提出 BP 反向传播模型,解决了非线性样本问题,从而兴起了神经网络的第二次高潮。

另一个模拟生物遗传的算法,是 1967 年由 J. D. Bagely 首次提出的"遗传算法"及"选择、交叉和变异"概念。1975 年，J. H. Holland 提出的模式理论为遗传算法奠定了理论基础。他被公认为遗传算法的创始人。

1994 年举行了"首届计算智能世界大会"，正式提出"计算智能"（computational intelligence，CI）概念。计算智能是用模拟生命过程的数学模型，如神经网络、遗传算法等，进行数值计算来实现智能的行为。计算智能提供的是数值数据，不是符号知识，它的知识（如网络权值和阈值）也表现为数值。计算智能成为人工智能的一个新方向（见 9.3 节）。

第五阶段始于 20 世纪 90 年代中期，知识发现和数据挖掘的兴起，以及商务智能的提出（见 1.3.2 节）。

5. 深度学习的兴起与发展

21 世纪，人工智能得到飞速发展，具体表现为采用了深度学习算法。深度学习算法自 2006 年由欣顿（Hinton）提出以来，已经成为人工智能的重要里程碑，并且得到广泛应用。

（1）2015 年，国际图像识别比赛，加拿大博士 Alex 的图像识别程序，利用了深度学习算法对人脸图像进行识别，超过了人的识别率。

（2）2016 年 3 月，谷歌公司开发的 AlphaGo 程序利用深度学习算法，以 4 比 1 战胜了韩国围棋世界冠军李世石。2017 年初，Master（AlphaGo 的改进版）程序，以 54 场完胜的成绩，战胜中国（柯洁、聂卫平等）、日本（井山裕太等）、韩国（朴廷桓等）3 国多名世界级顶尖围棋选手。

（3）世界上最先进的无人驾驶汽车已经测试行驶了近 50 万千米，其中最后 8 万千米是在没有任何人为干预措施下完成的。

（4）美国辛辛那提大学开发的"阿尔法 AI"机器飞行员，从大量的单机对单机对抗试验中，总结出了丰富的作战经验（通过强化学习，减少败绩，增长胜绩）。在 2016 年 6 月，它在和著名的空军战术教官的对抗作战中取得完胜（机器在格斗中快速协调战术的速度比人快 250 倍）。

（5）智能手机上的手写汉字输入法的效率是很高的，这是利用了机器学习方法完成的。

（6）安全检查、病理切片识别、监控视频取样等需要大量重复的识别工作，人工操作很容易出错，但是利用人工智能程序就能有效提高正确率。

6. 小结

人工智能是模拟人的智能行为，计算智能和商务智能都是人工智能的分支。计算智能是用启发式的数值计算实现智能的行为，扩充了传统人工智能用符号（逻辑符号或文字）的知识推理实现智能的行为。商务智能是从数据中提取信息和知识（多维数据分析和数据挖掘），用以解决商务活动中各种随机出现的问题。

现在，机器学习成为人工智能发展的主流，深度学习、强化学习、迁移学习等成了热门的算法。数据挖掘来自机器学习，已成为一个独立学科，它们都在机器人、无人驾驶汽车、无人机、医疗中的影像识别、物联网等方面应用较广泛。

人工智能会代替人类大量重复性的工作。但是，人工智能还缺乏人类情感方面的认知，它离人类的全面智能还很遥远。

1.3.2 数据仓库与商务智能

1. 综述

商务智能(business intelligence,BI)是1996年由Howard Dresner提出的。他认为,商务智能是为企业提供收集、分析数据的技术和方法,把这些数据转化为有用的信息,可以提高企业决策的质量。

Business Objects公司的商务智能是一种基于大量数据的信息提炼的过程,这个过程与知识共享和知识创造密切结合,完成了从信息到知识的转变,最终为商家创造了更多利润。

数据仓库是为辅助决策而建立的,其中有大量的综合数据,这些数据为决策者提供了综合信息,即反映了企业或部门的宏观状况。数据仓库保存有大量历史数据,这些数据通过预测模型计算可以得到预测信息。综合信息与预测信息是通过数据仓库所获得的辅助决策信息。

20世纪90年代中期,除了兴起数据仓库外,还兴起了联机分析处理和数据挖掘两项新技术。它们能提高对数据仓库的辅助决策能力。联机分析处理对数据仓库中的数据进行多维数据分析,即多维数据的切片、切块、旋转等,通过比较来发现问题。再通过分析更详细数据的钻取,才能得到更深层的信息和知识,如节假日对销售的影响,某日的促销活动对销售的影响等,这些信息在综合数据中是反映不出来的。数据挖掘技术能获取关联知识、时序知识、聚类知识、分类知识等。数据挖掘技术通过对数据仓库中数据的挖掘,才能获取更多的辅助决策信息和知识。

数据仓库和联机分析处理及数据挖掘结合构成了一种新决策支持系统,它是以数据仓库为基础的,称为基于数据仓库的决策支持系统。其结构图如图1.1所示。

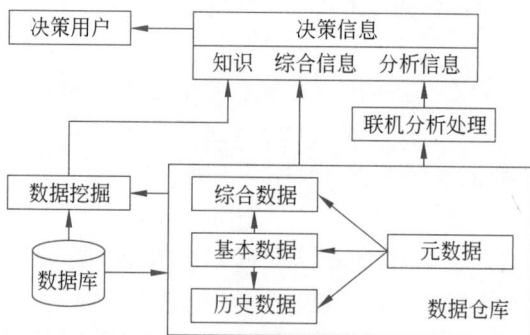

图1.1 基于数据仓库的决策支持系统

概括地说,基于数据仓库的决策支持系统能更好地从数据仓库的数据中获取辅助决策的信息和知识,为决策提供强有力支持。

基于数据仓库的决策支持系统是商务智能的具体化。数据仓库、联机分析处理与数据挖掘组成的商务智能所体现的智能行为在于能够解决市场环境中随机变化的决策问题。由于市场千变万化,每次需要解决的决策问题都不相同。这种随机出现的问题需要利用商务智能的手段来解决。

2. 商务智能辅助制定更好、更快的决策

公司需要制定的决策有两类:高层管理者制定宏观的战略决策;基层人员制定日常的

事务决策。战略决策：选择投资项目；业务需要分离还是合并；制定销售策略；等等。事务决策：销售员决定是否给一个客户折扣；生产经理决定是否投产一个新产品以满足客户需求；市场营销经理决定是否要进行新一轮的直接邮购活动；采购经理决定是否买更多的材料；等等。这些事务决策只具有"战术"意义，不会影响到业务运作的基础，但从多个事务决策的总体效果看，其重要性并不亚于企业高级管理人员做出的重大决策，也会直接影响企业的成败。以前，这些决策大多靠的是经验，即积累的知识和惯常的做法。商务智能能够改进企业决策过程，提高企业日常工作中的决策质量，这将直接对企业的成本和营业收入产生影响。商务智能辅助决策表现为如下 5 方面。

1）信息共享

有了商务智能系统就可以实现信息共享，不同用户可以迅速找到所需要的数据，通过对数据进行钻取分析以达到目标。例如，某公司通过商务智能系统跟踪商品的质量管理，能及时发现问题，而不是一个星期后查阅各种报告才发现问题。时间的节省及产品质量的提高，不仅降低了企业的成本，也给公司带来了更多的收入。

2）实时反馈分析

商务智能的运用能够使员工随时看到工作进展程度，并且了解一个特定的行为对现实目标的效用。如果员工们都能看到自己的行为如何提升或者影响了业绩，那么也就不需要过于复杂的激励体系了。

例如，朋斯卡物流公司的司机激励机制与其驾驶表现（如每英里（1 英里≈1609.34 米）的耗油量和损耗程度等成本控制方面的因素）相关联。通过公司的主控计算机就能根据司机出车行驶的里程计算出每加仑汽油能行驶的里程数，再把数据传输到数据仓库，通过数据仓库，员工们就可以分析提高绩效和实现项目目标的可能性，即发现如何调整汽车保养或司机驾驶习惯来达到业绩目标，提高业务水平和创造更多的价值。

3）鼓励用户找出问题的根本原因

根据初步得到的答案而采取的行动可能未必正确，因为初步的探究往往没有发现根本问题所在。要找出根本原因就需要对与成功或失败相关的诸多因素进行深度分析。

通过企业商务智能系统，能够找到某部门业绩糟糕或者出色的根本原因，只要不断地追问"为什么？"这个"钻取"过程。从分析一个报告开始，如每季度的销售情况，每个答案引出一个新问题，采取钻取或分析方法，就能把最根本的原因找出来。例如，通过企业商务智能系统，制衣商发现他们推出的市场促销活动效果不理想。在分析诸多数据后，制衣商开始把价格跟市场需求进行灵活挂钩。结果，该制衣商减少了存货时间，提高了存货管理的效率，营运资本、销售、利润等几项主要业绩指标也都明显好转。

4）使用主动智能

在数据仓库中设定预警机制，一旦出现超过预警条件的数据，就自动通过各种设备，如电子邮件、手机等通知用户。这种主动智能使用户及时决断，并采取相应措施。

5）实时智能

企业采用真正的实时智能，将大大提高运营效率、降低成本、提高服务质量。例如，朋斯卡物流公司认识到需要一个商务智能系统来实时监控和智能管理运输和物流业务。该系统掌握了很多信息,把货物运载量维持在一个最高的水平,帮助客户更快地把货物从 A 地送到 B 地。企业商务智能系统能实时跟踪卡车的货物装载量。如果一辆卡车的装载量只有一半,公司根据商务智能系统发出指令让该车调整路线,再装载一些货物。该系统使公司的所有营业收入上升了很多。

商务智能的决策分析:①产品分析。哪些产品利润最高?哪些最低?②销售分析。最近各地商店的销售趋势如何?哪种产品利润在增加?他的用户有哪些?③用户分析。利润排名前 10%的用户特征是什么?排名后 10%的用户特征是什么?这些利润大的用户住在什么地方?

商务智能的决策支持:①提高销售量;②加深与用户的关系;③提供更好的服务;④提高运作效率;⑤生产更好的产品;⑥减少成本;⑦制定更好的决策。

3. 商务智能在企业中应用

商务智能是有效的辅助决策技术。它的目标是,在充分了解当前的企业内外变化情况下,制定决策,提高企业的工作效率和商业价值,增强企业的竞争力。可以用"数据、分析、决策、智能" 4 个词作为概括。

1) 商务智能

商务智能是用数据仓库整合各业务部门的数据,利用 OLAP 工具分析数据,利用数据挖掘获取知识,辅助决策或者建立决策支持系统。简言之,商务智能在变化环境下支持决策,提升企业的竞争力。

各业务部门的数据库是二维的,整合成数据仓库的数据是多维的。这样,能够掌握整个企业的所有部门数据,特别是能够寻找到跨维(部门)的数据。数据仓库的数据组织既包括了当前的详细数据,又包含了它的综合数据(轻度综合和高度综合),这是一种新的数据组织形式。它除了适合不同层次的领导者的不同决策需求,也为突发事件寻找原因提供了方便(利用钻取功能)。

数据仓库又包含了大量的历史数据,在建立回归方程后,可以预测未来。

数据挖掘是通过各种算法从数据中挖掘出知识。如决策树、粗糙集等算法。这是利用了人工智能的技术。

2) 可视化图形分析

在商务智能中,使用柱状图、饼状图、折线图、二维表格等图形可视化的方式将企业日常的业务数据(财务、供应链、人力、运营、市场、销售、产品等)全面展现出来,让各部门的管理者有一个清晰的了解,既了解当前情况,更需要了解它们的变化情况。出现变化情况,就需要找原因,做决策。

可视化报表就是让用户对企业日常的业务有一个清晰、直接、准确的认知,同时解放了业务人员手工做汇总分析、制图的工作,提高了工作效率。

比如:财务部门会关心今年的营业收入、目标完成率、营业毛利润率、净资产收益率等;销售部门会关心销售金额、订单数量、销售毛利、回款率等;采购部门会关心采购入库金额、退货情况、应付账款等。对比去年数据,就能发现问题,提供决策依据。

这种数据分析方法,根据需要可以随时提供给各级管理者。这为解决商务中随机变化的情况提供决策需求。

3）数据的异常分析

数据的异常分析是通过对比分析发现的，如何找原因呢？在可视化报表上，如果业务人员发现了一些数据指标反映出来的情况超出了日常经验判断。这时就需要对这些异常数据，通过相关联的维度、指标等，使用钻取（从综合数据向下钻取到详细数据）方法找出可能存在的原因。这里，体现了层次数据（不同粒度数据）的价值。

例如，一个网站或产品，正常情况下每个月的平均用户注册量是 10 万左右。但是发现在今年的某个月份，会员注册量达到了 20 多万，这就是一种异常，远远超过经验判断和预期。这时我们就要去分析判断是因为市场部门的推广，还是做了大型促销活动导致的。

当然除了正向的异常，也有可能出现负向异常，比如注册量只有 5 万，这时也需要我们通过分析找到原因，并在以后避免发生类似的情况。

通过异常数据来定位到背后的一个业务问题，这时可以利用多维数据钻取功能，用数据图表之间的逻辑性关系寻找问题的原因，提高企业的经营效率。

通过异常找原因，这是数据仓库的新优势。

4）建立业务优化模型，提高企业的商业价值

通过多维数据分析，可以启发业务人员提出更加合理的优化的思路，建立优化模型。这是提高优化业务的一个有效方法。

业务建模可以是在业务中数据之间进行组合关联，形成优化模型，或选择运筹学中的优化模型。

业务优化模型需要由专业的且具备数据分析思维意识的业务人员来主导，再配合合适的数据分析、挖掘或统计工具，这样商业智能的价值才能在企业中得到充分的发挥，数据的价值也才会得到更充分的体现。

总之，商务智能就是在了解当前商务信息的基础上，根据变化情况做出决策，提高工作效率，提升商业价值，提高企业的竞争力。

由于这个世界不变的规律就是"变化"。智能的目的就是要适应这种变化。

4. 商务智能与人工智能的比较

（1）相同点：利用知识来解决随机变化的问题，即用不同的知识解决不同的问题，达到随机应变的效果。而一般信息系统只解决固定形式的问题（输入输出的要求是确定的）。

（2）不同点：知识来源不同，解决问题的方法不同。具体如下。

① 人工智能是利用人类专家知识或者从机器学习技术中获取知识（如规则），对符号知识进行推理（搜索与匹配），解决各种不同的问题。

② 商务智能是利用数据仓库集成的大量商务数据，通过联机分析处理进行多维数据分析和数据挖掘获取知识，帮助决策者制订策略，解决市场中的变化问题。

1.3.3　数据挖掘与人工智能

知识发现与数据挖掘是人工智能、机器学习与数据库技术相结合的产物。从数据库中发现知识是从 20 世纪 80 年代末开始的。

随着知识发现在国外的兴起，我国也很快跟上了国际步伐。《计算机世界报》技术专题版于 1997 年 6 月 30 日发表了国防科学技术大学陈文伟团队撰写的《数据开采（数据挖掘）》专题的 6 篇文章，最早向国内读者介绍了数据挖掘概念，以及在这个领域中所做的工作。

知识发现是从数据中发现有用知识的整个过程,数据挖掘是数据发现过程中的一个特定步骤。它用专门算法从数据中抽取模式(patterns)。1996 年,Fayyad 等将数据发现过程定义为:从数据中提取出有效模式的非平凡过程,该模式是新的、可能有用的和最终可理解的。

数据挖掘极大地促进了人工智能的发展。

自从数据挖掘从机器学习中单独提出来,很快引起了广泛关注。由于数据库已经在社会各行各业中得到了很快的发展,在数据库中挖掘知识就成了人们追求的目标。因此更加迅速地推动了知识发现和数据挖掘的发展。数据挖掘和机器学习也都是人的智能行为的重要表现。

人工智能发展的重要标志:①1956 年人工智能概念的提出及当时的智能成果(以知识推理为核心);②专家系统的兴起和它的实用性(以知识为主体);③机器学习和数据挖掘的广泛开展(学习是人的智能的重要表现)。

人工智能发展经过了一个曲折的发展过程。其中经过几次低潮,如 1960 年前后机器翻译的错误、感知机的局限性、日本第五代机研制的失败等。

人工智能的理论并不高深。但是,人工智能的强项在算法上,主要体现在机器学习和数据挖掘的算法。这些算法可以归结为 3 类。

(1) 集合论方法。采用了数理逻辑中的归纳法,以及集合的蕴含、相交、分离的关系。如 AQ11 的覆盖正例排斥反例方法、粗糙集方法、关联规则挖掘方法等。

(2) 信息论方法。采用信息论中的互信息和信道容量公式,选择信息量大的属性作为决策树的根节点。如 ID3(它提到的信息增益,实质上就是互信息)和 C4.5 算法、IBLE 算法等。

(3) 仿生物方法。这是简化了自然界生物的生理机制,是一种启发式的计算方法。例如,神经网络简化了神经元信息传输的原理,又采用了误差梯度下降的思想。遗传算法用"选择、交叉、变异"3 个简单的算子来代替生物的复杂遗传过程。再充分利用计算机反复的大量计算来实现问题的求解。

这里要说明一下,启发式方法从人工智能的初期,一直到现在,都在不同的场合上采用。例如,1960 年研制的通用问题求解(GPS)程序就采用了启发式搜索方法,模拟了人解决问题的思维过程,取得了很好的效果。后来在下棋的博弈算法中,采用的极大极小算法和 α-β 剪枝算法都是启发式方法,利用静态估值函数来决定下一步走棋的方向。现在的仿生物方法(神经网络与遗传算法等)也是启发式方法。

启发式方法主要是用于对问题的原理还不清楚的时候,采用简化和模拟方法来代替问题的本质。关键是可以利用计算机的大量反复计算来弥补简化和模拟方法的不足,最终还是可以找到最优的近似解。

启发式方法也是人类解决问题的方法,充分体现了智能性,也是人工智能的重要发展方向。

人工智能目前最热门的研究,深度学习的基础是神经网络。可以说,深度学习也属于启发式方法。启发式方法的关键在于设计模拟算法,模拟算法可以概括为两方面:①如何简化原理(如神经网络的数学模型(MP 公式),遗传算法的 3 个算子等);②给出反复计算的方向(如神经网络的误差反向传播公式、遗传算法的适应值函数)。

有了启发式算法,再利用计算机的反复的大量计算,就能求出问题的解。

◇ 习　题　1

1. 从数据库发展到数据仓库的原因是什么? 它们的本质差别有哪些?
2. 说明 OLTP 与 OLAP 的主要区别。
3. 为什么要研究元数据?
4. 说明数据仓库与大数据的关系。
5. 为什么数据挖掘要从机器学习中分离出来?
6. 说明统计学与机器学习的区别和联系。
7. 数据挖掘应用于数据库与数据仓库有什么不同?
8. 基于数据仓库的决策支持系统与传统决策支持系统有哪些区别?
9. 说明人工智能与商务智能在智能方面的共同点。

数据仓库原理

◈ 2.1 数据仓库结构体系

2.1.1 数据仓库结构

数据仓库是在原有关系数据库基础上发展形成的,但不同于数据库系统的组织结构形式。它将原有的大量业务数据库中获得的数据,经过转换后形成当前基本数据层;经过综合后形成轻度综合数据层;轻度综合数据再经过综合后形成高度综合数据层。W. H. Inmon 在《建立数据仓库》一书中给出数据仓库的结构,如图 2.1 所示。数据仓库的结构包括当前基本数据(current detail data)、历史基本数据(older detail data)、轻度综合数据(lightly summarized data)、高度综合数据(highly summarized data)、元数据(Meta Data)。

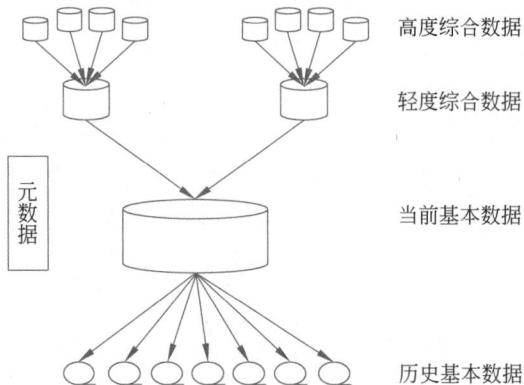

图 2.1　数据仓库的结构

当前基本数据是最近时期的业务数据,是数据仓库用户最感兴趣的部分,数据量大。当前基本数据随时间的推移,由数据仓库的时间控制机制转为历史基本数据,一般被转存于介质中,如磁带等。轻度综合数据是从当前基本数据中提取出来的,设计这层数据结构时会遇到"综合处理数据的时间段选取、综合数据包含哪些数据属性(attributes)和内容(contents)"等问题。最高一层是高度综合数据层,这一层的数据十分精炼,是一种准决策数据。

整个数据仓库的组织结构是由元数据来组织的,它不包含任何业务数据库中的实际数据信息。元数据在数据仓库中扮演了重要的角色,它包括如下信息:

①数据仓库的目录信息(数据字典);②数据从数据库环境向数据仓库环境转换时对应的说明;③指导从当前基本数据到综合数据的综合方式的说明;④指导用户使用数据仓库。

在数据库中只存储当前的详细数据。而数据仓库除存储按主题组织起来的当前详细数据外,还需要存储综合数据,这是为适应决策需求而增加的。在数据库中需要得到综合数据时,采用数据立方体方法(见 3.4.4 节)对详细数据进行综合。在数据仓库中并不采取临时计算的方式得到综合数据,而是在用户提出需要综合数据之前,就预先将可能需要的综合数据利用数据立方体计算好,存入综合数据层中,这种综合数据层在用户查询时,能迅速提供给用户。为此,在建数据仓库时,要分析好各类用户可能需要哪些综合数据,并将这些综合数据都存储在综合数据层中。

综合数据与详细数据是不同粒度的数据。粒度是指数据仓库的数据单元中保存数据的细化或综合程度的级别。细化程度越详细,粒度级就越低。

不同粒度数据的存储数据量差距很大。例如,在低粒度级(详细数据)上,每次电话都详细记录下来,一个月每位顾客平均有 200 条记录,总共需要 40 000 字节;在高粒度级(综合数据)上,每位顾客只有一个记录,大约只需要 200 字节。

高粒度级不仅需要少得多的字节存放数据,而且需要较少的索引项。这样的数据存储效率较高。

在数据仓库环境中,粒度之所以是设计数据仓库的一个重要方面,不仅因为它影响了存放在数据仓库中的数据量的大小,同时也因为它影响了数据仓库所能回答的查询类型。当提高数据粒度级(综合数据)时,数据所能回答查询的能力将会随之降低。而很小粒度的数据(详细数据)可以回答任何问题,但在高粒度的数据上(综合数据),可以回答的问题具有宏观性。

例如,提出如下查询:张三上星期是否给他在外地的女友打了电话? 在低粒度级上这个问题是可以回答的,需要查阅大量的记录,该查询最终总是可以确定的。然而在高粒度级上就无法明确回答这个问题,因为在高粒度级上只存放有张三打出电话的总数,并不能确定其中是否有一个电话是打往外地女友的。

但是,在进行决策分析时,很少对单个事件进行查询,通常是针对某个数据集合进行处理的(这在数据仓库环境中是常见的)。例如,提出综合查询:上个月人们从广州打出的长途电话平均有多少个? 在决策分析中,这种类型的查询非常多。该查询既可以在高粒度级上也可以在低粒度级上进行处理。但在回答这个问题时,在不同粒度级上所使用的资源具有相当大的差别。在低粒度级上回答这个问题需要查询每条记录,使用大量的资源来回答这个问题。在高粒度级上,包括了足够的细节(如包括每位顾客打出长途电话的次数),则使用高粒度级数据的效率就会高很多。例如,在轻度综合级上电话记录如下,将使用较少的资源回答以上问题。

3 月;李四;电话数量:46 个;电话平均长度:10min;长途电话数:12 个;等等。

在数据仓库中存储多种粒度数据(详细数据层、轻度综合数据层、高度综合数据层等)是为了提高决策分析效果。大部分决策分析处理是针对存储效率高的轻度综合数据层数据进行的。当需要分析更低的细节级数据(占 5% 或者更少的可能)时,可以到详细数据层数据上进行。在详细数据层上访问数据是昂贵、复杂的。

2.1.2 数据集市及其结构

数据仓库是企业级的,能为整个企业各个部门的运行提供决策支持手段;而数据集市则是部门级的,一般只能为某个局部范围内的管理人员服务,因此也称其为部门级数据仓库(departmental data warehouse)。

1. 数据集市的产生

数据仓库的工作范围和成本通常是巨大的。信息技术部门必须以全企业的眼光对待任何一次决策分析。这样,就形成了代价很高的、耗时较长的大项目。

于是提供更紧密集成的,拥有完整图形接口并且价格吸引人的工具数据集市(data mart)就应运产生。

目前,全世界对数据仓库总投资的一半以上均集中在数据集市上。

2. 数据集市的概念

数据集市是一种更小、更集中的数据仓库,为公司提供了一条分析商业数据的廉价途径。

数据集市是指具有特定应用的数据仓库,主要针对某个具有战略意义的应用或者具体部门级的应用,支持用户利用已有的数据获得重要的竞争优势或者找到进入新市场的具体解决方案。

数据集市有两种,即独立型数据集市(independent data mart)和从属型数据集市(dependent data mart)。

3. 数据集市与数据仓库的差别

(1) 数据仓库是基于整个企业的数据模型建立的,它面向企业范围内的主题。而数据集市是按照某一特定部门的数据模型建立的,由于每个部门有自己特定的需求,因此,它们对数据集市的期望也不一样。

(2) 部门的主题与企业的主题之间可能存在关联,也可能不存在关联。数据仓库中存储整个企业内非常详细的数据,而数据集市中数据的详细程度要低一些,包含概要和累加数据要多一些。

(3) 数据集市的数据组织一般采用星形模型。大型数据仓库的数据组织,如 NCR 公司采用第三范式。

4. 数据集市的特性

数据集市有如下特性。

(1) 规模小。

(2) 特定的应用。

(3) 面向部门。

(4) 由业务部门定义、设计和开发。

(5) 由业务部门管理和维护。

(6) 快速实现。

(7) 价格较低廉。

(8) 投资快速回收。

(9) 工具集的紧密集成。

（10）更详细的、预先存在的数据仓库的摘要子集。

（11）可升级到完整的数据仓库。

5. 两种数据集市的结构

1）从属数据集市

从属数据集市的结构如图 2.2 所示。

从属是指它的数据直接来自中央数据仓库。显然，这种结构仍能保持和数据仓库的一致性。一般为那些访问数据仓库十分频繁的关键业务部门建立从属的数据集市，这样可以很好地提高查询的反应速度。

2）独立数据集市

独立数据集市的结构如图 2.3 所示。

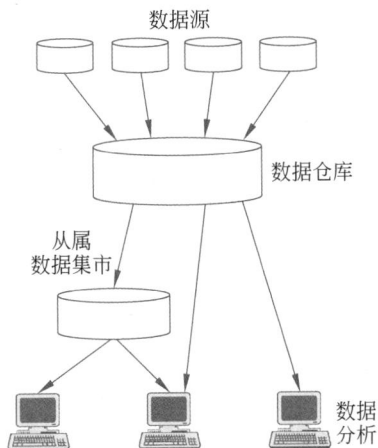

图 2.2 从属数据集市的结构

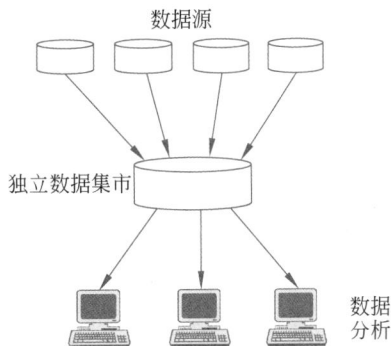

图 2.3 独立数据集市的结构

独立数据集市的数据直接来源于各生产系统。许多企业在计划实施数据仓库时，往往出于投资方面的考虑，最后建成独立数据集市，用来解决个别部门比较迫切的决策问题。从这个意义上讲，它和企业数据仓库除了在数据量大小和服务对象上有所区别外，逻辑结构并无多大区别，这是把数据集市称为部门数据仓库的主要原因。

6. 关于数据集市的误区

数据集市是一个数据分支子集，它可以从一个数据仓库中找到，或者是为支持一个单独业务单元的决策而建立的，甚至企业的大部分战略都可以由数据集市来完成，在这个过程中制定行动方针。但是，在建立一个数据集市之前，企业应该知道几个关于数据集市的不切实际的看法。

1）单纯用数据量大小来区分数据集市和数据仓库

用数据量大小来判断一个企业是在实施数据仓库还是数据集市的做法是很片面的。尺寸大小不是数据集市的本质特征，真正的问题在于，数据集市（它可能是一个数据仓库的子集）的数据模型一定是为了满足应用的特定需求。

2）简单地理解数据集市容易建立

数据集市的确比数据仓库的复杂程度低一些，因为它只针对某一需要解决的特定的商业问题，但是围绕数据获取的很多复杂问题并没有减少。

数据集市要从多个数据源中提取数据,这个过程很耗时,因为这个过程与建立一个数据仓库一样,需要相同的计划和管理,并且需要把数据模型化。

3) 数据集市很容易升级成数据仓库

事实上,数据集市针对特殊的业务需要,不可能很容易地伸缩。如果没有事先扩展数据模型,追加数据是非常困难的。例如,一个数据集市可以很快找到最畅销款式的鞋的销售数字,为了增加关于这种鞋的信息,如新顾客的百分比,就需要新的数据模型,这种数据集市的扩充是困难的。

2.1.3 数据仓库系统结构

数据仓库系统由仓库管理、数据仓库和分析工具3部分组成,其结构形式如图2.4所示。

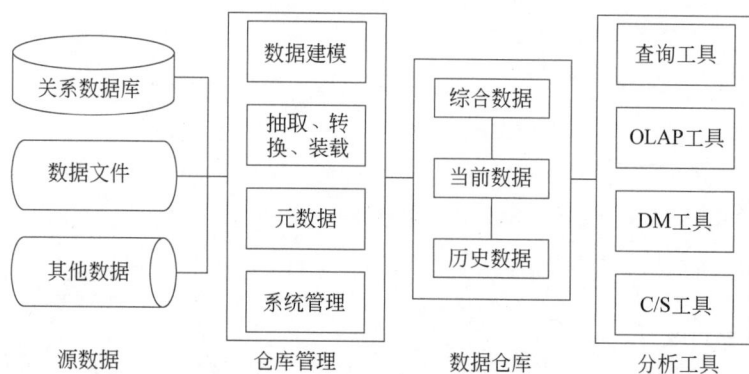

图 2.4 数据仓库系统结构

数据仓库的数据来源于多个数据源。源数据包括企业内部数据(关系数据库)、市场调查报告(数据文件)及各种文档之类的外部数据(其他数据)。

1. 仓库管理

仓库管理包括数据建模,数据抽取、转换、装载(ETL),元数据,系统管理4部分。

1) 数据建模

数据建模是建立数据仓库的数据模型(data model)。数据模型是现实世界数据特征的抽象。数据模型一般包括数据结构和数据操作。数据结构包括数据类型、内容、数据之间的关系,它是数据模型的静态描述。数据操作是对数据仓库中数据所进行的操作,如检索、计算等。

数据仓库的数据模型,按数据仓库设计过程分为概念数据模型、逻辑数据模型和物理数据模型。

数据仓库的数据模型不同于数据库的数据模型,主要体现在以下3方面。

(1) 数据仓库的数据模型的数据只为决策分析用,不包含那些纯事务处理的数据。

(2) 数据仓库的数据模型中增加了时间属性的代码数据。

(3) 数据仓库的数据模型中增加了一些导出数据,如综合数据等。

数据仓库的数据建模是使建立的物理(存储)数据模型能适应决策用户使用的逻辑数据模型。

2) 数据抽取、转换、装载

数据仓库中的数据,是通过在源数据中抽取数据,按数据仓库的逻辑数据模型的要求进行数据转换,再按物理数据模型的要求装载存储到数据仓库中去的。

数据抽取、转换、装载是建立数据仓库的重要步骤,也是一项烦琐、耗时的工作,需要花费开发数据仓库 70% 的工作量。

3) 元数据

元数据在数据仓库中扮演了一个新的重要角色。元数据不仅是数据仓库的字典,要指导数据的抽取、转换、装载工作,还要指导用户使用数据仓库。

4) 系统管理

系统管理包括数据管理、性能监控、存储器管理及安全管理等。

(1) 数据管理包括为适应竞争变化的业务需求更新数据、清理脏数据、删除休眠数据等工作。

(2) 性能监控是搜集和分析系统性能的信息,确定系统是否达到了所要求的服务水平。

(3) 存储器管理是使数据仓库的存储器适应数据量的增长需求,实现用户的快速检索。

(4) 安全管理是保证应用程序的安全及数据仓库访问的安全。

2. 分析工具

由于数据仓库的数据量大,因此必须有一套功能很强的分析工具集来实现从数据仓库中提供辅助决策的信息,完成决策支持系统(decision support system,DSS)的各种要求。

1) 查询工具

数据仓库的查询不是指对记录级数据的查询,而是指对分析要求的查询。以图形化方式展示数据,可以帮助了解数据的结构、关系以及动态性。

2) 多维数据分析

OLAP 工具能完成通过对多维数据进行快速、一致和交互性的存取,有利于用户对数据进行深入的分析和观察。

多维数据的每维代表对数据的一个特定的观察视角,如时间、地域、业务等。

3) 数据挖掘(DM)工具

从大量数据中挖掘具有规律性的知识,需要利用数据挖掘中的各种不同算法。

4) 客户/服务器(C/S)工具

数据仓库一般都是以服务器(server)形式在网络环境下提供服务,能对多个客户(client)同时提供服务。

2.1.4　数据仓库的运行结构

数据仓库应用是一个典型的 C/S 结构形式,如图 2.5 所示。数据仓库采用服务器结构,客户端所做的工作有客户交互、格式化查询、结果显示、报表生成等。服务器端完成各种辅助决策的 SQL 或 MDX 语言查询、复杂的计算和各类综合功能等。

现在,越来越普遍的一种形式是三层 C/S 结构形式,即在客户端与数据仓库服务器之间增加一个多维数据分析的服务器(OLAP 服务器),如图 2.6 所示。

OLAP 服务器将加强和规范化决策支持的服务工作,集中和简化了数据仓库服务器的部分工作,即 OLAP 服务器从数据仓库服务器中抽取数据,在 OLAP 服务器中转换成客户

图 2.5　数据仓库的 C/S 结构

图 2.6　数据仓库应用的三层 C/S 结构

端用户要求的多维视图,并进行多维数据分析,将分析结果传送给客户端。这种结构形式工作效率更高。

◇ 2.2　数据仓库的数据模型

数据仓库不同于数据库。数据仓库的逻辑数据模型是多维结构的数据视图,也称为多维数据模型。

在多维数据模型中,主要数据是实际数值,如销售量、投资额、收入等。而这些数值是依赖于一组"维"的,这些维提供了实际值的上下文关系。例如,销售量与城市、商品名称、销售时间有关,这些相关的维决定了这个销售实际值。因此,多维数据视图就是在这些维构成的多维空间中存放数字实际值。图 2.7 中的小格内存储的数据可以假设为商品的销售量。

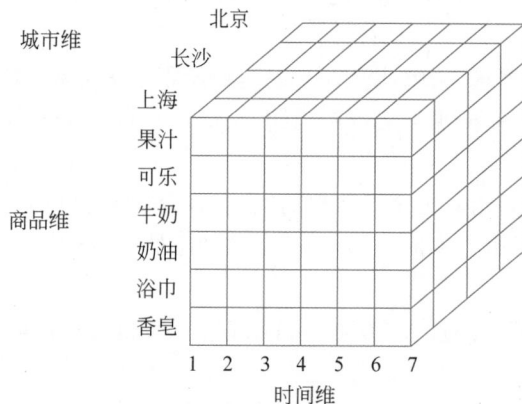

图 2.7　数据仓库的数据模型

多维数据模型的另一个特点是对一个或多个维所进行的集合运算,如对总销售量按城市进行计算和排序。这些运算还包括对于同样维的实际值进行比较(如销售与预算)。一般来说,时间维是一个有特殊意义的维,它对决策中的趋势分析很重要。

对于逻辑数据模型,可以使用不同的存储机制和表示模式来实现多维数据模型。目前使用的多维数据模型主要有星形模型、雪花模型与星网模型、第三范式等。

2.2.1　星形模型

大多数的数据仓库都采用星形模型。星形模型是由事实表(大表)及多个维表(小表)所组成的。事实表中存放着大量关于企业的事实数据(数字实际值),对象(元组)个数通常都很大,而且非规范化程度很高。例如,多个时期的数据可能会出现在同一个表中。维表中存放描述性数据,维表是围绕事实表建立的较小的表。

一个星形模型实例如图 2.8 所示。

事实表有大量的行(元组),然而相对来说维表有较少的行(元组)。星形模型数据存储

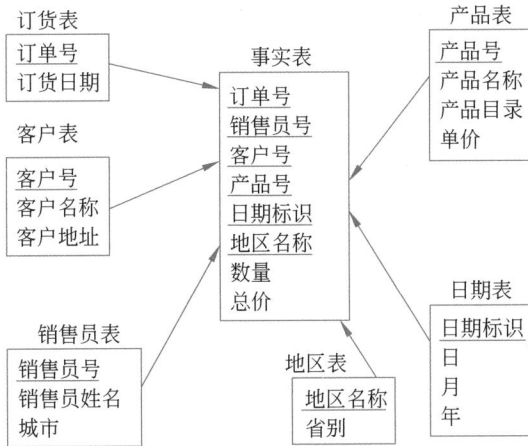

图 2.8　星形模型实例

情况如图 2.9 所示。

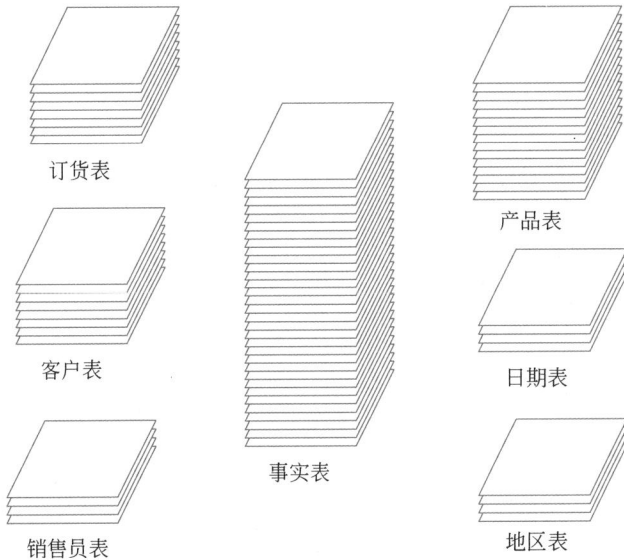

图 2.9　星形模型数据存储情况

星形模型存取数据速度快,主要原因在于针对各个维做了大量的预处理,如按照维进行预先的统计、分类、排序等,按照汽车的型号、颜色、代理商进行预先的销售量统计等,经过这些处理,做报表时速度会很快。

星形结构与规范化的关系数据库设计相比较,存在以下显著的优点:星形模型是非规范化的,以增加存储空间为代价,提高了多维数据的查询速度;而规范化的关系数据库设计是使数据的冗余保持在最少,并减少当数据改变时系统必须执行的动作。

星形模型也有缺点:当业务问题发生变化,原来的维不能满足要求时,需要增加新的维。由于事实表的主键由所有的维表的主键组成,因此这种维的变化带来的数据变化将是非常复杂、非常耗时的。因此星形模型的数据冗余量很大。

2.2.2　雪花模型与星网模型

1. 雪花模型

雪花模型是对星形模型的扩展,雪花模型对星形模型的维表进一步层次化。即原来的各维表可能被扩展为小的事实表,形成一些局部的"层次"区域。雪花模型的优点是最大限度地减少数据存储量,以及把较小的维表联合在一起来改善查询性能。

雪花模型增加了用户必须处理的表的数量,增加了某些查询的复杂性。但这种方式可以使系统更进一步专业化和实用化,同时降低了系统的通用程度。前端工具将用户的需求转换为雪花模型的物理模式,完成对数据的查询。

在雪花模型中能够定义多重"父类"维来描述某些特殊的维表。例如,在时间维上增加了月维和年维,通过查看与时间有关的父类维,能够定义特殊的时间统计信息,如月销售统计、年销售统计等。

在图 2.8 所示的星形模型的数据中 ,对"产品表""日期表""地区表"进行扩展形成雪花模型,如图 2.10 所示。使用数据仓库的工具完成一些简单的二维或三维查询,既能够满足用户对复杂的数据仓库查询的需求,又能够完成一些简单查询功能而不用访问过多的数据。

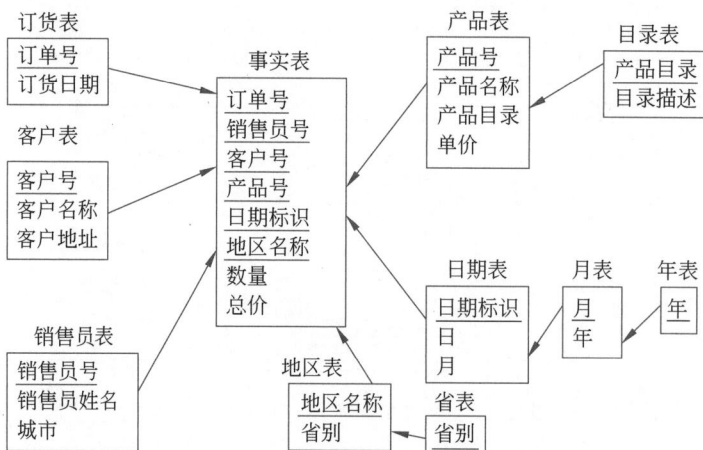

图 2.10　雪花模型实例

2. 星网模型

每个数据仓库都包含了多个星形模型的结构。每个星形模型都在事实表中保存了一些指标,为特定的目的服务。多个相关的星形模型通过相同的维表连接起来形成网状结构,称为星网模型。在大多数星网模型中,各个事实表共享的维表是时间维。

构造星网模型有两种情况:增加汇总事实表和衍生的维表形成星网模型;构造相关的事实表形成星网模型。

例如,电话公司需要建立两个事实表:一个事实表跟踪单独的电话事务,它能回答"节假日电话收益与工作日电话收益的对比情况"等类似问题;一个事实表累计用户电话支出情况,它能回答"某个用户在某段时间内的电话余额"等类似问题。该电话公司星网模型实例如图 2.11 所示。

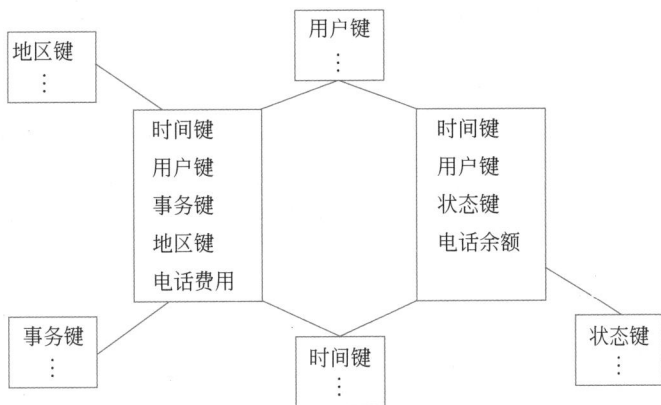

图 2.11　电话公司星网模型实例

2.2.3　第三范式

范式实际上是传统的关系数据库的设计理论。一个规范化的关系模式应该准确地反映所描述的数据实体,避免冗余、异常(插入异常、删除异常、更新异常)等问题。

通常按照属性间依赖情况来区分关系规范化的程度,现有第一范式～第五范式。

第三范式(third normal form,3NF)的作用是解决数据冗余,数据被分割成多个实体,实体在数据库中用表来表示,使用第三范式会形成比较复杂的关系表,但它适合于操作型处理,如进行 update 和 insert 等操作。

数据仓库可以按第三范式进行逻辑数据建模。不同于星形模型,它把事实表和维表的属性作为一个实体都集中在同一数据库表中,或分成多个实体用多个表来表示,每个表按第三范式组织数据。它减少了维表中的键和不必要的属性。

著名的 NCR 公司数据仓库解决方案采用了第三范式的逻辑数据模型。现在有很多大型的企业数据仓库系统中都同时采用了第三范式和星形模型,即用第三范式来描述数据仓库系统后台的详细数据存储关系,在此基础上,再根据特定的分析需求建立适当的星形模型,用于刷新 OLAP 服务器的立方体(cube),以方便前端数据展现和预定义的多维分析。

星形模型的设计模式适用于决策分析应用。星形模型与第三范式存储的数据信息是一样的,但第三范式更方便用户理解数据,更适合对数据的多维查询操作。

星形模型在进行多维数据分析时,在不超过预定义的维范围内,速度是很快的。但是,如果超出了预定义的维,增加维将是很困难的事情。

第三范式对于海量数据,如需要处理大量的太字节(TB)级动态业务分析时,就显示出了它的优势。

◆ 2.3　数据抽取、转换和装载

数据仓库的数据来源于多个数据源,这些数据源可能是在不同的硬件平台上,可能使用不同的操作系统,也可能以不同的格式存放在不同的数据库中。

数据仓库需要将这些源数据经过集成,存储到数据仓库的数据模型中。具体来说,数据仓库的数据获取需要经过抽取(extract)、转换(transformation)、装载(load)3 个过程,即 ETL 过程。

经过 ETL 过程,将源系统中的数据改造成有用的信息存储到数据仓库中。例如,ETL 过程将统一各源系统中数据的变量名称,转换和集成所有产品的销售情况数据,装载到数据仓库的销售事实表和相关维表中。在用户查询时,在事实表中提供销售数量与金额的同时,在产品维表中提供产品目录,在商店维表中提供商店名单,在时间维表中提供日期。这种查询方便了情况对比和决策分析。

ETL 过程在开发数据仓库时,占去 70% 的工作量。ETL 过程的主要步骤如下。

(1) 决定数据仓库中需要的所有的目标数据。

(2) 决定所有的数据源,包括内部和外部的数据源。

(3) 准备从源数据到目标数据的数据映射关系。

(4) 建立全面的数据抽取规则。

(5) 决定数据转换和清洗规则。

(6) 为综合表制订计划。

(7) 组织数据缓冲区域和检测工具。

(8) 为所有的数据装载编写规程。

(9) 维表的抽取、转换和装载。

(10) 事实表的抽取、转换和装载。

2.3.1　数据抽取

数据抽取工作包括以下内容。

1. 确认数据源

对数据源的确认不仅是简单确认,还包括检查和确定数据源是否可以提供数据仓库需要的数据。该项工作具体内容如下。

(1) 列出事实表的每个数据项和事实。

(2) 列出每个维的属性。

(3) 对于每个目标数据项,找出源数据项。

(4) 如果数据仓库中一个数据元素有多个来源,选择最好的来源。

(5) 确认一个目标字段的多个源字段,建立合并规则。

(6) 确认多个目标字段的一个源字段,建立分离规则。

(7) 确定默认值。

(8) 检查缺失值的源数据。

2. 数据抽取技术

1) 进行数据抽取时要考虑的两种情况

(1) 当前值。源系统中存储的数据都代表了当前时刻的值。当进行商业交易时,这些数据是会发生变化的。

(2) 周期性的状态。这类数据存储的是每次发生变化的时间状态。例如,对于每一保险索赔,都要经过索赔开始、确认、评估和解决等步骤,都要考虑包含时间说明。

在建立数据仓库时,从某一特定时间开始的最初数据必须迁移到数据仓库中,以使数据仓库开始运转,这是初始装载。在初始装载之后,数据仓库必须保持更新,使变化的历史和状态可以在数据仓库中反映出来。

2)两类数据的抽取

(1)静态数据的抽取。一般在数据仓库的初始装载时抽取的是静态数据,它代表了某个时刻的快照。

(2)修正数据的抽取,又称追加的数据抽取。修正数据的抽取过程包括特定时刻抽取的数据值。它分为立即型数据抽取(实时的数据抽取)和延缓型数据抽取。

立即型数据抽取的典型方法是通过读取交易日志,抽取所有相关交易记录。一般利用复制技术从交易日志中捕获交易日志中的变化数据,从日志传输到目标文件中,并检验数据变化的传输情况,确保复制的成功。

延缓型数据抽取的典型方法是通过读取源记录中包括日期和时间的标记,抽取更新源记录的数据。如果是没有时间标记的旧数据源,就要通过快照对比技术,即通过比较源数据的两个快照来抽取变化的数据。

2.3.2　数据转换

数据抽取过程中得到的数据是没有经过加工的数据,不能直接应用于数据仓库,必须经过多种处理,将抽取的数据转换成可以存储在数据仓库中的信息。

1. 数据转换的基本功能

(1)选择。从源系统中选择整个记录或者部分记录。

(2)分离/合并。对源系统中记录的数据进行分离操作或者对很多源系统中选择的部分数据进行合并操作。

(3)转化。对字段的转化包括对源系统进行标准化和使字段对用户是可用和可理解的。

(4)汇总。数据仓库中需要保存很多汇总数据。这需要对最低粒度数据进行汇总。例如,零售连锁店需要将每个收款机的每笔交易的销售数据,汇总为每天每个商店关于每种商品的销售数据。

(5)清晰化。对单个字段数据进行重新分配和简化,使数据仓库使用更便利。

2. 数据转换类型

(1)格式修正。格式修正包括数据类型和单个字段长度的变化。例如,在源系统中,产品类型通过代码和名称在数值型和文本类型中表示。不同的源系统将会有所不同,对这些数据类型进行标准化,改变成更有意义的文本值。

(2)字段的解码。对所有晦涩的编码进行解码,将它们变成用户可以理解的值。例如,对性别的解码,在源系统中有的用 1 和 2,有的用 M 和 F 分别表示男性和女性。

(3)计算值和导出值。在数据仓库中,有时需要与销售和成本一起计算出利润值。导出字段包括平均每天的收支差额和相关比率。

(4)单个字段的分离。在旧系统中将客户名称、地址存放在大型文本字段中;姓和名存放在一个字段中;城市、地区和邮政编码存放在一个字段中。在数据仓库中却需要将姓名和地址放在不同的字段中,为不同要求的分析工作提供便利。

(5)信息的合并。例如,一个产品的信息可能从不同的数据源中获得,产品编码和产品名从一个数据源中得到,相关包装类型从另一个数据源中得到,成本数据从第三个数据源中得到。信息合并是产品编码、产品名、包装类型和成本的有机组合,是一个新的实体。

(6) 特征集合转化。例如,在源系统中数据采用 EBCDIC 码,而数据仓库数据采用 ASCII 码,这就需要进行代码集合的转化。

(7) 度量单位的转化。该转化使数据具有相同的标准度量单位。不少国家有自己的度量单位,需要在数据仓库中采用标准度量单位。

(8) 日期/时间转化。日期和时间的表示应该转化成国际标准格式。例如,2005 年 10 月 15 日在美国表示为 10/15/2005,而在英国表示为 15/10/2005。标准格式为 15 OCT 2005。

(9) 汇总。这种类型的转换是创建数据仓库的汇总数据。汇总数据适合于客观战略性的查询。

(10) 关键字重新构造。在源系统中关键字可能包含很多项的内容,如产品编码包括仓库代码、销售区域、产品编码等多项内容。在数据仓库中,关键字要发生变化,转换成适合于事实表和维表的普通键值。

3. 数据整合和合并

数据仓库的数据是从很多不同的、分散的源系统中的源数据集成起来的。各源系统采用不同的命名方式和不同的数据标准。数据整合和合并是将相关的源数据组合成一致的数据结构,装入数据仓库。具体表现如下。

1) 实体识别问题

例如,一个数据仓库的数据来源于 3 个不同的客户系统:①订单登记系统;②客户服务支持系统;③市场系统。这 3 个系统中对相同客户可能分别有不同的键码。

在数据仓库中,需要为每个客户建立一个记录,这就必须从 3 个源系统中得到同一客户的数据,将它们组合成 1 条单独的记录。这是客户实体识别问题。

进行数据转换时,需要让用户参与这个过程,帮助对实体的识别,并设计算法,将 3 个系统中得到的记录进行匹配,建立统一的记录集合。

2) 多数据源相同属性不同值的问题

例如,假设产品的单位成本可能从两个系统中得到,在特定的时间间隔内对成本值进行计算和刷新,由于两个系统中得到的成本存在一些差别,数据仓库应该从哪个系统中取得成本呢? 有以下 3 种方法。

(1) 分别给这两个系统不同的优先权,取高优先权的成本数据。

(2) 根据最新的刷新日期来选择其中一个源系统的成本数据。

(3) 根据其他相关字段来选择合适的源系统的成本数据。

4. 实施转换

完成数据转换工作一般采用两种方式:自己编写程序实现数据转换和使用转换工具。

1) 自己编写程序实现数据转换

在明确了数据转换的类型和数据整合与合并的内容以后,一般具有编程能力的程序员和分析师都可以编写数据转换程序。

这种方式会带来复杂的编程和测试。

2）使用转换工具

使用自动的工具会提高效率和准确性。当确定数据转换参数和规则时,将它作为元数据存储在工具中,工具就能按元数据的说明有效地完成数据转换工作。这是使用数据转换工具的主要优点。

2.3.3 数据装载

一旦创建了装载映像,数据转换功能就结束了,接下来的是数据装载。它将转换好的数据存储到数据仓库的数据库中。

数据装载包括数据装载方式和数据装载类型。

1. 数据装载方式

1）基本装载

按照装载的目标表,将转换过的数据输入目标表中。若目标表中已有数据,装载时会先清除这些数据,再装入新数据。目标表可以是事实表或维表。

2）追加

如果目标表中已经存在数据,追加过程在保存已有数据的基础上增加输入数据。当一条输入数据记录与已经存在的记录重复时,输入记录可以作为副本增加进去,或者丢弃新输入数据。

3）破坏性合并

当输入数据记录的主键与一条已经存在的记录的键互相匹配时,用新输入数据更新目标记录数据。如果输入记录是一条新的记录,没有任何与之匹配的现存记录,那么就将这条输入记录添加到目标表中。

4）建设性合并

当输入记录主键与已有记录的键相匹配时,保留已有的记录,增加输入的记录,并标记为旧记录的替代。

2. 数据装载类型

数据装载类型包括 3 种:最初装载、增量装载和完全刷新。

1）最初装载

这是第一次对整个数据仓库进行装载。在装载工作完成以后,建立索引。

2）增量装载

由于源系统的变化,数据仓库需要装载变化的数据,这就是增量装载。

在建设性合并的装载方式中,对增加的输入记录中标记了旧记录的替代。这可以作为增量装载的方法。

当已装入的记录数据必须被改正后的数据记录取代时,要采用破坏性合并的装载方式作为增量装载的方法。

3）完全刷新

这种类型的数据装载用于周期性重写数据仓库。有时也可能对一些特定的表进行刷新。

完成刷新与初始装载比较相似。不同点在于在完全刷新前,目标表中已经存在数据。

◈ 2.4 元 数 据

2.4.1 元数据的重要性

元数据在数据仓库的建造、运行中有着极其重要的作用。元数据描述了数据仓库的数据和环境,遍及数据仓库的所有方面,是整个数据仓库的核心。

元数据分为 4 类:关于数据源的元数据、关于数据模型的元数据、关于数据仓库映射的元数据和关于数据仓库使用的元数据。

下面是元数据的一个例子,它定义了数据仓库中的一个表,如表 2.1 所示。

表 2.1 元数据例

逻 辑 名	顾 客
定义	购买商品的个人或组织
物理存储	DB.table(数据库表)
建立日期	2008 年 1 月 15 日
最后更新日期	2010 年 1 月 20 日
更新周期	每月
表编辑程序名	ABC(程序名)

最基本的元数据相当于数据库系统中的数据字典。由于数据仓库与数据库有很大的不同,因此元数据的作用远不是数据字典所能相比的。元数据在数据仓库中有着举足轻重的作用,它不仅定义了数据仓库有什么,还指明了数据仓库中数据的内容和位置,刻画了数据的抽取和转换规则,存储了与数据仓库主题有关的各种商业信息,而且整个数据仓库的运行都是基于元数据的,如数据的修改、跟踪、抽取、装入、综合等。

有两类人会用到元数据:最终用户(包括商业分析员)和 IT 人员(包括开发人员和管理人员)。

1. 最终用户

数据仓库的用户希望从数据仓库获取信息来回答以下问题。

(1) 每个商店各种产品每天的销售数量和金额是按照每笔交易,还是按照汇总数据存储?

(2) 销售情况能够按照产品、促销、商店和月份进行分析吗?

(3) 当月的销售能与去年同期销售对比吗?

(4) 销售情况能与预期目标进行比较吗?

(5) 利润率是如何计算的? 商业规则有哪些?

(6) 销售区域是如何划定的? 需要分析的两个区域包含了哪些地区?

(7) 销售情况的数据从何而来? 来自哪些源系统?

(8) 销售数据是什么时候的? 这些数据多久更新一次?

最终用户需要的元数据有数据内容、汇总数据、商业维、商业指标、浏览路径、源系统、外部数据、数据转换规则、最后更新日期、数据装载和更新周期、查询模板、报表格式、预定义查询和报表、OLAP 数据等。

最终用户需要的元数据也称为商业元数据,它像一幅公路地图,显示了信息所在的地方,以及如何到达那个地方。最终用户通过商业元数据的引导,能够有效地从数据仓库中获得所需要的信息,提高分析效果。

2. IT 人员

元数据对数据仓库的开发者和管理者都很重要。从开始的数据抽取、数据转换、数据集成、数据清洗、数据准备、数据存储,到查询及报表设计、OLAP 设计及运行时的管理工作,IT 人员必须能够得到合适的元数据。

IT 人员需要的元数据:源数据结构、源平台、数据抽取方法、外部数据、数据转换规则、数据清洗规则、准备区域结构、维模型、初始装载、增量装载、数据汇总、OLAP 系统、Web 访问、查询和报表设计。

IT 人员需要的元数据也称为技术元数据,为负责开发、管理和维护数据仓库服务。技术元数据对 IT 人员就像一个支持技术工作的指南。

2.4.2　关于数据源的元数据

关于数据源的元数据是现有业务系统的数据源的描述信息。这类元数据是对不同平台上的数据源的物理结构和含义的描述。具体内容如下。

(1) 数据源中所有物理数据结构,包括所有的数据项及数据类型。

(2) 所有数据项的业务定义。

(3) 每个数据项更新的频率,以及由谁或哪个过程更新的说明。

(4) 每个数据项的有效值。

(5) 其他系统中具有相同业务含义的数据项的清单。

2.4.3　关于数据模型的元数据

关于数据模型的元数据描述了数据仓库中有什么数据及数据之间的关系,它们是管理和使用数据仓库的基础。这类元数据可以支持用户从数据仓库中获取数据。用户可以提出需要哪些表,系统从中选一个表,并得到表之间的关系。通过关系新表,重复该过程,用户能够得到希望的数据。

描述数据仓库中的数据及数据之间的各种复杂关系,元数据要定义以下内容。

(1) 输入输出(I/O)对象:支持数据仓库 I/O 操作的各种对象。元数据要描述该 I/O 对象的定义、类型、状态、存档(刷新)周期。

(2) 关系:两个 I/O 对象之间关联。这种关联有 3 种类型,即一对一、一对多和多对多。

(3) 关系成员:描述每个关系中两个 I/O 对象的具体角色(在一对多中是父亲还是儿子)、关系度(一对一还是一对多)及约束条件(必须满足还是可选关系)。

(4) 关系关键字:描述两个 I/O 对象是如何建立关联的。每个关系都是通过 I/O 对象的关键字来建立的,元数据要指明建立每个关系的相应对象的关键字。

这组元数据定义的数据之间的关系可以用图 2.12 来表示。

图 2.12 数据模型的元数据之间的关系

例如,雇员(employee)与技能(skill)之间的关系如图 2.13 所示。

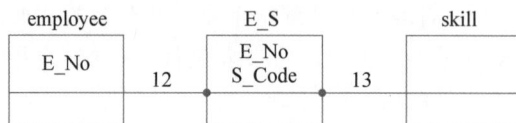

图 2.13 雇员与技能之间的关系

在数据仓库中元数据描述该关系如图 2.14 所示。

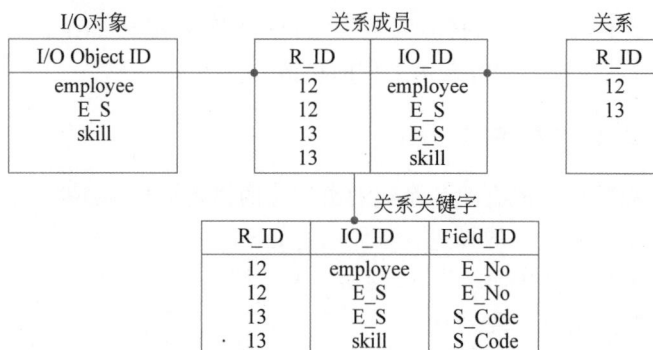

图 2.14 雇员与技能关系的元数据内容

2.4.4 关于数据仓库映射的元数据

关于数据仓库映射的元数据是数据源与数据仓库数据之间的映射。

当数据源中的一个数据项与数据仓库建立了映射关系时,就应该记下这些数据项发生的任何变换或变动,即用元数据反映数据仓库中的数据项是从哪个特定的数据源抽取的,经过了哪些转换、变换和装载过程。

从源系统的数据到数据仓库中的目标数据的转移是一项复杂的工作,其工作量占整个数据仓库开发的 70%。这里主要涉及两个问题。

1. 抽取工作之间的复杂关系

一个数据的抽取要经过许多步骤,如图 2.15 所示。

图 2.15 数据抽取工作的步骤

(1) 获取:从外部或内部源数据系统获取对决策支持系统用户有用的数据。

(2) 过滤:过滤掉不需要的内容(如上次抽取后一直没改变的数据)。

(3) 验证:从用户的角度验证数据的质量。

（4）融合：把本次抽取的数据与数据仓库中的数据进行融合。

（5）综合：对数据进行综合，生成综合级数据。

（6）装载：把新数据装入数据仓库中。

（7）存档：把新装入的数据单独存为一个文件，以便减少更新操作的数据量。

2. 源数据与目标数据之间的映射

源数据与目标数据之间是一种复杂的多对多关系。

元数据要能够描述这些限制所带来的一系列问题。例如，这组元数据要定义的内容如下。

（1）抽取工作：描述每个抽取工作，并为每个抽取工作标识其源系统，明确其刷新周期（两次抽取之间的间隔）。

（2）抽取工作步骤：定义抽取工作中的步骤包括说明每步的类型（如过滤、验证等）。

（3）抽取表映射：为每个抽取步骤建立输入文件（表）与输出文件（表）之间的关联。

（4）抽取属性映射：为每个抽取步骤建立输入表（文件）的属性与输出表（文件）的属性之间的关联。

（5）记录筛选规则：在抽取工作的每个步骤中进行记录的筛选。例如：

```
IF Record.Last_Update_Date>'2009_11_01'OR Record.Create_Date>'2009_11_01'
THEN  Reserve(保留)  ELSE  Delete(删除)
```

这类元数据要定义的数据之间的关系如图 2.16 所示。

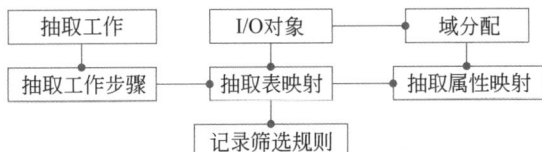

图 2.16 元数据内容及数据之间的关系

这类元数据可以用来生成源代码，以完成数据的转换工作，即完成由操作型数据转换成面向主题的数据仓库的数据。元数据中的抽取表映射和抽取属性映射定义了进行实际抽取、转换工作的过程。数据仓库管理的核心是利用该类元数据所定义的抽取过程生成某种语言的源代码（如 VC），然后编译成可执行的程序以完成数据的抽取工作。

2.4.5 关于数据仓库使用的元数据

关于数据仓库使用的元数据是对数据仓库中信息使用情况的描述。

数据仓库的用户最关心的是两类元数据。

（1）元数据告诉数据仓库中有什么数据，它们从哪里来，即如何按主题查看数据仓库的内容。

（2）元数据提供已有的可重复利用的查询语言信息。如果某个查询能够满足用户的需求，或者与用户的愿望相似，用户就可以再次使用这些查询而不必从头开始编程。

更高级的形式是用户通过选择想要提出的业务问题类型来访问现有的查询，得到相似查询的元数据。

数据仓库使用的元数据能帮助用户得到数据仓库查询所需要的信息，用于解决企业问题。

◆ 习 题 2

1. 数据库中的数据和数据仓库中的数据,在辅助决策上有什么不同?

2. 为什么辅助决策需要更多的数据?

3. 数据仓库结构图中轻度综合数据层与高度综合数据层的数据是临时计算出来的吗?

4. 数据仓库结构图、数据仓库系统结构图和数据仓库运行结构图各代表什么含义?

5. 对数据仓库的运行结构图,说明三层 C/S 结构与两层 C/S 结构的不同点。

6. 数据模型与数学模型(数学模型是指运筹学中研究的模型)有什么区别?

7. 说明数据仓库的数据模型为什么含时间维数据。

8. 说明第三范式数据模型与星形模型有什么不同及它们的优缺点。

9. 说明 ETL 过程对于建立数据仓库的重要性。

10. 说明数据库中 4 种元数据的作用。

第 3 章

联机分析处理

在数据仓库系统中,联机分析处理(OLAP)是重要的数据分析工具。OLAP 的基本思想是企业的决策者应能够灵活地从多方面和多角度以多维的形式来观察企业的状态和了解企业的变化。

◆ 3.1 OLAP 概念

在信息爆炸的时代,信息过量几乎成为人人都需要面对的问题。如何才能不被信息的汪洋大海所淹没,从中及时发现有用的知识或者规律,提高信息利用率呢? 要想使数据真正成为一个决策资源,只有充分利用它为一个组织的业务决策和战略发展服务才行,否则大量的数据可能会成为包袱,甚至成为垃圾。OLAP 是解决这类问题最有力的工具之一。

OLAP 专门设计用于支持复杂的分析操作,侧重对分析人员和高层管理人员的决策支持,可以应分析人员的要求,快速、灵活地进行大数据量的复杂查询处理,并且以一种直观易懂的形式将查询结果提供给决策制定者,以便他们准确掌握企业(公司)的经营状况,了解市场需求,制订正确方案,增加效益。OLAP 软件以它先进的分析功能和以多维形式提供数据的能力,正作为一种支持企业关键商业决策的解决方案而迅速崛起。

3.1.1 OLAP 的定义

在决策活动中,决策人员需要的数据往往不是单一指标的单一的值,他们希望能够从多个角度观察某个指标或者某个值,或者找出这些指标之间的关系。例如,决策者可能想知道"东北地区和西南地区今年一季度和去年一季度在销售总额上的对比情况,并且销售额按 10 万~50 万元、50 万~100 万元,以及 100 万元以上分组"。上面的问题是比较有代表性的,决策所需数据总是与一些统计指标如销售总额、观察角度(如销售区域、时间)和不同级别的统计有关,可以将这些观察数据的角度称为维。可以说决策数据是多维数据,多维数据分析是决策分析的主要内容。但传统的关系数据库系统及其查询工具对于管理和应用这样复杂的数据显得支持力度不够。

OLAP 是在 OLTP 的基础上发展起来的,OLTP 是以数据库为基础的,面对的是操作人员和低层管理人员,对基本数据的查询和增加、删除、修改等进行处理。而 OLAP 是以数据仓库为基础的数据分析处理。它有两个特点:一是在线性 (online),体现为对用户请求的快速响应和交互式操作,它的实现是由客户/服务器这种体系结构在网络环境上完成的;二是多维分析(multidimensional analysis),这也是 OLAP 的核心所在。

OLAP 超越了一般查询和报表的功能,它是建立在一般事务操作之上的另一种逻辑步骤,因此,它的决策支持能力更强。在多维数据环境中,OLAP 为终端用户提供了复杂的数据分析功能。通过 OLAP,高层管理人员能够通过浏览、分析数据发现数据的变化趋势、特征以及一些潜在的信息,从而更好地帮助他们了解商业活动的变化。目前,普遍为人们所接受的 OLAP 的定义有两种。

1. OLAP 理事会给出的定义

OLAP 是一种软件技术,它使分析人员能够迅速、一致、交互地从各方面观察信息,以达到深入理解数据的目的。这些信息是从原始数据转换过来的,按照用户的理解,它反映了企业真实的方方面面。

企业的用户对企业的观察自然是多维的。例如,销售不仅可以从生产这方面看,还与地点、时间等有关,这就是为什么要求 OLAP 模型是多维的原因。这种多维用户视图通过一种更为直观的分析模型进行设计和分析。

OLAP 的大部分策略都是将关系型的或普通的数据进行多维数据存储,以便于进行分析,从而达到联机分析处理的目的。这种多维数据库也被看作超立方体,沿着多个维存储数据,为用户沿着任意多个维事务便利地分析数据。

2. OLAP 的简单定义

近来,随着人们对 OLAP 理解的不断深入,有些学者提出了更为简要的定义,即联机分析处理是共享多维信息的快速分析(fast analysis of shared multidimensional information, FASMI),它体现了 4 个特征。

(1) 快速性(fast):用户对 OLAP 的快速反应能力有很高的要求。系统应能在 5s 内对用户的大部分分析要求做出反应,如果终端用户在 30s 内没有得到系统的响应,则会变得不耐烦,改变分析主线索,影响分析的质量。

(2) 可分析性(analysis):OLAP 系统应能处理与应用有关的任何逻辑分析和统计分析。尽管系统需要一些事先的编程,但并不意味着系统事先已将所有的应用都定义好了。

(3) 多维性(multidimensional):多维性是 OLAP 的特点。系统必须提供对数据分析的多维视图和分析,包括对层次维和多重层次维的完全支持。

(4) 信息性(information):不论数据量有多大,也不管数据存储在何处,OLAP 系统都应能及时获得信息,并且管理大容量的信息。

用于实现 OLAP 的技术主要包括网络环境上客户/服务器体系结构、时间序列分析、面向对象、并行处理、数据存储优化等。

3.1.2 OLAP 准则

1985 年以来,关系数据库需求始终受到 E. F. Codd 提出的 12 条规则的影响。1993 年, E. F. Codd 在 *Providing OLAP to User Analysts* 一书中又提出了有关 OLAP 的 12 条准则,用来评价分析处理工具,这也是他继关系数据库和分布式数据库提出的两个"12 条准则"后提出的第三个"12 条准则"。由于这些规则最初是对客户研究的结果,因此业界对这个 12 条准则褒贬不一。但其主要方面,如多维数据分析、客户/服务器结构、多用户支持及一致的报表性能等方面还是得到了大多数人的认可。E. F. Codd 在文中系统阐述了有关OLAP 产品及其所依赖的数据分析模型的一系列概念及衡量标准,这对 OLAP 产品的辨别及后来的发展方向的确立都产生了重要的作用。如今,这 12 条规则也成为大家定义 OLAP的主要依据,被认为是 OLAP 产品应该具备的特征。如今 OLAP 的概念已经在商业数据库领域得到广泛使用,E. F. Codd 提出的 OLAP 主要的 6 条准则如下。

1. 多维概念视图

从用户分析员的角度来看,用户通常从多维角度来看待企业,企业决策分析的目的不同,决定了分析和衡量企业的数据总是从不同的角度进行,所以企业数据空间本身就是多维的。因此,OLAP 的概念模型也应是多维的。用户可以简单、直接地操作这些多维数据模型。例如,用户可以对多维数据模型进行切片、切块、改变坐标或旋转模式中的联合(概括和聚集)数据路径。

2. 一致稳定的报表性能

报表操作不应随维数增加而削弱,即当数据维数和数据的综合层次增加时,提供给最终分析员的报表能力和响应速度不应该有明显的降低,这对维护 OLAP 产品的简易性至关重要。即便是企业模型改变,关键数据的计算方法也无须更改。也就是说,OLAP 系统的数据模型对企业模型应该具有鲁棒性。只有做到这一点,OLAP 工具提供的数据报表和所做的预测分析的结果才是可信的。

3. 客户/服务器体系结构

OLAP 是建立在客户/服务器体系结构之上的。这要求它的多维数据库服务器能够被不同的应用和工具所访问,服务器端以最小的代价完成同多种服务器之间的挂接任务,智能化服务器必须具有在不同逻辑的和物理的数据库之间映射并组合数据的能力,还应构造通用的、概念的、逻辑的和物理的模式,从而保证透明性和建立统一的公共概念模式、逻辑模式和物理模式。客户端负责应用逻辑及用户界面。

4. 维的等同性

每一数据维在其结构和操作功能上必须等价。可能存在适用于所有维的逻辑结构,提供给某一维的任何功能也应提供给其他维,即系统可以将附加的操作能力授给所选维,但必须保证该操作能力可以授给任意的其他维,即要求维上的操作是公共的。该准则实际上是对维的基本结构和维上的操作的要求。

5. 动态的稀疏矩阵处理

OLAP 服务器的物理结构应完全适用于特定的分析模式,创建和加载此种模式是为了提供优化的稀疏矩阵处理。当存在稀疏矩阵时,OLAP 服务器应能推知数据是如何分布的,以及怎样存储才更有效。

6. 多用户支持能力

当多个用户在同一分析模式上并行工作,或是在同一企业数据上建立不同的分析模型时,OLAP 工具应提供并发访问、数据完整性及安全性等功能。

实际上,OLAP 工具必须支持多用户也是为了适合数据分析工作的特点。应该鼓励以工作组的形式来使用 OLAP 工具,这样多个用户就可以交换各自的想法和分析结果。

3.1.3　OLAP 的基本概念

OLAP 是针对特定问题的联机数据访问和分析。通过对信息进行快速、稳定一致和交互性的存取,允许管理决策人员对数据进行深入观察。为了对 OLAP 技术有更深入的了解,这里主要介绍在 OLAP 中常用的一些基本概念。

1. 变量

变量是数据的实际意义,即描述数据"是什么"。例如,数据 100 本身并没有意义或者说意义未定,它可能是一个学校的学生人数,也可能是某产品的单价,还可能是某商品的销售量等。一般情况下,变量总是一个数值度量指标,例如,"人数""单价""销售量"等都是变量,而 100 则是变量的一个值。

2. 维

维是人们观察数据的特定角度。例如,企业常常关心产品销售数据随着时间推移而产生的变化情况,这时是从时间的角度来观察产品的销售,所以时间是一个维(时间维)。企业也时常关心自己的产品在不同地区的销售分布情况,这时是从地理分布的角度来观察产品的销售,所以地理分布也是一个维(地理维)。其他还有产品维、顾客维等。

3. 维的层次

人们观察数据的某个特定角度(即某个维)还可以存在细节程度不同的多个描述方面,通常称这多个描述方面为维的层次。一个维往往具有多个层次。例如,描述时间维时,可以从日期、月份、季度、年等不同层次来描述,那么日期、月份、季度、年等就是时间维的层次;同样,城市、地区、国家等构成了地理维的层次。

4. 维成员

维的一个取值称为该维的一个维成员。如果一个维是多层次的,那么该维的维成员是由各个不同维的层次的取值组合而成的。例如,考虑时间维具有日期、月份、年这 3 个层次,分别在日期、月份、年上各取一个值组合起来,就得到了时间维的一个维成员,即"某年某月某日"。一个维成员并不一定在每个维的层次上都要取值,例如,"某年某月""某月某日""某年"等都是时间维的维成员。对一个数据项来说,维成员是该数据项在某维中位置的描述。例如,对一个销售数据来说,时间维的维成员"某年某月某日"就表示该销售数据是"某年某月某日"的销售数据,"某年某月某日"是该销售数据在时间维上位置的描述。

5. 多维数组

一个多维数组可以表示为(维 1,维 2,…,维 n,变量)。例如,若日用品销售数据是按时间、地区和销售渠道组织起来的三维立方体,加上变量"销售额",就组成了一个多维数组(地区,时间,销售渠道,销售额),如果在此基础上再扩展一个产品维,就得到一个四维的结构,其多维数组为(产品,地区,时间,销售渠道,销售额)。

6. 数据单元(单元格)

多维数组的取值称为数据单元。当多维数组的各个维都选中一个维成员时,这些维成员的组合就唯一确定了一个变量的值。数据单元就可以表示为(维 1 维成员,维 2 维成员,…,维 n 维成员,变量的值)。例如,在产品、地区、时间和销售渠道上各取维成员"牙膏""上海""2004 年 12 月""批发",就唯一确定了变量"销售额"的一个值(假设为100 000),则该数据单元可表示为(牙膏,上海,2004 年 12 月,批发,100 000)。

◆ 3.2　OLAP 的数据模型

建立 OLAP 的基础是多维数据模型,多维数据模型的存储可以有多种不同的形式。MOLAP 和 ROLAP 是 OLAP 的两种主要形式,其中 MOLAP(multidimensional OLAP)是基于多维数据库的 OLAP,简称多维 OLAP;ROLAP(relation OLAP)是基于关系数据库的 OLAP,简称关系 OLAP。还有几种 OLAP,如 WOLAP(web OLAP)代表网络 OLAP,HOLAP(hybrid OLAP)代表混合 OLAP。

3.2.1　MOLAP 数据模型

MOLAP 数据模型是基于多维数据库的 OLAP,多维数据库(multidimensional database,MDDB)是以多维方式组织数据,即以维作为坐标系,采用类似于数组的形式存储数据。多维数据库中的元素具有相同类型的数值,如销售量。例如,MDDB(二维数组,即矩阵)的数据组织如表 3.1 所示。它代表不同产品(衣服、鞋、帽)在不同地区(北京、上海、广州)的销售量情况。

表 3.1　MDDB(二维)的数据组织

产　品　名	地　　区		
	北京	上海	广州
衣服	600	700	500
鞋	800	900	700
帽子	100	200	80

在查询中除查询一般的"衣服在广州的销售量"外,有时查询像"衣服的总销售量"等类问题,它涉及多个数据项求和,如果采取临时进行累加计算,会使查询效率大大降低。为此,需要增加汇总数据项。在多维数据库中只需要按行或列进行求和,增加"总和"的维成员即可,如表 3.2 所示。

表 3.2　MDDB 中含综合数据的数据组织

产　品　名	地　　区			总　　和
	北京	上海	广州	
衣服	600	700	500	1800
鞋	800	900	700	2400
帽子	100	200	80	380
总和	1500	1800	1280	4580

MDDB 的数据组织形式不同于关系数据库的组织形式,关系数据库是以"属性-元组(记录)"形式组织数据。对表 3.1 中的数据按关系数据库组织,数据如表 3.3 所示。

表 3.3 关系数据库的数据组织

产品名	地区	销售量	产品名	地区	销售量
衣服	北京	600	鞋	广州	700
衣服	上海	700	帽子	北京	100
衣服	广州	500	帽子	上海	200
鞋	北京	800	帽子	广州	80
鞋	上海	900			

可见,MDDB 比关系数据库表达更清晰且占用的存储少。在关系数据库中增加综合数据项,如表 3.4 所示。这些综合数据项一般在建立数据库的同时计算出来。这样在查询时,不必临时进行计算,提高了查询效率。对于多维数据库的综合数据项明显比关系数据库的综合项更有效果。

表 3.4 关系数据库中含综合数据的数据组织

产品名	地区	销售量	产品名	地区	销售量
衣服	北京	600	鞋	广州	700
衣服	上海	700	鞋	总和	2400
衣服	广州	500	帽子	北京	100
衣服	总和	1800	帽子	上海	200
鞋	北京	800	帽子	广州	80
鞋	上海	900	帽子	总和	380

3.2.2 ROLAP 数据模型

ROLAP 是基于关系数据库的 OLAP,如表 3.3 所示。它是一个平面结构,用关系数据库表示多维数据时,采用星形模型,即用两类表:一类是事实表,存储事实的实际值,如销售量;另一类是维表,对每个维至少有一个表来存储该维的描述信息,如产品的名称、分类等。星形模型完全用二维关系表示了数据的多维观念。

通过关系数据库实现多维查询时,通过维表的主码对事实表和每个维表做连接操作,一次查询就可以得到数据的具体值以及对数据的多维描述(即对应在各维上的维成员)。但是,因为对每个维都需要进行一次连接操作,所以系统的性能就成了 ROLAP 实现的最大的一个问题,特别是当维数增加和事实表增大时,必须采用有效的查询优化技术(特别是表连接策略),利用各种索引技术来提高系统的性能。

当存在多层次的复杂维时,需要采用雪花模型,用多张表来描述一个复杂维。对于存在综合数据时,需要建立汇总事实表,采用星网模型来描述。

3.2.3 MOLAP 与 ROLAP 的比较

MOLAP 通过多维数据库引擎从关系数据库(DB)和数据仓库(DW)中提取数据,将各种数据组织成多维数据库,存放到 MDDB 中,而且将自动建立索引并进行预综合(见 3.4.4 节)来提高查询存取性能,如图 3.1 所示。

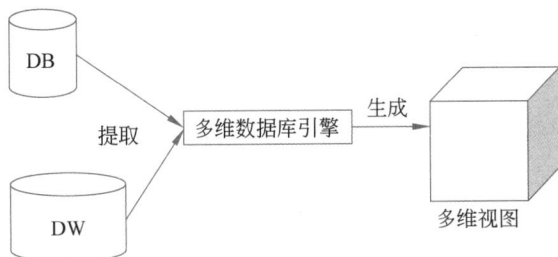

图 3.1　MOLAP 结构

ROLAP 从关系数据库和数据仓库中提取数据,按 ROLAP 的数据组织存放在关系数据库管理系统(relational database management system,RDBMS)服务器中。最终用户的多维分析请求,通过 ROLAP 服务器的多维分析(OLAP 引擎)动态翻译成 SQL 请求,将查询结果经多维处理(将关系表达式转换成多维视图)返回用户,如图 3.2 所示。

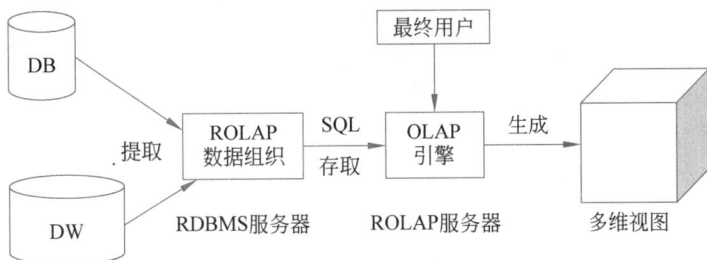

图 3.2　ROLAP 结构

虽然这两种技术都满足了 OLAP 数据处理的一般过程,即数据装入、汇总、建索引和提供使用,但 MOLAP 要比 ROLAP 简明一些。MOLAP 的索引及数据综合可以自动进行;然而 ROLAP 的实现较为复杂,但灵活性较好,用户可以动态实现统计或计算方式。

下面详细深入分析 MOLAP 与 ROLAP。

1. 数据存取速度

ROLAP 的多维数据是以星形模型等关系数据库(平面形式)存储,并不直接体现“超立方体”形式。在接收客户 OLAP 请求时,ROLAP 服务器需要将 SQL 语句转化为多维存储语句,并利用连接运算临时拼合出多维数据立方体。因此,ROLAP 的响应时间较长。

目前,关系数据库已经对 OLAP 做了很多优化,包括并行存储、并行查询、并行数据管理、基于成本的查询优化、位图索引、SQL 的 OLAP 扩展等,大大提高了 ROLAP 的速度。

MOLAP 是专为 OLAP 所设计的,能够自动地建立索引,并且有良好的预计算能力,能够使用多维查询语句访问数据立方体,因此 MOLAP 在数据存储速度上性能好,响应速度快。

2. 数据存储的容量

ROLAP 使用的传统关系数据库的存储方法,在存储容量上基本没有限制。但是,需要指出的是,在 ROLAP 中为了提高分析响应速度,常常构造大量的中间表(如综合表),这些中间表带来了大量的冗余数据。

MOLAP 通常采用多平面叠加成立体的方式存放数据(这样访问速度快),由于受操作系统平台中文件大小的限制,当数据量超过操作系统最大文件长度时,需要进行数据分割。随着数量的增大,多维数据库进行的预运算结果将占用大量的空间,此时可能会导致"数据爆炸"的现象。因此,多维数据库的数据量级难以达到太大的字节级。

3. 多维计算的能力

MOLAP 能够支持高性能的决策支持计算,包括复杂的跨维计算、行级的计算,而在 ROLAP 中,SQL 无法完成部分计算,并且 ROLAP 无法完成多行的计算和维之间的计算。

最近发展起来的多维数据分析的 MDX 语言能更有效地进行多维数据分析。

4. 维变化的适应性

MOLAP 需要在建立多维数据库前确定各维以及维的层次关系。在多维数据库建立后,如果要增加新的维,则多维数据库通常需要重新建立。新增维数据会剧烈增加。而 ROLAP 增加一个维,只是增加一张维表并修改事实表,系统中其他维表不需要修改,因此 ROLAP 对于维表的变更有很好的适应性。

5. 数据变化的适应性

由于 MOLAP 通过预综合处理来提高速度,当数据频繁变化时,MOLAP 需要进行大量的重新计算,甚至重新建立索引乃至重构多维数据库。在 ROLAP 中,预综合处理通常由设计者根据需求制定,因此灵活性较好,对于数据变化的适应性强。

6. 软硬件平台的适应性

关系数据库已经在众多的软硬件平台上成功地运行,即 ROLAP 对软硬件平台的适应性很好,而 MOLAP 相对较差。

7. 元数据管理

元数据是 OLAP 和数据仓库的核心数据,OLAP 的元数据包括层次关系、计算转化信息、报表中的数据项描述、安全存取控制、数据更新、数据源和预计算综合表等,目前在元数据的管理上,MOLAP 和 ROLAP 都没有成形的标准,MOLAP 产品将元数据作为其内在数据,而 ROLAP 产品将元数据作为应用开发的一部分,由设计者来定义和处理。

MOLAP 和 ROLAP 在技术上各有优缺点。MOLAP 以多维数据库为核心,在数据存储和综合上有明显的优势,但它不适应太大的数据存储,特别是对有大量稀疏数据的存储将会浪费大量的存储空间。ROLAP 以 RDBMS 为基础,利用成熟的技术为用户的使用和管理带来方便。

MOLAP 和 ROLAP 在数据存储、技术和特征方面的比较如表 3.5 所示。

表 3.5　MOLAP 和 ROLAP 在数据存储、技术和特征方面的比较

类　型	数据存储	技　术	特　征
MOLAP	详细数据用关系表存储在数据仓库中;各种汇总数据保存在多维数据库中;从数据仓库中询问详细数据,从多维数据库中询问汇总数据	由 MOLAP 引擎创建;预先建立数据立方体;多维视图存储在陈列中,而不是表格中;可以高速检索矩阵数据;利用稀疏矩阵技术来管理汇总的稀疏数据	询问响应速度快;能轻松适应多维分析;有广泛的下钻和多层次/多视角的查询能力

续表

类　型	数 据 存 储	技　术	特　征
ROLAP	全部数据以关系表存储在数据仓库中;可获得细节的和综合汇总的数据;有非常大的数据容量;从数据仓库中询问所有的数据	使用复杂 SQL 从数据仓库中获取数据;ROLAP 引擎在分析中创建数据立方体;表示层能够表示多维的视图	在复杂分析功能上有局限性,需要采用优化的 OLAP;下钻较容易,但是跨维下钻比较困难

◆ 3.3 多维数据的显示

3.3.1 多维数据的显示方法

多维数据一般采用多维数据库和关系数据库两种方式存储。多维数据的显示只能在平面上展现出来。对于二维数据采用多维数据库形式显示时,如表 3.1 所示。二维数据采用关系数据库形式显示时,如表 3.3 所示。若增加一维——时间维,仍然可以显示出来,如表 3.6 所示。

表 3.6 三维数据的关系数据库显示

产　品　名	地　区	时　间	销　售　量
衣服	北京	1 月	100
衣服	北京	2 月	200
衣服	北京	3 月	300
衣服	上海	1 月	200
衣服	上海	2 月	300
衣服	上海	3 月	400
衣服	广州	1 月	150
衣服	广州	2 月	250
衣服	广州	3 月	300
鞋	北京	1 月	150
鞋	北京	2 月	300
鞋	北京	3 月	350
鞋	上海	1 月	200
鞋	上海	2 月	300
鞋	上海	3 月	400
鞋	广州	1 月	150
鞋	广州	2 月	250
鞋	广州	3 月	300
⋮	⋮	⋮	⋮

用关系数据库可以显示更多维的数据,即用星形模型的事实表形式显示。但是,用事实表显示多维数据时,重复数据很多,也显得很烦琐。

用多维数据库显示时,虽然不能同时显示三维以上数据,由于显示的数据很精炼,因此仍然用多维数据库的方式来显示多维数据。一般在多维数据库中,固定一些维成员,重点显示二维数据。如在表 3.6 三维数据中,固定地区维是"北京地区"时的二维数据的显示,如表 3.7 所示。

表 3.7 北京地区销售情况表

北 京 地 区	1 月	2 月	3 月
衣服	100	200	300
鞋子	150	300	350
⋮	⋮	⋮	⋮

3.3.2 多维类型结构

为了有效地表示多维数据,E. Thomsen 引入了多维类型结构(multidimensional type structure,MTS)。有些专家称其为多维域结构(multidimensional domain structure,MDS)。表示方法:每个维用一条线段来表示,维中的每个成员都用线段上的一个单位区间来表示。例如,用 3 个线段分别表示时间、产品和指标的三维 MTS 如图 3.3 所示。

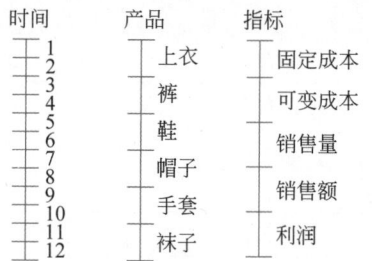

图 3.3 三维 MTS 实例

在图 3.3 中,指定时间维成员是 3 月,产品维成员是鞋,指标维成员是销售量,这样它代表了三维数据的一个空间数据点,如图 3.4 所示。

在 MTS 中,在原有多维数据中增加一个维是很容易的,例如,在图 3.3 的三维中增加一个商店维,这时需要增加一条线段表示商店维,如图 3.5 所示(注:对图 3.3 中的指标维中,把销售量、销售额和利润分别改为直接销售、间接销售和总销售)。

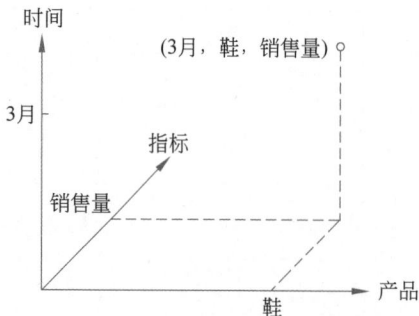

图 3.4 多维类型结构中的空间数据点

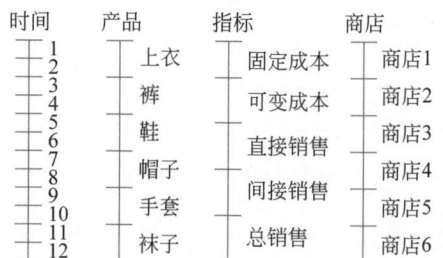

图 3.5 四维 MTS 实例

3.3.3　多维数据的分析视图

在平面的屏幕上显示多维数据,是利用行、列和页面 3 个显示组来表示的。例如,对上例的四维 MTS 实例,在页面上选定商店维的"商店 3",在行中选定时间维的"1 月、2 月、3 月"共 3 个成员,在列中选定产品维中的"上衣、裤、帽子"3 个成员,以及指标维中的"固定成本、直接销售"两个成员。该四维数据的显示如图 3.6 所示。

商店3	上衣		裤		帽子	
	直接销售	固定成本	直接销售	固定成本	直接销售	固定成本
1月	450	350	550	450	500	400
2月	380	280	460	360	400	320
3月	400	310	480	410	450	400

图 3.6　四维数据的显示

对于更多维的数据显示,需要选择维及其成员分布在行或列中。在页面上可以选定多个维,但每个维只能显示一个成员。在行或列中一般只选择两个维,每个维都可以多个成员。例如,对六维数据,它的 MTS 如图 3.7 所示。

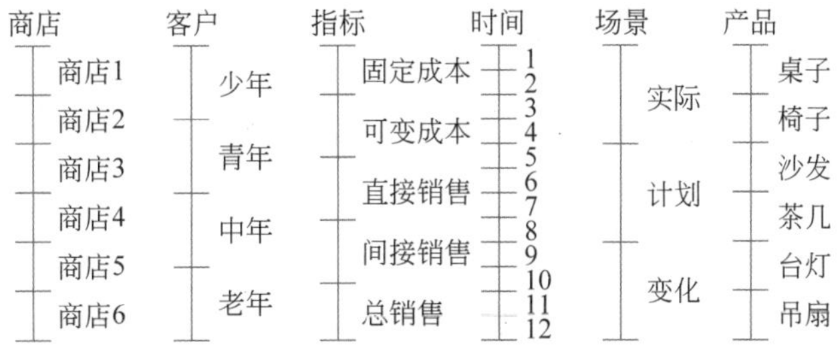

图 3.7　六维 MTS 实例

对以上六维数据,在页面上设定商店维成员是"商店 3",客户维成员是"老年"。行维含时间维和产品维共两个维,其中时间维成员为"1 月、2 月、3 月",产品维中成员为"桌子、台灯"。列维含指标维和场景维共两个维,其中指标维成员为"直接销售、间接销售、总销售",场景维成员为"实际、计划"。具体六维数据的显示如图 3.8 所示。

商店3,老年		直接销售		间接销售		总销售	
		实际	计划	实际	计划	实际	计划
1月	桌子	250	300	125	150	375	450
	台灯	265	320	133	160	400	480
2月	桌子	333	400	167	200	500	600
	台灯	283	340	142	170	425	510
3月	桌子	350	420	175	210	525	630
	台灯	250	300	125	150	375	450

图 3.8　六维数据的显示

由于整个屏幕的空间是有限的,将维嵌套在行或列中相对于放在页维中会占据更多的屏幕空间。用于显示维的空间越多,用于显示数据的空间就会越少。随着显示数据空间的减少,为了查看同样的数据,就需要做更多的卷屏操作。卷屏操作的增加也加大了理解正在寻找的数据的难度。一些经验规则如下。

(1) 将维尽量放在页中,除非确定需要同时看到一个维的多个成员。让屏幕上的信息尽量相关。

(2) 当维嵌套在行或列中时,考虑到垂直空间比水平空间更有用,所以将维嵌套在列中比嵌套在行中要好。一个经典的显示方法就是在行上有一个维,而在列上嵌套一～三个维,而其他的维则放在页中,如图3.6所示。

(3) 在决定数据的屏幕显示方式之前,应该首先弄清楚需要查找和分析比较的内容。例如,如果需要比较某个产品和某类客户在商品和时间上的实际成本情况,就可以将产品和客户放在页维中,而在屏幕上则可以按商店和时间来显示实际成本,如图3.9所示。

商店	时间			
	1月	2月	3月	4月
商店1	125	170	157	114
商店2	200	195	129	157
商店3	136	158	132	144

图 3.9   按照商店和时间比较成本的数据组织

页维:产品维成员"鞋",指标维成员"成本",场景维成员"实际",客户维成员"青年"。

◈ 3.4   OALP 的多维数据分析

3.4.1   多维数据分析的基本操作

OLAP 的目的是通过一种灵活的多维数据分析手段,为管理决策人员提供辅助决策信息。基本的多维数据分析操作包括切片、切块、钻取、旋转等。通常把在多维数据分析中加入数据分析模型和商业分析模型称为广义 OLAP。

随着 OLAP 的深入发展,出现了多维数据聚集计算的数据立方体和多维数据分析的MDX 语言。

1. 切片

选定多维数组的一个二维子集的操作称为切片(slice),即选定多维数组(维1,维2,…,维n,变量)中的两个维:如维i和维j,在这两个维上取某一区间或任意维成员,而将其余的维都取定一个维成员,则得到的就是多维数组在维i和维j上的一个二维子集,称这个二维子集为多维数组在维i和维j上的一个切片,表示为(维i,维j,变量)。

切片就是在某两个维上取一定区间的维成员或全部维成员,而在其余的维上选定一个维成员的操作。这里可以得出以下共识。

维是观察数据的角度,那么切片的作用或结果就是舍弃一些观察角度,使人们能在两个维上集中观察数据。因为人的空间想象能力毕竟有限,一般很难想象四维以上的空间结构。所以对于维数较多的多维数据空间,数据切片是十分有意义的。

图3.10为一个按产品维、地区维和时间维组织起来的产品销售数据,用三维数组表示为(地区,时间,产品,销售额)。如果在地区维上选定一个维成员(设为"上海"),就得到了在地区(上海)维上的一个切片(关于"各时间"和"各产品"的切片);在产品维上选定一个维成

员(设为"电视机"),就得到了在产品维上的一个切片(关于"各时间"和"各地区"的切片)。显然,切片的数目取决于每个维上维成员的个数。

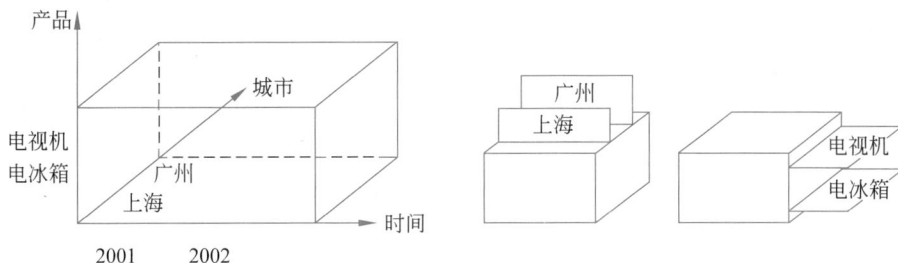

图 3.10　三维数据切片

2. 切块

切块(dice)有如下两种情况。

(1) 在多维数组的某个维上选定某一区间的维成员的操作。切块可以看成是在切片的基础上确定某个维成员的区间得到的片段,即由多个切片叠合起来的。对于时间维的切片(时间取一个确定值),如果将时间维上的取值设定为一个区间(例如,取"2001—2005 年"),就得到一个数据切块,它可以看成由 2001—2005 年 5 个切片叠合而成的。

(2) 选定多维数组的一个三维子集的操作。在多维数组(维 1,维 2,…,维 n,变量)中选定三个维,维 i、维 j、维 k,在这三个维上分别取一个区间,或任意维成员,而其他维都取定一个维成员。例如,在三维数组(地区、时间、产品、销售额)中,地区维取"上海、广州"两个维成员,产品维取"电视机、电冰箱"两个维成员,时间维取"2003—2005 年"(三个维成员)组成三维立方体,如图 3.11 所示。

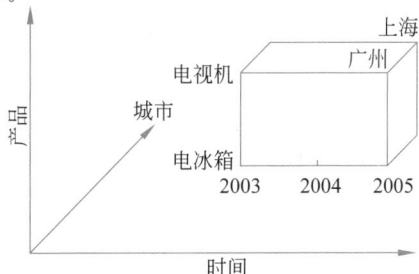

图 3.11　三维数据切块

3. 钻取

钻取(drill)分为下钻(drill down)和上钻(drill up)操作。下钻是使用户在多层数据中能通过导航信息而获得更多的细节性数据,而上钻获取概括性的数据。例如,2009 年各部门销售数据如表 3.8 所示。

表 3.8　部门销售数据

部　　门	销　　售	部　　门	销　　售
部门 1	900	部门 3	800
部门 2	600		

在时间维进行下钻操作,获得新表 3.9。

表 3.9　部门销售下钻数据

部　　门	2009 年			
	一季度	二季度	三季度	四季度
部门 1	200	200	350	150
部门 2	250	50	150	150
部门 3	200	150	180	270

相反的操作为上钻。钻取的深度与维所划分的层次相对应。

4. 旋转

通过旋转(pivot)可以得到不同视角的数据。旋转操作相当于平面数据将坐标轴旋转。例如,旋转可能包含了交换行和列,或是把某个行维移到列维中去,或是把页面显示中的一个维和页面外的维进行交换(令其成为新的行或列中的一个),如图 3.12 所示。

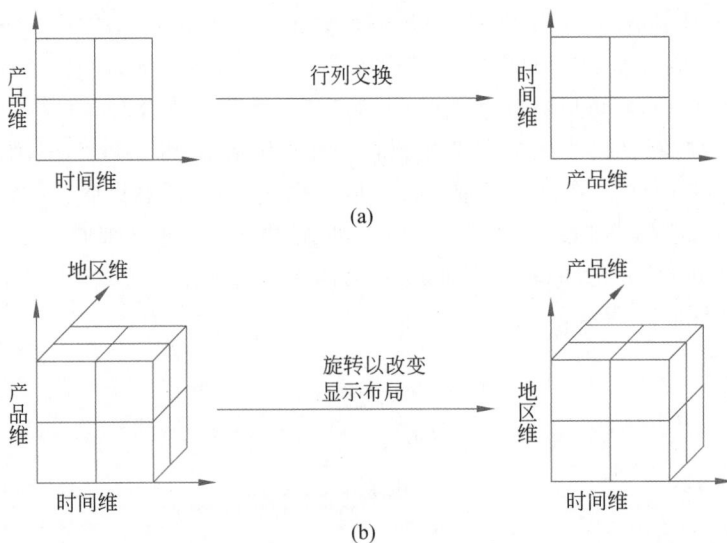

图 3.12　旋转操作

图 3.12(a)是把一个横向为时间、纵向为产品的报表旋转成为横向为产品、纵向为时间的报表。

图 3.12(b)是把一个横向为时间、纵向为产品的报表旋转成一个横向仍为时间而纵向为地区的报表。

3.4.2　多维数据分析实例

1. 切片

为了对广东省全省营业税和个人所得税在 2006 年和 2007 年的纳税情况进行全面了解,需要对全省税收数据按城市进行切片显示,部分城市数据如表 3.10 所示。

表 3.10　广东省 2006 年和 2007 年部分市营业税和个人所得税表　　　　亿元

城　　市	税　　收			
	2006 年营业税	2006 年个人所得税	2007 年营业税	2007 年个人所得税
广州市	199.1	96.4	231.9	122
东莞市	53.4	25.4	70.3	31.6
珠海市	23.9	9.1	34.9	13.9
佛山市	55.7	29.3	72.5	34.4

由表 3.10 中数据可知：广州市营业税增加 32.8 亿元,增长率为 16.5%；广州市个人所得税增加 25.6 亿元,增长率为 26.6%；东莞市营业税增加 16.9 亿元,增长率为 31.65%；东莞市个人所得税增加 6.2 亿元,增长率为 24.4%。

对营业税而言,增长量最大的城市是广州市,增长速度较快的城市是东莞市(31.65%)。

2. 下钻

为了更深入分析东莞市的各行业的营业税情况,需要对东莞市营业税数据下钻分析。东莞市 2006 年和 2007 年部分行业的纳税情况如表 3.11 所示。

表 3.11　东莞市 2006 年和 2007 年部分行业的营业税表　　　　百万元

行　　业	税　　收	
	2006 年营业税	2007 年营业税
农、林、牧、渔业	15.6	10.1
房地产业	1204	1510.5
制造业	85.5	112.8
餐饮业	327.9	363.8
金融业	475.7	698.1
采矿业	0.28	0.26

由表 3.11 中数据可知,东莞市农、林、牧、渔业 2007 年下降了 550 万元,下降率为 35.2%。采矿业下降了 2 万元,下降率为 7.1%。房地产业增加了 30 650 万元,增长率为 25%。金融业增加了 22 240 万元,增长率为 46.8%。对这几种行业营业税增减率有更直观的表示,用直方图表示,如图 3.13 所示。

3. 数据分析

1）宏观分析

从表 3.10 中的数据可以宏观地看出,东莞市的营业税增长很突出,在广东省各市中名列前茅。

2）深入分析

根据表 3.11 中的行业数据进行深入分析发现,东莞市的农、林、牧、渔业税收下降明显,采矿业税收也下降,而房地产业税收增长明显,金融业税收增长突出。通过调查得出,随着经济的发展,东莞市的外来合资企业越来越多,本地很多农民把地卖了或者租出去建厂房,

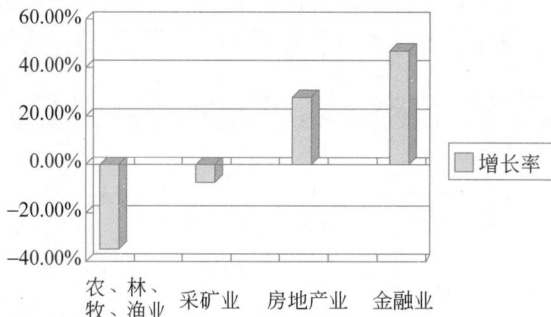

图 3.13　东莞市几个行业营业税增减率的直方图

造成农、林、牧、渔业税收下降,东莞市近年逐步实现产业转移,由农业更多地转向制造业和加工业。

从总体看,东莞市的房地产业税收和金融业税收的上升,掩盖了农、林、牧、渔业税收的下降。对政府来说,需要做出继续支持还是需要调整的决策。

3.4.3　广义 OLAP 功能

OLAP 的切片、切块、旋转与钻取等基本操作是最基本的展示数据、获取数据信息的手段。从广义上讲,任何有助于辅助用户理解数据的技术或操作都可以作为 OLAP 功能,这些有别于基本 OLAP 的功能称为广义 OLAP 功能。

1. 基本代理操作

"代理"是一些智能性代理,当系统处于某种特殊状态时提醒分析员。

(1)示警报告。定义一些条件,一旦条件满足,系统会提醒分析员去做分析。例如,每日报告完成或月订货完成等通知分析员做分析。

(2)时间报告。按日历和时钟提醒分析员。

(3)异常报告。当超出边界条件时提醒分析员。例如,销售情况已超出预定义阈值的上限或下限时提醒分析员。

2. 数据分析模型

E. F. Codd 认为,以前的数据分析主要集中在静态数据值的相互比较上。有了 OLAP 后,可以进行动态数据分析,需要建立企业数据模型。他将数据分析模型分为 4 类:绝对模型(categorical model)、解释模型(exegetical model)、思考模型(contemplative model)和公式模型(formulaic model)。

(1)绝对模型。它属于静态数据分析,通过比较历史数据值或行为来描述过去发生的事实。该模型查询比较简单,综合路径是预先定义好的,用户交互少。

(2)解释模型。它也属于静态数据分析,分析人员利用系统已有的多层次的综合路径层层细化(进行下钻操作),找出事实发生的原因。

(3)思考模型。它属于动态数据分析,旨在说明在一维或多维上引入一组具体变量或参数后将会发生什么。分析人员在引入确定的变量或公式关系时,须创建大量的综合路径。

(4)公式模型。它的动态数据分析能力更强,该模型表示在多个维上,需要引入哪些变量或参数,以及引入后所产生的结果。

下面通过一个实例进行说明。

一家百货公司在建立了自己的数据仓库后,希望构造一个 OLAP 系统辅助决策。决策者最关心的一个问题是如何最大限度地扩大商品的销售量,因而决策者希望能尽可能地找出与销售量相关的因素,从而采取相应的促销手段。但是决策者能获得多大的帮助需要取决于采用何种分析模型。

(1) 绝对模型只能对历史数据进行比较,并且利用回归分析等一些分析方法得出趋势信息。它能回答诸如"某种商品今年的销售情况与以往相比有怎样的变化? 今后的趋势怎样?"此类问题。

(2) 解释模型能够在当前多维视图的基础上找出事件发生的原因。例如,该公司按时间、地区、商品及销售渠道建立了多维数据库,假设今年销售量下降,那么解释模型应当能找出原因,即销售量下降与时间、地区、商品及销售渠道四者中的何种因素有关。

(3) 思考模型可以在决策者的参与下,找出关键变量。例如,该公司决策者为了了解某商品的销售量是否与顾客的年龄有关,引入了新变量——年龄,即在当前的多维视图上增加了顾客的年龄维。解释模型就能分析出年龄的引入是否必要,即商品销售与顾客年龄有关或无关。

(4) 公式模型自动完成上述各种变量的引入和分析,从而最终找出与销量有关的全部因素,并给出了引入各变量后的结果。

可以看出,这 4 种模型一个比一个深入,从描述基本事实到寻找原因,从代入变量值进行预测到寻找关键变量。

E. F. Codd 认为 OLAP 是因企业动态分析而产生的,其功能是创建、操作、激活及综合来自解释模型、思考模型及公式模型中的信息。它可以识别变量间新的或不可预测的关联,通过创建大量的维(综合路径)及指出维间计算条件、表达式来处理大量数据,获得辅助决策信息。

3. 商业分析模型

利用数据仓库中的数据进行商业分析需要建立一系列模型,用于提高决策支持能力。

具体的商业分析模型如下。

1) 分销渠道的分析模型

通过客户、渠道、产品或服务三者之间的关系,了解客户的购买行为、客户和渠道对业务收入的贡献、哪些客户比较喜欢由什么渠道在何时和银行打交道、目前的分销渠道的服务能力、需要增加哪些分销渠道才能达到预期的服务水平。

为此,银行需要建立客户购买倾向模型和渠道喜好模型等。

2) 客户利润贡献度模型

通过该模型能了解每位客户对银行的总利润贡献度,银行可以按客户的利润贡献度安排合适的分销渠道提供服务和销售,知道哪些利润贡献度高的客户需要留住,采用什么方法留住客户,交叉销售改善客户的利润贡献度,哪些客户应该争取,完成个性化服务。另外,银行可以模拟和预测新产品对银行的利润贡献度,或者新政策对银行将产生什么样的财务影响,或者客户流失与否对银行整体利润的影响。

3) 客户关系(信用)优化模型

银行对客户的每笔交易中,知道客户需要什么产品或服务,例如,定期存款是为了退休养老使用、申请信用卡需要现金消费、询问放贷利息需要住房贷款等,这些都是银行提供产品或服务的最好时机。银行需要将账号每天发生的交易明细,以实时或定时方式加载到数据仓库中,关注客户行为的变化。当发生上述变化时,通过模型计算,主动地与客户沟通并进行交叉销售,达到留住客户和增加利润的目的。

4）风险评估模型

模拟风险和利润间的关系,建立风险评估的数学模型,在满足高利润、低风险客户需求的前提下,达到银行收益的极大化。

银行通过以上模型实现以客户为中心的数据仓库决策支持系统,才能真正实现个性化服务,提高竞争优势。

3.4.4　数据立方体

1. 概述

1996 年,Jim Gray 等首次提出了数据立方体(data cube)的概念,数据立方体是实现多维数据查询与分析的一种重要手段。实质上,数据立方体就是数据仓库的结构图(图 2.1)中的综合数据层(轻度和高度)。从此,基于数据立方体的生成方法一直是 OLAP 和数据仓库领域研究者所关注的热点。

多维数据集的属性分为维属性和度量属性。维属性是观察数据对象的角度,而度量属性则反映数据对象的特征。对于多维数据分析而言,本质上是沿着不同维进行数据获取的过程。在数据立方体中,不同维组合构成了不同的子立方体,不同维值的组合及其对应的度量值构成相应的不同的查询和分析。因此,数据立方体的构建和维护等计算方法成为多维数据分析研究的关键。

OLAP 和数据仓库通常预先计算好不同细节层次和不同维属性集合上的聚集,并把聚集的结果存储到物理磁盘上(称为物化)。把所有可能的聚集(即全聚集)都计算出来,可以得到最快的系统查询响应时间,即使不管计算聚集所花费的 CPU 处理时间,只是随着维数的增加,这样做就有可能导致数据聚集的种类剧烈增加。

数据立方体是在所有可能组合的维上进行分组聚集运算(group by 操作)的总和,聚集函数有 sum()、count()、average() 等。数据立方体中的每个元组(立方体的度量属性)称为该立方体上的格(cell),每个格在 n 个维属性上有相应的值,其中,在未参与 group by 操作的维属性上具有 all 值(用 * 表示),而在参与 group by 操作的维属性具有非 all 值。

例如,对于一个具有三个维属性 A、B、C 和一个度量属性 M 的数据集 $R(A,B,C,M)$,其对应的数据立方体是在维属性集$\{\ \}$、$\{A\}$、$\{B\}$、$\{C\}$、$\{AB\}$、$\{AC\}$、$\{BC\}$、$\{ABC\}$上分别对度量属性进行聚集操作后的并集。其中,$\{\}$表示进行聚集运算$\{*,*,*,$聚集函数$(M)\}$,$\{A\}$表示进行聚集运算$\{A,*,*,$聚集函数$(M)\}$等。

这些聚集运算与操作结果是数据仓库中的一种高度综合级数据,实质上是进行了数据的浓缩(压缩),也可称为泛化。最终所获得的这些数据立方体可用于决策支持、知识发现或其他许多应用。

例如,对表 3.12 所示的超市的基本数据集 POS(product,type,counter,price),前三个属性分别代表(产品名、类型、柜台)维属性,对度量属性 price 进行取平均值的聚集运算,则通过数据立方操作可以得到一个具有三个维属性和一个度量属性的数据立方体 Dpos,如表 3.13 所示。同时,也可以用三维方式来体现立方体的特征(省略)。

表 3.12　基本数据集 POS

product	type	counter	price
KONKA	TV SET	01	1000
TCL	TV SET	01	1500
NOKIA	PHONE	01	2000

表 3.13　全聚集的数据立方体 Dpos

product	type	counter	M(AVG(price))
*	*	*	1500
KONKA	*	*	1000
TCL	*	*	1500
NOKIA	*	*	2000
*	TV SET	*	1250
*	PHONE	*	2000
*	*	01	1500
KONKA	TV SET	*	1000
TCL	TV SET	*	1500
NOKIA	PHONE	*	2000
*	TV SET	01	1250
*	PHONE	01	2000
KONKA	*	01	1000
TCL	*	01	1500
NOKIA	*	01	2000
KONKA	TV SET	01	1000
TCL	TV SET	01	1500
NOKIA	PHONE	01	2000

　　一般来说,在商业应用中,全聚集的数据占据的空间是原始数据空间的数百倍,另外它的更新维护也需要花费很长时间,所以计算聚集时应在聚集所占用的空间、CPU 处理时间和 OLAP 系统查询响应时间之间有一个权衡。故数据立方体的构建是在存储空间、响应查询时间和数据更新维护的消耗等几个主要因素之间寻求有效的折中,即部分物化:按照一定的规则选择数据立方体的一个子集进行预先计算。这种选择是存储空间和响应时间的一种折中。

　　典型的压缩型数据立方体,包括冰山立方体、紧凑数据立方体、外壳片段立方体等。随着流式数据处理技术的发展,流式数据立方体生成方法越来越受到领域研究者的关注。

2. 典型的压缩型数据立方体

1) 冰山立方体

在冰山立方体的生成计算中,仅聚集高于(或低于)某个阈值的子立方体,这是一种部分构建立方体的解决方法。这种计算方法的研究动机是数据立方体的空间多数被低(或高)度量值的数据单元所占据,而这些数据单元往往是分析者很少关心的内容。这种方法的优点是能够减少构建数据单元所占用的存储空间。

例如,在表 3.13 中,设定聚集运算条件:M(AVG(price))≤1250,其冰山立方体如表 3.14 所示。

表 3.14　基本数据集 POS 的冰山立方体

product	type	counter	M(AVG(price))
KONKA	*	*	1000
*	TV SET	*	1250
KONKA	TV SET	*	1000
*	TV SET	01	1250
KONKA	*	01	1000
KONKA	TV SET	01	1000

对比表 3.14 和表 3.13,可以看出冰山立方体是全聚集立方体的部分。

2) 紧凑数据立方体

紧凑数据立方体生成方法的一个重要特点是能够保持数据立方体的钻取操作的语义。这种紧凑数据立方体生成方法在压缩的方式和表现形式上表现出不同的特征,其中包括浓缩立方体(condensed cube)、商立方体(quotient cube)等,这些都是近年来出现的一系列新型的数据立方体的存储结构。

浓缩立方体计算方法的基本原理是:在某些属性或组合下的一个元组相对于其他元组具有唯一性,则称为基本单元组(base single tuple,BST)。当它的超集(增加属性组合)也是BST,且都是取同一度量值,在聚集运算时,可以把这些属性的度量值对应的元组压缩成一条元组存储。

例如,表 3.13 中的 product 属性下的每个元组都是 BST,由于其属性值(KONKA,TCL,NOKIA)都是唯一的,同时,属性{ product }的所有超集{ product,type },{ product,counter },{ product,type,counter }也是 BST,且都具有相同值,如{ KONKA,*,*,1000 },{ KONKA,TV SET,*,1000 },{ KONKA,*,01,1000 },{ KONKA,TV SET,01,1000 },故可以将这些元组压缩存储为一条元组{ KONKA,*,*,1000 }。同理,属性{ type }中,其属性值为 PHONE 的元组是 BST,它和它的超集也可以压缩存储为一条元组{ *,PHONE,*,2000 }。经过这样的浓缩后,表 3.13 的基本数据集 POS 的浓缩立方体如表 3.15 所示。

表 3.15　基本数据集 POS 的浓缩立方体

product	type	counter	M(AVG(price))
*	*	*	1500
KONKA	*	*	1000
TCL	*	*	1500
NOKIA	*	*	2000
*	TV SET	*	1250
*	PHONE	*	2000
*	*	01	1500
*	TV SET	01	1250

对比表 3.15 和表 3.13,可以看出浓缩立方体是全聚集立方体的有效浓缩。

由于在一般的应用中,当属性个数较多时,BST 是广泛存在的,一般来说,其压缩率可以达到 30%～70%。

3) 外壳片段立方体

在高维情况下,需要预先计算大量的数据单元,同时增加了数据立方体的构建和维护的复杂性。一种思路是仅预先计算涉及少数维的子立方体,就形成整个数据立方体的一个外壳。当涉及其他维的时候,则需要临时计算聚集结果。相关研究者提出仅计算其片段的方法,基于主要的观察是在 OLAP 过程中,只涉及少数的几个维。

外壳片段立方体的计算方法的主要思想:给定高维数据集,将维划分为互不相交的维片段,并且将每个片段转换成倒排索引,然后构造外壳片段立方体。这样就可以利用预先计算的片段,动态组装和计算所需的子立方体单元。这种方法的优点是减少了计算数据立方体所需的数据空间,适用于高维数据的处理,同时能够快速响应涉及少量维的查询。

4) 流式数据立方体

现实世界的动态环境中产生的信息,构成了连续不断的流式数据。它分为事务型与度量型两种。

(1) 事务型流式数据:产生于实体之间的交互日志,如大型综合网站的访问日志、金融交易信用记录等。

(2) 度量型流式数据:来自监控某个实体的状态,如传感器网络监控数据、气象观测数据、大型通信网络的异常检测数据、自然环境监测数据等。

用户从连续不断的流式数据中发现不同层次上的异常模式、兴趣模式、变化趋势等,为实时的在线决策提供强有力的支持。

流式数据立方体则是针对流式数据的多维分析提出来的解决方法。流式数据立方体模式表示为 $SC=(T,D,M)$,其中 T 为时间维属性集合,D 为非时间维属性集合,M 为度量属性集合。由于流式数据量巨大,因此需要考虑部分物化策略减少存储空间消耗。一般通过兴趣视图子集选择、多层次时间窗口约束和适应性数据单元划分等策略限定流式数据立方体所占用的存储空间。

◇ 习 题 3

1. 如何理解数据库的二维数据和数据仓库的多维数据？

2. OLAP 准则中有哪些内容？

3. 比较 ROLAP 与 MOLAP 在数据存储、技术及特点上的不同。

4. 多维数据在平面上显示采取哪些方法？

5. 说明四维数据和六维数据的显示。

6. 说明 OLAP 的多维数据分析的切片操作的目的。

7. 说明 OLAP 的多维数据分析的钻取功能的目的。

8. 广义 OLAP 功能是如何提高多维数据分析能力的？

9. 说明数据立方体的概念及压缩技术。

10. 了解多维数据分析的 MDX 语言。

第 4 章

数据仓库的决策支持

4.1 数据仓库的用户

数据仓库的建立就是要达到决策支持的目的。商务智能是以数据仓库为基础,利用联机分析处理进行多维数据分析,实现决策支持,利用数据挖掘获取知识,提高企业的价值。

数据仓库有两类用户:一类是信息查询者,他们是数据仓库的主要用户,他们用一种可预测的、重复性的方式使用数据仓库,达到他们的常规决策支持要求;另一类是知识探索者,他们是数据仓库的少量用户,他们用一种完全不可预测的非重复性的方式使用数据仓库,达到他们挖掘未知知识的要求,取得更大决策支持的效果。这两类不同的用户使数据仓库需要具有不同的性能或工具来满足他们的要求。

4.1.1 信息查询者

信息查询者使用数据仓库能发现目前存在的问题。例如,发现公司正在流失客户。

为适应信息查询者的要求,数据仓库一般采用如下方法提高信息查询效率。

1) 创建数据陈列

对一些分散存放的不同物理位置的数据(如不同月份的数据),创建一个数据陈列,将相关的数据(每月的数据)放在同一个物理位置。这样可以提高可预测的和有规律数据的查询效果。

2) 预连接表格

对于两个或多个表格共享一个公用链或者共同使用的表格,可以将多个表格合并在一个物理表格中,提高数据的访问效率。

3) 预聚集数据

利用"滚动概括"结构来组织数据。当数据输入数据仓库时,以每天为基础存储数据。在一周结束时,以每周为基础存储数据(即累加每天的数据)。月末时,则以每月为基础存储数据。通过这种方式来组织数据,可以极大地减少存储数据所需要的空间并潜在地提高性能。

4) 聚类数据

聚类将数据放置在同一地点,这样可以提高对聚类数据的查询。

4.1.2　知识探索者

知识探索者使用数据仓库能发现问题并找出原因。例如,找出流失客户的原因。

知识探索者通常用随意的、非重复的方式来查看大量的数据。为满足知识探索者对大量数据的需要,一般创建一个单独的探索仓库。这样,既不影响数据仓库的常规用户,又可以采用"标识技术"把数据压缩,放置在内存中,提高数据分析速度。

知识探索者一般使用一些模型来帮助决策分析,如客户分段、欺诈监测、信用风险、客户生存期、渠道响应、推销响应等模型。通过模型的计算来得出一些有价值的商业知识。

知识探索者大量采用数据挖掘工具来获取商业知识。例如,通过数据挖掘得到如下一些知识。

(1) 哪些商品放在一起销售好?

(2) 哪些商业事务处理可能带有欺诈性?

(3) 高价值客户的共同点是什么?

知识探索者获取的知识为企业领导者提供决策支持,对保留客户、减少欺诈、提高公司利润具有重要作用。

◇ 4.2　数据仓库的决策支持与决策支持系统

数据仓库是一种能够提供重要战略信息,并帮助公司或企业获得竞争优势的新技术,因此得到了迅速的发展。

经理和管理者需要哪些战略信息来支持决策呢?例如:对自己公司的运营有全面深入的了解,了解关键因素和它们之间是如何相互作用的;监视这些因素是如何随时间变化的;将公司的运营状况和市场竞争及行业标准联系起来比较。经理和管理者需要将注意力集中在客户的需求和喜好上,集中在新兴技术、销售、市场结果、产品和服务质量水平等事务上。制定、执行商业战略和目标时,需要的信息类型应包含整个企业组织。

战略信息并不为企业日常运作所用,不是关于订货、发货、处理投诉或者从银行账户提款的信息。战略信息比这些信息重要得多,对于企业的生存和持续健康发展有非常重要的意义。企业决定性的商业决策有赖于正确的战略信息。

具体的战略信息如下。

(1) 给出销售量最好的产品名单(排序)。

(2) 找出出现问题的地区(切片)。

(3) 追踪查找出现问题的原因(下钻)。

(4) 对比其他的数据(横钻)。

(5) 显示最大的利润。

(6) 当一个地区的销售低于目标值时,提出警告信息。

建立数据仓库的目的不仅是存储更多的数据,而且是要对这些数据进行联机分析处理并转换成商业信息和知识,利用这些信息和知识来支持企业进行正确的商业行动,并最终获得效益。这体现了商务智能适应变化的商业环境。

数据仓库的功能是在恰当的时间,把准确的信息传递给决策者,使决策者能做出正确的商业决策。

数据仓库的主要作用是帮助企业摆脱盲目性,提高决策的准确性和决策速度,也就是说,数据仓库的作用正是帮助企业把信息与知识转变为力量(实施正确的行动并获得效益)。

数据仓库的决策支持一般包括查询与报表、多维分析与原因分析、预测未来。NCR 数据仓库公司提出了动态数据仓库及相应的决策支持:实时决策和自动决策。

针对实际问题,利用决策支持能力,通过人机交互,达到辅助决策的系统称为决策支持系统。

4.2.1 查询与报表

查询与报表是数据仓库最基本、使用最多的决策支持方式。查询与报表可以使决策者了解"目前发生了什么"。了解企业的变化情况。

1. 查询

数据仓库提供的查询环境的特点如下。

(1)能向用户提供查询的初始化、公式表示和结果显示等功能。

(2)由元数据来引导查询过程。

(3)用户能够轻松地浏览数据结构。

(4)信息是用户自己主动索取的,而不是数据仓库强加给他们的。

(5)查询环境必须要灵活地适应不同类型的用户。

查询服务具体体现如下。

(1)查询定义。确保数据仓库用户能够容易地将商业需求转换成适当的查询语句。

(2)查询简化。让数据和查询公式的复杂性对用户透明。让用户能够简单地查看数据的结构和属性。使组合表格和结构简单易用。

(3)查询重建。有些简单的查询也能导致高强度的数据检索和操作,因此要使用户输入的查询进行分解并重新塑造,使其能更高效地工作。

(4)导航的简单性。用户能够使用元数据在数据仓库中浏览数据,并能容易地用商业术语而不是技术术语来导航。

(5)查询执行。使用户能够在没有任何 IT 人员的帮助下执行查询。

(6)结果显示。能够以各种方法显示查询结果。

(7)对聚合的了解。查询过程机制必须知道聚合的事实表,并且在必要的时候能够将查询重新定义到聚合表格上,以加快检索速度。

2. 报表

大部分查询均要以报表形式输出。数据仓库构建的报表除了表现当前情况,也反映了变化的信息。

(1)预格式化报表。提供这些报表清晰的描述说明。使用户能够容易地浏览格式化报表库中的报表并选择他们需要的报表。

(2)参数驱动的预定义报表。与预格式化的报表相比,参数驱动的预定义报表给了用户更大的灵活性。用户必须有能力来设置自己的参数,用预定义格式创建报表。

(3)简单的报表开发。当用户除了用格式化报表或预定义报表外还需要新的报表时,他们必须能够轻松地利用报表语言撰写工具来开发他们自己的报表。

（4）公布和订阅。数据仓库设置选项让用户公布他们自己创建的报表，并允许其他用户订阅或者接收这些报表的副本。

（5）传递选项。提供各种选项，如群发、电子邮件、网页和自动传真等让用户传递报表，允许用户选择他们自己的方式来接收报表。

（6）多数据操作选项。用户可以请求获得计算出来的指标，通过交换行和列变量实现结果的旋转，在结果中增加小计和最后的总计，以及改变结果的排列顺序等操作。

（7）多种展现方式选项。提供多种类型的选项，包括图表、表格、柱形格式、字体、风格、大小和地图等。

4.2.2　多维分析与原因分析

多维分析与原因分析能让决策者了解"为什么会发生"。寻找变化情况，并找出原因。

1. 多维分析

多维分析是数据仓库的重要的决策支持手段。数据仓库中心数据是以多维数据存储的。通过多维分析将获得在各种不同维下的实际商业活动值（如销售量等），特别是他们的变化值和差值，以达到辅助决策的效果。例如，通过多维分析得到如下信息。

（1）今年以来，公司的哪些产品是利润最高的？

（2）利润最高的产品是不是和去年一样？

（3）公司今年这个季度的运营和去年相比情况如何？

（4）哪些类别的客户是最忠诚的？

这些问题的答案是典型的基于分析的面向决策的信息。决策分析往往是事先不可知的。例如，一个经理可能会查询品牌利润，按地区的分布情况来开始他的分析活动。每个利润的数值指的是，在指定时间内，某个品牌所有产品在该地区的所有地方销售利润的平均值。每个利润的数值都可能是由成千上万的原始数据汇聚而成的。

这些分析都是在多维数据分析的基础之上进行的。

2. 原因分析

查找问题出现的原因是一项很重要的决策支持任务，一般通过多维数据分析的钻取操作来完成。这是一种新的获取因果关系的方法。

例如，某公司从分析报表中得知最近几个月整个企业的利润在急速下滑，为此系统分析员利用数据仓库的原因分析的决策支持手段，通过人机交互找出该企业利润下滑的原因。具体步骤如下。

（1）查询整个公司最近 3 个月各月份的销售额和利润，通过钻取数据仓库中的数据显示销售额正常，但利润下降。

（2）查询全世界各个区域每月的销售额和利润，通过钻取多维数据和切块，显示欧洲各国销售额下降，利润急剧下降，其他地区正常。

（3）查询欧洲各国销售额和利润。通过对多维数据的钻取，显示一些国家利润率上升，一些国家持平，欧盟成员国利润率急剧下降。

（4）查询欧盟成员国中的直接成本和间接成本。通过对多维数据的钻取，得出欧盟成员国的直接成本没有问题，但间接成本提高了。

（5）查询间接成本的详细情况。通过钻取查看详细数据，得出企业征收了额外附加税，使利润下降。

通过原因分析，得出企业利润下滑的真正原因是欧盟成员国征收了额外附加税。

在数据仓库中，在宏观数据的切片中发现的问题，通过下钻操作，查看下层大量详细的多维数据，才能发现问题出现的原因。针对具体问题，通过数据仓库的原因分析，找出问题发生的原因的过程，这是一个典型的数据仓库决策支持系统简例。

4.2.3　预测未来

预测未来使决策者了解"将要发生什么"。

数据仓库中存放了大量的历史数据，从历史数据中找出变化规律，将可以用来预测未来。在进行预测的时候需要用到一些预测模型。最常用的预测方法是采用回归模型，包括线性回归或非线性回归。利用历史数据建立回归方程，该方程代表了沿时间变化的发展规律。预测时，将预测的时间代入回归方程中就能得到预测值。一般的预测模型有多元回归模型、三次平滑预测模型、生长曲线预测模型等。

除用预测模型外，采用聚类模型或分类模型也能达到一定的预测效果。

聚类模型是对没有类的大量实例，利用距离的远近（如欧氏距离和汉明距离等）把大量的实例聚成不同的类，如 k 均值聚类算法和神经网络的 Kohonen 算法等。把实例聚完类后，对新的例子，仍用距离大小来判别它属于哪个类。

对于分类模型，它是对已经有了类别后，分别对各个不同类进行类特征的描述，如决策树方法、神经网络的 BP 模型等。分类模型是通过对各类实例的学习后，得到各类的判别知识（即决策树、神经网络的网络权数值等），利用这些知识可以对新例判别它属于哪个类别。

4.2.4　实时决策

数据仓库的第 4 种决策支持是企业需要准确了解"正在发生什么"，从而需要建立动态数据仓库（实时数据库），用于支持战术型决策，即实时决策，有效地解决当前的实际问题。

完成第 1～第 3 种决策支持的数据仓库都以支持企业内部战略性决策为重点，帮助企业制定发展战略。数据仓库对战略性的决策支持是为企业长期决策提供必需的信息，包括市场划分、产品（类别）管理战略、获利性分析、预测和其他信息。

战术性决策支持的重点是适应企业外部的变化情况。第 4 种侧重于战术性决策支持。

数据仓库的"实时决策"是指为现场提供信息实时支持决策，如能及时补给变化的库存管理和包裹发运的日程安排及路径选择等。许多超市都倾向由供应商管理变化的库存，自己则拥有一条零售链和众多作为伙伴的供货厂商，其目的是通过更有效的供货链管理来降低库存成本。为了使这种合作获得成功，就必须向供货商详细地提供有关销售、促销推广、库内存货等变化信息。之后便可以根据每个超市中每个商品对库存的变化要求，建立并实施有效的生产和交货计划。为了保证信息确实有价值，必须随时刷新变化信息，还要非常迅速地对查询做出响应。

动态数据仓库能够逐项产品、逐个店铺、逐秒地做出最佳决策支持。

以货运为例，统筹安排货运车辆和运输路线，需要进行非常复杂的决策。卡车上的货物常常需要打开，把某些货物从一辆车转移到另一辆车上，以便最终送抵各自的目的地。这有些像旅客在枢纽机场转机。当某些卡车晚点时,就要做出艰难的决定:是让后继的运输车等待迟到的货物,还是让其按时出发。如果后继车辆按时出发而未等待迟到的包裹,那么迟到包裹的服务等级就会大打折扣。反过来说,等待迟到的包裹则将损害后继的运输车上的其他待运包裹的服务等级。

运输车究竟等待多长时间,取决于需要卸装到该车辆的所有延迟货物的服务等级和已经装载到该车辆的货物的服务等级。很显然,第二天就应该抵达目的地的货物和数天后才抵达目的地的货物,二者的服务等级及其实现难度是大不相同的。此外,发货方和收货方也是决策的重要考虑因素。对企业盈利十分重要的客户,其货物的服务等级应该相应提高,以免因货物迟到破坏双方的关系。延误货物的运输路线、天气条件和许多其他的因素也应予以考虑。能够在这种情况下做出明智的决策,相当于解决了一个非常复杂的优化问题。

显而易见,零担散货部经理应在先进决策支持功能的帮助下,极大地提高其计划和路径选择的决策质量。更重要的是,若要实现数据仓库的决策支持能力,作为决策基础的信息就必须保持随时更新。这就是说,为了使数据仓库的决策功能真正服务于日常业务,就必须连续不断地获取数据并将其填充到数据仓库中。战略决策可使用按月或周更新的数据,而以这种频率更新的数据是无法支持战术决策的。此外,查询响应时间必须以秒为单位来衡量,才能满足作业现场的决策需要。

与传统的数据仓库一样,最佳的动态数据仓库是跨越企业职能和部门界限的。它既可为战术决策也可为战略决策提供资源支持。动态数据仓库是为支持企业级业务目标而设计的。与传统的数据仓库相比,它更加深入企业内部,能将企业的多种渠道,包括网络、呼叫中心和其他客户联络点联为一体。它还意味着通过网络,在企业各个角落配置决策人员。

动态数据仓库的主要功能是缩短重要业务决策及其实施之间的时间。重要的是将动态数据仓库所做的数据分析转换成可操作的决策,这样才能将数据仓库的价值最大化。动态数据仓库的主导思想是提高业务决策的速度和准确性,其目标是达到近乎实时决策,生成最大价值。这也体现了商务智能的效果。

4.2.5　自动决策

数据仓库的第5种决策支持是由事件触发,利用动态数据仓库自动决策,达到"希望发生什么"。这属于商务智能。

动态数据仓库在决策支持领域中的角色越重要,企业实现决策自动化的积极性就越高。网站中或 ATM 系统所采用的交互式客户关系管理(customer relationship management, CRM)是一个优化客户关系的决策过程。这一复杂的过程在无人介入的情况下自动发生,响应时间以秒或毫秒计。

随着技术的进步,越来越多的决策由事件触发,自动发生。例如,零售业正面临电子货架标签的技术突破。该技术的出现废除了原先沿用已久的手工更换的老式聚酯薄膜标签。电子标签可以通过计算机远程控制来改变标价,不需要任何手工操作。电子货架标签技术结合动态数据仓库,可以帮助企业按照自己的意愿,实现复杂的价格管理自动化;对于库存过大的季节性货物,这两项技术会自动实施复杂的降价策略,以便以最低的损耗售出最多的存货。降价决策在手工定价时代是一种非常复杂的操作,往往代价高昂,超过了企业的承受能力。带有促销信息和动态定价功能的电子货架标签,为价格管理带来了一个全新的世界。

而且,动态数据仓库还允许用户采用事件触发和复杂决策支持功能,以最佳方案,逐件货品、逐家店铺、随时做出决策。在 CRM 环境中,利用动态数据仓库,根据每位客户的情况做出决策都是可能的。

确切地说,动态数据仓库既支持战术决策,也支持战略决策。

4.2.6　决策支持系统

数据仓库整合了企业的各种信息来源,能确保一致与正确详细的数据。它是一个庞大的数据资源。要将数据转换成商务智能,就需要利用数据仓库来建立决策支持系统。

基于数据仓库的决策支持系统是针对实际问题,利用分析工具或者编制程序,采用一种或多种组合的决策支持能力,如随机查询、灵活的报表、预测模型等,对数据仓库中的数据进行多维分析,从而掌握企业的经营现状,找出现状的原因,并预测未来发展趋势,弥补经验和直觉的不足,协助企业制定决策,实现商务智能,增强竞争优势。

根据 NCR 公司在企业政策制定调查中,发现企业的决策危机日益严重。虽然有更多的数据,但是也有更多的决策,同时决策也更加复杂化。

调查中有 98% 的管理者说数据一直在增加,随着数据每年两倍或三倍地增长,他们会被数据“淹没”。有 75% 的管理者表示他们每天所做的决策比以往多。有 52% 的决策更为复杂,其中有 83% 的人说他们必须针对每一决策去参考 3 个或更多的信息来源。

这种商务智能在变化环境下支持决策的决策支持系统,也称为基于数据仓库的决策支持系统,它适应这种发展趋势,才能在适当的时间获得正确的信息,快速地将这些信息转换成正确的决策。

NCR 公司前总裁 M. Hard 列举了 3 个不同性质公司失败的案例,它们的失败都是不明智决策的结果。

(1) 霸菱银行,英国最老的银行之一(成立于 1763 年),1995 年,新加坡分公司一位员工因操作错误导致公司损失 2.9 万美元,在伦敦的管理层,并不清楚在新加坡所发生的状况,于是做了一连串错误的决策,不出三年,银行垮了。分析原因,霸菱银行缺乏企业单一整合的观点,缺乏可用详细的数据,显然在每日、每周甚至于每年的基准上,缺乏适当的检查点或事业监督。

(2) F. W. Woolworth 于 1879 年在美洲开了第一家杂货店,118 年来这家店一直提供价格优惠的产品,培养了大量的忠诚客户。这家店几乎可以买到任何东西,它一直是人们采购商品的地方。但是,F. W. Woolworth 忽略了人口统计的改变与人们搬往郊区的趋势,未实时随市场的改变而调整经营策略,最终被崭新的零售业,如 Walmart 与 Target 等公司击败。

(3) 美国环球航空(TWA)公司,1920 年开始开展航空邮递,1930 年它在现代技术进展上处于领先地位,曾提供横贯大陆与横贯大西洋的飞行航线。但是,后来它缺乏信息科技的基础建设来应付新的竞争环境,多处基础建设还停留在 30 年前的技术上。在倒闭前一年,终于意识到必须结合来自多个系统的财务、市场与销售数据,以适应市场改变快速做出精确的反应,但一切都为时已晚。

对以上 3 个公司的分析得出,建立基于数据仓库的决策支持系统可以帮助公司避免失败的命运。

◆ 4.3 基于数据仓库决策支持系统的应用实例

4.3.1 航空公司基本数据仓库决策支持系统简例

1. 航空公司数据仓库系统的功能

航空公司数据仓库功能模块如下。

市场分析：分析国内、国际、地区航线上的各项生产指标。

航班分析：分析某个特定市场上所有航班的生产情况。

班期分析：分析某个特定市场上各班期的旅客、货运分布情况。

时段分析：分析一段时间范围内每天不同时段的流量分布。

效益分析：分析航线、航班的效益。

机型分析：分析不同种机型对客座率等关键指标的影响。

因素分析：分析某个关键指标发生变化后对其他指标的影响程度。

2. 数据仓库系统的决策支持

利用数据仓库系统提供的决策支持如下。

(1) 一段时间内某特定市场占有率、同期比较、增长趋势。

(2) 各条航线的收益分析。

(3) 计划完成情况。

(4) 流量、流向分析。

(5) 航线上各项生产指标变化趋势的分析。

(6) 航线上按班期分析、汇总各项趋势。

(7) 航线上按航班时刻分析各项指标。

(8) 航线上不同航班性质比较。

(9) 航线上运力投入结构比较。

(10) 分机型的航线运输统计。

(11) 飞机利用率统计。

(12) 城市对流量、流向对比。

(13) 航向分机型收益比较。

(14) 航班计划评估。

(15) 航线上不同机型的舱位利用情况。

3. 决策支持系统简例

通过数据仓库查询"全国各地区的航空市场情况"，发现西南地区总周转量出现了最大负增长量。该决策支持系统简例就是完成对此问题进行多维分析和原因分析，找出原因。

具体步骤如下。

(1) 查询：全国各地区的航空总周转量并比较去年同期状况。

从数据仓库的综合数据中，查出全国各地区航空总周转量并与去年同期比较增长量，制成直方图进行显示，如图4.1所示。

从图4.1中看到从全国各地区的总周转量以及与去年同期的比较情况，发现"西南地

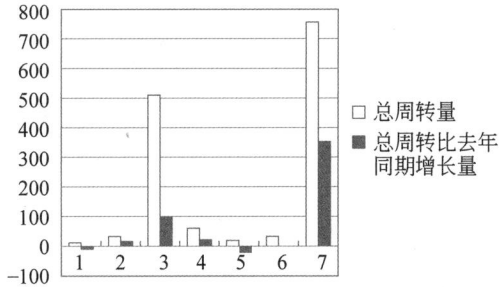

1—东北地区；2—华北地区；3—华东地区；4—西北地区；
5—西南地区；6—新疆地区；7—中南地区

图 4.1　全国各地区航空总周转量及与去年同期比较

区"出现的负增长量最大。

（2）查询：全国各地区航空客运周转量并比较去年同期状况。

从数据仓库的总周转量数据中下钻到客运周转量并与去年同期比较增长量，制成直方图显示，如图 4.2 所示。

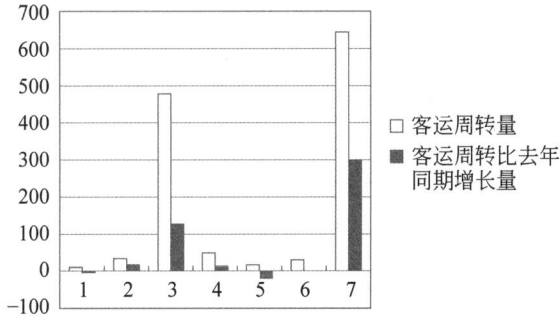

1—东北地区；2—华北地区；3—华东地区；4—西北地区；
5—西南地区；6—新疆地区；7—中南地区

图 4.2　全国各地区航空客运周转量及与去年同期比较

从图 4.2 中看到客运周转量及与去年同期比较，西南地区负增长量在全国是最大的，其次是东北地区。

（3）查询：全国各地区航空货运周转量并比较去年同期状况。

从数据仓库的总周转量数据中下钻到货运周转量并与去年同期比较增长量，制成直方图显示，如图 4.3 所示。

从图 4.3 中看到货运周转量及与去年同期比较，华东地区负增长量在全国是最大的，东北和西南地区也有负增长。

（4）查询：全国各地区航空客运周转量、货运周转量、总周转量并比较去年同期状况的具体数据。

从数据仓库中直接取数据，制成表格显示，如表 4.1 所示。

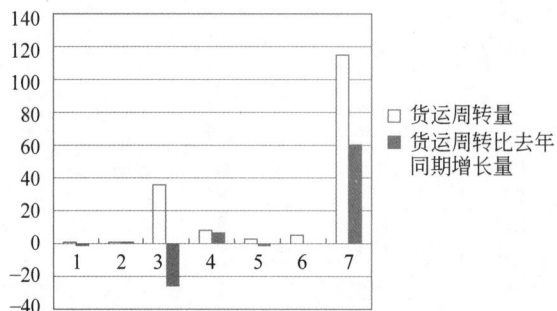

1—东北地区；2—华北地区；3—华东地区；4—西北地区；
5—西南地区；6—新疆地区；7—中南地区

图 4.3　全国各地区航空货运周转量及与去年同期比较

表 4.1　客运周转量、货运周转量、总周转量及与去年同期比较的具体数据

地区	周　转　量					
	客运周转量	对比去年增长量	货运周转量	对比去年增长量	总周转量	对比去年增长量
东北地区	11.86	−5.1	1.29	−1.5	13.15	−6.6
华北地区	34.88	15.03	1.11	0.75	36	15.78
华东地区	479.30	126.52	36.16	−25.59	515.46	100.93
西北地区	51.60	18.05	9.0	7.2	60.6	25.25
西南地区	15.43	−19.35	3.29	−0.56	18.72	−19.91
新疆地区	29.02	0	5.85	0	34.87	0
中南地区	643.43	295.86	116.85	60.70	760.28	356.56

从表 4.1 中可以看出航空客运周转量、货运周转量、总周转量及与去年同期比较的具体数据。西南地区总周转的负增长量主要是以客运负增长为主体。

(5) 查询：西南地区昆明、重庆两地航空总周转量并比较去年同期状况。

从数据仓库总周转量下钻到西南地区昆明、重庆两地的总周转量及与去年同期的比较，制成直方图显示，如图 4.4 所示。

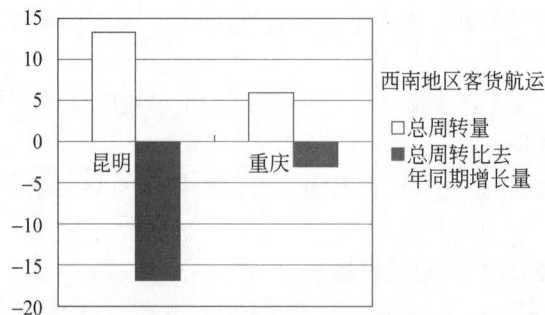

图 4.4　西南地区昆明、重庆两地航空总周转量及与去年同期比较

从图 4.4 中看出，西南地区航空总周转量下降最多的是昆明航线。

（6）查询：昆明航线按不同机型的总周转量并比较去年同期状况。

从数据仓库中西南地区取出按机型维的各自机型的总周转量及与去年同期比较增长量，用柱形图显示，如图 4.5 所示。

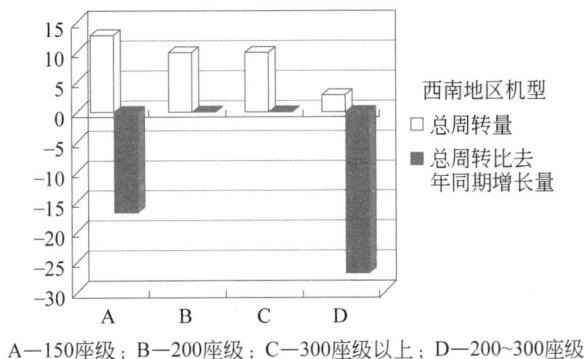

A—150 座级；B—200 座级；C—300 座级以上；D—200~300 座级

图 4.5　昆明航线各机型总周转量及与去年同期比较

从图 4.5 中可以看出昆明航线中 200～300 座级机型负增长量最大，其次是 150 座级机型也有较大的负增长，而 200 座级及 300 座级以上机型保持同去年相同的航运水平。

（7）查询：昆明航线按不同机型的总周转量并比较去年同期的具体数据。

从数据仓库中直接取数据，制成表格显示，如表 4.2 所示。

表 4.2　昆明航线按不同机型的总周转量及与去年同期比较的具体数据

座　　　级	周　转　量	
	总周转量	对比去年同期增长量
150	12.99	－16.83
200	9.07	0
300 以上	9.07	0
200～300	2.91	－26.9

从表 4.2 中可以看出不同机型的总周转量及对比去年同期增长的具体数据。

以上决策支持系统过程完成了对航空公司全国各地区总周转量对比去年同期出现负增长量最大的西南地区，经过多维分析和原因分析，找出其原因发生在昆明航线上，主要是 200～300 座级机型的总周转量负增长及 150 座级机型总周转量负增长造成的。其中，200～300 座级机型的总周转量负增长最严重。这为决策者提供了解决西南地区负增长问题辅助决策的信息。

4. 决策支持系统结构图

将以上决策支持系统过程用决策支持系统结构图画出，如图 4.6 所示。

5. 决策支持系统应用

以上决策支持系统只是找出西南地区航运负增长问题是由在昆明航线上 200～300 座级及 150 座级机型的负增长所直接造成的。还可以通过昆明航线上航班时间及其他方面进行原因分析，找出其他原因，为决策者提供更多的辅助决策信息。

客户端　　　　　　　　　　　　　　数据仓库服务器

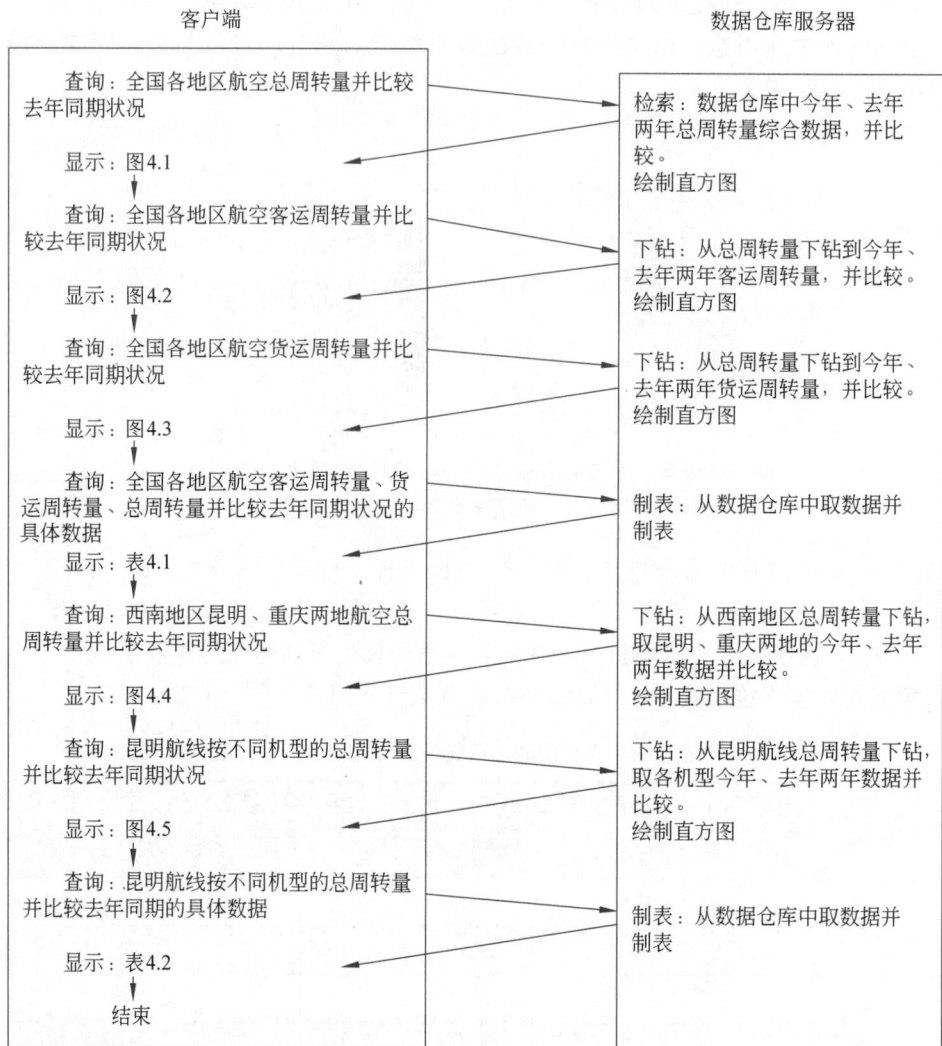

客户端	数据仓库服务器
查询：全国各地区航空总周转量并比较去年同期状况	检索：数据仓库中今年、去年两年总周转量综合数据，并比较。 绘制直方图
显示：图4.1	
查询：全国各地区航空客运周转量并比较去年同期状况	下钻：从总周转量下钻到今年、去年两年客运周转量，并比较。 绘制直方图
显示：图4.2	
查询：全国各地区航空货运周转量并比较去年同期状况	下钻：从总周转量下钻到今年、去年两年货运周转量，并比较。 绘制直方图
显示：图4.3	
查询：全国各地区航空客运周转量、货运周转量、总周转量并比较去年同期状况的具体数据	制表：从数据仓库中取数据并制表
显示：表4.1	
查询：西南地区昆明、重庆两地航空总周转量并比较去年同期状况	下钻：从西南地区总周转量下钻，取昆明、重庆两地的今年、去年两年数据并比较。 绘制直方图
显示：图4.4	
查询：昆明航线按不同机型的总周转量并比较去年同期状况	下钻：从昆明航线总周转量下钻，取各机型今年、去年两年数据并比较。 绘制直方图
显示：图4.5	
查询：昆明航线按不同机型的总周转量并比较去年同期的具体数据	制表：从数据仓库中取数据并制表
显示：表4.2	
结束	

图 4.6 决策支持系统结构图

　　同样,可以根据国内各地区航空市场状况对比去年同期增长显著的中南地区,找出总周转量大幅提高的原因。

　　从正、反两方面来进行多维分析和原因分析,将可以得到更多的辅助决策的因果关系知识,减少负增长,增大正增长,提高更大利润。

　　进行多方面分析的大型决策支持系统,将可以发挥更大的辅助决策效果。这也体现商务智能的具体应用。

4.3.2　统计业数据仓库系统

1. 统计业数据仓库解决方案

　　统计信息是科学决策和宏观管理的重要基础,是国民经济核算的中心,是了解国情国力、指导国民经济和社会发展的信息主体。统计部门作为国家法定的专职信息职能部门,针对不断变化形势必须对国民经济和社会发展情况进行统计调查、统计分析、提供统计资料和统计咨询意见、实行统计监督的神圣职责。

目前,国外统计行业成功的做法之一是采用先进的、成熟的数据仓库技术。数据仓库是信息技术领域的新概念,是近年来迅速发展起来的一种新的数据存储及管理技术。它存储大量的、决策分析所必需的、历史的、分散的各种数据,经过处理将这些资料和数据转换成集中统一、随时可用的信息。它能方便地提供统计业务人员和各级领导进行随机查询和任意的分析处理;具有在任何时间、任何业务、回答任何问题的能力;利用数据仓库前端的数据挖掘工具和人工智能技术,统计业务人员还可以建立各种统计调查、统计分析和统计预测模型,以分析国民经济、工农业产值、人口等领域的现状及发展变化趋势和方向。

利用数据仓库技术,既能够快速实现传统的统计报表、统计图形功能,又能够利用数据仓库的数据挖掘技术在统计预测和决策支持管理中发挥重要作用。

面对日新月异的信息技术,统计业面临以下 3 方面的需求。

1) 数据的集中存储与管理

统计行业掌握着大量的、各历史年度的原始调查资料,受历史和技术(数据库存储处理能力的限制)等因素的制约,这些资料大都还保留在纸介质、脱机的磁带和软盘上。由于缺乏大型数据库的集中存储和统一管理,随着年代的增加,这些资料的保存和安全受到严峻的考验;同时,这些宝贵的原始资料不能为统计业务人员随机查询和充分共享,不能进行有效的统计分析、预测评估和使用,难以快速地为管理决策提供科学依据。

2) 查询方式和分析手段的更新

随着统计数据处理方式由逐级汇总到计算机超级汇总的转变,统计报表和统计分析需要从大量各种各样的原始材料中汇总整理各种不同需求,反映不同侧面的综合分析数据,传统的处理手段主要通过编写程序来实现;这样做的模式是固定的,且维护工作量大,开发周期长。为改变这种状况就需要一种技术或一种前端查询分析工具,统计业务人员可以根据任意条件、任意模式进行任意组合生成查询结果,同时利用该工具能进行联机分析处理,能够方便地组成各种多维报表和统计图形,如条形图、饼图、曲线图、多维立方图等。另外,针对一些深层次的研究需要,还应提供一些统计分析智能软件和智能算法以预测未来经济发展模式和走势。

3) 与 Web 技术的有机结合

数据仓库技术与 Web 技术结合起来是采用目前流行的 3 层应用体系结构对系统进行应用开发。3 层应用体系结构是指后台是数据仓库,中间层是 Web 服务器,外层是分布在各地的客户端采用浏览器的应用模式。利用这种技术,可以实现网上动态信息发布、网上随机查询和网上联机分析处理等功能,最终的目标是使统计业务人员的日常工作完全在 Web 上实现。

针对以上需求,实现商务智能的数据仓库技术的应用是必然趋势。

2. 某市统计局企业微观数据仓库系统

实现某市统计局企业微观数据仓库是把掌握的不同专业、不同时期、分散的企业微观数据信息,按照多个主题集中存储和管理在数据仓库中,灵活地、非常方便地实现固定的和随机动态的数据查询处理、综合分析和统计报表。根据统计信息自动化总体规划要求,这些查询、分析和报表功能及今后统计人员的日常业务处理工作都需要在 Web 上进行。

数据仓库是面向主题建模的,在进行设计的时候,将企业微观数据仓库设计成以下主题。

(1)企业基本情况:各年度、各专业统计调查单位基本情况名录的主要内容及全部标识性内容。

(2)企业财务状况:各年度、各专业企业的资产、经营投入、产出效益等财务经营状况。

(3)企业劳动状况:各年度、各专业企业的就业人数及工资收入情况。

(4)企业消耗状况:各年度、各专业企业生产所需的原材料及能源消耗情况,包括价值量和实物量消耗情况。

(5)企业生产状况:各年度、各专业企业的主营生产情况。由于不同专业的生产方式不同,又下设了若干子方面及工业产品产、销、存情况,建筑业生产完成情况,公路、水运、港口企业生产完成情况,商业、餐饮业销售经营情况。

这样建模以后,不同年度、不同专业的同类数据被集中进行存储,如此一来,指标无论是横向比较还是纵向比较都非常容易,并且整个系统只需要维护一套数据字典(元数据)。

数据建模是数据仓库设计中非常重要的一个环节,它包括逻辑建模和物理建模。在企业微观数据仓库中是利用 ERWIN 专业工具来建立模型,并形成相应的数据库结构。企业微观数据仓库的源数据是历年存储到微型计算机上的数据,数据的格式、存储方式不尽相同,在加载到数据仓库之前,这些数据必须经过净化筛选、加工整理以及数据集成。利用 NCR 公司提供的 FastLoad 和其他工具,能方便地将经过处理的数据加载到 NCR 数据仓库里。

企业微观数据仓库系统的前端应用都是基于 Web 方式开发的,它具有网上随机查询、网上多维分析、网上数据钻取、网上图形分析、网上表格旋转透视、网上多维报表等功能,并且操作方式都是拖拉方式,今后统计业务人员的月报、年报等数据处理都可以在网上进行。数据仓库的好处、效益和威力被发挥得淋漓尽致。

4.3.3 沃尔玛数据仓库系统

美国的沃尔玛(Walmart)是世界上最大的零售商。在 2002 年 4 月,该公司跃居《财富》世界 500 强企业排行第一。在全球拥有 4000 多家分店和连锁店。Walmart 建立了基于 NCR Teradata 数据仓库的决策支持系统,实现商务智能,提高企业的竞争力,它是世界上第二大的数据仓库系统,总容量达到 170TB 以上。

沃尔玛成功的重要因素是与其充分利用了信息技术分不开的,也可以说是对信息技术的成功运用造就了沃尔玛。强大的数据仓库系统将世界 4000 多家分店的每笔业务数据汇总到一起,让决策者能够在很短的时间里获得准确和及时的信息,并做出正确和有效的经营决策。而沃尔玛的员工也可以随时访问数据仓库,以获得所需的信息,而这并不会影响数据仓库的正常运转。关于这一点,沃尔玛的创始人山姆·沃尔顿在他的自传 *Made in America：My Story* 一书是这样描述的:"你知道,我总是喜欢尽快得到那些数据,我们越快得到那些信息,我们就能越快此采取行动,这个系统已经成为我们的一个重要工具。"沃尔玛的数据仓库始建于 20 世纪 80 年代。自 1980 年以来,NCR 公司一直在帮助沃尔玛经营世界上最大的数据仓库系统。1988 年,沃尔玛数据仓库容量为 12GB,1989 年升级为 24GB,以后逐年增长,1996 年其数据量达 7.5TB,1997 年,为了圣诞节的市场预测和分析,沃尔玛将数据仓库容量扩展到 24TB。利用数据仓库,沃尔玛对商品进行市场类组分析

(marketing basket analysis,MBA),即分析哪些商品顾客最有希望一起购买。沃尔玛数据仓库里集中了各个商店一年多详细的原始交易数据。在这些原始交易数据的基础上,沃尔玛利用自动数据挖掘工具(模式识别软件)对这些数据进行联机分析处理和数据挖掘充分体现了商务智能的技术效果。

这个故事仅仅是沃尔玛借助数据仓库受益的一连串成功故事的一个花絮而已。当时,沃尔玛利用 NCR 的 Teradata 对超过 7.5TB 的数据进行存储,这些数据主要包括各个商店前端设备(POS,扫描仪)采集来的原始销售数据和各个商店的库存数据。NCR Teradata 数据库里存有 196 亿条记录,每天要处理并更新 2 亿条记录,要对来自 6000 多个用户的 48 000 条查询语句进行处理。销售数据、库存数据每天夜间从 4000 多个商店自动采集过来,并通过卫星线路传到总部的数据仓库里。沃尔玛数据仓库里最大的一张表格(table)容量已超过 300GB,存有 50 亿条记录,可容纳 65 个星期 4000 多个商店的销售数据,而每个商店有 5 万～8 万个商品品种。利用数据仓库这样的大数据,沃尔玛在商品分组布局、降低库存成本、了解销售全局、进行市场分析和趋势分析等方面进行商务智能分析,具体表现如下。

1. 商品分组布局

作为微观销售的一种策略,合理的商品布局能节省顾客的购买时间,能刺激顾客的购买欲望。沃尔玛利用前面提到的市场类组分析,分析顾客的购买习惯,掌握不同商品一起购买的概率,甚至考虑购买者在商店里所穿行的路线、购买时间和地点,确定商品的最佳布局,从而适应顾客的购买形为。

2. 降低库存成本

加快资金周转,降低库存成本是所有零售商面临的一个重要问题。沃尔玛通过数据仓库系统,将成千上万种商品的销售数据和库存数据集中起来,通过数据分析,以决定对各个商店各色货物进行增减,确保正确的库存。数十年来,沃尔玛的经营哲学是"代销"供应商的商品,也就是说,在顾客付款之前,供应商是不会拿到货款的。NCR 的 Teradata 数据仓库使他们的工作更具成效。数据仓库强大的决策支持系统每周随变化情况要处理 25 000 个复杂查询,其中很大一部分来自供应商,库存信息和商品销售预测信息通过电子数据交换(electronic data interchange,EDI)直接送到供应商那里。数据仓库系统不仅使沃尔玛省去了商业中介,还把定期补充库存的担子转移到供应商身上。1996 年,沃尔玛开始通过 Web 站点销售商品,商品都是从供应商处直接订货。Web 站点销售相当成功,在其投入运营的第一个周末就卖出了 100 多万件商品。

3. 了解销售全局

各个商店在传送数据之前,先对数据进行如下分组:商品种类、销售数量、商店地点、价格和日期等。通过这些分类信息,沃尔玛能对每个商店的情况有细致的了解。在最后一家商店关门后一个半小时,沃尔玛已确切知道当天的运营和财政情况。凭借对瞬间信息的随时捕捉,沃尔玛对销售的每一点增长,库存货物百分比的每点上升和通过削价而提高的每份销售额都了如指掌。商务智能就是要体现适应变化的情况。

4. 市场分析

沃尔玛利用数据挖掘工具和统计模型对数据仓库的数据仔细研究,以分析顾客的购买习惯、广告成功率和其他战略性的信息。沃尔玛在每周六的高级会议上要对世界范围内销售量最大的 15 种商品进行分析,然后确保在准确的时间、合适的地点有所需要的库存。商务智能为变化的情况做决策。

5. 趋势分析

沃尔玛利用数据仓库对商品品种和库存的趋势进行分析，以选定需要补充的商品，研究顾客购买趋势，分析季节性购买模式，确定降价商品，并对其数量和运作做出反应。为了能够预测出季节性销售量，它要检索数据仓库拥有的 100 000 种商品一年多来的销售数据，并在此基础上进行分析和知识挖掘。

山姆·沃尔顿在他的自传中写道：“我能顷刻之间把信息提取出来，而且是所有的数据。我能拿出我想要的任何东西，并确切地讲出我们卖了多少。”这感觉就像在信息的海洋里，“轻舟已过万重山”。他还写道：“我想我们总是知道那些信息赋予你一定的力量，而我们能在计算机内取出这些数据的程度会使我们具有强大的竞争优势。”

沃尔玛神奇的增长在很大程度上也可以归功于成功地建立了基于 NCR Teradata 数据仓库的决策支持系统。数据仓库改变了沃尔玛，而沃尔玛改变了零售业。在它的影响下，世界顶尖零售企业 Sears、Kmart、JCPenney、No.1GermanRetailer、日本西武、日本三越等先后建立了数据仓库系统。沃尔玛的成功给人以启示：唯有站在信息巨人的肩头，才能掌握无限，创造辉煌。

◆ 习 题 4

1. 数据仓库的两类用户有什么本质不同？

2. 聚集数据与聚类数据有什么不同？

3. 达到数据仓库 5 种决策支持能力，对数据仓库的要求是什么？

4. 对 4.2.2 节中原因分析的实例，设计并画出决策支持系统结构图。

5. 利用沃尔玛数据仓库系统说明数据仓库的价值。

6. 数据仓库型决策支持系统简例说明，若通过层次粒度数据来建一个本体概念树，并利用深度优先搜索技术，在高层切片中发现的问题，通过钻取到详细数据层找出原因，这样是否更能发挥决策支持的效果？

7. 利用数据仓库的数据资源建立的决策支持系统与传统的利用模型资源和数据库的数据资源建立的决策支持系统有什么区别？如何合并起来建立具有更强能力的决策支持系统？

第5章

数据挖掘原理

◈ 5.1 数据挖掘综述

5.1.1 数据挖掘与知识发现

知识发现(knowledge discovery in database,KDD)被认为是从数据中发现知识的整个过程。数据挖掘被认为是 KDD 过程中的一个特定步骤,它用专门算法从数据中抽取模式(pattern)。

KDD 过程定义(Fayyad,Piatetsky-Shapiror,Smyth;1996):KDD 是从数据集中识别出有效的、新颖的、潜在有用的,以及最终可理解的模式的高级处理过程。

其中,数据集:事实 F(数据库元组)的集合;模式:用语言 L 表示的表达式 E,它所描述的数据是集合 F 的一个子集 F_E,它是 F_E 的精炼表达,E 称为模式;有效、新颖、潜在有用、可被人理解:表示发现的模式有一定的可信度,应该是新的,将来有实用价值,能被用户所理解。

KDD 过程图如图 5.1 所示。

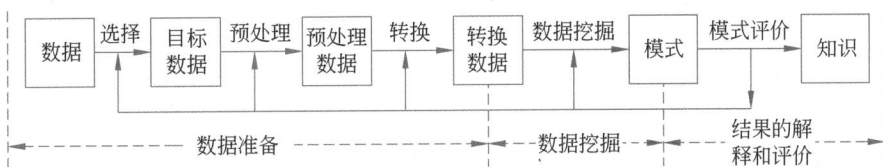

图 5.1 KDD 过程图

KDD 过程可以概括为 3 部分:数据准备(data preparation)、数据挖掘(data mining)及结果的解释和评价(interpretation & evaluation)。

1. 数据准备

数据准备可分为 3 个子步骤:数据选择(data selection)、数据预处理(data preprocessing)和数据转换(data transformation)。

数据选择的目的是确定发现任务的操作对象,即目标数据(target data),是根据用户的需要从原始数据库中选取的一组数据。数据预处理一般包括消除噪声、推导或计算缺值数据、消除重复记录等。数据转换的主要目的是完成数据类型转换(如把连续型数据转换为离散型数据,以便于符号归纳,或是把离散型数据转换为连续型数据,以便于神经网络计算),尽量消减数据维数或降维(dimension reduction),即从初始属性中找出真正有用的属性以减少数据挖掘时要考虑的属性的个数。

2. 数据挖掘

数据挖掘是利用一系列方法或算法从数据中获取知识。按照数据挖掘任务的不同,数据挖掘方法分为聚类、分类、关联规则发现等。聚类方法是在没有类别的数据中,按"距离"的远近聚集成若干类别,典型的方法有 k 均值聚类算法。分类方法是对有类别的数据,找出各类别的描述知识,典型的方法有 ID3、C4.5、IBLE 等分类算法。关联规则发现是对多个数据项重复出现的概率,超过指定的阈值时,建立这些数据项之间的关联规则,典型的方法有 Agrawal 提出的关联规则挖掘方法等。

利用数据挖掘方法获得的知识是对这些数据的高度浓缩。

3. 结果的解释和评价

数据挖掘阶段获取的模式,经过评价,可能存在冗余或无关的模式,这时需要将其剔除;也有可能模式不满足用户要求,这时则需要回退到发现过程的前面阶段,如重新选取数据、采用新的数据变换方法、设定新的参数值,甚至换一种挖掘算法等。另外,KDD 由于最终是面向人类用户的,因此可能要对发现的模式进行可视化,或者把结果转换为用户易懂的另一种表示,如把分类决策树转换为 if…then…规则。

数据挖掘仅仅是整个过程中的一个步骤。数据挖掘质量的好坏有两个影响要素:一是所采用的数据挖掘技术的有效性;二是用于挖掘的数据的质量和数量(数据量的大小)。如果选择了错误的数据或不适当的属性,或对数据进行了不适当的转换,则挖掘的结果是不会好的。

整个挖掘过程是一个不断反馈的过程。例如,用户在挖掘途中发现选择的数据不太好,或使用的挖掘技术产生不了期望的结果。这时,用户需要重复先前的过程,甚至从头重新开始。

可视化技术在数据挖掘的各个阶段都扮演着重要的角色。特别是在数据准备阶段,用户可能要使用散点图、直方图等统计可视化技术来显示有关数据,以期对数据有一个初步的了解,从而为更好地选取数据打下基础。在数据挖掘阶段,用户则要使用与领域问题有关的可视化工具。在表示结果阶段,则可能要用到可视化技术,使发现的知识更易于理解。

5.1.2　数据挖掘任务与分类

1. 数据挖掘任务

数据挖掘任务有 6 项:关联分析、时序模式、聚类、分类、偏差检测、预测。

1) 关联分析

关联分析是从数据库中发现知识的一类重要方法。若两个或多个数据项的取值之间重复出现且概率很高时,它就存在某种关联,可以建立起这些数据项的关联规则。

例如,买面包的顾客有 90% 的人还买牛奶,这是一条关联规则。若商店中将面包和牛奶放在一起销售,将会提高它们的销量。

在大型数据库中,这种关联规则是很多的,需要进行筛选,一般用支持度和可信度两个阈值来淘汰那些无用的关联规则。

支持度表示该规则所代表的事例(元组)占全部事例(元组)的百分比,如既买面包又买牛奶的顾客占全部顾客的百分比。

可信度表示该规则所代表的事例占满足前提条件事例的百分比,如既买面包又买牛奶的顾客占买面包顾客中的 90%,称可信度为 90%。

2)时序模式

通过时间序列搜索出重复发生概率较高的模式。这里强调时间序列的影响。例如,在所有购买了激光打印机的人中,半年后 60% 的人再购买新硒鼓,40% 的人用旧硒鼓装碳粉。

在时序模式中,需要找出在某个最小时间内出现比率一直高于某一最小百分比(阈值)的规则。这些规则会随着形式的变化做出适当的调整。

在时序模式中,一个有重要影响的方法是相似时序。用相似时序的方法,要按时间顺序查看时间事件数据库,从中找出另一个或多个相似的时序事件。例如,在零售市场上找到另一个有相似销售的部门,在股市中找到有相似波动的股票。

3)聚类

数据库中的数据可以划分为一系列有意义的子集,即类。简单地说,在没有类的数据中,按"距离"的远近聚集成若干类。在同一类别中,个体之间的距离较小,而不同类别上的个体之间的距离偏大。聚类增强了人们对客观现实的认识,即通过聚类建立宏观概念。例如,将鸡、鸭、鹅等都聚类为家禽。

聚类方法包括统计分析方法、机器学习方法、神经网络方法等。

(1)在统计分析方法中,聚类分析是基于距离的聚类,如欧氏距离、汉明距离等。这种聚类分析方法是一种基于全局比较的聚类,它需要考察所有的个体才能决定类的划分。

(2)在机器学习方法中,聚类是无导师的学习。在这里距离是根据概念的描述来确定的,故聚类也称为概念聚类,当聚类对象动态增加时,概念聚类则称为概念形成。

(3)在神经网络方法中,自组织神经网络方法用于聚类,如 ART 模型、Kohonen 模型等,这是一种无监督学习方法。当给定距离阈值后,各样本按阈值进行聚类。

4)分类

分类是数据挖掘中应用最多的任务。分类是在聚类的基础上,对已确定的类找出该类别的描述知识,它代表了这类数据的整体信息,即该类的内涵描述,一般用规则或决策树模式表示。该模式能把数据库中的各元组映射到给定类别中的某元。

一个类的内涵描述分为特征描述和辨别性描述。

特征描述是对类中对象的共同特征的描述,辨别性描述是对两个或多个类之间的区别的描述。特征描述允许不同类中具有共同特征,而辨别性描述对不同类不能有相同特征。辨别性描述用得更多。

分类是利用训练样本集(已知数据库元组和类别所组成的样本)通过有关算法而求得的。

建立分类决策树的方法,典型的有 ID3、C4.5、IBLE 等算法。建立分类规则的方法,典型的有 AQ 算法、粗糙集方法等。

目前,分类方法的研究成果较多,判别方法的好坏,可从 3 方面进行:①预测准确度(对非样本数据的判别准确度);②计算复杂度(方法实现时对时间和空间的复杂度);③模式的简洁度(在同样效果的情况下,希望决策树小或规则少)。

在数据库中,往往存在噪声数据(错误数据)、缺损值、疏密不均匀等问题。它们对分类算法获取的知识将产生坏的影响。

5）偏差检测

数据库中的数据存在很多异常情况，从数据分析中发现这些异常情况也是很重要的，以便引起人们对它更多的注意。

偏差包括很多有用的知识，如下所示。

（1）分类中的反常实例。

（2）模式的例外。

（3）观察结果对模型预测的偏差。

（4）量值随时间的变化。

偏差检测的基本方法是寻找观察结果与参照之间的差别。观察常常是某个域值或多个域值的汇总。参照是给定模型的预测、外界提供的标准或另一个观察。

6）预测

预测是利用历史数据找出变化规律，建立模型，并用此模型来预测未来数据的种类、特征等。

典型的方法是回归分析，即利用大量的历史数据，以时间为变量建立线性或非线性回归方程。预测时，只要输入任意的时间值，通过回归方程即可求出该时间的预测值。

近年来发展起来的神经网络方法，如 BP 模型，它实现了非线性样本的学习，能进行非线性函数的判别。

分类也能进行预测，但分类一般用于离散数值；回归预测用于连续数值；神经网络方法预测既可用于连续数值，也可用于离散数值。

2. 数据挖掘分类

数据挖掘涉及多个学科，主要包括数据库、统计学和机器学习三大主要技术。

数据库技术经过 20 世纪 80 年代的大发展，除关系数据库外，又陆续出现面向对象数据库、多媒体数据库、分布式数据库及 Web 数据库等。数据库的应用由一般查询到模糊查询和智能查询，数据库计算已趋向并行计算。从以上各类数据库中挖掘知识已得到迅速发展。

统计学是一门古老的学科，现已逐渐走向社会。它已成为社会调查、了解民意及制定决策的重要手段。

机器学习是人工智能的重要分支。它是在专家系统获取知识出现困难后发展起来的。机器学习的大部分方法和技术已演变为数据挖掘方法和技术。

数据挖掘可按数据库类型、数据挖掘对象、数据挖掘任务、数据挖掘方法和技术等方面进行分类。

1）按数据库类型分类

数据挖掘主要是在关系数据库中挖掘知识。随数据库类型的不断增加，逐步出现了不同数据库的数据挖掘，现有关系数据挖掘、模糊数据挖掘、历史数据挖掘、空间数据挖掘等多种不同数据库的数据挖掘类型。

2）按数据挖掘对象分类

数据挖掘除对数据库这个主要对象进行挖掘外，还有文本数据挖掘、多媒体数据挖掘、Web 数据挖掘。由于对象不同，挖掘的方法相差很大，文本、多媒体、Web 数据均是非结构化数据，挖掘的难度将很大。

目前，Web 数据挖掘已逐步引起人们的关注。

3）按数据挖掘任务分类

数据挖掘的任务有关联分析、时序模式、聚类、分类、偏差检测、预测等。按任务分类有关联规则挖掘、序列模式挖掘、聚类数据挖掘、分类数据挖掘、偏差分析挖掘和预测数据挖掘等类型。

各类数据挖掘由于任务不同,将会采用不同的数据挖掘方法和技术。

4）按数据挖掘方法和技术分类

数据挖掘方法和技术较多,在 5.2 节中将详细讨论。在此对其分类进行说明。

（1）归纳学习类。

归纳学习类又分为基于信息论方法挖掘类和基于集合论方法挖掘类。基于信息论方法挖掘类是在数据库中寻找信息量大的属性来建立属性的决策树。基于集合论方法挖掘类是对数据库中各属性的元组集合之间关系（上、下近似关系,覆盖或排斥关系,包含关系等）来建立属性间的规则。各类中又包括多种方法,主要用于分类问题。

（2）仿生物技术类。

仿生物技术类又分为神经网络方法类和遗传算法类。神经网络方法类是在模拟人脑神经元而建立的 MP 数学模型和 Hebb 学习规则的基础上,提出了一系列的算法模型,用于识别、预测、联想、优化、聚类等实际问题。遗传算法类是模拟生物遗传过程,对选择、交叉、变异过程建立了数学算子,主要用于问题的优化和规则的生成。

（3）公式发现类。

在科学实验与工程数据库中,用人工智能方法寻找和发现连续属性（变量）之间的关系,建立变量之间的公式,已引起人们的关注,该类中有多种数据挖掘方法,如 BACON 和 FDD 等。

（4）统计分析类。

统计分析是一门独立的学科,由于能对数据库中数据求出各种不同的统计信息和知识,因此它也构成了数据挖掘中的一大类方法。

（5）模糊数学类。

模糊数学是反映人们思维的一种方式。将模糊数学应用于数据挖掘各项任务中,形成了模糊数据挖掘类,如模糊聚类、模糊分类、模糊关联规则等。

（6）可视化技术类。

可视化技术是一种图形显示技术。对数据的分布规律进行可视化显示或对数据挖掘过程进行可视化显示,会明显提高人们对数据挖掘的理解和挖掘效果。该技术已形成了可视化数据挖掘类的多种方法。

本书的内容将按数据挖掘的方法和技术分类的各种方法进行详细和深入的介绍,以便读者学习和使用这些方法和技术,对实际问题完成数据挖掘任务。

5.1.3　不完全数据处理

对不完全数据（incomplete data）的处理是知识发现过程中数据预处理的主要内容。在现实领域中,人们所拥有的数据常常是不完全的。在这种情况下,知识发现应该具有处理这种不完全数据并提供相应合理的近似结果的能力。

现实世界的数据库（例如,商业数据库和医院数据库）中的数据很少是完全的,丢失的数据、观察不到的数据、隐藏的数据、录入过程中发生错误的数据等在现实中是经常发生的。在知识发现领域中,对不完全数据的研究比较多的在于丢失的数据。

例如,在对个人调查时,被调查的对象可能会拒绝提供他的收入情况,在一项实验过程中,某些结果可能会因为某些故障而丢失,这些情况都会产生数据丢失。

关于两个变量 X 和 Y 的采样。其中 X 是独立变量,总有观测值;Y 是响应变量,可能涉及丢失值。以 $Y=?$ 代表丢失值,以 $(X=i,Y=?)$ 代表不完全的记录。由这种简单的两个变量模型,可以推广到更一般的情况,即一个不含丢失值的变量的集合总是影响着可能具有丢失值的另一个变量。这种情况在统计学、机器学习、数据挖掘和知识发现领域里是相当常见的。

丢失数据模式分类取决于 $Y=?$ 的概率是否依赖于 Y 与 X 的状态。如果这一概率依赖于 X 但不依赖于 Y,则认为数据是随机丢失(missing at random)的;如果 $Y=?$ 的概率既不依赖于 Y 也不依赖于 X 的状态,则认为数据是完全随机丢失(missing completely at random)的。对于数据随机丢失和数据完全随机丢失两种情况,如果数据挖掘方法都不受影响,那么丢失数据的模式是可以忽略的。但当 $Y=?$ 的概率既依赖于 Y 又依赖于 X 时,则丢失数据的模式就是不可忽略的。

处理丢失数据的方法有以下 5 种。

1. 基于已知数据的方法

忽略掉丢失的数据而只对得到的数据进行挖掘和分析。这种方法最为简单,在数据量不太大且数据是完全随机丢失的情况下可以得到令人满意的结果。但是如果数据不是随机丢失的,这种方法就不是很有效,会导致严重的偏差,这时可以采用删除有丢失数据的属性方法。

2. 基于猜测的方法

首先猜测被丢失的值,从而得到完全的数据,然后再运用标准的统计学和机器学习的方法进行数据挖掘和分析。具体方法如下。

(1) 均值替换法。用含有丢失值属性的已知值的平均值来代替丢失的值。

(2) 概率统计法。先求丢失值的所在属性的各取值的出现概率 $P(v_i)$,即表示属性 a 的取值 v_i 出现的概率。丢失值用出现最大概率的值 v 来代替。

(3) 回归猜测。采用回归分析的方法,用未丢失的数据建立回归方程,用所依赖的变量 X 求出该丢失值 Y。

3. 基于模型的方法

对于丢失值构造出一个适当的模型(非回归模型),然后在此模型下采用恰当的方法猜测丢失的值,这是一种较为灵活的方法。

4. 基于贝叶斯理论的方法

利用贝叶斯分类技术和贝叶斯网络处理丢失的数据。

5. 基于决策树的方法

利用决策树和规则归纳的技术来处理丢失的数据。

以上主要讨论了对不完全数据的处理。另外,对未知的数据、隐藏的数据、错误的数据等以及这些数据和已知数据的关系,目前研究较少,还需要深入研究。

5.1.4　数据库的数据浓缩

数据浓缩就是在满足某种等价条件下,将复杂的难以理解的数据库,变换成简洁的、容易理解的高度浓缩的数据库。

数据浓缩包括属性约简和元组(记录)压缩两方面。

1. 属性约简

属性约简一般用于分类问题。属性约简的原则是保持数据库中分类关系不变。目前,属性约简一般采用粗糙集(rough set)方法,也可以采用信息论方法。

在数据库(S)的分类问题中,属性分为条件属性(C)和决策属性(D)。属性约简是在条件属性中删除那些不影响对决策属性进行分类的多余的属性。经过研究对条件属性一般分为可省略属性和不可省略属性。不可省略属性(Core(S))实质是对决策属性进行分类的核心属性;而可省略属性(Choice(S))并不是全部都可省略的属性,需要在可省略属性中挑选出部分属性与核心属性组合成等价原数据库的分类效果。

例如,如下汽车数据库(CTR),有 9 个条件属性,1 个决策属性(里程),如表 5.1 所示。

表 5.1　汽车数据库(CTR)

序号	类型 a	汽缸 b	涡轮式 c	燃料 d	排气量 e	压缩率 f	功率 g	换挡 h	重量 i	里程 D
1	小型	6	Y	1 型	中	高	高	自动	中	中
2	小型	6	N	1 型	中	中	高	手动	中	中
3	小型	6	N	1 型	中	高	高	手动	中	中
4	小型	4	Y	1 型	中	高	高	手动	轻	高
5	小型	6	N	1 型	中	中	中	手动	中	中
6	小型	6	N	2 型	中	中	中	自动	重	低
7	小型	6	N	1 型	中	中	高	手动	重	低
8	微型	4	N	2 型	小	高	低	手动	轻	高
9	小型	4	N	2 型	小	高	低	手动	中	中
10	小型	4	N	2 型	小	高	中	自动	中	中
11	微型	4	N	1 型	小	高	低	手动	轻	高
12	微型	4	N	1 型	中	中	中	手动	中	高
13	小型	4	N	2 型	中	中	中	手动	中	中
14	微型	4	Y	1 型	小	高	高	手动	中	高
15	微型	4	N	2 型	小	中	低	手动	中	高
16	小型	4	Y	1 型	中	中	高	手动	中	中
17	小型	6	N.	1 型	中	中	高	自动	中	中
18	小型	4	N	1 型	中	中	高	自动	中	中

序号	类型 a	汽缸 b	涡轮式 c	燃料 d	排气量 e	压缩率 f	功率 g	换挡 h	重量 i	里程 D
19	微型	4	N	1型	小	高	中	手动	中	高
20	小型	4	N	1型	小	高	中	手动	中	高
21	小型	4	N	2型	小	高	中	手动	中	中

经过分析,可以得到:

Corse(S)={燃料,重量},Choice(S)={类型,汽缸,涡轮,排气量,压缩率,功率,换挡}

保持数据库(S)分类关系不变的7种属性约简。

(1){类型,燃料,排气量,重量}4个属性。

(2){燃料,排气量,压缩率,重量}4个属性。

(3){类型,汽缸,燃料,压缩率,重量}5个属性。

(4){类型,燃料,压缩率,功率,重量}5个属性。

(5){类型,汽缸,燃料,功率,重量}5个属性。

(6){汽缸,燃料,压缩率,功率,重量}5个属性。

(7){类型,汽缸,涡轮式,燃料,换挡,重量}6个属性。

以上7种属性约简都等价于原数据库中9个属性的决策分类。

其中最小属性约简是(1)和(2),用4个属性就可以代替数据库中9个属性。利用最小属性约简(2),经过进一步处理,可以得到原数据库的等价数据库,如表5.2所示。

表 5.2　约简后的数据库

序号	燃 料	排 气 量	压 缩 率	重 量	里 程
1	*	*	*	重	低
2	*	*	*	轻	高
3	*	小	中	*	高
4	*	中	*	中	中
5	1型	小	高	*	高
6	2型	*	高	中	中

说明: * 表示可不考虑该属性的取值。

2. 元组(记录)压缩

元组(记录)压缩实质上是对数据库的元组(记录)进行合并、归并和聚类等。

1) 相同元组(记录)的合并

在进行属性约简后,会出现很多相同的元组(记录),这样就可以合并这些相同的元组(记录)。

2) 利用概念树进行归并

概念树是一种对概念的层次进行划分的树。概念树与数据库中特定的属性有关,它将各个层次的概念按从一般到特殊的顺序排列。在概念树中最一般的概念作为树的根节点；最特殊的概念作为叶节点，它对应数据库具体属性值。例如，反映某数据库中"籍贯"这个属性的概念树，如图 5.2 所示。

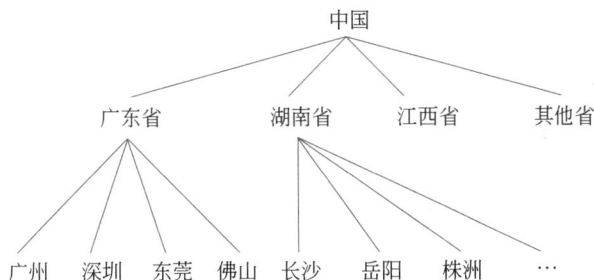

图 5.2　"籍贯"概念树

利用概念树进行向上归纳，可以实现数据库元组（记录）归并。例如，对数据库中"籍贯"为广州、深圳、东莞、佛山等城市的所有学生的记录都归并为广东省，即放在"籍贯＝广东省"的新记录中，这样就完成了广东省内学生的多个元组（记录）都归并到一个元组（记录）中，实现了元组（记录）的压缩。对学生数据库这种元组（记录）压缩有利于学校对各省学生的生活习惯有概括的了解，方便了学校对他们的管理。

3）对元组（记录）的聚类

为了对数据库中所有元组（记录）有一个概括的了解，在元组（记录）之间设定一种距离方法（如汉明距离），对数据库中所有元组（记录）进行聚类。这种聚类能完成对同一类的多个元组（记录）进行聚集，形成一个类元组（记录）。数据库按类元组（记录）重新组织，就完成了原数据库元组（记录）高度压缩的新数据库。

◆ 5.2　数据挖掘方法和技术

数据挖掘方法依据的基本原理：①信息论，主要是计算数据库中属性的信息量，如 ID3、IBLE 等算法；②集合论，利用集合之间的覆盖关系（如粗糙集方法、覆盖正例排斥反例的 AQ11 算法），或计算数据项在整个集合中所占的比例（如关联规则挖掘方法）；③仿生物技术，把生物体的运转过程转换成数学模型，再用数学模型去解决现实世界的非生物问题，如神经网络、遗传算法等；④人工智能技术，主要是利用启发式搜索方法，如公式发现的 BACON、FDD 等方法；⑤可视化技术，主要是利用图形显示技术。

数据挖掘方法和技术可以分为五大类：归纳学习的信息论方法、归纳学习的集合论方法、仿生物技术的神经网络方法、仿生物技术的遗传算法和数值数据的公式发现。

5.2.1　归纳学习的信息论方法

归纳学习方法是目前重点研究的方向，研究成果较多。从采用的技术上看，分为两大类：信息论方法（这也是常说的决策树方法）和集合论方法。每类方法又包含多个具体方法。

信息论方法是利用信息论的原理建立决策树。由于该方法最后获得的知识表示形式是决策树,因此一般文献中称它为决策树方法。该类方法的实用效果好,影响较大。

信息论方法中较有特色的方法有以下两种。

1. ID3 等算法(决策树方法)

Quinlan 研制的 ID3 算法是利用信息论中互信息(Quinlan 称其为信息增益)寻找数据库中具有最大信息量的字段,建立决策树的一个节点,再根据字段的不同取值建立树的分支,再由每个分支的数据子集重复建树的下层节点和分支的过程,这样就建立了决策树。这种算法的数据库愈大效果愈好。ID3 算法在国际上影响很大。ID3 算法之后又陆续开发了 ID4、ID5、C4.5 等算法。

2. IBLE 算法(决策规则树方法)

钟鸣、陈文伟研制了 IBLE 算法,是利用信息论中信道容量,寻找数据库中信息量从大到小的多个字段的取值建立决策规则树的一个节点,根据该节点中指定字段取值的权值之和与两个阈值比较,建立左、中、右三个分支,在各分支子集中重复建树节点和分支的过程,这就建立了决策规则树。IBLE 算法比 ID3 算法在识别率上提高了 10%。以后又研制了 IBLE-R 算法。

5.2.2 归纳学习的集合论方法

集合论方法是开展较早的方法。近年来,粗糙集理论的发展使集合论方法得到了迅速发展。这类方法中包括粗糙集方法、覆盖正例排斥反例方法(典型的方法是 AQ 系列算法)和概念树方法,关联规则挖掘方法也属于集合论方法。

1. 粗糙集方法

在数据库中将行元素看成对象,列元素是属性(分为条件属性和决策属性)。等价关系 R 定义为不同对象在某个(或几个)属性上取值相同,这些满足等价关系的对象组成的集合称为该等价关系 R 的等价类。条件属性上的等价类 E 与决策属性上的等价类 Y 之间有 3 种情况:①下近似,Y 包含 E;②上近似,Y 和 E 的交非空;③无关,Y 和 E 的交为空。对下近似建立确定性规则,对上近似建立不确定性规则(含可信度),无关情况不存在规则。

2. 关联规则挖掘

关联规则挖掘是在交易事务数据库中,挖掘出不同项(商品)集的关联关系,即发现哪些商品频繁地被顾客同时购买。

关联规则挖掘是在事务数据库 D 中寻找那些不同项集(如含 A 和 B 两个商品)同时出现的概率(即 $P(AB)$)大于最小支持度(min_sup),且在包含一个项集(如 A)的所有事务中,又包含另一个项集(如 B)的条件概率(即 $P(B|A)$)大于最小可信度(min_conf)时,则存在关联规则(即 $A \rightarrow B$)。

3. 覆盖正例排斥反例方法

覆盖正例排斥反例方法是利用覆盖所有正例,排斥所有反例的思想来寻找规则。比较典型的有 Michalski 的 AQ11 算法、洪家荣改进的 AQ15 算法以及洪家荣的 AE5 算法。

AQ 系列的核心算法是在正例集中任选一个种子,它到反例集中逐个比较,对字段取值构成的选择子相容则舍去,相斥则保留。按此思想循环所有正例种子,将得到正例集的规则(选择子的合取式)。

AE 系列算法是在扩张矩阵中寻找覆盖正例排斥反例的字段值的公共路(规则)。

4. 概念树方法

数据库中记录的属性字段按归类方式进行合并,建立起来的层次结构称为概念树。例如,对"城市"概念树的最下层是具体市名或县名(如长沙、南京等),它的直接上层是省名(湖南省、江苏省等),省名的直接上层是国家行政区(华南、华东等),再上层是国名(中国、日本等)。

利用概念树提升的方法可以大大浓缩数据库中的元组(记录)。对多个属性字段的概念树提升,将得到高度概括的知识基表,然后再将它转换成规则。

5.2.3　仿生物技术的神经网络方法

仿生物技术典型的方法是神经网络方法和遗传算法。这两类方法已经形成了独立的研究体系。它们在数据挖掘中也发挥了巨大的作用,可以将它们归并为仿生物技术类。

神经网络方法模拟了人脑神经元结构,是以 MP 数学模型和 Hebb 学习规则为基础的,建立了三大类多种神经网络模型。

1. 前馈式网络

前馈式网络以感知机、BP 反向传播模型、函数型网络为代表。此类网络可用于预测、模式识别等方面。

2. 反馈式网络

反馈式网络以 Hopfield 的离散模型和连续模型为代表,分别用于联想记忆和优化计算。

3. 自组织网络

自组织网络以 ART 模型、Kohonen 模型为代表,用于聚类。

神经网络的知识体现在网络连接的权值上,是一个分布式矩阵结构。神经网络的学习体现在神经网络权值的逐步计算上(包括反复迭代或累加计算)。

5.2.4　仿生物技术的遗传算法

这是模拟生物进化过程的算法。它由 3 个基本算子组成。

1. 繁殖(选择)

从一个旧种群(父代)选择出生命力强的个体产生新种群(后代)的过程。

2. 交叉(重组)

选择两个不同个体(染色体)的部分(基因)进行交换,形成两个新个体。

3. 变异(突变)

对某些个体的某些基因进行变异(1 变 0,0 变 1),形成新个体。

这种遗传算法起到产生优良后代的作用。这些后代需要满足适应值,经过若干代的遗传,将得到满足要求的后代(问题的解)。遗传算法已在优化计算和分类机器学习方面发挥了显著的效果。

5.2.5　数值数据的公式发现

在工程和科学数据库(由实验数据组成)中,利用人工智能启发式搜索方法(反复试验),对若干数据项(变量)进行一定的数学运算,可求得相应的数学公式。

1. 物理定律发现系统 BACON

BACON 发现系统完成了物理学中大量定律的重新发现。它的基本思想是对数据项反复进行初等数学运算(加、减、乘、除等)形成的组合数据项,若它的值为常数(启发式),就得到了组合数据项等于常数的公式。该系统有 5 个版本,分别为 BACON.1～BACON.5。

2. 经验公式发现系统 FDD

陈文伟等研制了 FDD 经验公式发现系统。基本思想是对两个数据项交替取初等函数后与另一个数据项线性组合,反复进行不同的初等函数试验,当线性组合为直线时(启发式),就找到了数据项(变量)的初等函数的线性组合公式。该系统所发现的公式比 BACON 系统发现的公式更宽些。该系统有 3 个版本,分别为 FDD.1～FDD.3。

◇ 5.3　数据挖掘的知识表示

数据挖掘各种方法获得的知识的表示形式,主要有 6 种:规则知识、决策树知识、知识基(浓缩数据)、神经网络权值、公式知识和案例。

5.3.1　规则知识

规则知识由前提条件和结论两部分组成。前提条件由字段项(属性)的取值的合取(与 ∧)和析取(或 ∨)组合而成,结论为决策字段项(属性)的取值或者类别组成。

下面用一个简单例子进行说明,如两类人数据库的 9 个元组(记录)如表 5.3 所示。

表 5.3　两类人数据库

种群	特征			种群	特征		
	身高	头发	眼睛		身高	头发	眼睛
第一类人	矮	金色	蓝色	第二类人	高	金色	黑色
	高	红色	蓝色		矮	黑色	蓝色
	高	金色	蓝色		高	黑色	蓝色
	矮	金色	灰色		高	黑色	灰色
					矮	金色	黑色

利用上面介绍的数据挖掘方法,将能很快得到如下规则知识:

```
IF(头发=金色∨红色)∧(眼睛=蓝色∨灰色)THEN 第一类人
IF(头发=黑色)∨(眼睛=黑色)THEN 第二类人
```

即凡是具有金色或红色的头发,并且同时具有蓝色或灰色眼睛的人属于第一类人;凡是具有黑色头发或黑色眼睛的人属于第二类人。

5.3.2　决策树知识

数据挖掘的信息论方法所获得的知识一般表示为决策树。

如 ID3 算法的决策树是由信息量最大的字段(属性)作为根节点,它的各个取值为分支,对各个分支所划分的数据元组(记录)子集,重复建树过程,扩展决策树,最后得到相同类别的子集,以该类别作为叶节点。

例如,上例的两类人数据库,按 ID3 算法得到的决策树如图 5.3 所示。

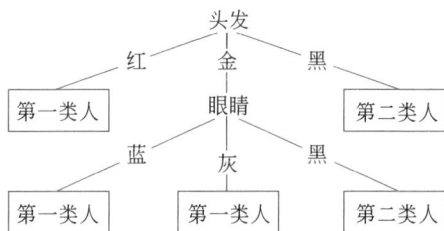

图 5.3　决策树

5.3.3　知识基(浓缩数据)

在知识发现过程的数据准备中,数据转换的一项属性约简工作就是找出问题可省略的属性。在删除不必要的属性后,对数据库中出现的相同的元组(记录)进行合并。这样,通过属性约简方法能压缩数据库的属性和相应的元组(记录),最后得到浓缩数据,称为知识基。它是原数据库的精华,很容易被转换成规则知识。

例如,上例中两类人的数据库,通过属性约简计算可以得出身高是不必要的属性,删除它后,再合并相同数据元组(记录),得到知识基(浓缩数据)如表 5.4 所示。

表 5.4　知识基(浓缩数据)

种　群	特　征		种　群	特　征	
	头发	眼睛		头发	眼睛
第一类人	金色	蓝色	第二类人	金色	黑色
	红色	蓝色		黑色	蓝色
	金色	灰色		黑色	灰色

5.3.4　神经网络权值

神经网络方法经过对训练样本的学习后,所得到的知识是网络连接权值和节点的阈值,一般表示为矩阵和向量。例如,异或问题的神经网络权值和阈值如图 5.4 所示。

5.3.5　公式知识

对于科学和工程数据库,一般存放的是大量实验数据(数值)。它们中蕴含着一定的规律性,通过公式发现算法,可以找出各种变量间的相互关系,并用公式表示。

例如,太阳系行星运动数据中包含行星运动周期(旋转一周所需时间,天),以及它与太阳的距离(围绕太阳旋转的椭圆轨道的长半轴,单位为百万千米),数据如表 5.5 所示。

通过物理定律发现系统 BACON 和经验公式发现系统 FDD 均可以得到开普勒第三定律

$$d^3/P^2 = 25$$

输入层网络权值:

$$\begin{pmatrix} w_{11} & w_{12} \\ w_{21} & w_{22} \end{pmatrix} = \begin{pmatrix} 1 & 1 \\ 1 & 1 \end{pmatrix}$$

隐节点阈值:

$$\begin{pmatrix} \theta_1 \\ \theta_2 \end{pmatrix} = \begin{pmatrix} 0.5 \\ 1.5 \end{pmatrix}$$

输入层网络权值:

$$(T_1, T_2) = (-1, 1)$$

输出节点阈值:

$$\phi = 0$$

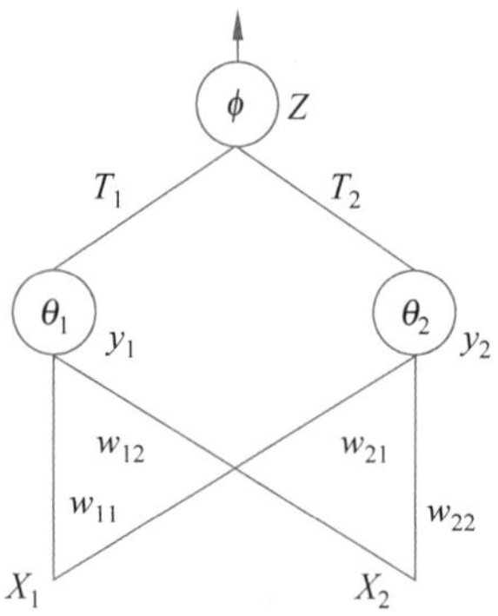

图 5.4   神经网络权值和阈值

表 5.5   太阳系行星数据

特　　征	星　　球					
	水星	金星	地球	火星	木星	土星
周期 P/天	88	225	365	687	4343.5	10 767.5
距离 d/百万千米	58	108	149	228	778	1430

5.3.6　案例

案例是人们经历过的一次完整的事件。当人们为解决一个新问题时,总是先回顾自己以前处理过的类似事件(案例)。将以前案例中解决问题的方法或者处理的结果作为参考并进行适当的修改,以解决当前新问题。利用这种思想建立起基于案例推理(case based reasoning,CBR)。CBR 的基础是案例库,在案例库中存放大量成功或失败的案例。CBR 利用相似检索技术,对新问题到案例库中搜索相似案例,再经过对旧案例的修改来解决新问题。

可见,案例是解决新问题的一种知识。案例知识一般表示为三元组

<问题描述, 解描述, 效果描述>

(1) 问题描述:对求解问题及周围世界或环境的所有特征的描述。

(2) 解描述:对问题求解方案的描述。

(3) 效果描述:描述解决方案后的结果情况,是失败还是成功。

◇ 习　题　5

1. 如何理解知识发现和数据挖掘的不同和关系?

2. 知识发现过程由哪 3 部分组成? 每部分的工作是什么?

3. 聚类与分类有什么不同?

4. 说明数据浓缩包括哪两方面。

5. 属性约简的原则是什么?

6. 属性约简一般采用哪些方法？

7. 规则知识与决策树知识和知识基是等价的吗？

8. 人类社会的知识表示是什么？为什么要研究计算机中的知识表示？人工智能的知识表示与数据挖掘的知识表示各有哪些？

9. 人工智能的机器学习与数据挖掘有什么关系？

10. 数据库中的数据挖掘与数据仓库中的数据挖掘有什么相同和不同点？

信息论方法

信息论原理是数据挖掘的理论基础之一。一般用于分类问题,即从大量数据中获取分类知识。具体来说,就是在已知各实例的类别的数据中,找出确定类别的关键条件属性。求关键属性的方法为,先计算各条件属性的信息量,再从中选出信息量最大的属性,信息量的计算是利用信息论原理中的公式。获取的分类知识表示形式如下。

(1) 决策树,如 ID3、C4.5 算法,是把信息量最大的属性作为树或子树的根节点,属性的取值作为分支。

(2) 决策规则树,如 IBLE 算法,是把信息量大的多个属性作为树或子树的节点,通过多个属性的总权值和与阈值比较大小来产生分支。

◇ 6.1 信息论原理

信息论是香农(C. E. Shannon)为解决信息传递(通信)过程问题而建立的理论,也称为统计通信理论。一个传递信息的系统是由发送端(信源)和接收端(信宿)以及连接两者的通道(信道)三者组成。信息论把通信过程看作是在随机干扰的环境中传递信息的过程。在这个通信模型中,信息源和干扰(噪声)都被理解为某种随机过程或随机序列。因此,在进行实际的通信之前,收信者(信宿)不可能确切了解信源究竟会发出什么样的具体信息,不可能判断信源会处于什么样的状态。这种情形就称为信宿对于信源状态具有不确定性。而且这种不确定性是存在于通信前的,因而又称为先验不确定性。

在进行了通信后,信宿收到了信源发来的信息,这种先验不确定性才会被消除或者被减少。如果干扰很小,不会对传递的信息产生任何可察觉的影响,信源发出的信息能够被信宿全部收到,在这种情况下,信宿的先验不确定性就会被完全消除。但是,在一般情况下,干扰总会对信源发出的信息造成某种破坏,使信宿收到的信息不完全。因此,先验不确定性不能全部被消除,只能部分地消除。换句话说,通信结束后,信宿还仍然具有一定程度的不确定性。这就是后验不确定性。显然,后验不确定性总要小于先验不确定性,不可能大于先验不确定性。

(1) 如果后验不确定性的大小正好等于先验不确定性的大小,这就表示信宿根本没有收到信息。

(2) 如果后验不确定性的大小等于零,这就表示信宿收到了全部信息。

可见,信息是用来消除(随机)不确定性的度量。信息量的大小,由所消除的不确定性的大小来计量。

6.1.1　信道模型和学习信道模型

1. 信道模型

信息论的信道模型如图 6.1 所示。信源发出的符号 U 取值为 $u_1,u_2,\cdots,u_r$,信宿接收的符号 V 取值为 $v_1,v_2,\cdots,v_q$。

条件概率 $P(V|U)$,称为信道的传输概率或转移概率,它反映信道的输入与输出的关系,用转移概率矩阵来表示

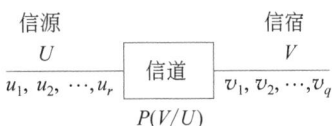

图 6.1　信道模型

$$\begin{bmatrix} P(v_1/u_1) & P(v_2/u_1) & \cdots & P(v_q/u_1) \\ P(v_1/u_2) & P(v_2/u_2) & \cdots & P(v_q/u_2) \\ \vdots & \vdots & \ddots & \vdots \\ P(v_1/u_r) & P(v_2/u_r) & \cdots & P(v_q/u_r) \end{bmatrix} \tag{6.1}$$

其中,$\sum\limits_{j=1}^{q} P(v_j/u_i)=1$,$i=1,2,\cdots,r$。

转移概率 $P(v_j/u_i)$ 表示收到信息 v_j 后判定输入为 u_i 的概率。

信道的数学模型可用三元组 $(U,P(V|U),V)$ 来表示,给定三元组后信道就给定了。给定了信道,将要研究在信宿收到符号 V 的值 v_j 后,如何正确判定信源发出的符号 U 取的是哪个值 u_i。

2. 学习信道模型

学习信道模型一般用二元信道表示。在数据库中,"信源"认为是实体的类别 $U(u_1,u_2)$,u_1 表示"是(1)"和 u_2 表示"非(0)"。"信宿"被认为是实体的属性 $V(v_1,v_2,\cdots,v_q)$ 取值,即用类别的取值反推属性取值。

一般把实体中的类别 U 看成输入,把某属性的取值 V 看成输出,建立学习信道模型,如图 6.2 所示。

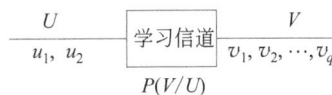

图 6.2　学习信道模型

建立学习信道模型后,就可以利用信息论的信道模型原理来解决归纳学习和数据挖掘的问题。

6.1.2　信息熵与条件熵

1. 信源数学模型

消息(符号)$u_i(i=1,2,\cdots,r)$ 的发生概率 $P(u_i)$ 组成信源数学模型(样本空间和概率空间)

$$[U,P]=\begin{bmatrix} u_1 & u_2 & \cdots & u_r \\ P(u_1) & P(u_2) & \cdots & P(u_r) \end{bmatrix} \tag{6.2}$$

2. 自信息(单个信息 u 的熵(不确定性))

单个信息 u 发出前的不确定性(熵)称为自信息,定义为

$$I(u) = -\log_2 p(u) \tag{6.3}$$

对数以 2 为底,所得到的信息量单位为 bit(简写为 b)

其中$-\log_2 p(u)$,表明信息 u 的不确定性。它的含义是:信息 u 在信源(多个信息之间)中出现的概率为 $p(u)$,当它为 1,($p(u)=1$),表示信息 u 在信源中是确定的(信息已知)。它取对数函数 log 时,即$\log_2 p(u)=0$。

一般情况是 $0 < p(u) \leqslant 1$,它取对数函数 log 后,均是负值,为了让它是正值,需要在它前面加一个负号,即表示为$-\log_2 p(u)$,把它称为 u 的熵。

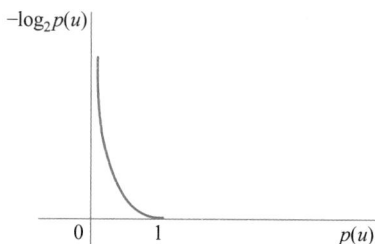

图 6.3　熵的变化曲线

当 $p(u) \rightarrow 0$,$-\log_2 p(u) \rightarrow \infty$。表示信息 u 的不确定性无限大(∞)。当 $p(u)=1$,$-\log_2 p(u)=0$,不确定性为 0。

熵的变化曲线见图 6.3。

在数学公式中,熵是对概率 $p(u)$ 取对数 $\log_2$,表示为$-\log_2 p(u)$,它更明确地表达了信息 u 不确定性程度。

自信息公式说明:概率愈大,不确定性愈小;概率愈小,不确定性愈大。其信息量用熵表示。

3. 信息熵(信源 U 的熵)

信源 U(集合)中所有信息 u_i 的不确定性量(自信息)的总体平均值(累加各个信息的自信息乘其概率的值),称为信息熵。公式为

$$H(U) = -\sum p(u_i)\log_2 p(u_i) \tag{6.4}$$

说明:$-P(u_i)\log_2 P(u_i)$ 含义是,u_i 的熵$-\log_2 P(u_i)$,乘上概率 $P(u_i)$,表示 u_i 的熵在信源 U 中份额。累加(Σ)后,形成了信源 U 的不确定性。

例如:两组信源各含两个信息 $X(a_1,a_2)$ 和 $Y(b_1,b_2)$,其概率空间分别为

$$X(a_1,a_2), \quad P(a_1)=0.99, \quad P(a_2)=0.01$$
$$y(b_1,b_2), \quad P(b_1)=0.5, \quad P(b_2)=0.5$$

则信息熵分别为

$$H(X) = -0.99\log_2 0.99 - 0.01\log_2 0.01 = 0.08\text{b}$$
$$H(Y) = -0.5\log_2 0.5 - 0.5\log_2 0.5 = 1\text{b}$$

可见

$$H(Y) > H(X)$$

说明信源 Y 比信源 X 的平均不确定性程度要大。

4. 条件熵(信源 U 在信宿 V 收到信息后的熵)

信源发出信息后,信宿收到了信源发来的信息,信源的不确定性会减小。

这里要用到条件概率,条件概率表示为:$P(A \mid B)$,即"A 在 B 的影响下发生的概率"。在这里是指信源 U 在信宿 V 收到信息后,U 的条件概率为 $P(U \mid V)$。

条件熵表示:在信宿 V 收到全部信息 V_j 后,对于信源 U 的全部信息 U_i 尚存在的不确定性。但不确定性减小了。公式表示为

$$H(U \mid V) = -\sum_j P(V_j)\sum_i P(U_i \mid V_j)\log_2 P(U_i \mid V_j) \tag{6.5}$$

条件熵比信息熵的不确定性减小了。即

$$H(U \mid V) < H(U)$$

6.1.3　互信息与信息增益

当不确定性的减小时,就表示得到了信息。信息论中用"互信息 $I(U,V)$"表示(说明,决策树方法的作者,将互信息改称为信息增益)互信息的公式为

$$I(U,V) = H(U) - H(U/V) \tag{6.6}$$

说明:由于有了信息 V,使信源 U 的不确定性减小了,减小的量就是得到的信息量,称为互信息。这是 U 和 V 两者相互之间的信息关系。概括说明见图 6.4 说明。

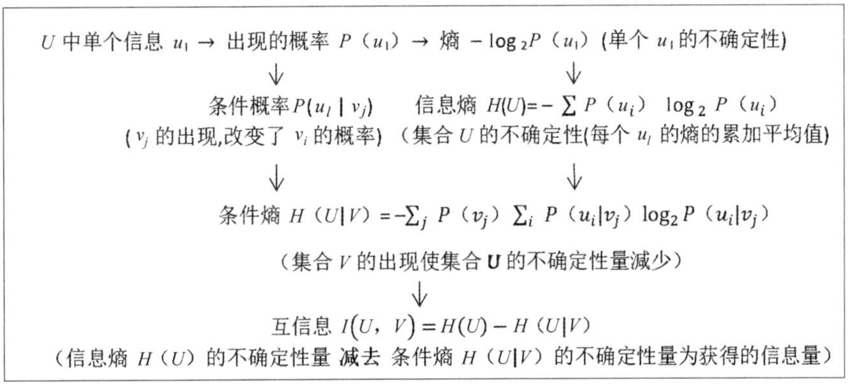

U 中单个信息 u_1 → 出现的概率 $P(u_1)$ → 熵 $-\log_2 P(u_1)$(单个 u_1 的不确定性)
↓　　　　　　　　　　　　　↓
条件概率 $P(u_l \mid v_j)$　　信息熵 $H(U) = -\sum P(u_i) \log_2 P(u_i)$
(v_j 的出现,改变了 v_l 的概率)　(集合 U 的不确定性(每个 u_l 的熵的累加平均值))
↓　　　　　　　　　　　　　↓
条件熵 $H(U \mid V) = -\sum_j P(v_j) \sum_i P(u_i \mid v_j) \log_2 P(u_i \mid v_j)$

(集合 V 的出现使集合 **U** 的不确定性量减少)
↓
互信息 $I(U, V) = H(U) - H(U \mid V)$
(信息熵 $H(U)$ 的不确定性量 减去 条件熵 $H(U \mid V)$ 的不确定性量为获得的信息量)

图 6.4　互信息计算说明

在决策树方法中,每个条件属性分别和决策属性两者之间,计算互信息。这样,可以挑选出哪个条件属性使决策属性的互信息最大,以该属性为树的根节点,以它的取值为分支建树。对各分支的余下数据,重复该过程。最终得出分类决策树。

6.1.4　信道容量与译码准则

1. 信道容量

给定信道的互信息 $I(U,V)$ 是 $P(U)$ 的∩形函数。由∩形函数的性质知道,一定存在一概率分布 $P(U)$,使得 $I(U,V)$ 达到最大。这个最大的互信息就称为信道容量(capacity),记为 C。

$$C = \max_{P(U)} \{I(U,V)\} \tag{6.7}$$

无论 $P(U)$ 如何变化,$I(U,V)$ 总不会大于 C。因此 C 对给定信道是个常数。

若以 C 作为特征选择量,去掉 C 小的特征(信息量小的特征),选择 C 大的特征(信息量大的特征),即 C 大的特征对区分正、反例更有效。

互信息 $I(U,V)$ 的计算会随实体个数的变化而变化,而信道容量 C 不会随实体个数的多少而变化,用 C 作为特征的信息量更准确。但是,C 的计算极为复杂,一般要用计算机做迭代运算。

2. 译码准则

信息论方法中,需要选择重要的信道(信道在数据库中就是"属性(特征)")。根据"属性取值"与"物体类别"之间的转移矩阵中转移概率的大小,能判断出"类别的区分"与哪个"属性取值"有关联(在"6.3 节决策规则树方法"中,树的节点中含多个属性时,需要用"译码

准则”,决定每个“属性取值”,更适合识别哪个“类别”)。

研究二元信道(输入输出值均为 0 或 1)译码准则,多元信道可以转换为二元信道。二元信道如图 6.5 所示。

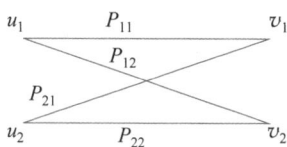

图 6.5　二元信道

信道的转移概率(正反例(u_1,u_2)的类别(用“行”的 1 和 0 表示),它们对应同一个属性的取值(v_1 和 v_2 用“列”的 1 和 0 表示)。转移矩阵中的条件概率为

$$\begin{pmatrix} p_{11} & p_{12} \\ p_{21} & p_{22} \end{pmatrix} = \begin{pmatrix} p(u_1/v_1) & p(u_1/v_2) \\ p(u_2/v_1) & p(u_2/v_2) \end{pmatrix}$$

其中,$p(u_i/v_j)$表示在类别 u_i 的例子数中,取值 v_j 的例子数的比例。举一个简单例子:

设有二元信道时,某个信道(属性 V)有 2 个值($v_{1-}=1, v_{2-}=0$)。它的转移概率矩阵为

$P = \begin{pmatrix} 2/9 & 7/9 \\ 3/5 & 2/5 \end{pmatrix}$,表示 9 个正例 $u_1=1_-$ 中,$v_{1-}=1$ 有 2 个例子,$v_{2-}=0$ 有 7 个例子。5 个反例 $u_2=0$ 中,$v_{1-}=1$ 有 3 个例子,$v_{2-}=0$ 有 2 个例子。其中最大概率是 $P(u_1/v_2)=7/9$,这时用属性 V 的取值 $v_{2-}=0$ 时,对于区分类别 u_1 更有效。

二元信道的译码准则是,针对某“属性”通道,寻找该属性中取何值时,对于类别 u 的区分最有效。

译码准则的计算方法是:在该属性的转移矩阵中,4 个转移概率 $\begin{pmatrix} p(u_1/v_1) & p(u_1/v_2) \\ p(u_2/v_1) & p(u_2/v_2) \end{pmatrix}$ 中,选择最大者,它所在列 j 的属性取值 v_j,作为该属性用于区分类别的标准值(一般用于这个属性被选为决策树节点中的一个时,需要计算它的取值大小,能有效地来区分类别)。

在上面简例中,4 个概率中最大者是 7/9,其列 j 为第 2 列,即属性 V 的取值为 0($v_2=0$)。这种定义称为最大后验概率准则,使平均错误概率最小。

注:后验概率是事情已经发生(如已知物体的类别),要求这件事情发生的原因(其属性的取值)引起的概率。先验概率是指根据以往的分析,在采样前就可以得到的概率。

◇ 6.2　决策树方法

6.2.1　决策树概念

决策树是用样本的属性作为节点,用属性的取值作为分支的树结构。它是利用信息论原理对大量样本的属性进行分析和归纳而产生的。决策树的根节点是所有样本中信息量最大的属性。树的中间节点是该节点为根的子树所包含的样本子集中信息量最大的属性。决策树的叶节点是样本的类别值。

决策树用于对新样本的分类,即通过决策树对新样本属性值的测试,从树的根节点开始,按照样本属性的取值,逐渐沿着决策树向下,直到树的叶节点,该叶节点表示的类别就是新样本的类别。决策树方法是数据挖掘中非常有效的分类方法。

决策树是一种知识表示形式,它是对所有样本数据的高度概括,即决策树能准确地识别所有样本的类别,也能有效地识别新样本的类别。

决策树概念最早出现在 CLS(concept learning system)中,影响最大的是 Quinlan 于

1986 年提出的 ID3 算法,他提出用信息增益(即信息论中的互信息)来选择属性作为决策树的节点。由于决策树的建树算法思想简单、识别样本效率高的特点,使 ID3 算法成为当时机器学习领域中最有影响的方法之一。后来,不少学者提出了改进 ID3 的算法,比较有影响的是 ID4、ID5 算法。Quinlan 于 1993 年提出了改进 ID3 的 C4.5 算法,C4.5 算法是用信息增益率来选择属性作为决策树的节点,这样建立的决策树识别样本的效率更高了。C4.5 算法还增加剪枝、连续属性的离散化、产生规则等功能。它使决策树方法再次得到了提高。从 ID3 算法到 C4.5 算法,决策树的节点均由单个属性构成,缺少不同属性之间的关系。

本书作者领导的课题组在研究信息论以后,于 1991 年提出了基于信道容量的 IBLE 算法和 1994 年提出的基于归一化互信息的 IBLE-R 算法。这两种算法建立的是决策规则树。树的节点是由多个属性组成的。这样,在树的节点中体现了多个属性的相互关系。由于信道容量是互信息的最大值,它不随样本数的改变而改变,从而使 IBLE 算法在样本识别效率上,比 ID3 算法提高了 10%。IBLE-R 算法在 IBLE 算法的基础上增加了产生规则的功能。

决策树方法(ID3 算法和 C4.5 算法)及决策规则树方法(IBLE 算法和 IBLE-R 算法)的理论基础都是信息论。

6.2.2　ID3 算法基本思想

Quinlan 的 ID3 算法,它的前身是 CLS 算法。Hunt 提出的 CLS 的工作过程:首先找出有判别力的属性,把数据分成多个子集,每个子集又选择有判别力的属性进行划分,一直进行到所有子集仅包含同一类型的数据为止。最后得到一棵决策树,可以用它来对新的样例进行分类。CLS 的不足是没有说明如何选择有判断力的属性。

Quinlan 的工作主要是引进了信息论中的互信息,他将其称为信息增益(information gain),作为特征(属性)判别能力的度量,并且将建树的方法嵌在一个迭代的外壳中。

在实体世界中,每个实体用多个特征来描述。每个特征限于在一个离散集中取互斥的值。例如,设实体是某天早晨,分类任务是关于气候的类型,特征(属性)如下。

(1) 天气。取值:晴,多云,雨。

(2) 气温。取值:冷,适中,热。

(3) 湿度。取值:高,正常。

(4) 风。取值:有风,无风。

每个实体属于不同的类别,简单起见,假定仅有两个类别,分别为 P 和 N。在这种两个类别的归纳任务中,P 类和 N 类的实体分别称为概念的正例和反例。将一些已知的正例和反例放在一起便得到训练集。

表 6.1 给出一个气候训练集。由归纳学习 ID3 算法得出一棵正确分类训练集中每个实体的决策树,如图 6.6 所示。该决策树能对训练集中的每个实体,按特征取值,判别出它属于 P、N 中的哪一类。

表 6.1　气候训练集

序　号	属　　　性				类　别
	天　气	气　温	湿　度	风	
1	晴	热	高	无风	N

序　号	属　　　　　性				类　别
	天　气	气　温	湿　度	风	
2	晴	热	高	有风	N
3	多云	热	高	无风	P
4	雨	适中	高	无风	P
5	雨	冷	正常	无风	P
6	雨	冷	正常	有风	N
7	多云	冷	正常	有风	P
8	晴	适中	高	无风	N
9	晴	冷	正常	无风	P
10	雨	适中	正常	无风	P
11	晴	适中	正常	有风	P
12	多云	适中	高	有风	P
13	多云	热	正常	无风	P
14	雨	适中	高	有风	N

决策树叶子为类别名,即 P 或者 N。其他节点由实体的特征组成,每个特征的不同取值对应一个分支。若要对一个新实体进行分类,需要从树根开始进行测试,按特征的取值分支向下进入下层节点,对该节点进行测试,过程一直进行到叶节点,实体被判为属于该叶节点所标记的类别。现有训练集外的一个例子,某天早晨气候描述:①天气为多云;②气温为冷;③湿度为正常;④风为无风。

它属于哪类气候呢? 用图 6.6 来判别,可以得出该实体的类别为 P 类。

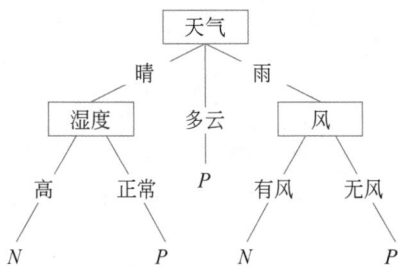

图 6.6　ID3 决策树

实际上,能正确分类训练集的决策树不止一棵。Quinlan 的 ID3 算法能得出节点最少的决策树。

6.2.3　ID3 算法

1. 主算法

(1) 从训练集中随机选择一个既含正例又含反例的子集(称为“窗口”)。

(2) 用“建树算法”对当前窗口形成一棵决策树。

(3) 对训练集(窗口除外)中例子用所得决策树进行类别判定,找出错判的例子。

(4) 若存在错判的例子,把它们插入窗口,转(2),否则结束。

ID3 主算法流程用图 6.7 表示。其中 PE、NE 分别表示正例集和反例集,它们共同组成训练集。PE′、PE″和 NE′、NE″分别表示正例集和反例集的子集。

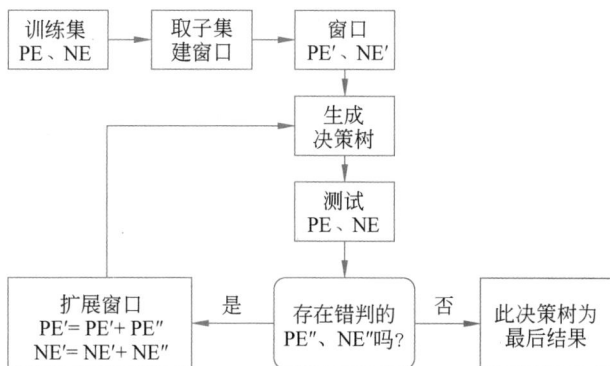

图 6.7　ID3 主算法流程

主算法中每迭代循环一次,生成的决策树将会不相同。

2. 建树算法

(1) 对当前例子集合,计算各特征的互信息。

(2) 选择互信息最大的特征 A_k,作为树(或子树)的根节点。

(3) 把在 A_k 处取值相同的例子归于同一子集,该取值作为树的分支。A_k 取几个值就有几个子集,各取值作为树的一个分支。

(4) 对既含正例又含反例的子集,递归调用建树算法。

(5) 若子集仅含正例或反例,对应分支标上 P 或 N,返回调用处。

6.2.4　实例与讨论

1. 实例计算

对于气候分类问题进行具体计算。

1) 信息熵的计算

信息熵:$H(U) = -\sum_i P(u_i) \log_2 P(u_i)$

类别 u_i 出现概率:$P(u_i) = |u_i| / |S|$

$|S|$ 表示例子集 S 的总数,$|u_i|$ 表示类别 u_i 的例子数。

对 9 个正例和 5 个反例有

$$P(u_1) = 9/14, \quad P(u_2) = 5/14$$

$$H(U) = (9/14)\log_2(14/9) + (5/14)\log_2(14/5) \approx 0.94b$$

2) 条件熵计算

条件熵:$H(U/V) = -\sum_j P(v_j) \sum_i P(u_i/v_j) \log_2 P(u_i/v_j)$

属性 A_1 取值 v_j 时,类别 u_i 的条件概率:$P(u_i/v_j) = |u_i| / |v_j|$

$A_1 = $ 天气,它的取值:$v_1 = $ 晴,$v_2 = $ 多云,$v_3 = $ 雨

在 A_1 处取值"晴"的例子 5 个,取值"多云"的例子 4 个,取值"雨"的例子 5 个,故

$$P(v_1) = 5/14 \quad P(v_2) = 4/14 \quad P(v_3) = 5/14$$

取值为"晴"的 5 个例子中有 2 个正例、3 个反例,故

$$P(u_1/v_1) = 2/5, \quad P(u_2/v_1) = 3/5$$

取值为"多云"时：$P(u_1/v_2)=4/4$，$P(u_2/v_2)=0$

取值为"雨"时：$P(u_1/v_3)=2/5$，$P(u_2/v_3)=3/5$

$$H(U/V)=(5/14)((2/5)\log_2(5/2)+(3/5)\log_2(5/3))+(4/14)((4/4)\log_2(4/4)+0)$$
$$+(5/14)((2/5)\log_2(5/2)+(3/5)\log_2(5/3))\approx 0.694\text{b}$$

3）互信息计算

对 $A_1=$天气有

$$I(天气)=H(U)-H(U\mid V)=0.94-0.694=0.246\text{b}$$

类似可得

$$I(气温)=0.029\text{b}$$
$$I(湿度)=0.151\text{b}$$
$$I(风)=0.048\text{b}$$

4）建决策树的树根和分支

ID3 算法将选择互信息最大的特征"天气"作为树根，在 14 个例子中对"天气"的 3 个取值进行分支，3 个分支对应 3 个例子的子集，例子的编号分别为

$$F_1=\{1,2,8,9,11\},\quad F_2=\{3,7,12,13\},\quad F_3=\{4,5,6,10,14\}$$

其中，F_2 中的例子全属于 P 类，因此对应分支标记为 P，其余两个子集既含有正例又含有反例，将递归调用建树算法。

5）递归建树

分别对 F_1 和 F_3 子集利用 ID3 算法，在每个子集中对各特征（仍为 4 个特征）求互信息。

（1）F_1 中的"天气"全取"晴"值，则 $H(U)=H(U|V)$，有 $I(U|V)=0$，在余下 3 个特征中求出"湿度"互信息最大，以它为该分支的根节点，再向下分支。"湿度"取"高"的例子全为 N 类，该分支标记 N；"湿度"取"正常"的例子全为 P 类，该分支标记 P。

（2）在 F_3 中，对 4 个特征求互信息，得到"风"特征互信息最大，则以它为该分支根节点。再向下分支，"风"取"有风"时，例子子集全为 N 类，该分支标记 N；"风"取"无风"时，例子子集全为 P 类，该分支标记 P。

这样就得到图 6.6 所示的决策树。

2. 对 ID3 的讨论

1）优点

ID3 在选择重要特征时利用了互信息的概念，算法的基础理论清晰，使得算法较简单，是一个很有实用价值的示例学习算法。

该算法的计算时间是例子个数、特征个数、节点个数之积的线性函数。钟鸣曾用 4761 个关于苯的质谱例子做了试验。其中正例 2361 个，反例 2400 个，每个例子由 500 个特征描述，每个特征取值数目为 6，得到一棵有 1514 个节点的决策树。对正、反例各 100 个测试例做了测试，正例判对 82 个，反例判对 80 个，总预测正确率 81%，效果是令人满意的。

2）缺点

（1）互信息的计算依赖于特征取值的数目较多的特征，这样不太合理。一种简单的办法是对特征进行分解，如表 6.1 中，特征取值数目不一样，可以把它们统化为二值特征，如天气取值晴、多云、雨，可以分解为 3 个特征：天气—晴、天气—多云、天气—雨。取值都为"是"或"否"，对气温也可做类似的工作，这样就不存在偏向问题了。

（2）用互信息作为特征选择量存在一个假设，即训练例子集中（只有 14 个例子）的正、反例的比例应与实际问题领域里（例子数会很大）正、反例比例相同。一般情况不能保证相同，这样计算训练集的互信息就有偏差。

（3）ID3 在建树时，每个节点仅含一个特征，是一种单变量的算法，特征间的相关性强调不够。虽然它将多个特征用一棵树连在一起，但联系还是松散的。

（4）ID3 对噪声较为敏感。关于什么是噪声，Quinlan 的定义是训练例子中的错误就是噪声。它包含两方面：一是特征值取错，二是类别给错。

（5）当训练集增加时，ID3 的决策树会随之变化。在建树过程中，各特征的互信息会随例子的增加而改变，从而使决策树也变化。这对渐近学习（即训练例子不断增加）是不方便的。

总的来说，ID3 由于其理论清晰、方法简单、学习能力较强，适于处理大规模的学习问题，在世界上广为流传，得到了极大的关注，是数据挖掘和机器学习领域中的一个极好范例，也不失为一种知识获取的有用工具。

6.2.5　C4.5 算法

ID3 算法在数据挖掘中占有非常重要的地位。但是，在应用中，ID3 算法存在不能够处理连续属性、计算信息增益时偏向于选择取值较多的属性等不足。C4.5 算法是在 ID3 算法的基础上发展起来的决策树生成算法，由 Quinlan 于 1993 年提出。C4.5 算法克服了 ID3 算法在应用中存在的不足，主要体现在以下 5 方面。

（1）用信息增益率来选择属性，它克服了用信息增益选择属性时偏向选择取值多的属性的不足。

（2）在树构造过程中或者构造完成之后，进行剪枝。

（3）能够完成对连续属性的离散化处理。

（4）能够对于不完整数据进行处理，如未知的属性值。

（5）C4.5 算法采用的知识表示形式为决策树，并最终可以形成产生式规则。

1. 构造决策树

设 T 为数据集，类别集合为 $\{C_1, C_2, \cdots, C_k\}$，选择一个属性 V 把 T 分为多个子集。设 V 有互不重合的 n 个取值 $\{v_1, v_2, \cdots, v_n\}$，则 T 被分为 n 个子集 $T_1, T_2, \cdots, T_n$，这里 T_i 中的所有实例的取值均为 v_i。

令 $|T|$ 为数据集 T 的例子数，$|T_i|$ 为 $v=v_i$ 的例子数，$|C_j| = \text{freq}(C_j, T)$ 为 C_j 类的例子数；$|C_j^v|$ 是 $V=v_i$ 例子中，具有 C_j 类的例子数。

则有：

（1）类别 C_j 的发生概率

$$p(C_j) = |C_j|/|T| = \text{freq}(C_j, T)/|T|$$

（2）属性 $V=v_i$ 的发生概率

$$p(v_i) = |T_i|/|T|$$

（3）属性 $V=v_i$ 的例子中，具有类别 C_j 的条件概率

$$p(C_j|v_i) = |C_j^v|/|T_i|$$

Quinlan 在 ID3 中使用信息论中的信息增益（gain）来选择属性，而 C4.5 采用属性的信

息增益率(gain ratio)来选择属性。

以下公式中的 $H(C)$、$H(C|V)$、$I(C,V)$、$H(V)$ 是信息论中的写法，而 $\text{info}(T)$、$\text{info}_v(T)$、$\text{gain}(V)$、$\text{plit\_info}(V)$、gain_ratio 是 Quinlan 的写法。在此统一起来。

（1）类别的信息熵

$$H(C) = -\sum_j p(C_j) \log_2(p(C_j)) = -\sum_j \frac{|C_j|}{|T|} \log_2\left(\frac{|C_j|}{|T|}\right)$$

$$= -\sum_{j=1}^{k} \frac{\text{freq}(C_j, T)}{|T|} \times \log_2\left(\frac{\text{freq}(C_j, T)}{|T|}\right) = \text{info}(T)$$

（2）类别的条件熵

按照属性 V 把集合 T 分割，分割后的类别条件熵为

$$H(C|V) = -\sum_j p(v_j) \sum_i p(C_j|v_i) \log_2 p(C_j|v_i)$$

$$= -\sum_j \frac{|T_j|}{|T|} \sum_i \frac{|C_j^v|}{|T_i|} \log_2 \frac{|C_j^v|}{|T_i|}$$

$$= \sum_{i=1}^{n} \frac{|T_i|}{|T|} \times \text{info}(T_i) = \text{info}_v(T)$$

（3）信息增益即互信息

$$I(C,V) = H(C) - H(C|V) = \text{info}(T) - \text{info}_v(T) = \text{gain}(V)$$

（4）属性 V 的信息熵

$$H(V) = -\sum_i p(v_i) \log_2(p(v_i)) = -\sum_{i=1}^{n} \frac{|T_i|}{|T|} \times \log_2\left(\frac{|T_i|}{|T|}\right) = \text{split\_info}(V)$$

（5）信息增益率(互信息率)

$$\text{gain\_ratio} = I(C,V)/H(V) = \text{gain}(V)/\text{split\_info}(V)$$

C4.5 算法对 ID3 算法改进是用信息增益率来选择属性。

理论和实验表明，采用"信息增益率"（C4.5 算法）比采用"信息增益"（ID3 算法）更好，主要是克服了 ID3 算法选择偏向取值多的属性。

2. 连续属性的处理

在 ID3 算法中没有处理连续属性的功能。在 C4.5 算法中，设在集合 T 中，连续属性 A 的取值为 $\{v_1, v_2, \cdots, v_m\}$，则任何在 v_i 和 v_{i+1} 之间的任意取值都可以把实例集合分为两部分 $T_1 = \{t | A \leqslant v_i\}$ 和 $T_2 = \{t | A > v_i\}$。

可以看到一共有 $m-1$ 种分割情况，对属性 A 的 $m-1$ 种分割的任意一种情况，作为该属性的两个离散取值，重新构造该属性的离散值，再按照上述公式计算每种分割所对应的信息增益率 $\text{gain\_ratio}(v_i)$，在 $m-1$ 种分割中，选择最大增益率的分割作为属性 A 的分支，即

$$\text{Threshold}(V) = v_k$$

其中，$\text{gain\_ratio}(v_k) = \text{Max}\{\text{gain\_ratio}(v_i)\}$，即 v_k 是各 v_i 的信息增益率最大者。

则连续属性 A 可以分割为

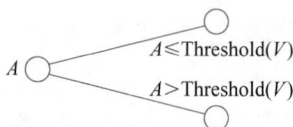

3. 决策树剪枝

由于噪声和随机因素的影响,决策树一般会很复杂,因此需要进行剪枝操作。

1）什么时候剪枝

有两种剪枝策略：①在树生成的过程中判断是否还继续扩展决策树。若停止扩展,则相当于剪去该节点以下的分支。②对于生成好的树剪去某些节点和分支。C4.5 采用第二种算法。

剪枝之后的决策树的叶节点不再只包含一类实例。节点有一个类分布描述,即该叶节点属于某类的概率。

2）基于误差的剪枝

决策树的剪枝通常是用叶节点替代一个或者多个子树,然后选择出现概率最高的类作为该节点的类别。在 C4.5 中,还允许用其中的树枝来替代子树。

如果使用叶节点或者树枝代替原来的子树之后,误差率若能够下降,则使用此叶节点或者树枝代替原来的子树。

4. 从决策树抽取规则

在 C4.5 中,对于生成好的决策树,可以直接从中获得规则。从根到叶的每条路径都可以是一条规则。这样,可以看出有多少条路径就可以产生多少条规则。例如,从下面的决策树中可以得到规则。

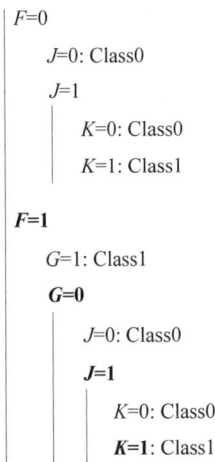

```
F=0
   J=0: Class0
   J=1
      K=0: Class0
      K=1: Class1
F=1
   G=1: Class1
   G=0
      J=0: Class0
      J=1
         K=0: Class0
         K=1: Class1
```

沿着决策树其中一条路径 $F \rightarrow G \rightarrow J \rightarrow K$ 得到规则。

```
IF F=1, G=0, J=1, K=1 THEN Class1
```

◆ 6.3　决策规则树方法

6.3.1　IBLE 算法基本思想

1. IBLE 算法的特点

钟鸣与作者于 1991 年研制的 IBLE(information-based learning from examples)算法是基于信息论的示例学习方法,利用信息论中信道容量的概念作为对实体中选择重要特征的度量。信道容量是一个不依赖于正、反例的比例,仅依赖于训练集中正、反例的特征取值的选择量。这样,信道容量克服了互信息依赖正、反例比例的缺点。IBLE 算法不同于 ID3 算法的每次只选一个特征作为决策树的节点,而是选一组重要特征建立规则,作为决策树的节点。这样,用多个特征组合成规则的节点来鉴别实例,能够更有效地正确判别。对那些不能直接判定的例子继续利用决策规则树的其他规则节点来判别,这样一直进行下去,直至判出类别为止。

IBLE 方法建立的是决策规则树,树中每个节点是由多个特征所组成的。特征的选取是通过计算各特征信道容量来进行的。各特征的正例标准值由译码函数决定。节点中判别正、反例的阈值(S_n, S_p)是由实例中权值变化的规律来确定的。

2. 多元信道转化成二元信道

在各特征取多值的情况下,用互信息作为特征选择量,会出现倾向取某值的例子数较多的特征,这种倾向并不都合理。用信道容量作为特征选择量也必然有同样的问题存在。一种解决办法是对特征进行分解,如前面举的例中,特征取值数目不一样可以把它们都化为二值特征。例如,天气取值晴、多云、雨,可以分解成 3 个特征:天气一晴、天气一多云、天气一雨,每个都取值为{yes,no},对气温也可以做类似的工作。这样在选择特征时就不会出现偏向问题了。

3. 决策规则树

IBLE 算法从训练集中归纳出一棵决策规则树。

判定一个实体属于u_1类还是属于u_2类,首先从分析该实体的特征入手,用规则分析会得出 3 种可能结论:①该实体属于u_1类;②该实体属于u_2类;③不能做出判定,需进一步分析后再做结论。在进一步分析时又会出现上述 3 种情形。对一实体的分析,这个过程一直进行到得出具体类别为止。IBLE 就是依据这种思想构造决策规则树的。决策规则树如图 6.8 所示。

对于更复杂的问题除使用主规则外,还增加分规则,得出如图 6.9 所示的 IBLE 算法的复杂决策规则树。

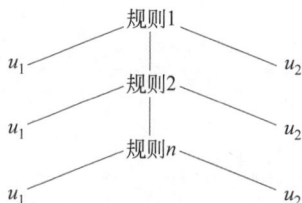

图 6.8　IBLE 算法的一般决策规则树

图 6.9　IBLE 算法的复杂决策规则树

4. 决策规则树节点

1)规则表示形式

决策规则树中非叶节点均为规则。规则表示如下。

特征:$A_1, A_2, \cdots, A_m$

权值:$W_1, W_2, \cdots, W_m$

标准值：$V_1, V_2, \cdots, V_m$

阈值：S_p, S_n

该规则可形式描述如下。

(1) sum：＝0；

(2) 对 $i:=1$ 到 m 作：若 $(A_i)=V_i$，则 sum：＝sum＋W_i；

(3) 若 sum $\leqslant S_n$，则该例为 N 类；

(4) 若 sum $\geqslant S_p$，则该例为 P 类；

(5) 若 $S_n<$ sum $<S_p$，则该例暂不能判，转下一条规则判别。

其中，sum 表示权和，(A_i) 表示特征 A_i 的取值。

规则说明：$A_1, A_2, \cdots, A_m$ 为组成规则的特征，$W_1, W_2, \cdots, W_m$ 为对应的权值，$V_1, V_2,$ $\cdots, V_m$ 为对应特征取正例的标准值，若例子在该特征处取值与标准值相同，则 sum（权和）加上对应权值，否则不加。S_p、S_n 是判是、判非、不能判的阈值。若例子的权和为 sum，sum $\geqslant S_p$ 时判为类（u_1 类），sum $\leqslant S_n$ 时判为非类（u_2 类），$S_n<$ sum $<S_p$ 时认为不能判。由于知道 S_p、S_n 的作用，图 6.9 的分规则中必有 $S_p=S_n$。

2) 举例

为说明规则中各成分的意义，举一个例子。设问题空间中例子有 10 个特征（属性），特征编号为 1～10。每个特性取值为{no, yes}，用{0,1}表示，规则是由重要特征组成的，对每个特征求出权值以表示其重要程度，删除不重要特征，具体规则如下。

特征：　　1　　3　　4　　6　　7

权值：　100　90　105　50　40

标准值：1　　0　　1　　1　　0

阈值：　220,100

现有 3 个测试例子：

例子1：(1,0,0,0,1,0,0,1,1,1)

例子2：(0,1,0,0,1,0,0,0,1,0)

例子3：(0,1,0,0,1,0,1,0,1,1)

例子 1 的权和 sum＝230，有 sum＞220，判定例子 1 属于 u_1 类。例子 2 的权和 sum＝130，有 100＜sum＜220，认为例子 2 不能判，而例子 3 有权和 sum＝90，有 sum＜100，判定例子 3 的类别为 u_2 类。

6.3.2　IBLE 算法

IBLE 算法由 4 部分组成：预处理、建规则算法、建决策树算法、类别判定算法。下面分别介绍。

1. 预处理

将例子集的特征取多值，变为多个特征分别取{0,1}值，即一个特征取 n 个值变为 n 个特征分别取{0,1}值。

2. 建规则算法

(1) 求各特征 A_k 的信道容量 C_k，对于一个特征有分特征（原特征取多值变成多个特征取{0,1}值时，该多个特征为原特征的分特征）时，取最大 C 值的分特征代表该特征。

权值的计算(取整)公式为

$$W_k = [C_k \times 1000]$$

(2) 利用译码准则计算各属性的标准值。

在选取信道容量大的多个属性作为分类树的节点(见"6.3 节决策规则树方法"),对选定的属性利用译码准则,计算它的标准值(用于识别正例还是反例的标准)。计算方法为:在选定的属性(特征)的转移概率矩阵中,有 4 个概率值,要选最大值概率,关注它对应的 j 列的取值 v_j 更适合识别哪个类别。

(3) 把 j 列的取值 v_j 作为选定的属性的标准值(用于区分哪个类别的标准)。

(4) 选取前 m 个信道容量(即权值)较大的特征构造规则。

一般说来,m 的选取应保证 $C > 0.01$b 的特征都被选中(对具体问题可通过试验来确定)。

(5) 计算所有的正、反例的权和数,从它们的分布规律中得出 S_p、S_n 阈值。

建立一个二维数组 $A(m, n)$,$m = 1, 2, 3$,$n = 1, 2, \cdots, |U|$($|U|$ 表示例子总数)。它由 3 项组成,$A(1, n)$ 存放各例的权和(例子中各特征的权值累加之和),$A(2, n)$ 存放正例个数,当例子是正例时,它为 1,反之为 0。$A(3, n)$ 存放反例个数,当例子是反例时,它为 1,反之为 0。

先对各正、反例求权和并填入数组 $A(m, n)$ 中。再按权和大小从小到大的顺序对数组 $A(m, n)$ 进行排序,对权和相同的不同的正、反例,将它们合并成一列相同的权和,累计正、反例个数。这样,数组缩小了,即 $n \leqslant |U|$。而且正、反例权和的规律性就出现了:权和小的部分,正例个数为 0,反例个数偏大;权和大的部分,正例个数偏大,反例个数为 0。正、反例权和变化规律如图 6.10 所示。

$A(1, n)$			S_n					S_p			权和
$A(2, n)$	0	$\cdots$	0	$\neq 0$	$\cdots$	$\cdots$	$\neq 0$	$\neq 0$	$\cdots$	$\neq 0$	正例个数
$A(3, n)$	$\neq 0$	$\cdots$	$\neq 0$	$\neq 0$	$\cdots$	$\cdots$	$\neq 0$	0	$\cdots$	0	反例个数
	反例区			正、反例混合区				正例区			

图 6.10 正、反例权和变化规律

从图 6.8 中可知,整个例子集合中,划分成 3 个区:反例区,正、反例混合区,正例区。在反例区中,正例个数 $A(2, n)$ 均为 0;在正例区中,反例个数 $A(3, n)$ 均为 0;在混合区中,正例个数 $A(2, n)$ 和反例个数 $A(3, n)$ 均不为 0。在 3 个区的分界线处的权和值作为 S_p、S_n 值,用作判别正、反例的阈值。

3. 建决策树算法

设 T 为存放决策规则树的空间。

(1) 置决策规则树 T 为空。分配一新节点 R,$T := R$。

(2) 对当前训练集 $PE \cup NE$,利用"建规则算法"构造主规则。

(3) 用当前规则测试 PE、NE 的子集 PEP、PEN、PEM(正例 3 个子集),NEP、NEN、NEM(反例 3 个子集)。其中,PEP、PEN、PEM 分别表示正例被判为 P 类、N 类、不能判这 3 个子集。NEP、NEN、NEM 分别表示反例被判为 P 类、N 类、不能判这 3 个子集。

(4) 将当前规则放入节点 R。

(5) 若 $(|PEP| \neq 0) \lor (|NEP| \neq 0)$,则 PE:=PEP,NE:=NEP;分配一新节点 W_1;R

左指针指向 W_1。

① 对当前训练集 PE∪NE,利用"建规则算法"构造左分规则。

② 将左分规则放入节点 W

(6) 若(|PEN|≠0)∨|NPEN,NE：=NEN；分配一新节点 W_2；R 右指针指向 W_2。

① 对当前训练集 PE∪

② 将右分规则放入节

(7) 若(|PEM|≠0)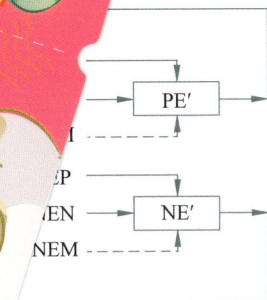=NEM；分配一新节点 W_3；R 的中指针指向 W_3，R

(8) 结束。

IBLE 建决策树算

4.类

在得如何分类,下面给出具体的算法。

(1)

(2)

③ 类),若当前节点左指针不空(即左规则存在),将左指 左指针为空,该实体判为 P 类)转(3)。

是 N 类),若当前节点右指针不为空(即右规则存在)转(2),否则(右指针为空,该实体判为 N 类)转(3)。

③ 不能分指示的节点置为当前节点转(2)。

(3) 输出判别结果,第

6.3.3 IBLE 算法实例

1. 配隐形眼镜问题

1) 简例说明

(1) 患者配隐形眼镜的类别。

患者是否应配隐形眼镜有 3 类。

① @1：患者应配隐形眼镜。

② @2：患者应配软隐形眼镜。

③ @3：患者不适合配隐形眼镜。

(2) 患者眼镜诊断信息(属性)。

① 患者老花眼程度：无老花眼、轻微老花眼、老花眼。

② 患者的眼睛诊断结果：近视、远视。

③ 是否散光：是、否。

④ 患者的泪腺：不发达、正常。

(3) 配隐形眼镜实例。

现有 24 个患者实例分别属于 3 个类别,如表 6.2 所示。

表 6.2　配隐形眼镜患者实例

序 号	属性取值				诊 断 值	序 号	属性取值				诊 断 值
	a	b	c	d	@		a	b	c	d	@
1	1	1	1	1	3	13	2	2	1	1	3
2	1	1	1	2	2	14	2	2	1	2	2
3	1	1	2	1	3	15	2	2	2	1	3
4	1	1	2	2	1	16	2	2	2	2	3
5	1	2	1	1	3	17	3	1	1	1	3
6	1	2	1	2	2	18	3	1	1	2	3
7	1	2	2	1	3	19	3	1	2	1	3
8	1	2	2	2	1	20	3	1	2	2	1
9	2	1	1	1	3	21	3	2	1	1	3
10	2	1	1	2	2	22	3	2	1	2	2
11	2	1	2	1	3	23	3	2	2	1	3
12	2	1	2	2	1	24	3	2	2	2	3

2) 利用 IBLE 算法得出的各类决策规则树和逻辑公式

(1) @1 类的决策规则树。

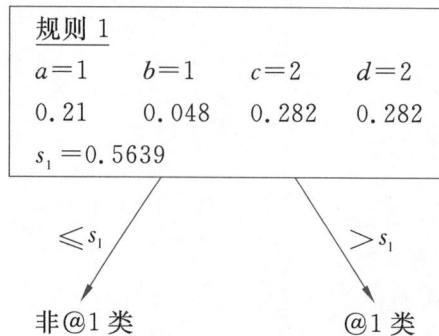

规则 1

$a=1$　　$b=1$　　$c=2$　　$d=2$

0.21　　0.048　　0.282　　0.282

$s_1=0.5639$

$\leqslant s_1$　　　　　$>s_1$

非@1 类　　　　　@1 类

相应的逻辑公式为

$$c=2 \land d=2 \land a=1 \rightarrow @1$$
$$c=2 \land d=2 \land b=1 \rightarrow @1$$

（2）@2 类的决策规则树。

```
┌──────────────────────────────────────┐
│ 规则 2                                 │
│ a=1,2    b=2      c=1       d=2         │
│ 0.039   0.008    0.302     0.302       │
│ s₁=0.6042                              │
└──────────────────────────────────────┘
```

$$a=1,2 \quad b=2 \quad c=1 \quad d=2$$
$$0.039 \quad 0.008 \quad 0.302 \quad 0.302$$
$$s_1=0.6042$$

$\leqslant s_1$ 　　　　　$> s_1$

非@2 类　　　　　@2 类

相应的逻辑公式为

$$c=1 \land d=2 \land b=2 \rightarrow @2$$
$$c=1 \land d=2 \land a=1 \rightarrow @2$$
$$c=1 \land d=2 \land a=2 \rightarrow @2$$

（3）@3 类的决策规则树。

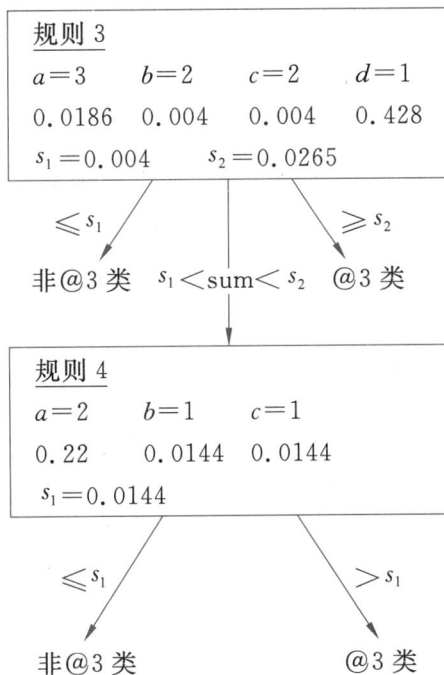

```
┌──────────────────────────────────────┐
│ 规则 3                                 │
│ a=3      b=2      c=2       d=1         │
│ 0.0186  0.004    0.004     0.428       │
│ s₁=0.004      s₂=0.0265                 │
└──────────────────────────────────────┘
```

$$a=3 \quad b=2 \quad c=2 \quad d=1$$
$$0.0186 \quad 0.004 \quad 0.004 \quad 0.428$$
$$s_1=0.004 \quad s_2=0.0265$$

$\leqslant s_1$ 　　　　$\geqslant s_2$

非@3 类　$s_1 < \mathrm{sum} < s_2$　@3 类

```
┌──────────────────────────────────────┐
│ 规则 4                                 │
│ a=2      b=1      c=1                   │
│ 0.22    0.0144   0.0144                 │
│ s₁=0.0144                              │
└──────────────────────────────────────┘
```

$$a=2 \quad b=1 \quad c=1$$
$$0.22 \quad 0.0144 \quad 0.0144$$
$$s_1=0.0144$$

$\leqslant s_1$ 　　　　　$> s_1$

非@3 类　　　　　@3 类

该决策树的逻辑公式推导如下。

① 上层节点的逻辑公式

$$d=1 \rightarrow @3$$
$$a=3 \land b=2 \land c=2 \rightarrow @3$$

② 上层不能判断逻辑公式(中线结论)

$$(b = 2 \wedge c = 2) \vee$$
$$(a = 3) \vee$$
$$(a = 3 \wedge b = 2) \vee$$
$$(a = 3 \wedge c = 2) \rightarrow 继续判别$$

③ 下层节点的逻辑公式

$$b = 1 \wedge c = 1 \rightarrow @3$$
$$a = 2 \rightarrow @3$$

④ 合并后下层节点的逻辑公式(上层"继续判别"逻辑公式与下层节点的逻辑公式的合并。合并时,同一个变量不能同时取两个值)

$$a = 3 \wedge b = 1 \wedge c = 1 \rightarrow @3$$
$$a = 2 \wedge b = 2 \wedge c = 2 \rightarrow @3$$

2. 苯等 8 类化合物的分类问题

1) 质谱分析

质谱仪是一种化学分析仪器,它以高速电子轰击被测样本,使分子产生分裂碎片且重新排列,测量这些碎片的荷质比及能量形成质谱,如图 6.12 所示。分析化学家根据质谱可以推测出样本的分子结构及性质。这是一个极为复杂和困难的任务,原因在于质谱数据量太大且伴随噪声,而且质谱测定理论尚不完备。在这样的背景下,要用传统的知识获取技术建造一个质谱解析专家系统是极为困难的。因此,用计算机从大量的质谱数据中自动获得一些知识便成了一个诱人的设想。

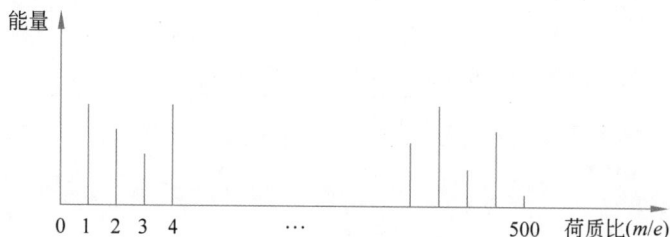

图 6.12　化合物质谱图

2) 实例计算

对 8 种类型的化合物进行学习、识别,其中前 3 种类型分别为 WLN 码中含 R、T60TJ 和 QR 的化合物;后 5 种为日内瓦国际会议的技术报告中给出的 5 类有机磷化合物。前 3 种类型化合物的训练集、测试集的构造方法:从 31 231 例质谱中选出某类所有化合物的集合 T_1,剩余的两类成为集合 T_2。从 T_1 中随机抽出一定数目的化合物构成两个集合 T_{11}、T_{12},再从 T_2 中随机抽取一定数目的化合物构成两个集合 T_{21}、T_{22},用 T_{11} 和 T_{21} 组成训练集,正例 PE＝T_{11},反例 NE＝T_{21},用 T_{12} 和 T_{22} 组成测试集。对于后 5 种有机磷化合物(例子数不多),上述 31 231 例前 3 类质谱中都没有,对 5 种类化合物输入时,每种抽取 8 例作为训练集中的正例集,剩下的作为测试集的正例,再从 31 231 例质谱中抽出 999 例作为训练集反例集,得出如表 6.3 所示的训练集和测试集。用 IBLE 算法学习后得出 8 棵决策规则树(在此省略),对测试集进行识别,预测正确率如表 6.4 所示。

表 6.3 8 类化合物的训练集和测试集

类	训 练 集		测 试 集	
	正 例	反 例	正 例	反 例
R	2363	2400	102	155
QR	571	2000	20	100
T60TJ	500	2300	50	50
类一	8	999	5	999
类二	8	999	5	999
类三	8	999	2	999
类四	8	999	4	999
类五	8	999	1	999

表 6.4 IBLE 算法对 8 类化合物的预测结果

类	正例	认对	认错	正确率/%	反例	认对	认错	正确率/%	总正确率/%
R	102	95	7	93.137	155	136	19	87.774	90.439
QR	20	15	5	75	100	84	16	84	79.5
T60TJ	50	34	16	68	50	48	2	96	82
类一	5	5	0	100	999	997	2	99.8	99.9
类二	5	5	0	100	999	997	2	99.8	99.9
类三	2	2	0	100	999	999	0	100	100
类四	4	4	0	100	999	999	0	100	100
类五	1	1	0	100	999	999	0	100	100

本实验中,预测正确率是这样计算的:先分别计算正、反例的预测正确率,然后两者相加除以 2 得出总预测正确率,这种做法在实际问题中可信程度较高。从表 6.5 可知,对于 8 类化合物,IBLE 算法的平均预测正确率为 93.967%。

3)IBLE 算法与 ID3 算法的比较

(1)实例计算情况。

为了比较 IBLE 算法与 ID3 算法在正、反例数目变化情况下的性能,从 8 种化合物类型中随机抽取 3 类,即 R、T60TJ 和有机磷化合物中的第二类进行实验。两种算法关于 3 种化合物的平均预测正确率如表 6.5 所示。可以看出,IBLE 算法的预测正确率比 ID3 算法高出近 10%。

表 6.5 IBLE 算法和 ID3 算法的平均预测正确率　　　　　　　　　%

类	IBLE	ID3
R	81.779	72.203
T60TJ	76.786	70.643
类二	98.334	89.322

对 IBLE 算法,在训练集中正、反例子数目做大的变化时,进行测试情况见表 6.6。从表 6.6 中可见,正例数不变化,反例数逐步减小时,正确识别率稍有提高。而反例数不变,正例数减小时,正确识别率显著下降。正、反例都下降时,正确识别率在逐步下降。

表 6.6　R 类例子数目变化时识别情况

训　练　集		对　正　例			对　反　例		
正例	反例	认对	认错	正确率/%	认对	认错	正确率/%
2363	2400	95	7	93.137	84	18	82.353
2363	1200	88	14	86.275	84	18	82.353
2363	400	91	11	89.216	99	3	97.059
2363	200	98	4	96.078	101	1	99.1
2363	100	98	4	98.078	101	1	99.1
2363	2400	95	7	93.137	84	18	82.353
1181	2400	76	26	74.51	71	31	69.608
393	2400	68	34	66.667	46	56	45.098
196	2400	54	48	52.941	35	67	34.314
98	2400	50	52	49.02	24	78	23.520
2363	2400	95	7	93.137	84	18	82.353
393	400	75	27	73.529	75	27	73.529
196	200	87	15	85.294	80	22	78.431
98	100	87	15	85.294	70	32	68.627

(2) 原因分析。

IBLE 算法的预测正确率之所以比 ID3 算法高,原因如下。

① IBLE 算法用信道容量作为特征选择量,而 ID3 算法用互信息,信道容量不依赖于正、反例的比例,互信息依赖训练集中正、反例的比例。

② IBLE 算法在建树过程中,每次选择多个特征构成规则,变量间的相关性得到较好的体现。ID3 算法在建树过程中,每次选择一个特征作为节点,不能较好地体现特征间的相关性。

(3) IBLE 算法的决策规则树的特点。

① IBLE 算法的决策规则树中的规则在表示和内容上与专家知识具有较高的一致性。

以 R(苯)的决策规则树中第一条规则为例。规则列出了峰系列,与专家知识表示是一致的,第一条规则指出在 $m/e=27,50\sim52,62\sim65,74\sim78,89\sim92,104\sim105$ 处应有峰。有关文献中认为含苯化合物的重要系列应是 $m/e=38\sim39,50\sim52,63\sim65,75\sim78,91,105,119,113$ 等。比较一下可知,在列出的这 16 个峰中第一条规则就包含了 12 个,而且都是权值较大的峰。专家知识中一般不指出哪些地方应无峰,而 IBLE 算法的规则中也指了出来,这是对专家知识的一种补充。而 ID3 算法的决策树在表示上与专家知识相差较大,在内容上也不易做到与专家知识具有一致性(原因在于用互信息选择主要特征依赖于训练集中正、反例的比例,而实际问题中正、反例的比例不易确定)。

② 在训练集中,若正、反例数目变化较大,IBLE 算法得到的规则具有较好的稳定性。

这在 R 的训练集中正、反例数目变化较大的情况下,IBLE 算法得出的各决策规则树中第一条规则,都含有相同的 41 个特征($m/e=41,42,43,50,51,54,55,56,57,58,59,62,63,64,65,67,68,69,70,71,72,75,76,77,78,81,82,83,84,85,89,90,91,92,96,97,98,100,104,105,143$,包括有峰、无峰),在相同的变化下 ID3 算法的决策树头两层 7 个重要能量中,无共同的特征。

总之,IBLE 算法的规则与专家知识在内容上有较高的一致性,用 IBLE 算法获取的知识建立的专家系统对实例的判别进行解释时提供了良好的条件。这一点正是 ID3 算法的一个重要缺陷。

显然,IBLE 算法比 ID3 算法优越。

4) 小结

这里提出的机器学习的信道模型,系统地论述了示例学习的信息论,利用新的特征选择量——信道容量,即用信道容量来选取重要特征的思想,不仅用于机器学习和数据挖掘之中,也可以用于模式识别的特征抽取。在上面的试验中,对 8 类化合物的质谱分类问题,用神经网络中的感知机和反向传播模型进行学习,由于特征太多,两种方法的迭代都不收敛。

IBLE 示例学习算法实现简单、正确性较高,所得知识在表示和内容上与专家知识有较高的一致性,而且特别适合于处理大规模的学习问题,可作为专家系统的知识获取工具。

◇ 习 题 6

1. 互信息的含义是什么?

2. 信道容量的含义是什么? 它与互信息有什么关系?

3. 决策树 ID3 算法的基本思想是什么?

4. 编制 ID3 算法的计算机程序,并用表 6.1 气候训练集进行测试。

5. 对于表 6.1 气候训练集,用 CLS 算法建树:任意选一字段项(如气温)为根节点,其字段项各取值为分支,对各分支数据子集重复上述操作,向下扩展此决策树,直到数据子集属于同一类数据(即叶节点)为止,并标记叶节点为 P 类或 N 类。并比较 CLS 决策树与 ID3 决策树的优缺点。

6. 信息增益率与信息增益有什么不同?

7. 简述 IBLE 算法构造决策规则树的方法,比较 ID3 决策树的不同和效果。

8. 设某例子集的 IBLE 决策规则树的节点规则为

特征	a	b	c	d
权值	0.021	0.048	0.282	0.282
标准值	1	1	2	2
阈值	$S_n=0.564$		$S_p=0.585$	

现有两个例子的特征取值分别如下。

(1) $a=1$，$b=2$，$c=2$，$d=2$。

(2) $a=1$，$b=1$，$c=1$，$d=2$。

用该节点规则判别它们属于 $\{P$ 类、N 类、不能判别$\}$ 中的哪种情况?

9. 基于信息论的学习方法中都用了哪些信息论原理?

10. 说明 IBLE 算法比 ID3 算法进步的技术点。

第 7 章

集合论方法

集合论原理是数据挖掘的重要理论基础,可用于分类问题、聚类问题和关联规则挖掘。

集合论原理用于分类问题时,主要是利用集合之间的覆盖关系,如粗糙集方法是对条件属性和决策(类别)属性中的等价类(一个或多个属性取值均相同的元组)之间的覆盖关系,AQ11 算法是对覆盖正例排斥反例的种子(多个属性取值的与关系),构成规则知识。

集合论原理用于解决聚类问题时,主要是按数据集中元素间的距离远近或相似度大小,聚成多个类别集合。

集合论原理用于关联规则挖掘时是计算数据项(如商品)集在整个集合中和相关集合中所占的比例,大于阈值(支持度和可信度)时构成数据项之间的关联规则。

◆ 7.1 粗糙集方法

7.1.1 粗糙集概念

粗糙集(rough set)是波兰数学家 Z. Pawlak 于 1982 年提出的。粗糙集以等价关系(不可分辨关系)为基础,用于分类问题。它用上、下近似两个集合来逼近任意一个集合,该集合的边界线区域被定义为上近似集和下近似集之差集。上、下近似集可以通过等价关系给出确定的描述,边界域的含糊元素数目可以被计算出来。而模糊集(fuzzy)是用隶属度来描述集合边界的不确定性,隶属度是人为给定的,不是计算得出的。

粗糙集理论用在数据库中的知识发现主要体现在以下两方面。

(1) 利用等价关系对数据库进行属性约简。

(2) 利用集合的上、下近似关系获取分类规则。

用"气候数据库"实例(表 7.1),介绍下面有关定义。

数据库定义为:$S = (U, R, V, f)$(一般书中表示为"信息表")。

U:是元组集合:$U = \{x_1 \ x_2 \cdots x_n\}$,其中 x_i 为元组。

R:是属性集合:分为条件属性 $C(a_1, a_2, a_3, a_4)$ 和决策属性 $D(d)$,$R = C \cup D$。

表 7.1　气候数据库

序　号	属　　性				类别 d
	天气 a_1	气温 a_2	湿度 a_3	风 a_4	
1	晴	热	高	无风	N
2	晴	热	高	有风	N
3	多云	热	高	无风	P
4	雨	适中	高	无风	P
5	雨	冷	正常	无风	P
6	雨	冷	正常	有风	N
7	多云	冷	正常	有风	P
8	晴	适中	高	无风	N
9	晴	冷	正常	无风	P
10	雨	适中	正常	无风	P
11	晴	适中	正常	有风	P
12	多云	适中	高	有风	P
13	多云	热	正常	无风	P
14	雨	适中	高	有风	N

V：是属性值的集合，V_a 是属性 a 的取值。

$f_a(x)$：是一个取值函数，元组 x 的属性 a 取值，如：$f_{天气}(x_1)=$ 晴。

1) 等价关系、等价类和划分的定义

元组 x 和 y 在属性集 A 的等价关系是：属性集 A 中任意属性 a，元组 x 和 y 的属性值 V_a 均相同，即 $f_a(x)=f_a(y)$。等价关系 IND(A) 的公式为

$$IND(A)=\{(x,y) \mid (x,y) \in U \times U, \forall a \in A, f_a(x)=f_a(y)\}$$

在上例数据库中有：

$E1$ 为"天气＝晴"的等价关系，$E1$：$\{x_1,x_2,x_8,x_9,x_{11}\}$；

$E2$ 为"天气＝多云"的等价关系，$E2$：$\{x_3,x_7,x_{12},x_{13}\}$；

$E3$ 为"天气＝雨"的等价关系，$E3$：$\{x_4,x_5,x_6,x_{10},x_{14}\}$。

等价关系的集合称为等价类，$E1$、$E2$、$E3$ 也成了等价类。每个"等价类"，构成一个"划分"，这里构成了 3 个划分。

2) 集合（决策属性集）X 的上、下近似定义

集合 X 的下近似：条件属性 A 的所有等价类的元素都属于集合 X。表示为 $A_-(X)$。

集合 X 的上近似：条件属性 A 的等价类与集合 X 相交。即：等价类中的元素，可能属于 X（完全被包含（下近似）或部分被包含（边界））。表示为 $A^-(X)$。

3) 正域、边界和负域的定义

元组集合 U 可以划分为 3 个不相交的区域，即正域（Pos）、边界（BND）和负域（NEG），具体如下：

正域(A 中元素都在 X 中),表示为 $\mathrm{Pos}_A(X)=A_-(X)$;

边界(A 集和 X 集相交) 表示为 $\mathrm{BND}_A(X)=A^-(X)-A_-(X)$;

负域(A 中元素都不在 X 中) 表示为 $\mathrm{NEG}_A(X)=U-A^-(X)$。

上近似等于下近似(正域)加上边界

$$A^-(X)=A_-(X)+\mathrm{BND}_A(X)$$

集合 X 中相关的 3 个区域如图 7.1 所示。

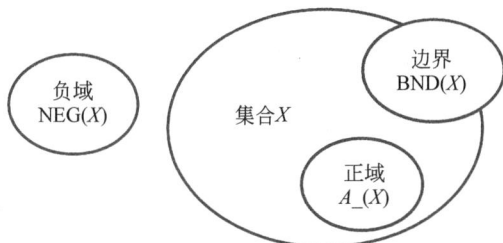

图 7.1　两个集合之间的关系

4) 粗糙集定义

若 $A^-(X)=A_-(X)$,即 $\mathrm{BND}(X)=\varnothing$ 即边界为空,称 X 为属性 A 的可定义集;否则,$A^-(X)\neq A_-(X)$,即存在边界集,称 X 为属性 A 的粗糙集。即含有边界的集合称为粗糙集。

7.1.2　粗糙集方法的属性约简与实例

1. 属性约简概念

1) 约简属性原理

对条件属性 C 的等价关系表示为:$\mathrm{IND}(C)$,它相对决策属性 D 的正域是全域。当约简一个属性 a 后的数据库,它相对决策属性 D 的正域仍然等于全域,该属性 a 可以删除掉。$\mathrm{Pos}_{(C\backslash\{a_2\})}(D)=\mathrm{Pos}_C(D)$。约简属性后仍能保持原数据库分类等价性。

说明:①约简一个条件属性 a 后的数据库,会产生有多个元组在余下的属性的等价关系。分析这些等价关系元组,属性 a 约简前的取值是不相同的,若它取的不同值正好包含了它所有可能取值,而且约简条件属性后等价类又都属于决策属性同一取值(正域),说明该属性 a 约简前的不同取值不会影响分类效果,也说明该属性 a 可以删除。这样,保证了约简属性 a 后的正域个数,仍然等于元组的全域。②如果,约简条件属性后等价类属于决策属性不同取值(边界),就会出现矛盾,该属性就不能约简(通过下面的实例计算给予了具体说明)。

2) 核定义

属性集 A 的所有约简的交集(每个约简集中都有的属性)称为 A 的核属性集。记作:$\mathrm{core}(A)=\bigcap \mathrm{red}(A)$。标记 $\mathrm{Core}(A)$ 表示 A 中不能再约简的重要属性。

2. 属性约简实例

利用上面的气候数据库。它有 4 个条件属性(天气 a_1、温度 a_2、湿度 a_3、风 a_4)和 1 个决策属性(类别 d)。

令:$C=\{a_1,a_2,a_3,a_4\}$,　$D=\{d\}$

$\text{IND}(C) = \{\{1\},\{2\},\{3\},\{4\},\{5\},\{6\},\{7\},\{8\},\{9\},\{10\},\{11\},\{12\},\{13\},$
$\{14\}\}$

$\text{IND}(D) = \{\{1,2,6,8,14\},\{3,4,5,7,9,10,11,12,13\}\}$

$\qquad\qquad\quad\{\{N\ \text{类等价集}\}, \qquad \{P\ \text{类等价集}\}\}$

$\text{Pos}_C(D) = U$ 共 14 个。

1) 计算缺少一个属性的等价关系

在 4 个属性中减少"天气"属性后,余下属性(气温、湿度、风)的等价类,相对于类别属性的正域,包括 N 类的,也包括 P 类的,分别有:

类别为 N 类的正域有 $\{2\}$,只有 1 个例子。

类别为 P 类的正域有 $\{5,9\}$,$\{10\}$,$\{11\}$,$\{13\}$,共 5 个例子。

对于整个"类别"属性(包括 N 类和 P 类)的正域的个数为 6 个。

$$\text{Pos}_{(C\backslash\{a_1\})}(D) = \{2,5,9,10,11,13\} \neq U$$

减少"天气"条件属性后,等价类中还有 4 个等价集 $\{1,3\}$,$\{4.8\}$,$\{6,7\}$,$\{12,14\}$,既和 N 类相交,也和 P 类相交。它们属于边界,如图 7.2 和图 7.3 所示。

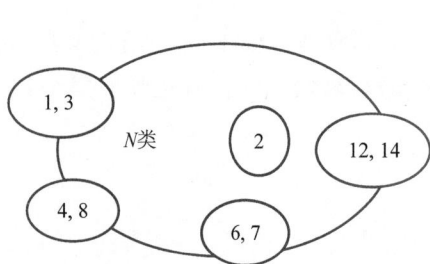

图 7.2　条件属性等价类与 N 类的相关性

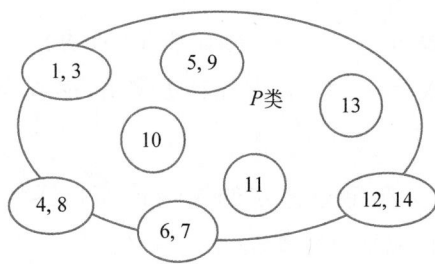

图 7.3　条件属性等价类与 P 类的相关性

不能约简属性的说明如下。

对于条件属性等价类 $\{1,3\}$,它和类别属性的等价类 $\{N\}$ 相交,也和等价类 $\{P\}$ 相交。表示成规则知识为

1 例表示:气温=热 $\wedge$ 湿度=高 $\wedge$ 风=无风 $\rightarrow N$ 类

3 例表示:气温=热 $\wedge$ 湿度=高 $\wedge$ 风=无风 $\rightarrow P$ 类

两个例子中,3 个条件属性都相同,但是结论相反。这是相互矛盾的。

条件属性等价类 $\{4,8\}$,$\{6,7\}$,$\{12,14\}$ 等价集,类似于 $\{1,3\}$,都会引起矛盾。故不能减少属性 a_1(天气)。

再讨论:分别计算减少其他 3 个条件属性相对决策属性的正域

$$\text{Pos}_{(C\backslash\{a_2\})}(D) = U = \text{Pos}_C(D)$$

$$\text{Pos}_{(C\backslash\{a_3\})}(D) = U = \text{Pos}_C(D)$$

$$\text{Pos}_{(C\backslash\{a_4\})}(D) = \{1,2,3,7,8,9,10,11,12,13\} \neq U$$

对于减少属性后,条件属性的正域仍然是全域时,说明余下属性的实例不会出现矛盾,该属性是可以省略。当条件属性的正域不是全域时,说明余下属性集中的实例会出现矛盾,那么该属性不可以省略。

结论:属性 a_2,a_3 是相对于决策属性 d 可省略的,但不一定可以同时省略。属性 a_1 和

a_4 是相对决策属性不可省略的,因此核为:$\mathrm{Core}(c) = \{a_1, a_4\}$。

　　2)计算同时减少 $\{a_2, a_3\}$ 的等价关系和正域

　　　　$\mathrm{IND}(C \backslash \{a_2, a_3\}) = \{\{1, 8, 9\}, \{2, 11\}, \{3, 13\}, \{4, 5, 10\}, \{6, 14\}, \{7, 12\}\}$

　　　　$\mathrm{Pos}_{(C \backslash \{a_2, a_3\})}(D) = \{3, 4, 5, 6, 7, 10, 12, 13, 14\} \neq U$

说明 $\{a_2, a_3\}$ 是不可同时省略的。

　　3)在 $\{a_2, a_3\}$ 中只能删除一个属性

　　现在,存在两个约简集:$\mathrm{red}_D(C) = \{\{a_1, a_3, a_4\}, \{a_1, a_2, a_4\}\}$

　　从实例计算可以看出,数据库的属性约简是在保持条件属性相对决策属性的分类能力不变的条件下,删除不必要的或不重要的属性。

　　一般来讲,条件属性对于决策属性的相对约简不是唯一的,即可能存在多个相对约简集。

7.1.3　粗糙集方法的规则知识获取

　　元组 U 中的属性有两个划分。

　　C 为条件属性等价类划分 $C = \{E_i\}$(多个等价类 $e_1, e_2, \cdots$),

　　D 为结论属性的等价类划分 $D = \{Y_j\}$(多个等价类 $y_1, y_2, \cdots$)。

　　条件属性集合 E_i 和结论属性集合 Y_j 之间的关系如图 7.4 所示。

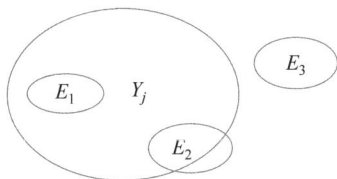

图 7.4　条件属性集合 E_i 和结论属性集合 Y_j 之间的关系

　　获取规则的过程。

　　(1)当 $E_i \cap Y_j \neq \varnothing$ 时,则有如下规则。

$$R_{ij}: E_i \text{ 的属性值} \rightarrow Y_j \text{ 的属性值}$$

说明:E_i 有多个属性值时,它们之间用与($\wedge$)关系联结。

　　① 当 $E_i \cap Y_j = E_i$ 时,(E_i 完全被 Y_j 包含),即下近似,建立的规则 R_{ij} 是确定的。规则的可信度 $\mathrm{cf} = 1.0$。

　　② 当 $E_i \cap Y_j \neq E_i$ 时,(E_i 部分被 Y_j 包含),即上近似,建立的规则 R_{ij} 是不确定的。规则的可信度为

$$\mathrm{cf} = \frac{|E_i \cap Y_j|}{|E_i|}$$

　　(2)当 $E_i \cap Y_j = \varnothing$ 时,E_i 与 Y_j 无关,E_i 和 Y_j 不能建立关系。

7.1.4　粗糙集方法规则获取实例

　　利用气候数据库的属性约简后,对属性约简后的元组表,能产生规则知识。上面有两组约简集,采用哪组约简集产生规则?下面分别对两组约简集都产生规则,进行比较。再分析如何选择最佳的约简集产生规则。

1. 单独约简"气温"属性,进行规则获取

3个条件属性的等价类为

$$IND(C) = \{1,8\}, \{5,10\}\{2,3,4,6,7,9,11,12,13,14\}$$

$$IND(D) = \{\{1,2,6,8,14\}, \{3,4,5,7,9,10,11,12,13\}\}$$

类别属性 D 的等价类(N 类,P 类)相对条件属性等价类 C:

属于 N 类的条件属性的等价类 C 为:$\{1,8\}$,$\{2,6,14\}$。

属于 P 类的条件属性的等价类 C 为:$\{5,10\}$,$\{3,4,,7,9,11,12,13\}$。

下面分别对 N 类和 P 类实例建立规则。

(1) 对 N 类进行分析,产生规则

N 类的正域为:$\{1,8\}$,$\{2\}$,$\{6\}$,$\{14\}$。

写出各正域的规则如下。

等价类$\{1,8\}$两例,获取规则为

$$天气 = 晴 \wedge 湿度 = 高 \wedge 风 = 无 \rightarrow N 类 \tag{7.1}$$

第2例,获取规则为

$$天气 = 晴 \wedge 湿度 = 高 \wedge 风 = 有 \rightarrow N 类 \tag{7.2}$$

第6例,获取规则为

$$天气 = 雨 \wedge 湿度 = 正常 \wedge 风 = 有 \rightarrow N 类 \tag{7.3}$$

第14例,获取规则为

$$天气 = 雨 \wedge 湿度 = 高 \wedge 风 = 有 \rightarrow N 类 \tag{7.4}$$

规则归纳如下。

式(7.1)和式(7.2)中,"有风"和"无风"不影响类别,删除该属性,得到规则知识为

$$天气 = 晴 \wedge 湿度 = 高 \rightarrow N 类 \quad (含3个实例) \tag{7.5}$$

式(7.3)和式(7.4)中,"湿度=正常"和"湿度=高"不影响类别,删除该属性,得到规则知识为

$$天气 = 雨 \wedge 风 = 有 \rightarrow N 类 \quad (含2个实例) \tag{7.6}$$

(2) 对 P 类进行分析,其信息表为

P 类的正域为:$\{5,10\}$,$\{4\}$,$\{3\}$,$\{7\}$,$\{12\}$,$\{13\}$,$\{9\}$,$\{11\}$。

对于$\{5,10\}$两例,获得的知识为

$$天气 = 雨 \wedge 湿度 = 正常 \wedge 风 = 无 \rightarrow P 类 \tag{7.7}$$

第4例,获得的知识为

$$天气 = 雨 \wedge 湿度 = 高 \wedge 风 = 无 \rightarrow P 类 \tag{7.8}$$

上面两式中,"湿度=正常"和"湿度=高" 不影响类别,可以删除"湿度"属性,得到规则知识为

$$天气 = 雨 \wedge 风 = 无 \rightarrow P 类 \quad (含3个实例) \tag{7.9}$$

第3例,获得的知识为

$$天气 = 多云 \wedge 湿度 = 高 \wedge 风 = 无 \rightarrow P 类 \tag{7.10}$$

第12例,获得的知识为

$$天气 = 多云 \wedge 湿度 = 高 \wedge 风 = 有 \rightarrow P 类 \tag{7.11}$$

上面两式中,"风=无"和"风=有" 不影响类别,可以删除"风"属性,得到规则知识为

$$天气 = 多云 \wedge 湿度 = 高 \to P \ 类 \tag{7.12}$$

第 7 例, 获得的知识为

$$天气 = 多云 \wedge 湿度 = 正常 \wedge 风 = 有 \to P \ 类 \tag{7.13}$$

第 13 例, 获得的知识为

$$天气 = 多云 \wedge 湿度 = 正常 \wedge 风 = 无 \to P \ 类 \tag{7.14}$$

上面两式中, "风 = 无"和"风 = 有"不影响类别, 可以删除"风"属性, 得到规则知识为

$$天气 = 多云 \wedge 湿度 = 正常 \to P \ 类 \tag{7.15}$$

现在把式(7.12)和式(7.13)放在一起, 两规则中, "湿度 = 高"和"湿度 = 正常"不影响类别, 可以删除"湿度"属性。

最后得到的规则知识为

$$天气 = 多云 \to P \ 类 \qquad （含 4 个实例）\tag{7.16}$$

第 9 例获得规则为

$$天气 = 晴 \wedge 湿度 = 正常 \wedge 风 = 无 \to P \ 类 \tag{7.17}$$

第 11 例获得规则为

$$天气 = 晴 \wedge 湿度 = 正常 \wedge 风 = 有 \to P \ 类 \tag{7.18}$$

归纳上面两式, "风 = 无"和"风 = 有"不影响类别, 可以删除"风"属性, 得到规则知识为

$$天气 = 晴 \wedge 湿度 = 正常 \to P \ 类 \qquad （含 2 个实例）\tag{7.19}$$

粗糙集方法得到的 5 个规则式: 式(7.5)、式(7.6)、式(7.9)、式(7.16)、式(7.19)。汇总如下:

$$天气 = 晴 \wedge 湿度 = 高 \to N \ 类$$
$$天气 = 雨 \wedge 风 = 有 \to N \ 类$$
$$天气 = 雨 \wedge 风 = 无 \to P \ 类$$
$$天气 = 多云 \to P \ 类$$
$$天气 = 晴 \wedge 湿度 = 正常 \to P \ 类$$

回顾决策树方法中得到的决策树见图 6.6。

对比两个方法获取的规则知识:

(1) 沿着决策树"天气 = 晴"的方向得到的知识:

$$天气 = 晴 \wedge 湿度 = 正常 \to P \ 类$$
$$天气 = 晴 \wedge 湿度 = 高 \to N \ 类$$

(2) 沿着决策树"天气 = 多云"的方向得到的知识:

$$天气 = 多云 \to P \ 类$$

(3) 沿着决策树"天气 = 雨"的方向得到的知识:

$$天气 = 雨 \wedge 风 = 无风 \to P \ 类$$
$$天气 = 雨 \wedge 风 = 有风 \to N \ 类$$

粗糙集方法中, 删除"气温"属性后获取的规则知识和决策树获取的规则知识, 得到的规则知识完全相同(注: 每条知识各含 2 个、3 个或 4 个实例)。

2. 单独约简"湿度"属性, 进行规则获取

在气候数据库表中, 单独约简"湿度"属性(第 2 个约简集), 获取规则知识。

类似于单独约简"气温"属性的过程, 删除了属性"湿度"的条件属性的等价关系有

$$\mathrm{IND}(C\backslash\{a_3\}) = \{\{1\},\{2\},\{3,13\},\{4,10\},\{5\},\{6\},\{7\},\{8\},\{9\},\{10\},\{11\},$$
$$\{12\},\{13\},\{14\}\}$$

等价类{3,13},{7},{12},{14}的知识中,可以删除"气温"和"风"两个属性。得到下面的规则知识:

$$天气=多云 \rightarrow P \text{ 类} \qquad\qquad (含 4 个实例)(7.20)$$

等价类{1},{2}按上面方法进行组合,可以得到:

$$天气=晴 \wedge 气温=热 \rightarrow N \text{ 类} \qquad\qquad (含 2 个实例)(7.21)$$

等价类{4,10},{5},{6},分别得到知识为

$$天气=雨 \wedge 气温=适中 \wedge 风=无风 \rightarrow P \text{ 类} \qquad (含 2 个实例)(7.22)$$
$$天气=雨 \wedge 气温=冷 \wedge 风=无风 \rightarrow P \text{ 类} \qquad (含 1 个实例)(7.23)$$
$$天气=雨 \wedge 气温=冷 \wedge 风=有风 \rightarrow N \text{ 类} \qquad (含 1 个实例)(7.24)$$

等价类{8},{9},{11}例各自知识为

$$天气=晴 \wedge 气温=适中 \wedge 风=无风 \rightarrow N \text{ 类} \qquad (含 1 个实例)(7.25)$$
$$天气=晴 \wedge 气温=冷 \wedge 风=无风 \rightarrow P \text{ 类} \qquad (含 1 个实例)(7.26)$$
$$天气=晴 \wedge 气温=适中 \wedge 风=有风 \rightarrow P \text{ 类} \qquad (含 1 个实例)(7.27)$$

通过上面分析,得到的知识较多。统一列出如下:

$$天气=多云 \rightarrow P \text{ 类}$$
$$天气=晴 \wedge 气温=热 \rightarrow N \text{ 类}$$
$$天气=雨 \wedge 气温=适中 \wedge 风=无风 \rightarrow P \text{ 类}$$
$$天气=雨 \wedge 气温=冷 \wedge 风=无风 \rightarrow P \text{ 类}$$
$$天气=雨 \wedge 气温=冷 \wedge 风=有风 \rightarrow N \text{ 类}$$
$$天气=晴 \wedge 气温=适中 \wedge 风=无风 \rightarrow N \text{ 类}$$
$$天气=晴 \wedge 气温=冷 \wedge 风=无风 \rightarrow P \text{ 类}$$
$$天气=晴 \wedge 气温=适中 \wedge 风=有风 \rightarrow P \text{ 类}$$

其中有 5 条规则知识各包含一个实例(如式(7.23)、式(7.24)、式(7.25)、式(7.26)、式(7.27))。可见,约简"湿度"的知识质量不如约简"气温"的知识质量。

以上得到的各条知识都是可信度为 1 的知识,它们都是正域(下近似)。

7.1.5 约简集的选择

1. 利用属性的互信息选择约简集

粗糙集方法通过属性约简,能产生多个约简集。对于多个约简集,每个约简集都可以去产生规则,工作量很大,也没有必要。因为它们之间是等价的。

如何选择好的约简集呢?从上面两个不同约简集产生的知识可以看出,约简"气温"产生的知识量小,覆盖实例多。约简"湿度"产生的知识量大,覆盖实例少。为什么约简"气温"更好呢?

回顾决策树方法,查出"气温"属性的互信息(信息增益)是 4 个属性中最小的,见图 7.5。启发我们应该选择条件属性的最小互信息,来选择约简集。

决策树方法中,计算每个条件属性与结论属性之间的互信息(获取的信息),能有效地选择哪个条件属性信息量大小。作为决策树方法,选择互信息最大的属性,"天气"属性

气候数据表中, 4 个属性 "天气、气温、湿度、风"
各自相对 "类别" 属性的互信息:

l (天气) = **0.246**

l (气温) = **0.029**

l (湿度) = **0.151**

l (风) = **0.048**

图 7.5 4 个属性的互信息值

(0.246)作为根节点建树。该属性的取值作为分支,逐步向下展开,形成决策树(见第 6 章气候分类实例)。

在粗糙集方法中应该选择最小互信息的属性,"气温"属性(0.029)。在多个约简集中,它被约简掉的约简集(属性只包括"天气、湿度、风"3 个属性),去获取规则知识,就能得到最佳的规则知识(每条知识均含 2~4 个实例)。它的规则知识和决策树的知识也是相同的。产生知识也是最精练的知识(知识量少,覆盖的实例多)。

2. 对比粗糙集方法和决策树方法

1)原理的区别

决策树方法以信息论为基础,计算各条件属性相对于结论属性之间的互信息(获得的信息),取最大者作为根节点,以它的取值作为分支,建立决策树。

粗糙集方法以集合论为基础,利用集合中的属性的等价类和上下近似关系,进行属性约简并产生知识。

2)获取的知识对比

(1)粗糙集方法由于约简集有多个,故产生的知识种类也多。决策树方法的决策树只有一个。

(2)粗糙集方法存在一个约简集所产生的知识,和决策树方法的决策树对应的知识是相同的。说明两个方法获取的知识有一致性。

(3)粗糙集方法的多个约简集中,如何选择知识量小、覆盖实例多的最佳的约简集?

在决策树方法中,要计算每个条件属性与结论属性之间的互信息。在决策树方法中,用最大互信息"天气"属性作为根节点建树。

在粗糙集方法中,应该选互信息最小的属性,被约简的约简集,产生的知识是质量最好的。

(4)粗糙集方法的多个约简集中,可以得到核心属性,而决策树方法没有这个概念。

通过两个方法的对比,我们能更深入地了解两者之间的优缺点,以及它们之间的联系(粗糙集用互信息来选约简集)。

◆ 7.2 k 均值聚类

7.2.1 聚类方法简介

1. 聚类方法

聚类(cluster)问题描述:给定数据集合 D,把它划分成一组聚类 $\{C_1, C_2, \cdots, C_k\}$,$C_i \in D$,使得不同类中的数据尽可能的不相似(或距离较远),而同一类中的数据尽可能的相

似(或距离较近)。如果 $k=1$ 或 $k=|D|$($|D|$ 表示集合 D 的元素个数)则称为平凡聚类。

按照聚类结果来划分聚类算法,分为 3 种。

(1) 覆盖(coverage):如果每个对象至少属于一个聚类,则称聚类为覆盖的,否则为非覆盖的。

(2) 相交(separation):如果至少一个对象属于一个以上的聚类,则称聚类为模糊的;反之,如果任意两个聚类的交集为空,则称聚类是确定的。

(3) 结构(structure):如果两个聚类不相交或者其中一个是另一个的子集,则称聚类为层次的,否则为非层次的。

按照聚类的原理和方法来划分聚类算法,也分为 3 种。

(1) 层次聚类(hierarchical clustering)。

层次聚类方法递归地对对象进行合并或者分裂,直到满足某一终止条件。层次聚类的结果可以用二叉树表示,树中的每个节点都是一个聚类,下层的聚类是上层聚类的嵌套,每层节点构成一组划分。根据二叉树生成的顺序,可以把层次聚类方法分为合并型层次聚类和分解型层次聚类两种。

合并型层次聚类从单成员聚类开始,把它们逐渐合并成更大的聚类,在每层中,相距最近的两个聚类被合并;相反,分解型层次聚类从包含所有对象的一个聚类开始,把它逐渐分解成更小的聚类。

(2) 划分聚类(partitional clustering)。

给定聚类数目 k 和目标函数 F,划分聚类算法把 D 划分成 k 个类,使得目标函数在此划分下达到最优。划分算法把聚类问题转化成一个组合优化问题,从一个初始划分或者一个初始聚点集合开始,利用迭代控制策略优化目标函数。

最常用的目标函数是 $\sum \min d(x_i, m_j)$,其中 m_j 是 C_j 的中心(k 均值聚类算法)或者是 C_j 中离中心最近的一个对象(k 中心聚类算法)。

k 均值聚类算法是最流行的聚类算法之一。它首先随机地选取 k 个初始聚类中心,并把每个对象分配给离它最近的中心,从而得到一个初始聚类。然后,计算出当前每个聚类的重心作为新的聚类中心,并把每个对象重新分配到最近的中心。如果新的聚类的质量优于原先的聚类,则用新聚类代替原聚类。循环执行这一过程直至聚类质量不再提高为止。后来,许多变形算法都是在基本 k 均值聚类算法的基础上做了改进。

(3) 基于密度的聚类。

以空间中的一点为中心,单位体积内点的个数称为该点的密度,从直观来看,聚类的内部点的密度较大,而聚类之间点的密度较小。基于密度的聚类(density-based clustering)根据空间密度的差别,把具有相似密度的点作为聚类。由于密度是一个局部概念,因此这类算法又称为局部聚类(local clustering)。基于密度的聚类通常只扫描一次数据库,所以又称为单次扫描聚类(single scan clustering)。

对于空间中的一个对象,如果它在给定半径 Eps 的邻域中的对象个数大于某个给定数值 Minpts,则该对象被称为核心对象(core point),否则称为边界对象。由一个核心对象密度可达的所有对象构成一个聚类。

层次聚类和划分聚类是最常用的聚类方法。

2. 相似度量方法

对象间的距离或相似度是聚类的核心,常常按照对象之间的相似度进行划分,划分的结果使某种表示聚类质量的评价函数最优。数据的类型不同,相似度的含义也不同。例如,在数值型数据库中,两个对象的相似度是指它们在几何空间中互相邻近的程度;在分类型数据库中,两个对象的相似性是指它们在同一个属性上取值相同;在交易型数据库中,两个交易的相似度是指它们包含相同的数据项。

聚类可以分为两类:对对象聚类称为 Q 型聚类,往往用距离或相似系数来度量相似性;对属性聚类称为 R 型聚类,常根据相关系数或关联系数来度量相似度。

1) 对象间的距离

假设每个对象有 m 个属性,可以把一个对象视为 m 维空间的一个点,n 个对象就是 m 维空间中的 n 个点。从直观上看,属于同一类的对象在空间中应该互相靠近,而不同类的对象之间的距离要大得多,很自然地想到用它们之间的距离来衡量它们之间的相似度。距离越小,对象间的相似度越大。

在聚类分析中,常用的距离公式如下。

(1) 明考夫斯基(Minkowski)距离为

$$d_{ij} = \left(\sum_{k=1}^{m} | x_{ik} - x_{jk} |^p \right)^{\frac{1}{p}}$$

(2) 曼哈顿(Manhattan)距离为

$$d_{ij} = \sum_{k=1}^{m} | x_{ik} - x_{jk} |$$

(3) 欧氏(Euclidean)距离为

$$d_{ij} = \left(\sum_{k=1}^{m} | x_{ik} - x_{jk} |^2 \right)^{\frac{1}{2}}$$

其中,最常用的是欧氏距离,对坐标系进行平移和旋转变换之后,欧氏距离保持不变。

2) 对象的相似系数

相似系数与距离相反,相似系数越大,对象间的相似度越大。X_i、X_j 的相似系数 r_{ij} 有如下计算公式。

(1) 最大最小法,即

$$r_{ij} = \frac{\sum_{k=1}^{m} \min(x_{ik}, x_{jk})}{\sum_{k=1}^{m} \max(x_{ik}, x_{jk})}$$

(2) 算术平均最小法,即

$$r_{ij} = \frac{\sum_{k=1}^{m} \min(x_{ik}, x_{jk})}{\frac{1}{2} \sum_{k=1}^{m} (x_{ik} + x_{jk})}$$

(3) 夹角余弦法,即

$$r_{ij} = \frac{\left| \sum_{k=1}^{m} x_{ik} \times x_{jk} \right|}{\sqrt{\left(\sum_{k=1}^{m} x_{ik}^2 \right) \left(\sum_{k=1}^{m} x_{jk}^2 \right)}}$$

7.2.2 k 均值聚类算法与实例

1. k 均值聚类算法

k 均值聚类方法是一种常用的基于划分的聚类方法,它根据最终分类的个数 k 随机地选取 k 个初始的聚类中心,不断地迭代,直到达到目标函数的最小值,即得到最终的聚类结果。其中,目标函数通常采用平方误差准则,即

$$E = \sum_{i=1}^{k} \sum_{p \in C_i} |p - m_i|^2$$

其中,E 表示所有聚类对象的平方误差的和,p 是聚类对象,m_i 是类 C_i 的各聚类对象(样本)的平均值,即

$$m_i = \frac{\sum_{p \in C_i} p}{|C_i|}$$

其中,$|C_i|$ 表示类 C_i 的聚类对象的数目。

因为在每次迭代中,每个点都要计算与各聚类中心的距离,并将距离最近的类作为该点所属的类,所以 k 均值聚类算法的算法复杂度为 $O(knt)$,其中 k 表示聚类数,n 表示节点数,t 是迭代次数。k 的典型取值是 2~10。

k 均值聚类算法是解决聚类问题的一种经典算法,它是一种爬山式的搜索算法。这种算法简单、快速。然而,k 均值聚类算法对初值敏感,对于不同的初始值,可能会导致不同的聚类结果。此外,k 均值聚类算法是基于梯度下降的算法,由于目标函数局部极小值点的存在,以及算法的贪心性,因此算法可能会陷入局部最优,而无法达到全局最优。

2. k 均值聚类算法实例

假设给定如下要进行聚类的元组:

$$\{2, 4, 10, 12, 3, 20, 30, 11, 25\}$$

并假设 $k=2$。初始时用前两个数值作为类的均值:$m_1 = 2$ 和 $m_2 = 4$。利用欧几里得距离,可得 $K_1 = \{2, 3\}$ 和 $K_2 = \{4, 10, 12, 20, 30, 11, 25\}$。数值 3 与两个均值的距离相等,所以任意地选择 K_1 作为其所属的类。再计算两个类的均值可得 $m_1 = 2.5$ 和 $m_2 = 16$。重新对类中的成员进行分配可得 $K_1 = \{2, 3, 4\}$ 和 $K_2 = \{10, 12, 20, 30, 11, 25\}$。不断重复这个过程可得表 7.2。

表 7.2 k 均值聚类算法实例

m_1	m_2	K_1	K_2
3	18	$\{2, 3, 4, 10\}$	$\{12, 20, 30, 11, 25\}$
4.75	19.6	$\{2, 3, 4, 10, 11, 12\}$	$\{20, 30, 25\}$
7	25	$\{2, 3, 4, 10, 11, 12\}$	$\{20, 30, 25\}$

注意在最后两步中,类的成员是一致的。再往下循环均值不会再改变,因此,该问题的答案为 $K_1 = \{2,3,4,10,11,12\}$ 和 $K_2 = \{20,30,25\}$。

虽然 k 均值聚类算法产生的结果通常都不错,但在时间上并非高效,并且不具有很好的可伸缩性。从上一步到下一步的迭代过程中,通过存储距离信息,可以减少一些必须进行的距离计算的实际次数。

◇ 7.3　关联规则挖掘

关联规则(association rule)挖掘是发现大量数据库中项集之间的关联关系。随着大量数据的增加和存储,许多人士对于从数据库中挖掘关联规则越来越感兴趣。从大量商业事务中发现同时购买两个商品的概率很高,说明两个商品有关联关系,它可以帮助许多商业决策的制定。

目前,关联规则挖掘已经成为数据挖掘领域重要的研究方向。关联规则模式属于描述型模式,发现关联规则的算法属于无监督学习的方法。

Agrawal 等于 1993 年首先提出了挖掘顾客交易数据库中项集间的关联规则问题,以后诸多研究人员对关联规则的挖掘问题进行了大量的研究。他们的工作包括对原有的算法进行优化,如引入随机采样、并行的思想等,以提高算法挖掘规则的效率,对关联规则的应用进行推广。

最近也有独立于 Agrawal 的频繁集方法的工作,以克服频繁集方法的一些缺陷,探索挖掘关联规则的新方法。同时随着 OLAP 技术的成熟和应用,将 OLAP 和关联规则结合也成了一个重要的方向。也有一些工作注重于对挖掘到的模式的价值进行评估,他们提出的模型建议了一些值得考虑的研究方向。

本章主要给出了关联规则挖掘的原理、核心挖掘算法。

7.3.1　关联规则挖掘的原理

关联规则是发现交易数据库中不同商品(项)之间的联系,这些规则找出顾客购买行为模式,如购买了某一商品对购买其他商品的影响。发现这样的规则可以应用于商品货架设计、货存安排以及根据购买模式对用户进行分类。现实中,这样的例子很多。最典型的例子是超级市场利用前端收款机收集存储了大量的售货数据,这些数据是一条条的购买事务记录,每条记录存储了事务处理时间,顾客购买的物品、物品的数量及金额等。这些数据中常常隐含如下形式的关联规则:

在购买铁锤的顾客当中,有 70% 的人同时购买了铁钉。

关联规则很有价值,商场管理人员可以根据关联规则更好地规划商场,如把铁锤和铁钉这样的商品摆放在一起,就能够促进销售。

有些数据不像售货数据那样很容易就能看出一个事务是许多物品的集合,但稍微转换一下思考角度,仍然可以像售货数据一样处理。例如人寿保险,一份保单就是一个事务。保险公司在接受保险前,往往需要记录投保人详尽的信息,有时还需要投保人到医院做身体检查。保单上记录投保人的年龄、性别、健康状况、工作单位、工作地址、工资水平等。

这些投保人的个人信息就可以看作事务中的物品。通过分析这些数据,可以得到类似以下这样的关联规则：

年龄在 40 岁以上,工作在 A 区的投保人当中,有 45％的人曾经向保险公司索赔过。在这条规则中,"年龄在 40 岁以上"是物品甲,"工作在 A 区"是物品乙,"向保险公司索赔过"则是物品丙。可以看出,A 区可能污染比较严重,环境比较差,导致工作在该区的人健康状况不好,索赔率也相对比较高。

1. 基本原理

设 $I=\{i_1,i_2,\cdots,i_m\}$ 是项(item)的集合。记 D 为事务(transaction)的集合(事务数据库或称交易数据库),事务 T 是项的集合,并且 $T\subseteq I$。对每个事务有唯一的标识,如事务号,记作 TID。设 A 是 I 中一个项集,如果 $A\subseteq T$,称事务 T 包含 A。

定义 7.1 关联规则是形如 $A\rightarrow B$ 的蕴含式,这里 $A\subset I, B\subset I$,并且 $A\bigcap B=\varnothing$。

定义 7.2 规则的支持度。

规则 $A\rightarrow B$ 在数据库 D 中具有支持度 S,表示 S 是 D 中事务同时包含 AB 的百分比,它是概率 $P(AB)$,即

$$S(A \rightarrow B)=P(AB)=\frac{|AB|}{|D|} \tag{7.28}$$

其中,$|D|$ 表示事务数据库 D 的个数,$|AB|$ 表示 A、B 两个项集同时发生的事务交易个数。

定义 7.3 规则的可信度。

规则 $A\rightarrow B$ 具有可信度 C,表示 C 是包含 A 项集的同时也包含 B 项集,相对于包含 A 项集的百分比,这是条件概率 $P(B|A)$,即

$$C(A \rightarrow B)=P(B \mid A)=\frac{|AB|}{|A|} \tag{7.29}$$

其中,$|A|$ 表示数据库中包含项集 A 的事务个数。

定义 7.4 阈值。

为了在事务数据库中找出有用的关联规则,需要由用户确定两个阈值：最小支持度(min_sup)和最小可信度(min_conf)。

定义 7.5 项的集合称为项集(itemset),包含 k 个项的项集称为 k-项集。如果项集满足最小支持度,则称它为频繁项集(frequent itemset)。

定义 7.6 关联规则。

同时满足最小支持度(min_sup)和最小可信度(min_conf)的规则称为关联规则,即 $S(A\rightarrow B)>$min_sup 且 $C(A\rightarrow B)>$min_conf 成立时,规则 $A\rightarrow B$ 称为关联规则,也可以称为强关联规则。

2. 关联规则挖掘过程

关联规则挖掘一般分为两个过程。

(1) 找出所有的频繁项集：根据定义,这些项集的支持度应该满足最小支持度。

(2) 由频繁项集产生关联规则：根据定义,这些规则必须满足最小支持度和最小可信度。

在这两步中,第二步是在第一步的基础上进行的,工作量非常小。关联规则挖掘的总体性能由第一步决定。

3. 关联规则的兴趣度

关联规则主要是考虑同时购买商品的事务的相关性。对于不购买商品的事务与购买商

品的事务的关系的研究,需要引入兴趣度概念。

先通过一个具体的例子说明不购买商品与购买商品的关系。设 $I=$（咖啡,牛奶）,交易集 D,经过对 D 的分析,得到表 7.3。

表 7.3　交易集的分析

交　易	买 咖 啡	不 买 咖 啡	合　计
买牛奶	20	5	25
不买牛奶	70	5	75
合计	90	10	100

由表 7.3 可以了解到如果设定 min_sup＝0.2,min_conf＝0.6,按照现有的挖掘算法就可以得到如下关联规则

$$买牛奶 \rightarrow 买咖啡 \quad S=0.2 \quad C=0.8 \tag{7.30}$$

即 80% 的人买了牛奶就会买咖啡。这一点从逻辑上看是完全合理正确的。

但从表 7.3 中,我们同时也可以毫不费力地得到结论:90% 的人肯定会买咖啡。换句话说,买牛奶这个事件对于买咖啡这个事件的刺激作用(80%)并没有想象中的(90%)那么大。反而是规则

$$买咖啡 \rightarrow 不买牛奶 \quad S=0.7 \quad C=0.78 \tag{7.31}$$

的支持度和可信度分别为 0.7 和 0.78,更具有商业销售的指导意义。

从上面这个例子中可以发现,目前基于支持度-可信度的关联规则的评估体系存在着问题;同时,现有的挖掘算法只能挖掘出类似于式(7.30)的规则,而对类似式(7.31)的带有类似于"不买牛奶"之类的负属性项的规则却无能为力,而这种知识往往具有更重要的价值。国内外围绕这个问题展开了许多研究。引入兴趣度概念,分析项集 A 与项集 B 的关系程度。

定义 7.7　兴趣度为

$$I(A \rightarrow B)=\frac{P(AB)}{P(A)P(B)} \tag{7.32}$$

式(7.32)反映了项集 A 与项集 B 的相关程度。若

$$I(A \rightarrow B)=1, \quad 即 \quad P(AB)=P(A)P(B)$$

表示项集 A 出现和项集 B 是相互独立的。若

$$I(A \rightarrow B)<1$$

表示 A 出现和 B 出现是负相关的。若

$$I(A \rightarrow B)>1$$

表示 A 出现和 B 出现是正相关的。意味着 A 的出现蕴含 B 的出现。

在兴趣度的使用中,一条规则的兴趣度越大于 1 说明对这条规则越感兴趣(即其实际利用价值越大);一条规则的兴趣度越小于 1 说明对这条规则的反面规则越感兴趣(即其反面规则的实际利用价值越大);显然,兴趣度 I 不小于 0。

下面从兴趣度的角度来看一下前面那个牛奶与咖啡的例子。列出所有可能的规则描述及其对应的支持度、可信度和兴趣度,如表 7.4 所示。

表 7.4　所有可能的关联规则

序　号	规　则	S	C	I
1	买牛奶→买咖啡	0.2	0.8	0.89
2	买咖啡→买牛奶	0.2	0.22	0.89
3	买牛奶→不买咖啡	0.05	0.2	2
4	不买咖啡→买牛奶	0.05	0.5	2
5	不买牛奶→买咖啡	0.7	0.93	1.037
6	买咖啡→不买牛奶	0.7	0.78	1.037
7	不买牛奶→不买咖啡	0.05	0.067	0.67
8	不买咖啡→不买牛奶	0.05	0.2	0.87

在此只考虑第 1、2、3、6 共 4 条规则。由于 I_1、$I_2 < 1$,因此在实际中它的价值不大;I_3、$I_6 > 1$ 都可以列入进一步考虑的范围。

式(7.29)等价于

$$I(A \rightarrow B) = \frac{P(AB)}{P(A)P(B)} = \frac{P(B \mid A)}{P(B)} \tag{7.33}$$

有人称式(7.33)为作用度(lift),表示关联规则 $A \rightarrow B$ 的"提升"。如果作用度(兴趣度)不大于 1,则此关联规则就没有意义了。

概括地说:可信度是对关联规则准确度的衡量,支持度是对关联规则重要性的衡量。支持度说明了这条规则在所有事务中有多大的代表性,显然支持度越大,关联规则越重要。有些关联规则可信度虽然很高,但支持度却很低,说明该关联规则实用的机会很小,因此也不重要。

兴趣度(作用度)描述了项集 A 对项集 B 的影响力的大小。兴趣度(作用度)越大,说明项集 B 受项集 A 的影响越大。

7.3.2　Apriori 算法基本思想

Agrawal 等设计了基于频繁集理论的 Apriori 算法。Apriori 是关联规则挖掘的一个重要方法。这是一个基于两阶段频繁集思想的方法,将关联规则挖掘算法的设计分解为两个子问题。

(1) 找到所有支持度大于最小支持度的项集,这些项集称为频繁项集。

(2) 使用第(1)步找到的频繁项集产生期望的规则。

Apriori 使用逐层搜索的迭代方法,"k-项集"用于探索"$k+1$-项集"。

首先,找出频繁"1-项集"的集合。该集合记作 L_1。L_1 用于找频繁"2-项集"的集合 L_2,而 L_2 用于找 L_3,以此类推,直到不能找到"k-项集"为止。找每个 L_k 需要一次数据库扫描。

1. Apriori 性质

性质:频繁项集的所有非空子集必须也是频繁的。

该性质表明,如果项集 B 不满足最小支持度阈值 min_sup,则 B 不是频繁的,即

$P(B)<\text{min\_sup}$。如果项集 A 添加到 B，则结果项集（即 $B\cup A$）不可能比 B 更频繁地出现。因此，$B\cup A$ 也不是频繁的，即 $P(B\cup A)<\text{min\_sup}$。

Apriori 性质可用于压缩搜索空间。

2. "k-项集"产生"$k+1$-项集"

设 k-项集 L_k，$k+1$-项集 L_{k+1}，产生 L_{k+1} 的候选项集 C_{k+1}。有公式

$$C_{k+1}=L_k\times L_k=\{X\cup Y,\text{其中 } X,Y\in L_k,\mid XY\mid=k+1\}$$

C_1 是 1-项集的集合，取自所有事务中的单项元素（即 A、B、C、D、E）。

如

$L_1=\{\{A\},\{B\}\}$

$C_2=\{A\}\cup\{B\}=\{A,B\}$，且 $\mid AB\mid=2$

$L_2=\{\{A,B\},\{A,C\}\}$

$C_3=\{A,B\}\cup\{A,C\}=\{A,B,C\}$，且 $\mid ABC\mid=3$

3. Apriori 算法中候选项集与频繁项集的产生实例

如表 7.5 所示的事务数据库，Apriori 算法步骤如下。

表 7.5 事务数据库例

事务 ID	事务的项目集	事务 ID	事务的项目集
T_1	A,B,E	T_6	B,C
T_2	B,D	T_7	A,C
T_3	B,C	T_8	A,B,C,E
T_4	A,B,D	T_9	A,B,C
T_5	A,C		

对于下述例子的事务数据库产生频繁项集。

（1）在算法的第一次迭代，每项都是候选 1-项集的集合 C_1 的成员。算法扫描所有的事务，对每项的出现次数计数，见图 7.6 中第 1 列。

（2）假定最小事务支持度计数为 2（即 $\text{min\_sup}=2/9=22\%$），可以确定频繁 1-项集的集合 L_1。它具有最小支持度的候选 1-项集组成，见图 7.6 中第 2 列。

（3）为发现频繁 2-项集的集合 L_2，算法使用 $L_1\times L_1$ 来产生候选项集 C_2，见图 7.6 中第 3 列。

（4）扫描 D 中事务，计算 C_2 中每个候选项集的支持度计数，如图 7.6 中的第 4 列。

（5）确定频繁 2-项集的集合 L_2，它由具有最小支持度的 C_2 中的候选 2-项集组成，见图 7.6 的第 5 列。

（6）候选 3-项集的集合 C_3 的产生，仍按步骤（3）进行。得到候选项集：

$$C_3=\{\{A,B,C\},\{A,B,E\},\{A,C,E\},\{B,C,D\},\{B,C,E\},\{B,D,E\}\}$$

按 Apriori 性质，频繁项集的所有子集必须是频繁的。由于 $\{A,D\}$、$\{C,D\}$、$\{C,E\}$、$\{D,E\}$ 不是频繁项集，故 C_3 中后 4 个候选不可能是频繁的，在 C_3 中删除它们，见图 7.6 中第 6 列。

扫描 D 中的事务，对 C_3 中的候选项集计算支持度计数，见图 7.6 第 7 列。

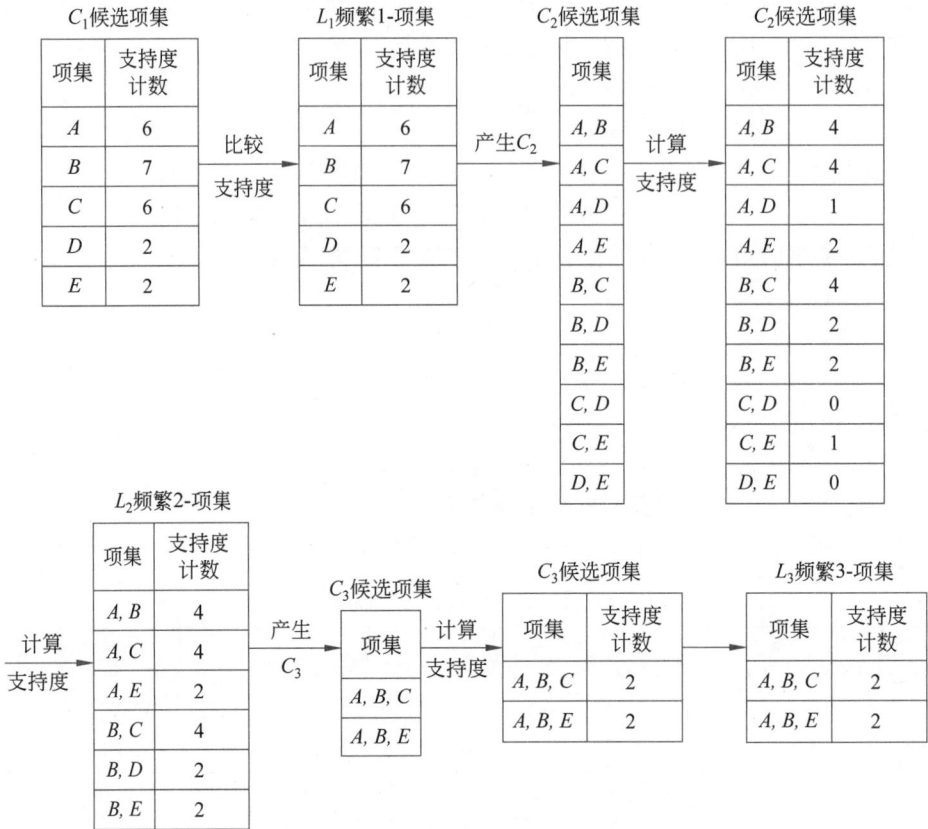

图 7.6　候选项集与频繁项集的产生

（7）确定 L_3，它由具有最小支持度的 C_3 中候选 3-项集组成，见图 7.6 中的第 8 列。

（8）按公式产生候选 4-项集的集合 C_4，产生结果$\{A,B,C,E\}$，这个项集被剪去，因为它的子集$\{B,C,E\}$不是频繁的。这样 $L_4=\varnothing$，此算法终止。L_3 是最大的频繁项集，即$\{A,B,C\}$和$\{A,B,E\}$。

具体产生过程如图 7.6 所示。

4. 产生关联规则

由频繁项集产生关联规则的工作相对简单一点。根据前面提到的可信度的定义，关联规则的产生如下。

（1）对于每个频繁项集 L，产生 L 的所有非空子集。

（2）对于 L 的每个非空子集 S，如果 $\dfrac{|L|}{|S|}\geqslant\min\_\text{conf}$，则输出规则 $S\rightarrow L-S$。

说明：$L-S$ 表示在项集 L 中除去 S 子集的项集，$|L|$ 和 $|S|$ 表示项集 L 和 S 的在事务项目集中的计数。

由于规则由频繁项集产生，因此每个规则都自动满足最小支持度。

在表 7.5 事务数据库中，频繁项集 $L=\{A,B,E\}$，可以由 L 产生哪些关联规则？

L 的非空子集 S 有$\{A,B\}$，$\{A,E\}$，$\{B,E\}$，$\{A\}$，$\{B\}$，$\{E\}$。可得到关联规则如下：

$$A \wedge B \rightarrow E \quad cf = 2/4 = 50\%$$
$$A \wedge E \rightarrow B \quad cf = 2/2 = 100\%$$
$$B \wedge E \rightarrow A \quad cf = 2/2 = 100\%$$
$$A \rightarrow B \wedge E \quad cf = 2/6 \approx 33\%$$
$$B \rightarrow A \wedge E \quad cf = 2/7 \approx 29\%$$
$$E \rightarrow A \wedge B \quad cf = 2/2 = 100\%$$

假设最小可信度为 60%,则最终输出的关联规则为

$$A \wedge E \rightarrow B \quad 100\%$$
$$B \wedge E \rightarrow A \quad 100\%$$
$$E \rightarrow A \wedge B \quad 100\%$$

对于频繁项集 $\{A, B, C\}$,同样可得其他关联规则。

7.3.3　基于 FP-tree 的关联规则挖掘算法

Apriori 算法存在一些固有的缺陷。

(1) 可能会产生大量的候选项集。当长度为 1 的频繁集有 10 000 个时,长度为 2 的候选项集将会超过 10 000 000 个。如果要生成一个很长的规则,要产生的中间元素也是巨大的。

(2) 必须多次重复扫描数据库,对候选项集进行模式匹配,因此效率低下。

韩家炜等提出了一种基于频繁模式树(FP-tree)的关联规则挖掘算法 FP_growth,它采取"分而治之"的策略,将提供频繁项集的数据库压缩成一棵频繁模式树,但是仍然保留了项集关联信息,然后,将这种压缩后的数据库分成一组条件数据库,并分别挖掘每个数据库。理论和实验表明该算法优于 Apriori 算法。

1. 算法描述

算法 FP_growth 将发现所有的频繁项集的过程分为以下两步:构造 FP-tree;调用 FP_growth 挖掘出所有的频繁项集。在 FP-tree 中,每个节点由 3 个域组成:项目名称 item_name、节点计数 count 和节点链(指针)。另外,为了方便树的遍历,利用频繁项集 L_1(1-项集),并增加"节点链",通过节点链指向该项目在树中的出现,即节点链头 head,指向 FP-tree 中与之名称相同的第一个节点。

下面利用表 7.5 事务数据库来说明 FP-tree 的构造过程和频繁模式挖掘过程。

1) FP-tree 构造过程

数据库的第一次扫描与 Apriori 算法相同,它导出频繁项(1-项集)的集合,并得到它们的支持度计数。设最小支持度为 2,频繁项的集合按支持度计数的递减顺序排序,结果表记为 L。这样就有

$$L = \{B:7, A:6, C:6, D:2, E:2\}$$

FP-tree 构造如下。

首先,创建树的根节点,用 null 标记第二次扫描事务数据库。每个事务中的项按 L 中的次序处理(即按递减支持度计数排序)并对每个事务创建一个分支。

例如,第一个事务" $T_1: A, B, E$ ",按 L 的次序包括 3 项 $\{B, A, E\}$,导致构造树的第一个分支 $<B:1, A:1, E:1>$ 。该分支具有 3 个节点,其中 B 作为根节点的子链接,A 链接

到 B、E 链接到 A。从 L 表中节点链中,项 B、A、E 的指针分别指向树中 B、A、E 节点。

第二个事务"T_2:B,D",按 L 的次序也是 $\{B,D\}$ 仍以 B 开头,这样在 B 节点中产生一个分支,该分支与 T_1 项集存在路径共享前缀 B。这样,将节点 B 的计数增加1,即 $(B:2)$,并创造一个 D 的新节点 $(D:1)$,作为 $(B:2)$ 的子链接。

第三个事务"T_3:B,C"同第二个事务一样处理,因为有相同的 B 为头,在 B 节点又产生一个分支,产生新节点,记为 $(C:1)$,节点 B 的计数再增加1(为3),即 $(B:3)$。

第四个事务"T_4:A,B,D",按 L 的次序为 $\{B,A,D\}$。在 FP-tree 中,B、A 已有节点,将共享前缀路径,从 A 节点分支产生 D 的另一新节点,记为 $(D:1)$,共享节点 B、A 的计数均增加1,即 $(B:4)$ 和 $(A:2)$。此 $(D:1)$ 节点用指针指向前面产生的 $(D:1)$ 节点,在 L 表中节点链接中指针指向该 $(D:1)$ 节点。

第五个事务"T_5:A,C",按 L 表的次序为 $\{A,C\}$。在 FP-tree 中,由于该事务不含 B 节点,不能共享 B 分支。从 null 节点产生 FP-tree 的第二个分支,建新 A 节点,记为 $(A:1)$,由该节点产生分支,建新 C 节点,即为 $(C:1)$。由于 B 分支中有 $(A:2)$ 节点。这样,从 $(A:2)$ 节点用指针指向此 $(A:1)$ 节点,B 分支中有 $(C:1)$ 节点,它用指针指向此 $(C:1)$ 节点。

第六个事务"T_6:B,C",同第三个事务,沿 FP-tree 的 B—C 分支的节点计数各增加1,变为 $(B:5)$ 和 $(C:2)$。

第七个事务"T_7:A,C",同第五个事务,沿 FP-tree 的 A—C 分支的节点计数各增加1,变为 $(A:2)$ 和 $(C:2)$。

第八个事务"T_8:A,B,C,E",按 L 表的次序为 $\{B,A,C,E\}$,可沿分支 B—A 方向,在 A 节点处新建分支,建 C 节点,记 $(C:1)$,由该节点再建分支,建 E 节点,记为 $(E,1)$,前面 B、A 节点计数各增加1,变为 $(B:6)$ 和 $(A:3)$。FP-tree 中原 E 节点 $(E:1)$ 中的指针指向该 $(E,1)$ 节点。

第九个事务"T_9:A,B,C",按 L 表的次序为 $\{B,A,C\}$,同第八个事务,分支 B—A—C 方向,且已有节点,分别对 B、A、C 3 个节点计数增加1,变为 $(B:7)$、$(A:4)$、$(C:2)$。最终的 FP-tree 的表示如图 7.7 所示。

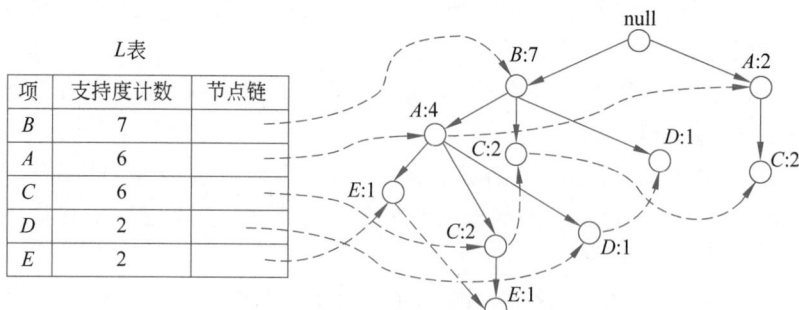

图 7.7 表 7.7 事务数据库的 FP-tree

从 FP-tree 可以看出,从 L 表的节点链的指针开始,指向 B 节点,它的计数器为7;指向 A 节点,共有两个 A 节点,累加计数为6;指向 C 节点,共有三个 C 节点,累加计数为6;指向 D 节点,共有两个 D 节点,累加计数为2;指向 E 节点,共有两个 E 节点,累加计数为2。

这样,频繁模式都在 FP-tree 中表现了出来。

2) 频繁模式挖掘过程

从 FP-tree 中来挖掘频繁模式,先从 L 表中最后一项开始。E 在 FP-tree 中有两个分支,路径为 $<BAE:1>$ 和 $<BACE:1>$。以 E 为后缀,它的两个对应前缀路径是 $(BA:1)$ 和 $(BAC:1)$,它们形成 E 的条件模式基。它的条件 FP-tree 只包含单个路径 $<B:2,A:2>$;不包含 C,因为它的支持度计数为 1,小于最小支持度计数。该单个路径产生频繁模式的所有组合为 $\{BE:2,AE:2,BAE:2\}$。

对于 D,它的两个前缀形成条件模式基 $\{(BA:1),(B:1)\}$,产生一个单节点的条件 FP-tree $(B:2)$,并导出一个频繁模式 $\{BD:2\}$。

对于 C,它的条件模式基是 $\{(BA:2),(B:2),(A:2)\}$,它的条件 FP-tree 有两个分支 $(B:4,A:2)$ 和 $(A:2)$。它的频繁模式集为 $\{BC:4,AC:4,BAC:2\}$。

对于 A,它的条件模式基是 $\{(B:4)\}$,它的 FP-tree 只包含一个节点 $(B:4)$,产生一个频繁模式 $\{BA:4\}$。利用 FP-tree 挖掘频繁模式如表 7.6 所示。

表 7.6　利用 FP-tree 挖掘频繁模式

项	条件模式基	条件 FP-tree	频 繁 模 式
E	$BA:1,BAC:1$	$(B:2,A:2)$	$\{BE:2,AE:2,BAE:2\}$
D	$BA:1,B:1$	$(B:2)$	$\{BD:2\}$
C	$BA:2,B:2,A:2$	$(B:4,A:2)(A:2)$	$\{BC:4,AC:4,BAC:2\}$
A	$B:4$	$(B:4)$	$\{BA:4\}$

FP_growth 算法将发现长频繁模式的问题转换为递归地发现一些短模式,然后连接后缀。它使用最不频繁的项作为后缀,提供了非常好的选择性,大大降低了搜索开销。

对 FP_growth 算法的性能研究表明:对于挖掘长的和短的频繁模式,它都是有效的和可伸缩的,并且大约比 Apriori 算法快一个数量级。

2. 示例说明

例如,假设有 10 个事务的数据库 D,项目集合 $\{a,b,c,d,e,f,g,h,i\}$,最小支持度 20%,如表 7.7 所示。

表 7.7　事务数据库

TID	T_0	T_1	T_2	T_3	T_4	T_5	T_6	T_7	T_8	T_9
项集	e	a,c,g,i	d,h	b,d	d,e	a,c,e,i	a,c,e,f,i	a,e,g	a,c,e,i	c,e,g

数据库 D 对应的 FP-tree 如图 7.8 所示。

在图 7.8 中沿实线方向可以得到数据库 D 的频繁项集为 $\{\{e\}:7,\{a\}:5,\{c\}:5,\{i\}:4,\{d\}:3,\{g\}:3,\{a,c\}:4,\{a,e\}:4,\{a,g\}:2,\{a,i\}:4,\{c,e\}:4,\{c,g\}:2,\{c,i\}:4,\{e,g\}:2,\{e,i\}:3,\{a,c,e\}:3,\{a,c,i\}:4,\{a,e,i\}:3,\{c,e,i\}:3,\{a,c,e,i\}:3\}$。其中,$b$、$f$、$h$ 不是频繁项集。

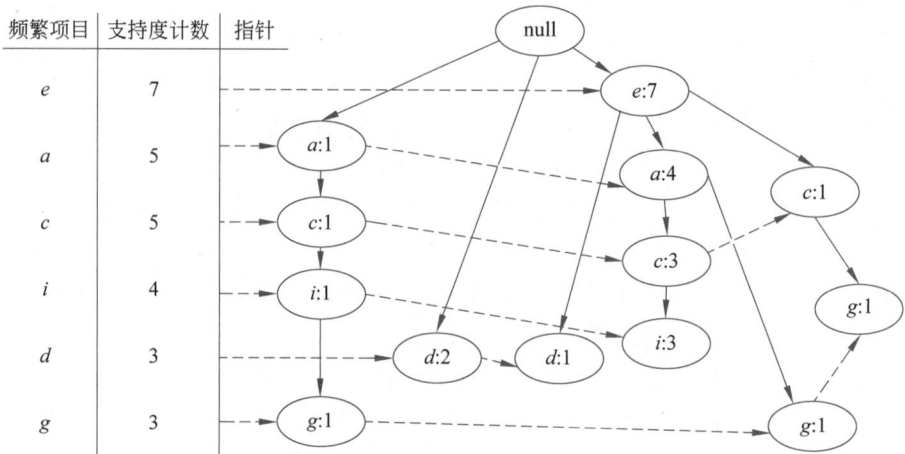

图 7.8 FP-tree 实例

频繁项目	支持度计数	指针
e	7	
a	5	
c	5	
i	4	
d	3	
g	3	

◇ 习　题　7

1. 说明集合 X 的上、下近似关系定义。

2. 什么是粗糙集?

3. 属性约简的思想是什么?

4. 用粗糙集的条件属性 $C(a,b,c)$ 实现相对于决策属性 $D(d)$ 的约简定义,对两类人数据库(表 7.8)进行属性约简计算,并进行知识获取。

表 7.8　两类人数据库

序号	身高 a	头发 b	眼睛 c	类别 d
1	矮	金色	蓝色	一
2	高	红色	蓝色	一
3	高	金色	蓝色	一
4	矮	金色	灰色	一
5	高	金色	黑色	二
6	矮	黑色	蓝色	二
7	高	黑色	蓝色	二
8	高	黑色	灰色	二
9	矮	金色	黑色	二

5. 对 k 均值聚类算法编制程序,对书中实例进行试验。

6. 基于集合论的归纳学习方法中都用了哪些集合论原理?

7. 用粗糙集属性约简和规则获取方法,对表 7.9 的数据进行属性约简和规则获取。

表 7.9　流感数据表

U	C（条件属性）			D（决策属性）
	头痛（a）	肌肉痛（b）	体温（c）	流感（d）
e_1	是（1）	是（1）	正常（0）	否（0）
e_2	是（1）	是（1）	高（1）	是（1）
e_3	是（1）	是（1）	很高（2）	是（1）
e_4	否（0）	是（1）	正常（0）	否（0）
e_5	否（0）	否（0）	高（1）	否（0）
e_6	否（0）	是（1）	很高（2）	是（1）
e_7	是（1）	否（0）	高（1）	是（1）

第8章

神经网络与深度学习

◇ 8.1 神经网络原理与反向传播网络

8.1.1 神经网络原理

1. 人工神经网络概念

神经生理学家和神经解剖学家早已证明,人的思维是通过人脑完成的,神经元是组成人脑的最基本单元,人脑神经元有 $10^{11} \sim 10^{12}$ 个(1000 亿~10 000 亿个)。

神经元由细胞体、树突和轴突 3 部分组成,是一种根须状的蔓延物。神经元的中心有一闭点,称为细胞体,它能对接收到的信息进行处理。细胞体周围的纤维有两类:轴突是较长的神经纤维,是发出信息的;树突的神经纤维较短,而分支很多,是用于接收信息的。一个神经元的轴突末端与另一个神经元的树突之间密切接触,传递神经元冲动的地方称为突触。经过突触的冲动传递是有方向性的,不同的突触进行的冲动传递效果不一样,有的使后一个神经元发生兴奋,有的使它受到抑制。每个神经元可有 $10 \sim 10^4$ 个突触。这表明大脑是一个广泛连接的复杂网络系统。从信息处理功能看,神经元具有如下性质。

(1) 多输入、单输出。

(2) 突触兼有兴奋和抑制两种性能。

(3) 可时间加权和空间加权。

(4) 可产生脉冲。

(5) 脉冲进行传递。

(6) 非线性(有阈值)。

神经元的数学模型用图 8.1 表示。

其中,$V_1, V_2, \cdots, V_n$ 为输入,U_i 为该神经元的输出,W_{ij} 为外面神经元与该神经元连接强度(即权),θ 为阈值,$f(X)$ 为该神经元的作用函数。

2. MP 模型与 Hebb 规则

1) MP(McCulloch,Pitts)模型

每个神经元的状态 $U_i (i=1,2,\cdots,n)$ 只取 0 或 1,分别代表抑制与兴奋。每个神经元的状态,由 MP 方程决定,即

$$U_i = f\left(\sum_j W_{ij} V_j - \theta_j\right), \quad i=1,2,\cdots,n \tag{8.1}$$

其中,W_{ij} 是神经元之间的连接强度,$W_{ii}=0$,$W_{ij}(i \neq j)$ 是可调实数,由学习过程来

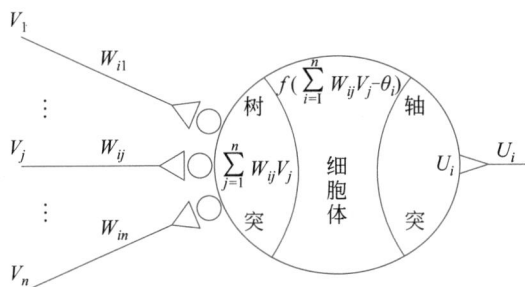

图 8.1　神经元的数学模型

调整;θ_j 是阈值;$f(x)$ 是阶梯函数。

MP 模型实质上是把人脑神经元的功能,转换成了数学模型。以后就用这个数学模型去解决非生物中模式识别的分类问题。

2）Hebb 学习规则

Hebb 学习规则：若 i 与 j 两种神经元之间同时处于兴奋状态,则它们间的连接应加强,即

$$\Delta W_{ij} = \alpha U_i V_j \quad (\alpha > 0) \tag{8.2}$$

设 $\alpha = 1$,当 $U_i = V_j = 1$ 时,$\Delta W_{ij} = 1$,在 U_i、V_j 中有一个为 0 时,$\Delta W_{ij} = 0$。这一规则与"条件反射"学说一致,并得到神经细胞学说的证实。

3. 各种作用函数（或激励函数）

（1）$[0,1]$ 阶梯函数为

$$f(x) = \begin{cases} 1, & x > 0 \\ 0, & x \leqslant 0 \end{cases} \tag{8.3}$$

（2）$[-1,1]$ 的阶梯函数为

$$f(x) = \begin{cases} 1, & x > 0 \\ -1, & x \leqslant 0 \end{cases} \tag{8.4}$$

（3）$(-1,1)$ S 型函数为

$$f(x) = \frac{1 - e^{-x}}{1 + e^{-x}} \tag{8.5}$$

（4）$(0,1)$ S 型函数（sigmoid 函数）为

$$f(x) = \frac{1}{1 + e^{-x}} \tag{8.6}$$

$(0,1)$ S 型函数如图 8.2 所示。

8.1.2　反向传播网络

反向传播（back propagation,BP）网络是 1985 年由 Rumelhart 等提出的。

1. 多层网络结构

BP 网络不仅有输入节点、输出节点,而且有一层或多层隐节点,如图 8.3 所示。

2. 作用函数为（0,1）S 形函数

$$f(x) = \frac{1}{1 + e^{-x}} \tag{8.7}$$

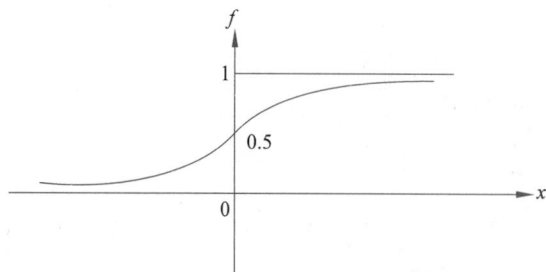

图 8.2 (0,1)S 型函数

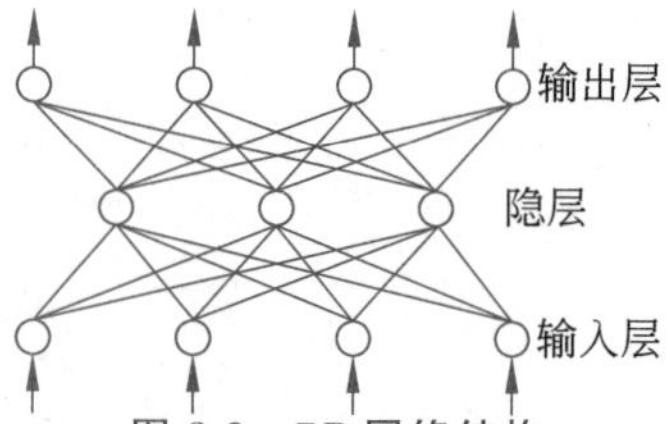

图 8.3 BP 网络结构

3. 误差函数

对第 p 个样本误差计算公式为

$$E_p = \frac{1}{2} \sum_i (t_{pi} - O_{pi})^2 \tag{8.8}$$

其中,t_{pi}、O_{pi} 分别是样本实际输出与计算输出。

8.1.3　BP 网络学习公式推导

BP 网络表示为输入节点 x_j,隐节点 y_i,输出节点 O_l。

输入节点与隐节点间的网络权值为 w_{ij},隐节点与输出节点间的网络权值为 T_{li}。当输出节点的实际输出为 t_l 时,BP 网络的计算公式如下。

1. 隐节点的输出公式

$$y_i = f\left(\sum_j w_{ij} x_j - \theta_i\right) = f(\text{net}_i)$$

其中,$\text{net}_i = \sum_j w_{ij} x_j - \theta_i$。

2. 输出节点计算输出

$$O_l = f\left(\sum_i T_{li} y_i - \theta_l\right) = f(\text{net}_l)$$

其中,$\text{net}_l = \sum_i T_{li} y_i - \theta_l$。

3. 输出节点的误差公式

$$E = \frac{1}{2} \sum_l (t_l - O_l)^2 = \frac{1}{2} \sum_l \left[t_l - f\left(\sum_i T_{li} y_i - \theta_l\right)\right]^2$$

$$= \frac{1}{2} \sum_l \left[t_l - f\left(\sum_i T_{li} f\left(\sum_j w_{ij} x_j - \theta_i\right) - \theta_l\right)\right]^2$$

4. 对网络权值修正公式的推导

1) 对输出节点的公式推导

$$\frac{\partial E}{\partial T_{li}} = \sum_{k=1}^n \frac{\partial E}{\partial O_k} \frac{\partial O_k}{\partial T_{li}} = \frac{\partial E}{\partial O_l} \frac{\partial O_l}{\partial T_{li}}$$

E 是多个 O_k 的函数,但只有一个 O_l 与 T_{li} 有关,各 O_k 间相互独立。其中

$$\frac{\partial E}{\partial O_l} = \frac{1}{2} \sum_k -2(t_k - O_k) \cdot \frac{\partial O_k}{\partial O_l} = -(t_l - O_l)$$

$$\frac{\partial O_l}{\partial T_{li}} = \frac{\partial O_l}{\partial \mathrm{net}_l} \cdot \frac{\partial \mathrm{net}_l}{\partial T_{li}} = f'(\mathrm{net}_l) \cdot y_i$$

则

$$\frac{\partial E}{\partial T_{li}} = -(t_l - O_l) \cdot f'(\mathrm{net}_l) \cdot y_i \tag{8.9}$$

设输出节点误差

$$\delta_l = (t_l - O_l) \cdot f'(\mathrm{net}_l) \tag{8.10}$$

则

$$\frac{\partial E}{\partial T_{li}} = -\delta_l y_i \tag{8.11}$$

2）对隐节点的公式推导

$$\frac{\partial E}{\partial w_{ij}} = \sum_l \sum_i \frac{\partial E}{\partial O_l} \frac{\partial O_l}{\partial y_i} \frac{\partial y_i}{\partial w_{ij}}$$

E 是多个 O_l 函数，针对某一个 w_{ij}，对应一个 y_i，它与所有 O_l 有关，其中

$$\frac{\partial E}{\partial O_l} = \frac{1}{2} \sum_k -2(t_k - O_k) \cdot \frac{\partial O_k}{\partial O_l} = -(t_l - O_l)$$

$$\frac{\partial O_l}{\partial y_i} = \frac{\partial O_l}{\partial \mathrm{net}_l} \cdot \frac{\partial \mathrm{net}_l}{\partial y_i} = f'(\mathrm{net}_l) \cdot \frac{\partial \mathrm{net}_l}{\partial y_i} = f'(\mathrm{net}_l) \cdot T_{li}$$

$$\frac{\partial y_i}{\partial w_{ij}} = \frac{\partial y}{\partial \mathrm{net}_i} \cdot \frac{\partial \mathrm{net}_i}{\partial w_{ij}} = f'(\mathrm{net}_i) \cdot x_j$$

则

$$\frac{\partial E}{\partial w_{ij}} = -\sum_l (t_l - O_l) f'(\mathrm{net}_l) \cdot T_{li} \cdot f'(\mathrm{net}_i) x_j$$

$$= -\sum_l \delta_l T_{li} \cdot f'(\mathrm{net}_i) \cdot x_j \tag{8.12}$$

设隐结点误差

$$\delta_i' = f'(\mathrm{net}_i) \cdot \sum_l \delta_l T_{li} \tag{8.13}$$

则

$$\frac{\partial E}{\partial w_{ij}} = -\delta_i' x_j \tag{8.14}$$

由于权值的修正 $\Delta T_{li}, \Delta w_{ij}$ 正比于误差函数沿梯度下降（对导数取负值），则有

$$\Delta T_{li} = -\eta \frac{\partial E}{\partial T_{li}} = \eta \delta_l y_i \tag{8.15}$$

$$\delta_l = (t_l - O_l) \cdot f'(\mathrm{net}_l) \tag{8.16}$$

$$\Delta w_{ij} = -\eta' \frac{\partial E}{\partial w_{ij}} = \eta' \delta_i x_j \tag{8.17}$$

$$\delta_i' = f'(\mathrm{net}_i) \sum_l \delta_l T_{li} \tag{8.18}$$

3）公式推导结果汇总

（1）对输出节点误差

$$\delta_l = (t_l - O_l) \cdot f'(\mathrm{net}_l) \tag{8.19}$$

(2) 输出层网络权值修正

$$T_{li}(k+1) = T_{li}(k) + \Delta T_{li} = T_{li}(k) + \eta \delta_l y_i \tag{8.20}$$

(3) 对隐节点误差

$$\delta'_i = f'(\text{net}_i) \cdot \sum_l \delta_l T_{li} \tag{8.21}$$

(4) 隐节点网络权值修正

$$w_{ij}(k+1) = w_{ij}(k) + \Delta w_{ij} = w_{ij}(k) + \eta \delta'_i x_j \tag{8.22}$$

其中,隐节点误差 δ'_i 的含义:

$\sum_l \delta_l T_{li}$ 表示输出层节点 l 的误差 δ_l 通过权值 T_{li} 向隐节点 i 反向传播(误差 δ_l 乘权值 T_{li} 再累加)成为隐节点 i 的误差,如图 8.4 所示。

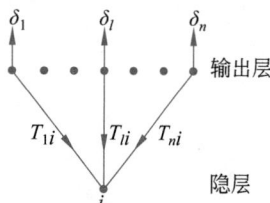

图 8.4 误差反向传播示意图

5. 阈值的修正

阈值 θ 也是一个变化值,在修正权值的同时也修正它,原理同权值的修正。

1) 对输出节点的公式推导

$$\frac{\partial E}{\partial \theta_l} = \frac{\partial E}{\partial O_l} \frac{\partial O_l}{\partial \theta_l}$$

其中,$\frac{\partial E}{\partial O_l} = -(t_l - O_l)$,对某个 θ_l 对应一个 O_l,有

$$\frac{\partial O_l}{\partial \theta_l} = \frac{\partial O_l}{\partial \text{net}_l} \cdot \frac{\partial \text{net}_l}{\partial \theta_l} = f'(\text{net}_l) \cdot (-1)$$

则

$$\frac{\partial E}{\partial \theta_l} = (t_l - O_l) \cdot f'(\text{net}_l) = \delta_l \tag{8.23}$$

由于

$$\Delta \theta_l = \eta \frac{\partial E}{\partial \theta_l} = \eta \delta_l$$

则

$$\theta_l(k+1) = \theta_l(k) + \eta \delta_l \tag{8.24}$$

2) 对隐节点的公式推导

$$\frac{\partial E}{\partial \theta_i} = \frac{\partial E}{\partial y_i} \cdot \frac{\partial y_i}{\partial \theta_i} = \frac{\partial E}{\partial O_l} \frac{\partial O_l}{\partial y_i} \frac{\partial y_i}{\partial \theta_i}$$

其中

$$\frac{\partial E}{\partial O_l} = -\sum_l (t_l - O_l)$$

$$\frac{\partial O_l}{\partial y_i} = f'(\text{net}_l) \cdot T_{li}$$

$$\frac{\partial y_i}{\partial \theta_i} = \frac{\partial y}{\partial \text{net}_l} \cdot \frac{\partial \text{net}_l}{\partial \theta_i} = f'(\text{net}_i) \cdot (-1) = -f'(\text{net}_i)$$

则

$$\frac{\partial E}{\partial \theta_i} = \sum_l (t_l - O_l) f'(\text{net}_l) \cdot T_{li} \cdot f'(\text{net}_i) = \sum_l \delta_l T_{li} \cdot f'(\text{net}_i) = \delta'_i \quad (8.25)$$

由于

$$\Delta \theta_i = \eta \frac{\partial E}{\partial \theta_i} = \eta' \delta'_i$$

则

$$\theta_i(k+1) = \theta_i(k) + \eta' \delta'_i \quad (8.26)$$

6. 作用函数 $f(x)$ 的导数公式

函数 $f(x) = \dfrac{1}{1+e^{-x}}$，存在关系

$$f'(x) = f(x) \cdot (1 - f(x))$$

则

$$f'(\text{net}_k) = f(\text{net}_k) \cdot (1 - f(\text{net}_k)) \quad (8.27)$$

对输出节点

$$O_l = f(\text{net}_l)$$
$$f'(\text{net}_l) = O_l(1 - O_l) \quad (8.28)$$

对隐节点

$$y_i = f(\text{net}_i)$$
$$f'(\text{net}_i) = y_i(1 - y_i) \quad (8.29)$$

7. BP 网络计算公式汇总

1) 输出节点的输出 O_l 计算公式

(1) 输入节点的输入 x_j。

(2) 隐节点的输出

$$y_i = f\left(\sum_j w_{ij} x_j - \theta_i\right)$$

其中，w_{ij} 为连接权值，θ_i 为节点阈值。

(3) 输出节点的输出

$$O_l = f\left(\sum_i T_{li} y_i - \theta_l\right)$$

其中，T_{li} 为连接权值，θ_l 为节点阈值。

2) 输出层（隐节点到输出节点间）的修正公式

(1) 输出节点的样本实际输出 t_l。

(2) 误差控制。

所有样本误差

$$E = \sum_{k=1}^{P} e_k < \varepsilon$$

其中一个样本误差

$$e_k = \sum_{l=1}^{n} |t_l^{(k)} - O_l^{(k)}|$$

其中，p 为样本数，n 为输出节点数。

（3）误差公式

$$\delta_l = (t_l - O_l) \cdot O_l \cdot (1 - O_l) \tag{8.30}$$

（4）权值修正

$$T_{li}(k+1) = T_{li}(k) + \eta \delta_l y_i \tag{8.31}$$

其中，k 为迭代次数。

（5）阈值修正

$$\theta_l(k+1) = \theta_l(k) + \eta \delta_l \tag{8.32}$$

3）隐节点层（输入节点到隐节点间）的修正公式

（1）误差公式

$$\delta_i' = y_i(1 - y_i) \sum_l \delta_l T_{li} \tag{8.33}$$

（2）权值修正

$$w_{ij}(k+1) = w_{ij}(k) + \eta' \delta_i' x_j \tag{8.34}$$

（3）阈值修正

$$\theta_i(k+1) = \theta_i(k) + \eta' \delta_i' \tag{8.35}$$

8. BP 网络算法总结

BP 网络算法分为 3 部分：①隐节点和输出节点的输出计算；②输出节点和隐节点的误差计算；③输出层网络权值及节点阈值与隐节点层网络权值及节点阈值的修改。BP 网络算法如图 8.5 所示。

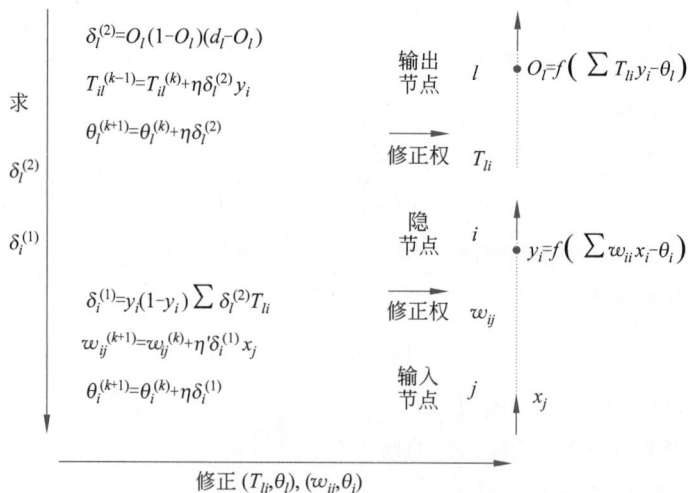

图 8.5　BP 网络算法示意图

BP 网络计算，不但对每个样本要积累计算各输出节点的误差，对所有样本还要积累各样本的误差，这个总误差才是一次迭代的误差，当它不满足给定误差时，继续迭代（用新网络权值和阈值，再对所有样本重复计算），直到满足给定误差为止。这种迭代可能需要上万次才能够收敛。

8.1.4 BP 网络的典型实例

1. 异或问题的 BP 神经网络

异或(XOR)问题用 BP 模型进行求解,样本和神经网络如图 8.6 所示。

按问题要求,设置输入节点为两个(x_1,x_2),输出节点为 1 个(z),隐节点定为 2 个(y_1,y_2)。

输入	x_1	x_2	输出
	0	0	0
	0	1	1
	1	0	1
	1	1	0

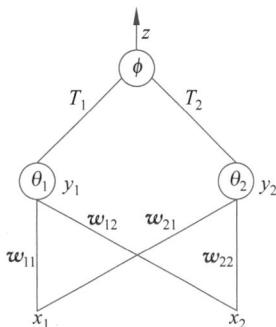

2. 计算机运行结果

(1)迭代次数:16 745 次;给定误差:0.05。

(2)隐层网络权值和阈值:

$$w_{11}=5.24 \quad w_{12}=5.23 \quad w_{21}=6.68 \quad w_{22}=6.64 \quad \theta_1=8.01 \quad \theta_2=2.98$$

(3)输出层网络权值和阈值:

$$T_1=-10 \quad T_2=10 \quad \phi=4.79$$

图 8.6 异或问题样本和神经网络图

◇ 8.2 神经网络的几何意义

8.2.1 神经网络的超平面含义

1. 神经元与超平面

由 n 个神经元$(j=1,2,\cdots,n)$对连接于神经元 i 的信息总输入 I_i 为

$$I_i = \sum_{j=1}^n w_{ij}x_j - \theta_i \tag{8.36}$$

其中,w_{ij} 为神经元 j 到神经元 i 的连接权值,θ_i 为神经元的阈值。神经元 $x_j(j=1,2,\cdots,n)$相当于 n 维空间$(x_1,x_2,\cdots,x_n)$中一个节点的坐标(为了便于讨论,省略下标 i)。令

$$I = \sum_{j=1}^n w_j x_j - \theta = 0 \tag{8.37}$$

它代表了 n 维空间中,以坐标 x_j 为变量的一个超平面。其中,w_j 为坐标的系数,θ 为常数项。

当 $n=2$ 时,"超平面"为平面(x_1,x_2)上的一条直线

$$I = \sum_{j=1}^2 w_j x_j - \theta = w_1 x_1 + w_2 x_2 - \theta = 0$$

当 $n=3$ 时,"超平面"为空间(x_1,x_2,x_3)上的一个平面

$$I = \sum_{j=1}^3 w_j x_j - \theta = w_1 x_1 + w_2 x_2 + w_3 x_3 - \theta = 0$$

从几何角度看,一个神经元代表一个超平面(三维以上的平面)。

2. 超平面的作用

n 维空间 $(x_1, x_2, \cdots, x_n)$ 上的超平面 $I = 0$，将空间划分为 3 部分。

1）平面本身

超平面上的任意节点 $(x_1^{(0)}, x_2^{(0)}, \cdots, x_n^{(0)})$ 满足于超平面方程，即

$$\sum_j w_j x_j^{(0)} - \theta = 0 \tag{8.38}$$

2）超平面上部 P

超平面上部 P 的任意节点 $(x_1^{(p)}, x_2^{(p)}, \cdots, x_n^{(p)})$ 满足于不等式，即

$$\sum_j w_j x_j^{(p)} - \theta > 0 \tag{8.39}$$

3）超平面下部 Q

超平面下部 Q 的任意节点 $(x_1^{(q)}, x_2^{(q)}, \cdots, x_n^{(q)})$ 满足于不等式，即

$$\sum_j w_j x_j^{(q)} - \theta < 0 \tag{8.40}$$

3. 作用函数的几何意义

神经网络中使用的阶梯形作用函数为

$$f(x) = \begin{cases} 1, & x > 0 \\ 0, & x \leqslant 0 \end{cases}$$

把 n 维空间中超平面的作用和神经网络作用函数结合起来，即

$$f(I) = f\left(\sum w_j x_j - \theta\right) = \begin{cases} 1, & \sum_j w_j x_j - \theta > 0 \\ 0, & \sum_j w_j x_j - \theta \leqslant 0 \end{cases} \tag{8.41}$$

它的含义：超平面上部 P 的任意节点经过作用函数后转换成数值 1，超平面上任意节点和超平面下部 Q 上的任意节点经过作用函数后转换成数值 0。

4. 神经元的几何意义

通过以上分析可知，一个神经元将其他神经元对它的信息总输入 I，作用以后（通过作用函数）的输出，相当于该神经元所代表的超平面将 n 维空间（n 个输入神经元构成的空间）中超平面上部节点 P 转换成 1 类，超平面及其下部节点转换成 0 类。

结论：神经元起了一个分类作用。

5. 线性样本与非线性样本

定义 8.1　对空间中的一组两类样本，当能找出一个超平面将两者分开，称该样本是线性样本；若不能找到一个超平面将两者分开，则称该样本是非线性样本。

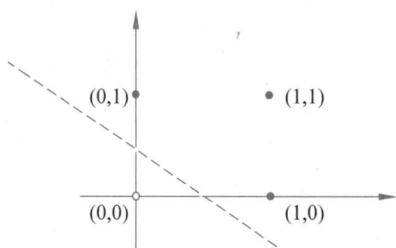

图 8.7　二值逻辑加法样本示意图

二值逻辑加法样本示意图如图 8.7 所示，两类样本 (0,1) 可以利用一条直线分割开。

从线性样本定义可知二值逻辑加法是线性可分的。

感知机对线性样本是非常有效的，它在模式识别中是一个重要的方法。

从图 8.7 中可以看出，异或问题是找不到一条直

线将两类样本分开。从线性样本定义可知,异或问题样本是一个非线性样本。

6. 非线性样本变换成线性样本

利用超平面分割空间原理,对一个非线性样本它是不能用一个超平面分割开的。但用多个超平面分割空间成若干区,使每个区中只含同类样本的节点。这种分割完成了一种变换,使原非线性样本变换成二进制值下的新线性样本。

8.2.2　异或问题的实例分析

异或问题的解已在 8.1.4 节中给出,根据神经网络的几何意义来进行具体分析。

1. 隐节点代表的直线方程

如图 8.8 所示,利用隐节点的权值和阈值可以建立隐节点代表的直线方程

$$y_1: 5.24x_1 + 5.23x_2 - 8.01 = 0$$

即

$$x_1 + 0.998x_2 - 1.529 = 0 \tag{8.42}$$

$$y_2: 6.68x_1 + 6.64x_2 - 2.98 = 0$$

即

$$x_1 + 0.994x_2 - 0.446 = 0 \tag{8.43}$$

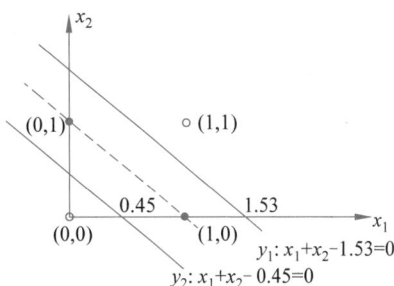

图 8.8　隐节点代表的直线方程

直线 y_1 和 y_2 将平面 (x_1, x_2) 分为 3 个区。

(1) y_1 线上方区,$x_1 + x_2 - 1.53 > 0$,$x_1 + x_2 - 0.45 > 0$。

(2) y_1 和 y_2 线之间区,$x_1 + x_2 - 1.53 < 0$,$x_1 + x_2 - 0.45 > 0$。

(3) y_2 线的下方区,$x_1 + x_2 - 1.53 < 0$,$x_1 + x_2 - 0.45 < 0$。

对于样本点,有

(1) 点 $(0,0)$ 落入 y_2 线的下方区,经过隐节点作用函数 $f(x)$(暂取它为阶梯函数),得到输出 $y_1 = 0$,$y_2 = 0$。

(2) 点 $(1,0)$ 和点 $(0,1)$ 落入 y_1 和 y_2 线之间区,经过隐节点作用函数 $f(x)$,得到输出均为 $y_1 = 0$,$y_2 = 1$。

(3) 点 $(1,1)$ 落入 y_1 线上方区,经过隐节点作用函数 $f(x)$,得到输出为 $y_1 = 1$,$y_2 = 1$。

结论:隐节点将 x_1, x_2 平面上 4 个样本点 $(0,0),(0,1),(1,0),(1,1)$ 变换成 3 个样本点 $(0,0),(0,1),(1,1)$,它已是线性样本。

2. 输出节点代表的直线方程

如图 8.9 所示,利用输出节点的权值和阈值可以建立隐节点代表的直线方程

$$Z: -10y_1 + 10y_2 - 4.79 = 0$$

即

$$-y_1 + y_2 - 0.479 = 0 \tag{8.44}$$

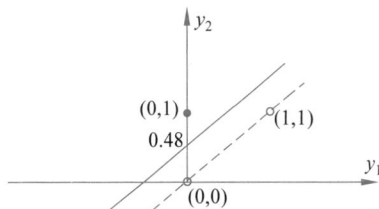

图 8.9　输出节点代表的直线方程

直线 Z 将平面 (y_1, y_2) 分为两个区:

(1) Z 线上方区:$-y_1 + y_2 - 0.479 > 0$。

(2) Z 线下方区: $-y_1+y_2-0.479<0$。

对于样本点,有

(1) 点 $(0,1)$(即 $y_1=0, y_2=1$)落入 Z 线上方区,经过输出节点作用函数 $f(x)$(暂取它为阶梯函数)得到输出为 $Z=1$。

(2) 点 $(0,0)$(即 $y_1=0, y_2=0$)和点 $(1,1)$(即 $y_1=1, y_2=1$)落入 Z 线下方区,经过输出节点作用函数 $f(x)$ 得到输出为 $Z=0$。

结论:输出节点将 y_1 和 y_2 平面上 3 个样本点 $(0,0),(0,1),(1,1)$ 变换成两类样本 $Z=1$ 和 $Z=0$。

3. 神经网络节点的作用

从上面的分析中可以得出结论。

(1) 隐节点作用是将原非线性样本(4 个)变换成线性样本(3 个)。

(2) 输出节点作用是将线性样本(3 个)变换成两类(1 类或 0 类)。

对于作用函数 $f(x)$ 取为 S 型函数,最后变换成两类:"接近 1 类"和"接近 0 类"。

4. 超平面(直线)特性

1) 隐节点直线特性

隐节点直线 y_1 和 y_2 相互平行,且平行于过点 $(1,0)$ 和点 $(0,1)$ 的直线 $L: x_1+x_2-1=0$。

直线 y_1 位于点 $(1,1)$ 到直线 L 的中间位置附近($\theta_1=1.53$)。

直线 y_2 位于点 $(0,0)$ 到直线 L 的中间位置附近($\theta_2=0.45$)。

阈值 θ_1 和 θ_2 可以在一定范围内变化:$1.0 \leqslant \theta_1 < 2, 0 \leqslant \theta_2 < 1.0$。其分类效果是相同的。这说明神经网络的解(网络权值和阈值)可以是多个(即多条不同的直线)。

2) 输出节点直线特性

输出节点直线 Z,平行于过点 $(0,0)$ 和点 $(1,1)$ 的直线 $P: y_1-y_2=0$。

直线 Z 位于点 $(0,1)$ 到直线 P 的中间位置附近($\phi=0.48$)。

阈值 ϕ 可以在一定范围内变化($0 \leqslant \phi < 1$),其分类效果是相同的,输出层的权值和阈值也是多解。

◇ 8.3 深度学习

8.3.1 深度学习与多层网络的链式法则

深度学习是目前最热门的机器学习方法,它是在神经网络的基础上发展起来的。2012 年,采用深度卷积神经网络 AlexNet,使图像分类的准确率大幅提高;2016 年,基于深度学习的阿尔法围棋程序(AlphaGo)战胜了围棋世界冠军李世石。这两个事件,把深度学习推向了高潮。所为"深度",是指神经网络的层次有 10 层之多,而且采用的算法种类也有 10 多种。这些算法中,最有影响的是卷积神经网络(convolutional neural network,CNN)和循环神经网络(recurrent neural network,RNN)。本书只介绍卷积神经网络算法。

在反向传播网络中,一般只有 3 层,即输入层、隐节点层和输出层。输出层的误差是样本的实际输出($O^{(F)}$)与网络计算输出(O)的均方差(E)。对于多层网络,各层都需要先求出它的误差,才能用它来修改下层连接权值。由于网络顶层误差(E)是各层连接权值(W)的复合函数,利用复合函数求偏导数的链式法则,就能得出多层神经网络误差反向传播的链式法则的计算公式。这里用 3 层神经网络进行说明(含两个隐节点层),推导出信息向前传输的计算公式和误差反向传播的计算公式。

1) 信息向前传输计算公式

输入节点有 l 个节点：$X(x_1, x_2, \cdots, x_l)$。

第 1 层网络(从输入节点与第 1 层隐节点(m 个))间的网络权值为

$$W^{(1)} = (w_1^{(1)}, w_2^{(1)}, \cdots, w_m^{(1)})$$

其中,每个 $w_i^{(1)} = (w_{i1}^{(1)}, w_{i2}^{(1)}, \cdots, w_{im}^{(1)})$,$i \leqslant 1, 2, \cdots, l$(两层网络可以不是全连接)。

第 1 层隐节点层前的输入为

$$I^{(1)} = (i_1^{(1)}, i_2^{(1)}, \cdots, i_m^{(1)})$$

输入表示成向量形式为

$$I^{(1)} = W^{(1)} \cdot X$$

第 1 层隐节点作用函数(激活函数)为 $f_1(\cdot)$,第 1 个隐节点层(m 个)输出为

$$O^{(1)} = (o_1^{(1)}, o_2^{(1)}, \cdots, o_m^{(1)})$$

输出与输入关系表示成向量形式为

$$O^{(1)} = f_1(I^{(1)})$$

第 2 层网络(第 1 层隐节点到第 2 层隐节点(n 个))间的网络权值为

$$W^{(2)} = (w_1^{(2)}, w_2^{(2)}, \cdots, w_n^{(2)})$$

其中,每个 $w_i^{(2)} = (w_{i1}^{(2)}, w_{i2}^{(2)}, \cdots, w_{in}^{(2)})$,$i \leqslant 1, 2, \cdots, m$(两层网络可以不是全连接)。

第 2 层隐节点(n 个)的输入为

$$I^{(2)} = (i_1^{(2)}, i_2^{(2)}, \cdots, i_n^{(2)})$$

输入表示成向量形式为

$$I^{(2)} = W^{(2)} \cdot O^{(1)}$$

第 2 层隐节点作用函数(激活函数)为 $f_2(\cdot)$,第 2 个隐节点层输出为

$$O^{(2)} = (o_1^{(2)}, o_2^{(2)}, \cdots, o_n^{(2)})$$

输出与输入关系表示成向量形式为

$$O^{(2)} = f_2(I^{(2)})$$

第 3 层网络(第 2 层隐节点到第 3 层输出层(k 个))间的网络权值为

$$W^{(3)} = (w_1^{(3)}, w_2^{(3)}, \cdots, w_k^{(3)})$$

其中,每个 $w_i^{(3)} = (w_{i1}^{(3)}, w_{i2}^{(3)}, \cdots, w_{ik}^{(3)})$,$i \leqslant 1, 2, \cdots, n$(两层网络可以不是全连接)。

经过第 3 层网络到输出节点(k 个)前的输入为

$$I^{(3)} = (i_1^{(3)}, i_2^{(3)}, \cdots, i_k^{(3)})$$

输入表示成向量形式为

$$I^{(3)} = W^{(3)} \cdot O^{(2)}$$

第 3 层输出节点作用函数(激活函数)为 $f_3(\cdot)$,第 3 层的网络节点的输出为

$$O^{(3)} = (o_1^{(3)}, o_2^{(3)}, \cdots, o_k^{(3)})$$

输出与输入关系表示成向量形式为

$$O^{(3)} = f_3(I^{(3)})$$

对于各层的误差向量表示如下：

第 3 层输出节点的误差为

$$\delta^{(3)} = (\delta_1^{(3)}, \delta_2^{(3)}, \cdots, \delta_k^{(3)})$$

第 2 层隐节点的误差为

$$\delta^{(2)} = (\delta_1^{(2)}, \delta_2^{(2)}, \cdots, \delta_n^{(2)})$$

第 1 层隐节点的误差为

$$\delta^{(1)} = (\delta_1^{(1)}, \delta_2^{(1)}, \cdots, \delta_m^{(1)})$$

2）3 层网络的示意图

3 层网络如图 8.10 所示。

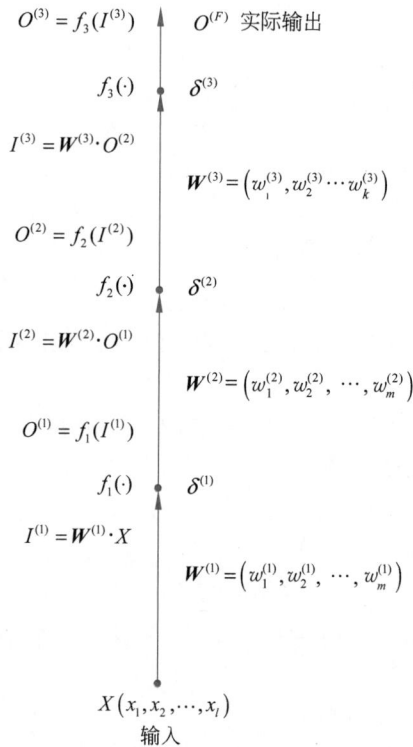

$$O^{(3)} = f_3(I^{(3)}) \qquad O^{(F)} \text{ 实际输出}$$

$$f_3(\cdot) \qquad \delta^{(3)}$$

$$I^{(3)} = \boldsymbol{W}^{(3)} \cdot O^{(2)}$$

$$\boldsymbol{W}^{(3)} = \left(w_1^{(3)}, w_2^{(3)} \cdots w_k^{(3)} \right)$$

$$O^{(2)} = f_2(I^{(2)})$$

$$f_2(\cdot) \qquad \delta^{(2)}$$

$$I^{(2)} = \boldsymbol{W}^{(2)} \cdot O^{(1)}$$

$$\boldsymbol{W}^{(2)} = \left(w_1^{(2)}, w_2^{(2)}, \cdots, w_m^{(2)} \right)$$

$$O^{(1)} = f_1(I^{(1)})$$

$$f_1(\cdot) \qquad \delta^{(1)}$$

$$I^{(1)} = \boldsymbol{W}^{(1)} \cdot X$$

$$\boldsymbol{W}^{(1)} = \left(w_1^{(1)}, w_2^{(1)}, \cdots, w_m^{(1)} \right)$$

$$X(x_1, x_2, \cdots, x_l)$$

输入

图 8.10   3 层网络示意图

输入信息 X 沿着 3 层网络向前传输的计算过程见图 8.10，在输出层有计算输出 $O^{(3)}$，样本的实际输出是 $O^{(F)}$。

3）误差反向传播的计算公式

实际样本在输出节点层的输出为

$$O^{(F)} = (o_1^{(F)}, o_2^{(F)}, \cdots, o_k^{(F)})$$

实际样本输出与网络计算输出的误差表示为

$$E = \frac{1}{2}(O^{(F)} - O^{(3)})^2 \tag{8.45}$$

从网络中各层表达式可知，误差 E 与各层网络的权值 W 的关系构成了一个复合函数

$$E = \frac{1}{2}(O^{(F)} - O^{(3)})^2 = \frac{1}{2}(O^{(F)} - f_3(I^{(3)}))^2$$

$$= \frac{1}{2}(O^{(F)} - f_3(O^{(2)} \cdot W^{(3)}))^2$$

$$= \frac{1}{2}(O^{(F)} - f_3(f_2(I^{(2)}) \cdot W^{(3)}))^2$$

$$= \frac{1}{2}(O^{(F)} - f_3(f_2(O^{(1)} \cdot W^{(2)}) \cdot W^{(3)}))^2 \qquad (8.46)$$

$$= \frac{1}{2}(O^{(F)} - f_3(f_2(f_1(I^{(1)}) \cdot W^{(2)}) \cdot W^{(3)}))^2$$

$$= \frac{1}{2}(O^{(F)} - f_3(f_2(f_1(W^{(1)} \cdot X) \cdot W^{(2)}) \cdot W^{(3)}))^2$$

下面进行误差反向传播以及权值修正的公式计算。求偏导数时,需要参照图 8.10。

(1) 对第 3 层的权值修正。

按照梯度下降法的思想(改变各层权值使输出误差减少的方法是需要计算总误差 E 对各层权值的偏导数(梯度))。

总误差 E 对权值 $\boldsymbol{W}^{(3)}$ 求偏导数为

$$\frac{\partial E}{\partial \boldsymbol{W}^{(3)}} = \frac{\partial E}{\partial O^{(3)}} \frac{\partial O^{(3)}}{\partial I^{(3)}} \frac{\partial I^{(3)}}{\partial \boldsymbol{W}^{(3)}} = \delta^{(3)} \cdot \frac{\partial I^{(3)}}{\partial \boldsymbol{W}^{(3)}} \qquad (8.47)$$

设

$$\delta^{(3)} = \frac{\partial E}{\partial O^{(3)}} \frac{\partial O^{(3)}}{\partial I^{(3)}} = \frac{\partial E}{\partial I^{(3)}} = -(O^{(F)} - O^{(3)}) \cdot f'_3(\text{cont}) \qquad (8.48)$$

以及

$$\frac{\partial I^{(3)}}{\partial \boldsymbol{W}^{(3)}} = O^{(2)}$$

则

$$\frac{\partial E}{\partial \boldsymbol{W}^{(3)}} = -(O^F - O^{(3)}) \cdot f'_3(\text{cont}) \cdot O^{(2)} = \delta^{(3)} \cdot O^{(2)} \qquad (8.49)$$

对第 3 层权值的修正(取负值表示梯度下降)为

$$\Delta W^{(3)} = \eta_3 \frac{\partial E}{\partial \boldsymbol{W}^{(3)}} = \eta_3 \cdot \delta^{(3)} \cdot O^{(2)} \qquad (8.50)$$

即

$$W^{(3)}(k+1) = W^{(3)}(k) + \eta_3 \cdot \delta^{(3)} \cdot O^{(2)} \qquad (8.51)$$

(2) 对第 2 层的权值修正。

$$\frac{\partial E}{\partial \boldsymbol{W}^{(2)}} = \frac{\partial E}{\partial O^{(3)}} \frac{\partial O^{(3)}}{\partial I^{(3)}} \frac{\partial I^{(3)}}{\partial O^{(2)}} \frac{\partial O^{(2)}}{\partial I^{(2)}} \frac{\partial I^{(2)}}{\partial \boldsymbol{W}^{(2)}} \qquad (8.52)$$

上面已经设定

$$\delta^{(3)} = \frac{\partial E}{\partial O^{(3)}} \frac{\partial O^{(3)}}{\partial I^{(3)}}$$

再设

$$\delta^{(2)} = \delta^{(3)} \frac{\partial I^{(3)}}{\partial O^{(2)}} \frac{\partial O^{(2)}}{\partial I^{(2)}} = \delta^{(3)} \frac{\partial I^{(3)}}{\partial I^{(2)}} \qquad (8.53)$$

其中

$$\frac{\partial I^{(3)}}{\partial O^{(2)}} \frac{\partial O^{(2)}}{\partial I^{(2)}} = \frac{\partial I^{(3)}}{\partial I^{(2)}}$$

故有

$$\delta^{(2)} = \delta^{(3)} \frac{\partial I^{(3)}}{\partial I^{(2)}} = \delta^{(3)} \cdot W^{(3)} \cdot f'_2(\text{cont}) \tag{8.54}$$

由于

$$\frac{\partial I^{(2)}}{\partial W^{(2)}} = O^{(1)}$$

则

$$\begin{aligned}
\frac{\partial E}{\partial W^{(2)}} &= \frac{\partial E}{\partial O^{(3)}} \frac{\partial O^{(3)}}{\partial I^{(3)}} \frac{\partial I^{(3)}}{\partial O^{(2)}} \frac{\partial O^{(2)}}{\partial I^{(2)}} \frac{\partial I^{(2)}}{\partial W^{(2)}} \\
&= \delta^{(3)} \cdot W^{(3)} \cdot f'_2(\text{cont}) \cdot O^{(1)} \\
&= \delta^{(2)} \cdot O^{(1)}
\end{aligned} \tag{8.55}$$

对第 2 层权值的修正为

$$\Delta W^{(2)} = \eta_2 \frac{\partial E}{\partial W^{(2)}} = \eta_2 \cdot \delta^{(2)} \cdot O^{(1)} \tag{8.56}$$

即

$$W^{(2)}(k+1) = W^{(2)}(k) + \eta_2 \cdot \delta^{(2)} \cdot O^{(1)} \tag{8.57}$$

(3) 对第 1 层的权值修正。

$$\begin{aligned}
\frac{\partial E}{\partial W^{(1)}} &= \frac{\partial E}{\partial O^{(3)}} \frac{\partial O^{(3)}}{\partial I^{(3)}} \frac{\partial I^{(3)}}{\partial O^{(2)}} \frac{\partial O^{(2)}}{\partial I^{(2)}} \frac{\partial I^{(2)}}{\partial O^{(1)}} \frac{\partial O^{(1)}}{\partial I^{(1)}} \frac{\partial I^{(1)}}{\partial W^{(1)}} \\
&= \delta^{(2)} \frac{\partial I^{(2)}}{\partial O^{(1)}} \frac{\partial O^{(1)}}{\partial I^{(1)}} \frac{\partial I^{(1)}}{\partial W^{(1)}}
\end{aligned} \tag{8.58}$$

再设

$$\delta^{(1)} = \delta^{(2)} \frac{\partial I^{(2)}}{\partial O^{(1)}} \frac{\partial O^{(1)}}{\partial I^{(1)}} = \delta^{(2)} \frac{\partial I^{(2)}}{\partial I^{(1)}} \tag{8.59}$$

则

$$\delta^{(1)} = \delta^{(2)} \frac{\partial I^{(2)}}{\partial I^{(1)}} = \delta^{(2)} \cdot W^{(2)} \cdot f'_1(\text{cont}) \tag{8.60}$$

则

$$\frac{\partial E}{\partial W^{(1)}} = \delta^{(1)} \cdot \frac{\partial I^{(1)}}{\partial W^{(1)}} = \delta^{(1)} \cdot X$$

有

$$\Delta W^{(1)} = \eta_1 \frac{\partial E}{\partial W^{(1)}} = \eta_1 \cdot \delta^{(1)} \cdot X \tag{8.61}$$

第 1 层的权值修正公式为

$$W^{(1)}(k+1) = W^{(1)}(k) + \eta_1 \cdot \delta^{(1)} \cdot X \tag{8.62}$$

(4) 链式法则说明。

第 3 层节点误差为式(8.48),即

$$\delta^{(3)} = \frac{\partial E}{\partial I^{(3)}} = -(O^{(F)} - O^{(3)}) \cdot f'_3(\text{cont})$$

它用来修改 $W^{(3)}$。第 3 层误差为实际输出与计算输出之差,乘以第 3 层作用函数(激活函数)的导数。

第 2 层节点误差为式(8.54),即

$$\delta^{(2)} = \delta^{(3)} \frac{\partial I^{(3)}}{\partial I^{(2)}} = \delta^{(3)} \cdot W^{(3)} \cdot f'_2(\text{cont})$$

它用来修改 $W^{(2)}$。$\delta^{(2)}$ 是由 $\delta^{(3)}$ 反向传播过来,乘以 $W^{(3)} \cdot f'_2(\text{cont})$ 得到第 2 层误差的。

第 1 层节点误差为式(8.60),即

$$\delta^{(1)} = \delta^{(2)} \frac{\partial I^{(2)}}{\partial I^{(1)}} = \delta^{(2)} \cdot W^{(2)} \cdot f'_1(\text{cont})$$

它用来修改 $W^{(1)}$。

从上面 3 层误差公式中,可以归纳出两个相邻的隐节点层的误差之间的递推关系,得出规律性公式为

$$\delta^{(l-1)} = \delta^{(l)} \frac{\partial I^{(l)}}{\partial I^{(l-1)}} = \delta^{(l)} \cdot W^{(l)} \cdot f'_{l-1}(\text{cont}) \tag{8.63}$$

可见,下层节点的误差 $\delta^{(l-1)}$ 是由上层节点的误差 $\delta^{(l)}$ 以 $W^{(l)}$ 和激活函数的导数反传而来的(计算思想同 BP 网络的反向传播公式)。

顶层的误差会通过逐层的反传过程,传播到最底下的输入层。这样,反复的修改权值,最终会收敛到网络适应所有样本。

这里要说明一下,作用函数(激活函数)在 BP 算法中,是 Sigmoid 函数,即 $(0,1)$ S 型函数,它的导数公式为 $f'(x) = f(x)(1-f(x))$。而在卷积网络中是 ReLU 函数,如图 8.11 所示。

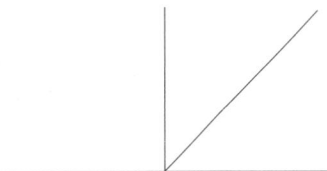

图 8.11　ReLU 函数

其中,$f(x) = x$,它的导数 $f'(x) = 1$。

这样,式(8.63)就为

$$\delta^{(l-1)} = \delta^{(l)} \cdot W^{(l)} \tag{8.64}$$

该公式表明:卷积网络的误差反向传播计算是下层节点的误差 $\delta^{(l-1)}$ 等于网络连接的上层节点的误差 $\delta^{(l)}$ 乘以网络连接的权值 $W^{(l)}$(若是多条连接线,需要将各线反传的误差累加起来)。

注意:① 复合函数求偏导数的链式法则,看起来较烦琐,归纳出的递推公式是有规律的;②式(8.63)与 BP 网络求出的反向传播公式是一样的,只是作用函数(激活函数)的导数是不一样的。

8.3.2　卷积网络深度学习算法

卷积网络是深度学习应用最广泛的神经网络。它的原理仍然遵循了多层网络信息传播和误差回传的基本思想。卷积网络中两层网络的连接不是全连接,而是通过卷积核(网络权值)进行部分连接。同一个卷积核同时也连接其他下层节点,即该卷积核具有共享性,这个共享性可以更好地分辨出下层图像特征。

1. 卷积网络信息向前传播公式

两层网络分别表示为 $l-1$ 层和 l 层。$l-1$ 层的输出 $o^{(l-1)}$ 乘以连接 l 层的网络权值

(卷积核)$w^{(l)}$,得到 l 层(卷积层)的输入 $i^{(l)}$。符号 $\otimes$ 表示卷积运算,向量形式表示为

$$o^{(l-1)} \otimes w^{(l)} = i^{(l)}$$

用矩阵公式表示,具体用一个三维下层网络与二维卷积核做卷积运算,得到二维卷积层。写成

$$\begin{pmatrix} o_{11}^{(l-1)} & o_{12}^{(l-1)} & o_{13}^{(l-1)} \\ o_{21}^{(l-1)} & o_{22}^{(l-1)} & o_{23}^{(l-1)} \\ o_{31}^{(l-1)} & o_{32}^{(l-1)} & o_{33}^{(l-1)} \end{pmatrix} \otimes \begin{pmatrix} w_{11}^{(l)} & w_{12}^{(l)} \\ w_{21}^{(l)} & w_{22}^{(l)} \end{pmatrix} = \begin{pmatrix} i_{11}^{(l)} & i_{12}^{(l)} \\ i_{21}^{(l)} & i_{22}^{(l)} \end{pmatrix} \tag{8.65}$$

按卷积定义(不同于一般的矩阵相乘。W 矩阵整体在 O 矩阵中滑动,对应的同行元素相乘后累加)得到的结果为

$$
\begin{aligned}
i_{11} &= o_{11} w_{11} + o_{12} w_{12} + o_{21} w_{21} + o_{22} w_{22} \\
i_{12} &= o_{12} w_{11} + o_{13} w_{12} + o_{22} w_{21} + o_{23} w_{22} \\
i_{21} &= o_{21} w_{11} + o_{22} w_{12} + o_{31} w_{21} + o_{32} w_{22} \\
i_{22} &= o_{22} w_{11} + o_{23} w_{12} + o_{32} w_{21} + o_{33} w_{22}
\end{aligned}
\tag{8.66}
$$

卷积网络运算实例如图 8.12 所示。

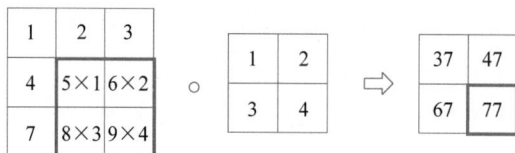

图 8.12　卷积网络运算实例

卷积网络运算示意图如图 8.13 所示。

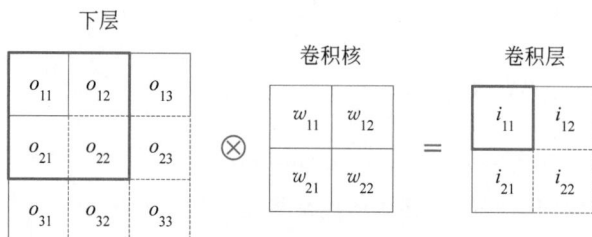

图 8.13　卷积网络运算示意图

图 8.13 中,下层网络中的粗线部分 4 个元素 o_{ij} 与卷积核 w_{ij} 进行卷积运算(对应元素相乘后再相加),得到卷积层的 i_{11}(参考式(8.66))。虚线部分 4 个元素 o_{ij} 与卷积核 w_{ij} 进行卷积运算得到卷积层的 i_{22}。

下面用向量代替矩阵画图,这样更接近一般的神经网络,如图 8.14 所示,这样更容易理解卷积网络的计算过程。

2. 误差反向传播

已知 l 层的误差 $\delta^{(l)}$,它是用来修改 l 层的权值 $W^{(l)}$(卷积核)。它还需要反向传播,求出 $l-1$ 层的误差 $\delta^{(l-1)}$,这样就可以用来修改 $l-1$ 层的权值 $W^{(l-1)}$(卷积核)。这种误差反向传播,就能完成从顶层的误差(样本的实际输出与网络的计算输出之差),逐层向下传播,逐层修改各层的网络权值(在卷积层中是卷积核),一直反转到输入层,修改输入层的网络权值。

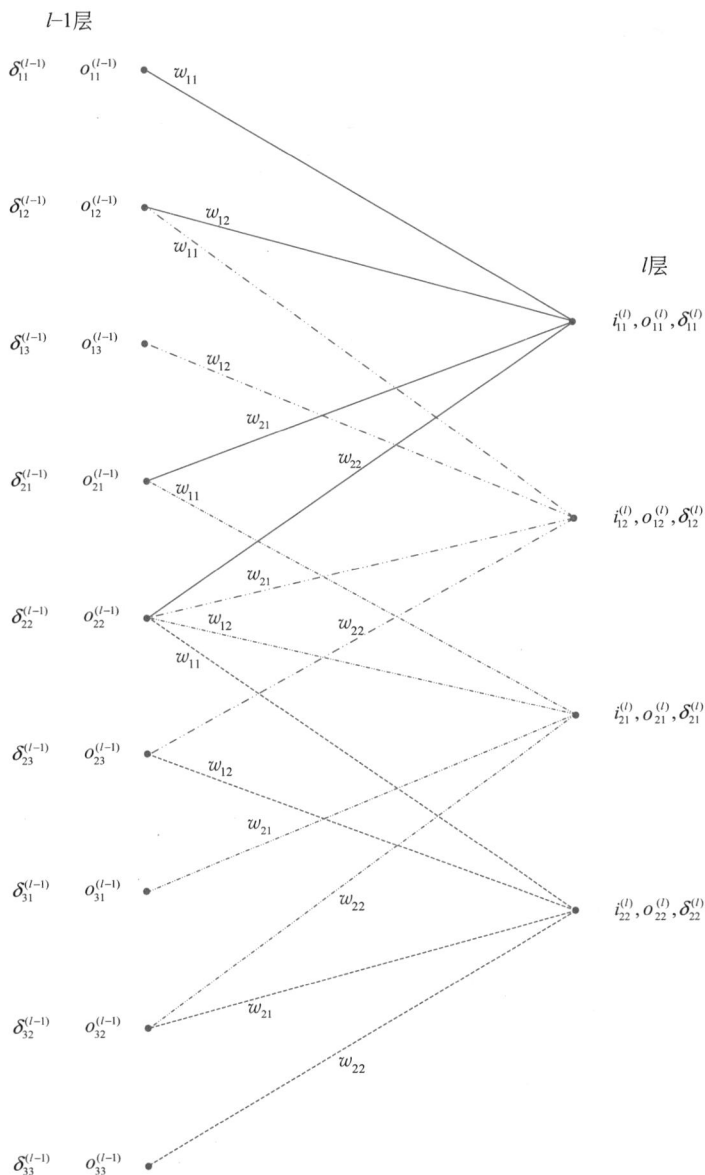

图 8.14　卷积网络用向量形式表示的示意图

由于各层的网络权值的初值都是随机给出的,这样按照误差梯度下降的方法,修改权值,通过计算机快速的反复计算,使得各层的网络权值就能逐步收敛到,满足对样本误差的要求。

l 层的误差 $\delta^{(l)}$ 反向传播,求出 $l-1$ 层的误差 $\delta^{(l-1)}$,用式(8.67)示意说明

$$
\begin{pmatrix}
\delta_{11}^{(l-1)} & \delta_{12}^{(l-1)} & \delta_{13}^{(l-1)} \\
\delta_{21}^{(l-1)} & \delta_{22}^{(l-1)} & \delta_{23}^{(l-1)} \\
\delta_{31}^{(l-1)} & \delta_{32}^{(l-1)} & \delta_{33}^{(l-1)}
\end{pmatrix}
\leftarrow
\begin{pmatrix}
\delta_{11}^{(l)} & \delta_{12}^{(l)} \\
\delta_{21}^{(l)} & \delta_{22}^{(l)}
\end{pmatrix}
\tag{8.67}
$$

由于是卷积运算,卷积层的矩阵阶数降低了。反传误差时,阶数要增加。按两层误差见式(8.64)。

从图 8.14 中可以看出,$l-1$ 层上的 $(1,1)$、$(1,3)$、$(3,1)$、$(3,3)$ 4 个点和 l 层只有 1 条线连接,利用式(8.64),误差反传公式为

$$\delta_{11}^{(l-1)} = \delta_{11}^{(l)} w_{11}^{(l)}$$

$$\delta_{13}^{(l-1)} = \delta_{12}^{(l)} w_{12}^{(l)}$$

$$\delta_{31}^{(l-1)} = \delta_{21}^{(l)} w_{21}^{(l)}$$

$$\delta_{33}^{(l-1)} = \delta_{22}^{(l)} w_{22}^{(l)}$$

$l-1$ 层上的 $(1,2)$、$(2,1)$、$(2,3)$、$(3,2)$ 4 个点和 l 层只有两条线连接,利用式(8.64),误差反传公式为

$$\delta_{12}^{(l-1)} = \delta_{11}^{(l)} w_{12}^{(l)} + \delta_{12}^{(l)} w_{11}^{(l)}$$

$$\delta_{21}^{(l-1)} = \delta_{11}^{(l)} w_{21}^{(l)} + \delta_{21}^{(l)} w_{11}^{(l)}$$

$$\delta_{23}^{(l-1)} = \delta_{12}^{(l)} w_{22}^{(l)} + \delta_{22}^{(l)} w_{12}^{(l)}$$

$$\delta_{32}^{(l-1)} = \delta_{21}^{(l)} w_{22}^{(l)} + \delta_{22}^{(l)} w_{21}^{(l)}$$

$l-1$ 层上的 $(2,2)$ 1 个点和 (l) 层有 4 条线连接,利用式(8.64),误差反传公式为

$$\delta_{22}^{(l-1)} = \delta_{11}^{(l)} w_{22}^{(l)} + \delta_{12}^{(l)} w_{21}^{(l)} + \delta_{21}^{(l)} w_{12}^{(l)} + \delta_{22}^{(l)} w_{11}^{(l)}$$

以上是由图 8.14 利用式(8.64)得出的计算结果。对比 BP 网络算法,误差反传的计算方法是一样的。

现在编制程序计算,需要进行如下处理。

对于 $\boldsymbol{\delta}^{(l)}$ 矩阵进行扩大,增加矩阵阶数(2×2 扩大为 4×4),扩大后的空位用 0 填充(2 阶变 4 阶填充一圈 0)。对权值 $\boldsymbol{W}^{(l)}$ 矩阵按时钟旋转 $180°$(或者是上下翻转一次,接着左右翻转一次),表示为 rot180,即

$$\begin{pmatrix} w_{11} & w_{12} \\ w_{21} & w_{22} \end{pmatrix} \xrightarrow{\text{rot180}} \begin{pmatrix} w_{22} & w_{21} \\ w_{12} & w_{11} \end{pmatrix} \tag{8.68}$$

误差转换公式为

$$\begin{pmatrix} 0 & 0 & 0 & 0 \\ 0 & \delta_{11}^{(l)} & \delta_{12}^{(l)} & 0 \\ 0 & \delta_{21}^{(l)} & \delta_{22}^{(l)} & 0 \\ 0 & 0 & 0 & 0 \end{pmatrix} \otimes \begin{pmatrix} w_{22}^{(l)} & w_{21}^{(l)} \\ w_{12}^{(l)} & w_{11}^{(l)} \end{pmatrix} = \begin{pmatrix} \delta_{11}^{(l-1)} & \delta_{12}^{(l-1)} & \delta_{13}^{(l-1)} \\ \delta_{21}^{(l-1)} & \delta_{22}^{(l-1)} & \delta_{23}^{(l-1)} \\ \delta_{31}^{(l-1)} & \delta_{32}^{(l-1)} & \delta_{33}^{(l-1)} \end{pmatrix} \tag{8.69}$$

以上公式仍按卷积运算规则。$l-1$ 层误差的计算结果为下面的式(8.70),与图 8.14 上直接计算公式相同。

$$\delta_{11}^{(l-1)} = \delta_{11}^{(l)} w_{11}^{(l)}$$

$$\delta_{12}^{(l-1)} = \delta_{11}^{(l)} w_{12}^{(l)} + \delta_{12}^{(l)} w_{11}^{(l)}$$

$$\delta_{13}^{(l-1)} = \delta_{12}^{(l)} w_{12}^{(l)}$$

$$\delta_{21}^{(l-1)} = \delta_{11}^{(l)} w_{21}^{(l)} + \delta_{21}^{(l)} w_{11}^{(l)}$$

$$\delta_{22}^{(l-1)} = \delta_{11}^{(l)} w_{22}^{(l)} + \delta_{12}^{(l)} w_{21}^{(l)} + \delta_{21}^{(l)} w_{12}^{(l)} + \delta_{22}^{(l)} w_{11}^{(l)} \tag{8.70}$$

$$\delta_{23}^{(l-1)} = \delta_{12}^{(l)} w_{22}^{(l)} + \delta_{22}^{(l)} w_{12}^{(l)}$$

$$\delta_{31}^{(l-1)} = \delta_{21}^{(l)} w_{21}^{(l)}$$

$$\delta_{32}^{(l-1)} = \delta_{21}^{(l)} w_{22}^{(l)} + \delta_{22}^{(l)} w_{21}^{(l)}$$

$$\delta_{33}^{(l-1)} = \delta_{22}^{(l)} w_{22}^{(l)}$$

说明一下,以上处理方法依据神经网络的误差反向传播公式推导的要求。具体推导过程作为本章习题,让读者来完成,本书附录 B 中的习题答案也给出了详细的解答。

3. 权值的修改

第 n 层的权值的修改($\Delta W^{(n)}$)正比于该层网络节点的误差 $\delta^{(n)}$ 对该权值的偏导数 $\dfrac{\partial \delta^{(n)}}{\partial W^{(n)}}$。误差对权值的偏导数即梯度(一般用符号 ∇ 表示,此处暂不使用),表示偏导数沿着导数方向取得最大值(取负数变成最小值),即沿着此梯度的方向变化最快。权值的修改公式为

$$\Delta W^{(n)} = \eta \, \frac{\partial \delta^{(n)}}{\partial W^{(n)}} = \eta \cdot \delta^{(n)} \cdot O^{(n-1)}$$

即

$$W^{(n)}(k+1) = W^{(n)}(k) + \eta \cdot \delta^{(n)} \cdot O^{(n-1)}$$

表明:对于 n 层的权值的修改($\Delta W^{(n)}$)等于该层网络节点误差 $\delta^{(n)}$ 乘以下一层网络节点的输出 $O^{(n-1)}$,还包含学习系数 η(它用来放大(>1)或缩小(<1)的修改值)。

以上公式是向量形式,对于一个具体的权值 w_{ij}(卷积核的一个元素)的修正,涉及卷积层误差 $\delta^{(n)}$ 的所有节点($\delta^{(n)}_{11}, \delta^{(n)}_{12}, \delta^{(n)}_{21}, \delta^{(n)}_{22}$),也涉及下一层网络节点的输出 $O^{(n-1)}$ 中的有联系的节点。可以从图 8.14 计算出

$$w^{(l)}_{11}(k+1) = w^{(l)}_{11}(k) + \eta(\delta^{(l)}_{11} \cdot o^{(l-1)}_{11} + \delta^{(l)}_{12} \cdot o^{(l-1)}_{12} + \delta^{(l)}_{21} \cdot o^{(l-1)}_{21} + \delta^{(l)}_{22} \cdot o^{(l-1)}_{22})$$
$$w^{(l)}_{12}(k+1) = w^{(l)}_{12}(k) + \eta(\delta^{(l)}_{11} \cdot o^{(l-1)}_{12} + \delta^{(l)}_{12} \cdot o^{(l-1)}_{13} + \delta^{(l)}_{21} \cdot o^{(l-1)}_{22} + \delta^{(l)}_{22} \cdot o^{(l-1)}_{23})$$
$$w^{(l)}_{21}(k+1) = w^{(l)}_{21}(k) + \eta(\delta^{(l)}_{11} \cdot o^{(l-1)}_{21} + \delta^{(l)}_{12} \cdot o^{(l-1)}_{22} + \delta^{(l)}_{21} \cdot o^{(l-1)}_{31} + \delta^{(l)}_{22} \cdot o^{(l-1)}_{32})$$
$$w^{(l)}_{22}(k+1) = w^{(l)}_{22}(k) + \eta(\delta^{(l)}_{11} \cdot o^{(l-1)}_{22} + \delta^{(l)}_{12} \cdot o^{(l-1)}_{23} + \delta^{(l)}_{21} \cdot o^{(l-1)}_{32} + \delta^{(l)}_{22} \cdot o^{(l-1)}_{33})$$

网络权值的修改运算按卷积计算方法,如图 8.15 所示。

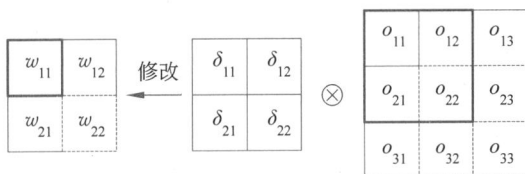

图 8.15　卷积网络的权值修正示意图

4. 池化层的向前传播和反向误差传播

池化层是降低维的压缩过程,池化操作是取压缩区域中元素的最大值或平均值。下面例子是取最大值的池化操作,如图 8.16 所示。压缩后形成的池化层,继续向前传播。

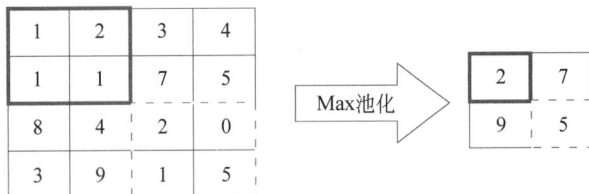

图 8.16　取最大值的池化操作

池化操作用神经网络来描述，相当于最大值点处接入了一个权值为 1 的神经网络，其他各点接入了一个权值为 0 的神经网络，如图 8.17 所示。

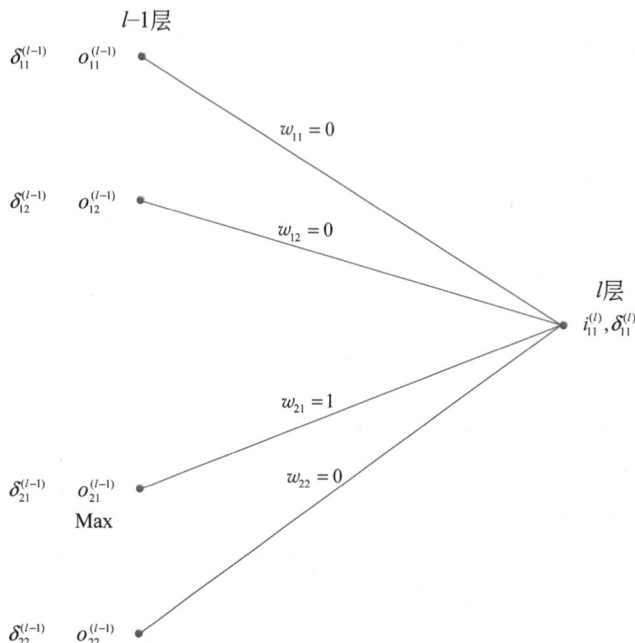

$l-1$层

$\delta_{11}^{(l-1)}$ $o_{11}^{(l-1)}$

$\delta_{12}^{(l-1)}$ $o_{12}^{(l-1)}$

$w_{11}=0$

$w_{12}=0$

l层

$i_{11}^{(l)},\delta_{11}^{(l)}$

$w_{21}=1$

$w_{22}=0$

$\delta_{21}^{(l-1)}$ $o_{21}^{(l-1)}$

Max

$\delta_{22}^{(l-1)}$ $o_{22}^{(l-1)}$

图 8.17　池化层的神经网络示意图

池化层的误差，反向传播误差时，按式(8.64)和图 8.17 池化层神经网络，很容易理解，池化后点的误差反传时，它要乘以联络的权值，这时只有最大值点能够传回误差（因为权值为 1），其他节点传回的均是 0 值（连接权值是 0）。

5. 神经元中的阈值(偏置)b

在全连接层中，它的计算参考 BP 网络算法的说明。在卷积层和池化层中均为 0。

6. 卷积层的特点

从图 8.14 可以看出，卷积网络的特点：①两层网络之间是部分连接的，卷积核只与下层部分节点联系。这样可以减少全连接的大量计算。卷积核可以有多个。②卷积运算时，同一个卷积核要和下层节点中扫描一遍。这样，此卷积核（权值）是共享的。共享的好处在于能够区分下层节点的不同特征。

7. 循环计算各样本的输入信息的向前传播和误差的反向修改权值的过程

由于各层网络权值的初值都是随机给出的，这就需要通过各样本输出的真值与计算值的误差来逐步修正各层网络权值。这样修改权值是一个漫长的过程，一般要经过成千上万次的重复计算，才能使最后修改的权值适应所有给出的样本的输入/输出要求（在一定的误差范围内）。

8.3.3　深度学习实例

卷积网络的网络结构由多个卷积（convolution）层、多个池化（pooling）层及全连接（fully connected）层 3 部分组成。由于是多层网络结构，它比 BP 网络的 3 层神经网络效果更好，从而形成了深度学习的概念。卷积网络深度学习算法是最有影响的深度学习算法，被广泛应用于计算机视觉、自然语言处理等领域。

1. 卷积网络深度学习的基本结构和训练过程

1）卷积网络深度学习的基本结构

卷积网络深度学习的基本结构，如图 8.18 所示，它是以 2 个卷积层和 2 个池化层，最后是全连接层（即输出层）所组成的网络。

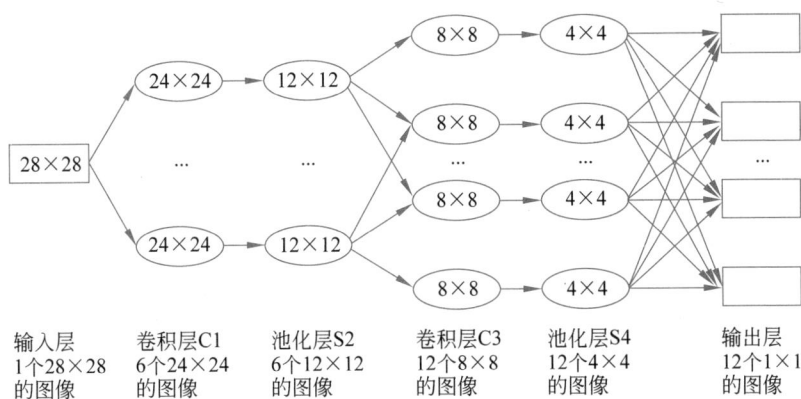

图 8.18　卷积网络深度学习的网络基本结构

该深度学习网络结构说明如下。

（1）输入图像是用 28×28 网格划分，经过 6 个 5×5 的卷积核后，形成 6 个 24×24 的图像（可以写成 $24 \times 24 \times 6$，这是一种三维张量的写法）。

（2）经过 2×2 方格的池化，形成 6 个 12×12 的图像（$12 \times 12 \times 6$）。

（3）每个 12×12 的图像有 2 个 5×5 的卷积核进行卷积，6 个 12×12 的图像形成 12 个 8×8 的图像（$8 \times 8 \times 12$）。

（4）经过 2×2 方格的池化，形成 12 个 4×4 的图像（$4 \times 4 \times 12$）。

（5）12 个 4×4 的图像中各 1×1 的图像和输出层 12 个 1×1 的图像（$1 \times 1 \times 12$）进行全连接，实现 12 个类别的分类。

卷积和池化过程中，图像的网格数的计算公式如下。

（1）卷积层图像的网格数计算公式（行、列数相同的方格图像）为

$$a - (x - 1) = b$$

其中，a 为卷积前图像网络的行数，x 为卷积核的行数，b 为卷积后图像网络的行数。

例如，上面网络中第 1 次卷积的计算为

$$28 - (5 - 1) = 24$$

即 28×28 的图像经过 5×5 卷积核的卷积，得到 24×24 的图像。表明卷积会使图像缩小。

（2）池化层图像的网格数计算公式

$$\frac{a}{y} = b$$

其中，a 为池化前图像的行数，y 为池化方格的行数，b 为池化后图像的行数。

例如，上面网络中第 1 次池化的计算为

$$\frac{24}{2} = 12$$

即 24×24 的图像在 2×2 方格的池化后,得到 12×12 的图像。表明池化会大幅缩小图像。

2)卷积网络深度学习的训练过程

卷积网络深度学习是监督学习(有样本),其样本集是由输入输出数据构成的训练对。训练过程主要分为两个阶段:向前传播阶段、反向传播(网络权值更新)阶段。向前传播阶段完成数据输入到结果的输出,这个过程也是网络在完成训练后进行测试时执行的过程;反向传播是根据输出误差和权重修改公式,进行误差的反向传递,用于更新网络权重。

网络训练过程如下。

(1)选定训练集,从样本集中随机地寻求 N 个样本作为训练样本。

(2)对各权值、阈值、精度控制参数和学习率进行初始化。

(3)从训练样本集中取一个样本的输入值到网络,计算网络各层输出结果向量。

(4)将网络的计算输出与样本的实际输出相比较,计算误差;利用误差修正连接的权值。

(5)对于中间卷积层的误差,是由上层的误差反向传播过来,再用此层误差来修正卷积核的值(网络权值),即按反向权值的修正公式进行修改。

(6)依次反向修正各层网络权值。

(7)对所有样本都训练一遍(从输入到输出计算误差,用误差反向修改网络权值)。

(8)经历大量的迭代后,判断计算输出与样本输出的差是否满足精度要求,如果不满足,则返回步骤(3),继续迭代;如果满足就进入步骤(9)。

(9)训练结束,保存网络的权值。这时可以认为各权值已经达到稳定,网络训练已经完成。

2. 卷积网络深度学习的简例和说明

下面以动物图像识别为例,图 8.19 表示狗、猫、狮、鸟识别的深度学习网络。

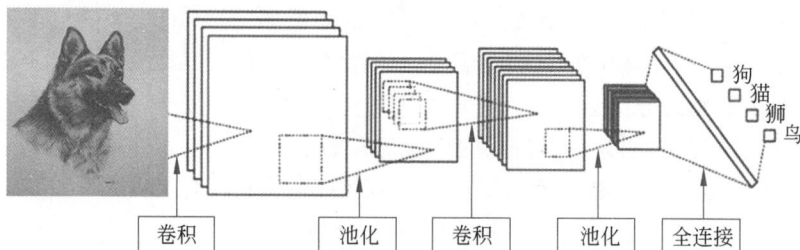

图 8.19　动物识别的深度学习网络

对于卷积、池化的作用,主要是完成图像中的特征提取。下面用一个简单的手写数字识别的深度学习实例(图 8.20)进行说明。对于一个手写数字(可能有些乱),它是以图像形式给出,用方格覆盖图像。数字是有厚度的(图 8.20 中表示了一个比较),落入字体的方格为 1,与字体无关的方格为 0。网络中的卷积和池化是完成图像中特征的提取。输入是图像,输出是实际类别(标准的数字)。图 8.20 中以手写数字 5 为例,它可以不规范(有歪斜变形),但最后识别一定能知道它是数字 5。

3. 卷积网络深度学习应用中的 3 个概念

卷积网络中卷积和池化运算前面已经介绍了。在实际图像中还有通道、步长、宽卷积和窄卷积等概念。

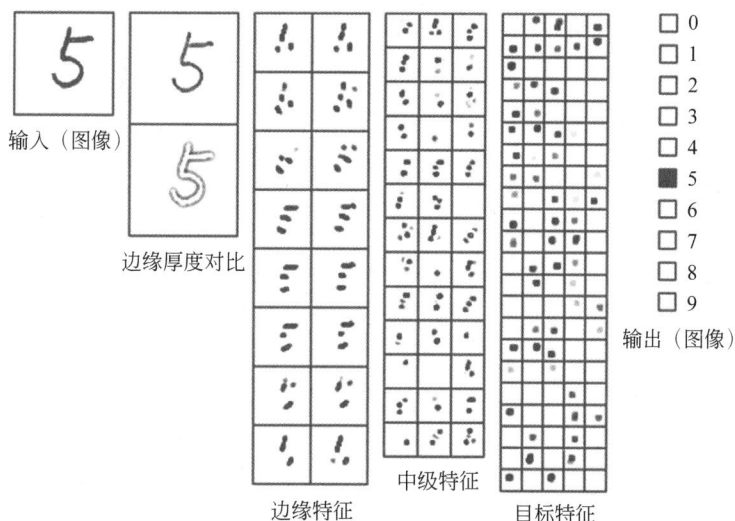

图 8.20　深度学习过程中的特征提取

1）通道（channel）

一个彩色图像是由红、绿、蓝 3 色组合而成，称为 3 个通道。对图像卷积时，采用的卷积核也采用 3 层，一层对应一个通道，每层做相同的卷积，最后一起累加起来，形成了一个单层的方格图像，如图 8.21 所示。

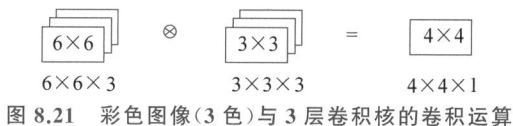

图 8.21　彩色图像（3 色）与 3 层卷积核的卷积运算

利用通道概念，延伸到卷积时卷积核也称为通道，有多少个卷积核就能产生多少个特征图像（feature map）。因此，通道数既可以是图像的通道数，也可以是卷积核个数，还可以是特征图个数。

说明一点，3 个数相乘，以三维长方体看待时，一般称为张量。

2）步长（stride）

步长是卷积中卷积核移动的网格数。一般卷积每次移动一格，即步长为 1。有时也采用每次移动两格，即步长为 2，如图 8.22 所示。

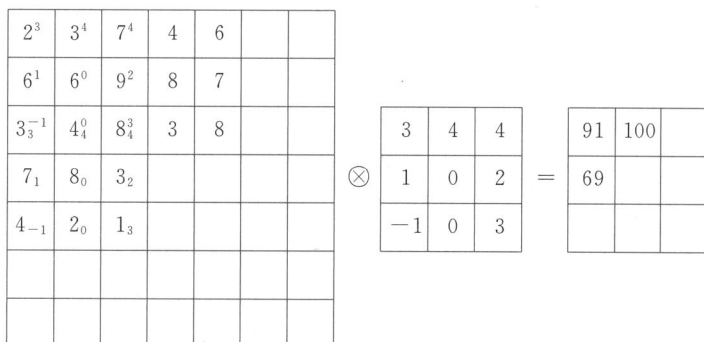

图 8.22　步长为 2 的卷积图

卷积时,原图像的网络图大小和卷积核的大小及步长,将影响卷积后的图像大小。它们之间存在关系为

$$(a - x)/h + 1 = b$$

其中,a 为原图像的行数,x 为卷积核行数,h 为步长,b 为卷积后图像行数。

例如,图 8.22 中原图像的行数为 7,卷积核行数为 3,步长为 2,经过公式计算为

$$(7 - 3)/2 + 1 = 3$$

即卷积后图像行数 3。

在池化中,对于采用的方格(行、列数相同)池化,就需要跳过这个方格到下个方格进行池化。跳过的方格数(行数或列数)就是它的步长。例如,用 2×2 方格池化,它的步长为 2。

3) 宽卷积和窄卷积

宽卷积是在原图像的外层增加两行 0 和两列 0,即在图像外增加一圈 0,如图 8.23 所示。

0	0	0	0	0	0	0	0
0							0
0							0
0							0
0							0
0							0
0							0
0	0	0	0	0	0	0	0

图 8.23　宽卷积要求的图像

在图像网格中增加一圈 0,目的是使边缘像素点在卷积时能和内部点一样,都能有两次被卷积。当宽卷积采用 3×3 的卷积核时,卷积后的图像大小不会改变。多数情况下,都采用宽卷积。

窄卷积是不增加一圈 0,直接在原图上进行卷积。这样,边缘像素点在卷积时只被一次卷积,而内部像素点会被二次以上的卷积。另外,窄卷积会使卷积后的图像变小。

4. 实例

在实际应用中,会利用一个更多网络层次的卷积深度学习网络结构。下面介绍一个被广泛应用的网络结构图,如图 8.24 所示。

该网络由 3 组卷积层(每组有 3 个卷积层),共 9 个卷积层、3 个池化层、1 个全连接层(即输出层),连输入层,共计 14 层组成的网络。对网络图的解释如下。

(1) 原始图像为 28×28,通过第一组的 3 次宽卷积(增加两行 0 和两列 0)。用 64 个不同的 3×3 卷积核进行第一次宽卷积,产生 64 个 28×28 的新图像(28×28×64)。第二次宽卷积,每个图像通过 1 个 3×3 卷积核,仍产生 64 个 28×28 的新图像(28×28×64)。第三次宽卷积,每个图像通过 1 个 3×3 卷积核,仍产生 64 个 28×28 的新图像(28×28×64)。

(2) 进行 2×2 方格的 Max 池化,得到 64 个 14×14 的新图像(14×14×64)。图像个数

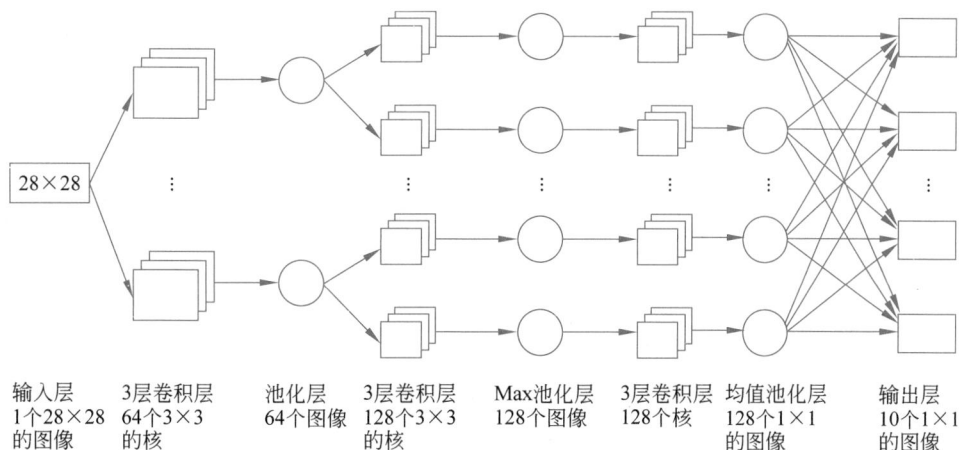

图 8.24 常用的卷积深度学习网络结构图

不变,图像大小缩小一半。

(3) 进行第二组的 3 次宽卷积。对 14×14 的新图像,第一次宽卷积时,每个图像通过 2 个 3×3 卷积核,会产生 2×64＝128 个图像,仍为 14×14 的图像(14×14×128)。第二次宽卷积和第三次宽卷积时,每个图像只用一个 3×3 卷积核,保留 128 个 14×14 的图像(14×14×128)。

(4) 进行 Max 池化,得到 128 个 7×7 的新图像(7×7×128)。

(5) 进行第三轮的三次卷积。第一次宽卷积,是每个图像通过一个 3×3 卷积核卷积,得到 128 个 7×7 的图像(7×7×128)。再经过二次 1×1 卷积核窄卷积。均得到 128 个 7×7 图像(7×7×128)。

(6) 进行池化层操作,利用 7×7 方格的均值池化,得到 1×1 的 128 个点图像(1×1×128)。

(7) 最后是 1×1 的 128 个图像(128 个点)与 10 个 1×1 图像(10 个点)全连接(分出 10 个类别)。

网络中采用的激活函数是 ReLU 函数的另一种表现形式如图 8.25 所示。

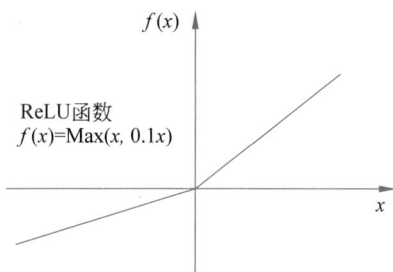

图 8.25 ReLU 函数图

ReLU 函数在 $x<0$ 时 $f(x)=0.1x$,在 $x>0$ 时 $f(x)=x$,在 $x=0$ 时 $f(x)=0$。

典型例子是,利用 MNIST 手写数字识别数据集,进行了训练和测试,训练集包含 60 000 张图像,测试集包含 10 000 张图像,测试集上的准确率为 98.21%。该网络对于一般图像识别一样效果明显。

说明一下,一般灰色图像只有1层。而彩色图像是要用红、绿、蓝3色图像组合而成,第一次卷积时,卷积核应该是3层的,卷积后将图像变为1层。卷积核数目根据具体情况再确定。

5. 说明

1) 现实的应用

2012年的AlexNet网络(它一共有5个卷积层和3个全连接层,卷积层中用了激励函数ReLU)是最早的大型深度卷积网络,在ImageNet大规模视觉识别竞赛(ImageNet large scale visual recognition challenge, ILSVRC)中夺冠。2013年的ZFNet深度卷积网络是ILSVRC的冠军。2014年的VGGNet深度卷积神经网络,是通过反复地堆叠3×3的小型卷积核和2×2的最大池化层,构建的16~19层的深度卷积神经网络,其获得了ILSVRC 2014年比赛的亚军,GoogLeNet获得了第一名。2015年的冠军是ResNet。

2) 在深度学习中采用迁移学习

由于浅层神经网络所输出的中间特征通常对不同任务和数据集具有普适性,而非专门针对特定的任务和数据集。可以将一个训练好的深度神经网络的浅层部分视为一个可迁移到其他任务和数据集上的特征提取器。具体做法:先训练一个基础网络,随后将训练好的基础网络的浅层部分复制给目标网络,在目标网络训练过程中,浅层部分冻结保持不变,在目标任务与数据集上训练目标网络的剩余部分。

3) 对深度学习采用云端协同计算方法

深度学习的网络结构层次多,计算的样本和测试例也多(一般为几万个),一个图像的像素点又很多。这样,进行深度学习需要进行大量的计算。王吉博士提出采用云端协同方式计算,在对无人集群平台(无人飞行器、港口无人货车等)进行深度学习时,平台只承担数据转换和隐私噪声扰动,而深度神经网络的模型训练及复杂推断计算,卸载到云中心完成,即云端协同计算。云端协同计算方法取得了很好的效果,降低了大量的资源消耗。

◇ 习　题　8

1. 如何理解神经网络的MP模型原理?

2. 用感知机模型对异或样本进行学习,如图8.26所示,通过计算说明是否能求出满足样本的权值?

输入 x_1	x_2	输出 d
0	0	0
0	1	1
1	0	1
1	1	0

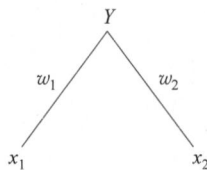

图 8.26　异或样本和神经网络图

感知机模型说明:感知机网络是双层模型,其结构如图8.27所示。

输出层神经元 i 的输入为

$$I_i = \sum W_{ij}x_j - \theta_i$$

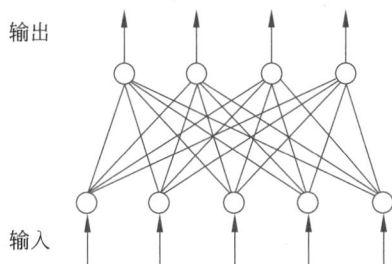

图 8.27 感知机网络结构

其中，x_j 为输入层 j 神经元的输出，W_{ij} 为输入层神经元 j 到输出层神经元 i 的连接权值。

输出层神经元 i 的输出为

$$O_i = f(I_i)$$

其中，$f(x)$ 为作用函数，感知机采用 [0,1] 阶梯函数。即 $f(x \leqslant 0) = 0, f(x > 0) = 1$。

设 i 神经元的实际输出为 D_i，它与计算输出 O_i 之差为

$$\delta_i = D_i - O_i$$

通过样本学习，修正权值 W_{ij} 使 δ_i 尽可能小。利用著名的德尔塔规则（delta rule）计算

$$\Delta W_{ij} = \alpha \delta_i x_j$$
$$W_{ij}(t+1) = W_{ij}(t) + \Delta W_{ij}$$

其中，α 为学习系数。阈值修正公式

$$\Delta \theta_i = \alpha \delta_i$$
$$\Delta \theta_i(t+1) = \theta_i(t) + \Delta \theta_i$$

更新权值 W_{ij} 和 θ_i。对样本重复以上计算，经过多次反复修正，将使 δ_i 趋向于 0。

3. 函数型网络是在感知机模型上对样本增加一个新变量 x_3，它由变量 x_1 和 x_2 内积产生，如图 8.28 所示，仍用感知机模型计算公式进行网络计算和权值修正。现对改造后的异或样本，计算出满足新样本的权值。

输入 x_1	x_2	x_3	输出 d
0	0	0	0
0	1	0	1
1	0	0	1
1	1	1	0

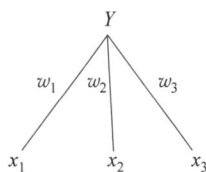

图 8.28 函数型神经网络

4. 利用如下 BP 神经网络的结构和权值及阈值，计算神经元 y_i 和 z 的 4 个例子的输出值。其中作用函数简化（便利手算）为

$$f(x) = \begin{cases} 1, & x \geqslant 0.5 \\ x + 0.5, & -0.5 < x < 0.5 \\ 0, & x \leqslant -0.5 \end{cases}$$

例子如图 8.29 所示。

x_1	x_2	z
0	0	?
0	1	?
1	0	?
1	1	?

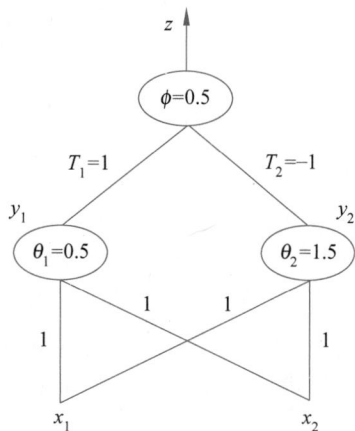

图 8.29　例子图

5. BP 网络中误差公式 $\delta_i = f'(\mathrm{net}_i) \sum_k \delta_k \cdot w_{ki}$ 的含义是什么?

6. 对如图 8.30 所示的 BP 神经网络,按它的计算公式(含学习公式),并对其初始权值以及样本 $x_1 = 1$、$x_2 = 0$、$d = 1$ 进行一次神经网络计算和学习(系数 $\eta = 1$,各点阈值为 0),即算出修改一次后的网络权值(手算一次循环,编写程序就熟悉了)。

作用函数简化为

$$f(x) = \begin{cases} 1, & x \geqslant 0.5 \\ x + 0.5, & -0.5 < x < 0.5 \\ 0, & x \leqslant -0.5 \end{cases}$$

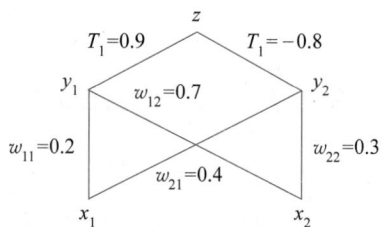

图 8.30　神经网络

7. 编制 BP 网络模型程序,完成异或问题的计算。

8. 神经元网络的几何意义是什么? 说明下列样本是什么类型样本,为什么?

(1)

输入		输出
x_1	x_2	d
0	0	0
0.5	0.5	1
1	1	0

(2)

输入		输出
x_1	x_2	d
0	0	0
0.5	0	1
1	1	0

9. 神经网络的解是否有无穷多个?

10. 说明 BP 网络与卷积网络有什么相同和不同之处,以及它们各自的优缺点。

11. 对卷积网络的误差反向传播公式计算进行理论上的推导。

12. 已知 l 层的误差 $\delta^{(l)}$ 和卷积核 $\boldsymbol{W}^{(l)}$,利用卷积网络的误差计算公式,反向计算 $l-1$ 层的误差 $\delta^{(l-1)}$。数据如下:

$$\begin{pmatrix} \delta_{11}^{(l)} & \delta_{12}^{(l)} \\ \delta_{21}^{(l)} & \delta_{22}^{(l)} \end{pmatrix} = \begin{pmatrix} 0.1 & 0.12 \\ 0.11 & 0.13 \end{pmatrix}$$

$$\begin{pmatrix} w_{11}^{(l)} & w_{12}^{(l)} \\ w_{21}^{(l)} & w_{22}^{(l)} \end{pmatrix} = \begin{pmatrix} 3 & 4 \\ 1 & 2 \end{pmatrix}$$

$$\begin{pmatrix} \delta_{11}^{(l-1)} & \delta_{12}^{(l-1)} & \delta_{13}^{(l-1)} \\ \delta_{21}^{(l-1)} & \delta_{22}^{(l-1)} & \delta_{23}^{(l-1)} \\ \delta_{31}^{(l-1)} & \delta_{32}^{(l-1)} & \delta_{33}^{(l-1)} \end{pmatrix} = ?$$

13. 已知 l 层的误差 $\delta^{(l)}$ 和 $l-1$ 层的输出 $\boldsymbol{o}^{(l-1)}$,要求修正卷积核 $\boldsymbol{W}^{(l)}$。数据如下:

$$\begin{pmatrix} \delta_{11}^{(l)} & \delta_{12}^{(l)} \\ \delta_{21}^{(l)} & \delta_{22}^{(l)} \end{pmatrix} = \begin{pmatrix} 0.1 & 0.12 \\ 0.11 & 0.13 \end{pmatrix}$$

$$\begin{pmatrix} o_{11} & o_{12} & o_{13} \\ o_{21} & o_{22} & o_{23} \\ o_{31} & o_{32} & o_{33} \end{pmatrix} = \begin{pmatrix} 1 & 2 & 4 \\ 3 & 1.1 & 1.3 \\ 2.1 & 2.2 & 1.5 \end{pmatrix}$$

$$\begin{pmatrix} \Delta w_{11} & \Delta w_{12} \\ \Delta w_{21} & \Delta w_{22} \end{pmatrix} = ?$$

14. 池化层若采用均值池化,误差反向传播的计算方法是什么?

15. 说明如图 8.31 所示的卷积网络图中每次卷积和池化操作是如何进行的。

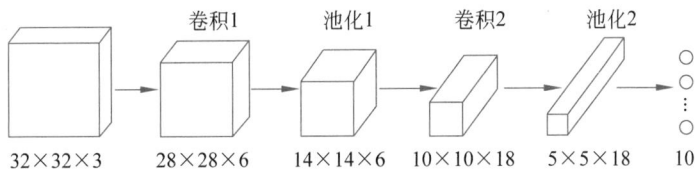

图 8.31　卷积网络图

第 9 章

遗传算法与计算智能

◇ 9.1 遗 传 算 法

遗传算法是模拟生物进化的自然选择和遗传机制,将其转换成数学形式的遗传算子,通过迭代(遗传)计算形成了一种寻优算法。它模拟了生物的繁殖、交配和变异现象,形成了选择、交叉、变异 3 个算子。从任意一初始种群出发(问题的初始解),产生一群新的更适应环境的后代(问题的新解)。这样一代一代不断繁殖、进化(迭代),最后收敛到一个最适应环境的个体上(问题的最终解)。遗传算法对于复杂的优化问题,无须建立像运筹学中的数学模型并进行复杂运算,只需要利用遗传算法的算子就能寻找到问题的最优解或满意解。

自然选择学说认为,生物要生存下去,就必须进行生存斗争。生存斗争包括种内斗争、种间斗争以及生物跟环境之间的斗争 3 方面。在生存斗争中,具有有利变异的个体容易存活下来,并且有更多的机会将有利变异传给后代;具有不利变异的个体就容易被淘汰,产生后代的机会也少得多。因此,凡是在生存斗争中获胜的个体都是对环境适应性比较强的。

达尔文把这种在生存斗争中"适者生存,不适者淘汰"的过程称为自然选择。自然选择学说表明,遗传和变异是决定生物进化的内在因素。遗传是指父代与子代之间,在性状上存在的相似现象。变异是指父代与子代之间,以及子代个体之间,在性状上或多或少地存在的差异现象。在生物体内,遗传和变异的关系十分密切。一个生物体的遗传性状往往会发生变异,而变异的性状有的可以遗传。遗传能使生物的性状不断地传送给后代,因此保持了物种的特性,变异能够使生物的性状发生改变,从而适应新的环境而不断向前发展。

生物的遗传与变异有它的物质基础。遗传物质的主要载体是染色体(chromosome)。在遗传算法中称为个体,它是数学问题的解(初始解、中间解、最终解)。染色体主要是由 DNA(脱氧核糖核酸)和蛋白质组成的,基因(gene)是染色体的片段,它存储着遗传信息,可以准确地复制,也能够发生突变,生物体自身通过对基因的复制(reproduction)和交叉(crossover,即基因自由组合和基因连锁互换)的操作实现性状的遗传。在遗传算法中的个体由数学问题的参数组成,通过 3 个遗传算子的迭代求出问题的最优解。

9.1.1　遗传算法基本原理

1. 概述

遗传算法(genetic algorithm,GA)是一种基于遗传学的搜索优化算法。遗传学认为遗传作为一种指令码封装在每个染色体(个体)中,并以基因(位)的形式包含在染色体(个体)中。每个基因有特殊的位置并控制某个特殊的性质,由基因组成的个体对环境有一定的适应性。基因杂交和基因突变能产生对环境适应性强的后代,通过优胜劣汰的自然选择,适应值高的基因结构就保存了下来。

在遗传算法中,"染色体"对应的是问题的解,通常是由一维串结构的数据(问题的参数的组合)来表现的。串上各个位置对应"基因"(每个参数),而各位置上的值对应基因的取值。基因组成的串就是染色体,或者叫作基因型个体(individual)。一定数量的个体组成了群体(population)。群体中个体的数目称为群体的大小(population size),也称为群体规模。而各个个体对环境的适应程度称为适应值(fitness)。

遗传算法中包含两个必需的数据转换操作,一个是把搜索空间中数学问题参数的组合的解转换成遗传空间中的染色体(个体),此过程又称为编码(coding)操作;另一个是相反的操作,称为译码(decoding)操作。

遗传算法是一种群体型操作,该操作以群体中的所有个体为对象。选择(selection)、交叉(crossover)和变异(mutation)是遗传算法的 3 个主要操作算子,它们构成了遗传操作(genetic operation),使遗传算法具有其他传统方法所没有的特性。

遗传算法的处理流程如图 9.1 所示。

遗传算法首先将问题的每个可能的解按某种形式进行编码,编码后的解称为染色体(个体)。随机选取 N 个染色体构成初始种群,再根据预定的评价函数对每个染色体计算适应值,使得性能较好的染色体具有较高的适应值。选择适应值高的染色体进行复制,通过遗传算子选择、交叉(重组)、变异来产生一群新的更适应环境的染色体,形成新一代种群。这样一代一代不断繁殖、进化,最后收敛到一个最适应环境的个体上,求得问题的最优解。

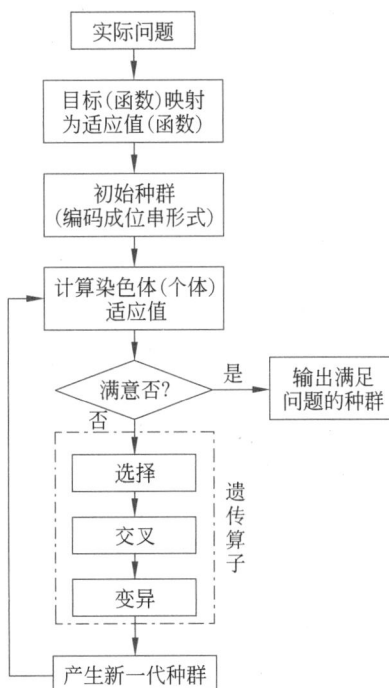

图 9.1　遗传算法的处理流程

2. 遗传算法中的基本要素

遗传算法中包含了如下 5 个基本要素:①问题编码;②初始群体的生成;③适应值函数的确定;④遗传操作设计;⑤控制参数设定(主要是指群体大小和使用遗传操作的概率等)。这 5 个要素构成了遗传算法的核心内容。下面对前 3 个要素进行介绍,遗传操作设计和控制参数设定在 9.1.2 节进行详细介绍。

1) 问题编码

将子串拼接起来构成"染色体"位串,但是不同串长和不同的码制,对问题求解的精度和遗传算法收敛时间会有很大影响。如何将问题描述成串的形式就不那么简单,而且同一问题可以有不同的编码方法。

常用的二进制编码方式是基于确定的二进制位串上:$I = \{0,1\}^L$。目前也出现了其他编码方式,如用向量(向量元素为实数)来表示染色体,或者用规则形式(规则 A,规则 B,规则 C,…)来表示染色体。

2) 初始群体的生成

遗传算法是群体型操作,这样必须为遗传操作准备一个由若干初始解组成的初始群体。初始群体的每个个体都是通过随机方法产生的。初始群体也称为进化的初始代,即第一代(first generation)。

3) 适应值函数的确定

遗传算法在搜索进化过程中一般不需要其他外部信息,仅用评价函数值来评价个体或解的优劣,并作为以后遗传操作的依据。评价函数值又称为适应值。

适应值函数(即评价函数)是根据目标函数确定的。适应值总是非负的,任何情况下总是希望越大越好。一般目标函数有正有负,且和适应值之间的关系也是多种多样的。例如,求最大值时,目标函数与适应值变化方向一致;而求最小值时,目标函数与适应值变化方向正好相反。因此,存在目标函数到适应值函数的映射问题,常见的映射形式为

$$\phi(\alpha) = \delta(f(\tau(\alpha)))$$

其中,α 为个体;$\tau(\alpha)$ 为个体的译码函数;f 为具体求解问题的表达式;δ 为变换函数,δ 的作用是确保适应值为正,并且最好的个体其适应值最大。适应值函数的选取至关重要,它直接影响算法的收敛速度,即最终能否找到最优解。函数优化问题可直接将函数本身作为评价函数。而对于复杂系统的评价函数一般不那么直观,往往需要研究者自己构造出能对解的性能进行评价的函数。

为了使遗传算法有效地工作,必须保持种群内位串的多样性和位串之间的竞争机制。如果将遗传算法的运行分为开始、中间和结束 3 个阶段。在开始阶段,若一个规模不太大的种群内有少数非凡的个体(适应值很高的位串),按通常的选择方法,这些个体会被大量繁殖,在种群中占有较大的比重,这样就会减少种群的多样性,导致过早收敛,从而可能丢失一些有意义的搜索点或最优点,而陷入局部最优。在结束阶段,即使种群内保持了很大的多样性,但若所有或大多数个体都有很高的适应值,从而种群平均适应值和最大适应值相差无几,那么平均适应值附近的个体和具有最高适应值的个体被选中的机会几乎相同,这样选择就成了一个近乎随机的步骤,适应值的作用就会消失,从而搜索性能得不到明显改进。因此,有必要对种群内各位串的适应值进行有效的调整,既不能相差太大,又要拉开档次,强化位串之间的竞争性。最常见的调整方法是线性调整法。

9.1.2　遗传算子

遗传算法的执行过程中,每代有许多不同的染色体(个体)同时存在,这些染色体中哪个保留(生存)、哪个淘汰(死亡)是根据它们对环境的适应能力决定的,适应性强的有更多的机会保留下来。适应性强弱是通过计算个体适应值函数 $f(x)$ 的值来判别的,这个值称为适应值。适应值函数 $f(x)$ 的构成与目标函数有密切关系,往往是目标函数的变种。主要的遗传算子有如下 3 种。

1. 选择算子

选择算子又称为复制(reproduction)算子或繁殖(propagation)算子。

选择是从种群中选择生命力强的染色体产生新种群的过程。依据每个染色体的适应值大小来确定,适应值越大,被选中的概率就越大,其子孙在下一代产生的个数就越多。

选择操作是建立在群体中个体的适应值评价基础上的,目前常用的选择算子有以下 5 种。

1) 适应值比例法

适应值比例法是目前遗传算法中最常用的选择方法。它也称为赌轮或蒙特卡罗(Monte Carlo)选择。在该方法中,各个个体的选择概率和其适应值成比例。

设群体大小为 n,其中个体 i 的适应值为 f_i,则 i 被选择的概率 P_i 为

$$P_i = f_i \Big/ \sum_{j=1}^{M} f_j \tag{9.1}$$

显然,概率 P_i 反映了个体 i 的适应值在整个群体的个体适应值的总和中所占的比例。个体适应值越大,其被选择的概率就越高。按式(9.1)计算出群体中各个个体的选择概率后,就可以决定哪些个体被选出。

2) 最佳个体保存法

该方法的思想是把群体中适应度最高的个体不进行配对交叉而直接复制到下一代中。此种选择操作又称为复制。

设在第 t 代中,群体中 $a^*(t)$ 为最佳个体。而在 $A(t+1)$ 新一代群体中不存在 $a^*(t)$,则把 $a^*(t)$ 作为 $A(t+1)$ 中的第 $n+1$ 个个体(其中,n 为群体大小)。

采用此选择方法的优点是,进化过程中某代的最优解可不被交叉和变异操作破坏。但是,有可能会使进化限于局部解,即它更适合单峰性质的空间搜索。一般它都与其他选择方法结合使用。

3) 期望值法

(1) 计算群体中每个个体在下一代生存的期望数目

$$M = f_i / \bar{f} = f_i \Big/ \sum f_i / n \tag{9.2}$$

(2) 若某个体被选中并要参与配对和交叉,则它在下一代中的生存的期望数目减去 0.5;若不参与配对和交叉,则该个体的生存期望数目减去 1。

(3) 在(2)的两种情况中,若一个个体的期望值小于 0,则该个体不参与选择。

对比实验表明,采用期望值法的性能高于前两种方法的性能。

4) 排序选择法

排序选择法是指在计算每个个体的适应值后,根据适应值大小顺序对群体中的个体排序,然后把事先设计好的概率表按序分配给个体,作为各自的选择概率。所有个体按适应值大小排序,而选择概率和适应值无直接关系而仅与序号有关。这种方法的不足之处在于选择概率和序号的关系必须事先确定。此外,它和适应值比例法一样,都是一种基于概率的选择。

5) 比例排序法

将适应值比例法和排序选择法结合起来的比例排序法,即当群体中某个染色体的适应值远远大于其他染色体的适应值或群体中每个染色体的适应值相似时,按排序选择法进行

后代选择，而在一般情形下采用适应值比例法进行后代选择。这样既能利用两种方法各自的优点，又弥补了两种方法各自的缺点。

2. 交叉算子

交叉算子又称为重组（recombination）算子或配对（breeding）算子。

当许多染色体相同或者后代的染色体与上一代没有多大差别时，可通过染色体重组来产生新一代染色体。染色体重组分两步进行：①在新复制的群体中随机选取两个个体；②沿着这两个个体（字符串）随机地取一个位置，二者互换从该位置起的末尾部分。例如，有两个用二进制编码的个体 A 和 B。长度 $L=5$，$A=a_1a_2a_3a_4a_5$，$B=b_1b_2b_3b_4b_5$，随机选择一整数 $k\in[1,L-1]$，设 $k=4$，经交叉后变为

$$A=a_1a_2a_3\,|\,a_4a_5 \qquad A'=a_1a_2a_3b_4b_5$$
$$B=b_1b_2b_3\,|\,b_4b_5 \qquad B'=b_1b_2b_3a_4a_5$$

遗传算法的有效性主要来自选择和交叉操作，尤其是交叉，在遗传算法中起着核心作用。

目前有如下 4 种基本交叉方法。

1）一点交叉

一点交叉又称为简单交叉。具体操作：在个体串中随机设定一个交叉点。实行交叉时，该点前或后的两个个体的部分结构进行互换，并生成两个新个体（如上例）。

2）二点交叉

二点交叉的操作与一点交叉类似，只是设置两个交叉点（依然是随机设定）。一个二点交叉的例子表示如下。

$$个体\ A \quad 10\vdots110\vdots11 \longrightarrow 1001011\ 新个体\ A'$$
$$配对个体\quad 个体\ B \quad 00\vdots010\vdots00 \longrightarrow 0011000\ 新个体\ B'$$
$$交叉点1\quad 交叉点2$$

由此可见，两个交叉点分别设定在第二个基因位和第三个基因位之间及第五个基因位和第六基因位之间。A、B 两个个体在这两个交叉点之间的码串相互交换，分别生成新个体 A' 和 B'。对于二点交叉而言，若染色体长为 n，则可能有 $(n-2)(n-3)$ 种交叉点的设置。

3）多点交叉

多点交叉是前述两种交叉的推广，有时又称为广义交叉（generalized crossover）。

一般多点交叉较少采用，因为它会影响遗传算法的性能，即多点交叉不能有效地保存重要的模式。

4）一致交叉

一致交叉是指通过设定屏蔽字（mask word）来决定新个体的基因继承两个旧个体中哪个个体的对应基因。一致交叉的操作过程表示如下：当屏蔽字位为 0 时，新个体 A' 继承旧个体 A 中对应的基因，当屏蔽字位为 1 时，新个体 A' 继承旧个体 B 中对应的基因，由此生成一个完整的新个体 A'。反之，可生成新个体 B'。显然，一致交叉包括在多点交叉范围内。一个一致交叉的例子表示如下：

$$旧个体\ A \qquad 001111$$
$$旧个体\ B \qquad 111100$$

$$\begin{array}{ll} 屏蔽字 & 010101 \\ 新个体\ A' & 011110 \\ 新个体\ B' & 101101 \end{array}$$

3. 变异算子

选择和交叉算子基本上完成了遗传算法的大部分搜索功能,而变异则增加了遗传算法找到接近最优解的能力。变异就是以很小的概率,随机地改变字符串某个位置上的值。变异操作是按位(bit)进行的,即把某一位的内容进行变异。在二进制编码中,就是将某位 0 变成 1,1 变成 0。变异发生的概率即变异概率 P_m 都取得很小(一般在 0.001~0.02),它本身是一种随机搜索,然而与选择算子、交叉算子结合在一起,就能避免由于复制算子和交叉算子而引起的某些信息的永久性丢失,保证了遗传算法的有效性。

遗传算法引入变异的目的有两个:①使遗传算法具有局部的随机搜索能力,当遗传算法通过交叉算子已接近最优解邻域时,利用变异算子的这种局部随机搜索能力就可以加速向最优解收敛,显然,此种情况下的变异概率应取较小值,否则接近最优解的模式会因变异而遭到破坏;②使遗传算法可维持群体多样性,以防止出现未成熟收敛现象,此时变异概率应取较大值。

1) 基本变异算子

基本变异算子是指对群体中的个体码串随机挑选一个或多个基因位并对这些基因位的基因值做变动(以变异概率 P_m 做变动)。{0,1}二值码串中的基本变异操作如下:

$$个体\ A\ \ 1011011 \xrightarrow{\ 变异\ } 1110011\ \ 个体\ A'$$
$$变异基因位$$

2) 逆转算子

逆转算子是变异算子的一种特殊形式。它的基本操作内容:在个体码串中随机挑选两个逆转点,然后将两个逆转点间的基因值以逆转概率 P_i 逆向排序。{0,1}二值码串的逆转操作如下:

$$个体\ A\ \ 10\ 1101000 \xrightarrow{\ 逆转\ } 10\ 0101100\ \ 个体\ A'$$
$$逆转点$$

由此可见,通过逆转操作,个体中从基因位 3 至基因位 7 的基因排列得到逆转,即从 11010 序列变成了 01011 序列。这一逆转操作可以等效为一种变异操作,但是逆转操作的真正目的并不是变异(否则仅用变异操作就行了),而是实现一种重新排序操作。重新排序是指对个体中基因排列进行重新组合,但并不影响该个体的特征。在自然界生物的基因重组中就有这种重新排序的机制。对遗传算法而言,采用这种重新排序的目的是提高积木块(高适应度个体)的繁殖率。实际上,在用遗传算法求解某些问题时,群体中的有些个体的基因排序常常会出现这样的情况,即对形成积木块有用的某些基因分离较远,此时采用一般的交叉会破坏相应的积木块的生成。因此,有必要对这些基因进行重新排序但又不损整个个体的特征(即适应值)。

3) 自适应变异算子

自适应变异算子与基本变异算子的操作内容类似,唯一不同的是变异概率 P_m 不是固定不变的,而是随群体中个体的多样性程度而自适应调整。一般是根据交叉所得两个新个体的汉明距离进行变化。汉明距离越小，P_m 越大，反之 P_m 越小。

遗传算法中，交叉算子因其全局搜索能力而作为主要算子，变异算子因其局部搜索能力而作为辅助算子。遗传算法通过交叉和变异这一对相互配合又相互竞争的操作而使其具备兼顾全局和局部的均衡搜索能力。相互配合是指当群体在进化中陷于搜索空间中某个超平面而仅靠交叉不能摆脱时，通过变异操作可有助于这种摆脱；相互竞争是指当通过交叉已形成所期望的模式时，变异操作有可能破坏这些模式。因此，如何有效地配合使用交叉和变异操作，是目前一个重要的研究内容。

9.1.3 遗传算法简例

问题：求解 $f(x)=x^2$ 在 $[0,31]$ 上的最大值。

1. 初始种群

1）编码

用 5 位二进制表示 x，有

$$X=0 \rightarrow 0\,0\,0\,0\,0 \quad x=31 \rightarrow 1\,1\,1\,1\,1$$

2）初始种群

随机产生 4 个个体：13,24,8,19（分别用二进制表示）。

3）适应值 f_i

直接用目标函数作为适应值 $f(x)=x^2$。

① 非负；② 逐步增大。

4）选择率和期望值

选择率 $p_i=f_i/\sum f_i$。

平均适应值 $\underline{f}=\sum f_i/n$。

期望值 $f_i/\underline{f}$。

5）实选值

期望值取整数，具体参数计算如表 9.1 所示。

表 9.1 初始种群参数计算

编号	初始种群位串	参数值 x	目标适应值 $f(x)=x^2$	选择率 $f_i/\sum f_i$	期望值 $f_i/\underline{f}$	实选值
1	0 1 1 0 1	13	169	0.14	0.58	1
2	1 1 0 0 0	24	576	0.49	1.97	2
3	0 1 0 0 0	8	64	0.06	0.22	0
4	1 0 0 1 1	19	361	0.31	1.23	1
总和 $\sum$			1170	1.00	4.00	4.0
平均值			293	0.25	1.00	1.0
最大值			576	0.49	1.97	2.0

2. 遗传第一代

初始种群遗传过程如表 9.2 所示。

表 9.2　初始种群遗传过程

选择后的交配池 (下画线部分交叉)	交叉对象 (随机选择)	交叉位置 (随机选择)	新的种群	x	$f(x)=x^2$
0　1　1　0　<u>1</u>	2	4	0　1　1　0　0	12	144
1　1　0　0　<u>0</u>	1	4	1　1　0　0　1	25	625
1　1　0　<u>0　0</u>	4	2	1　1　0　1　1	27	729
1　0　0　<u>1　1</u>	3	2	1　0　0　0　0	16	256
总和 $\sum$					1754
平均值					439
最大值					729

具体说明如下。

1) 选择(繁殖)

在种群中,实选值(期望值)高者多繁殖;实选值(期望值)低者少繁殖或不繁殖。繁殖(复制)的个体放入交配池中。

2) 交叉

随机选择交配对象(相同个体不交配),如个体 1 和 2、3 和 4。随机选择交叉点进行交叉。

3) 变异

取变异概率 $P_m=0.01$,表示每 100 个个体中有一个个体的一位发生变异。上例中未进行个体变异。

遗传得到的新的种群,其平均值和最大值都有很大提高。

均值:293→439。

最大值:576→729。

新种群中 4 个个体,有 2 个变好:25,25;有 2 个变坏:12,16。

3. 遗传第二代

新种群参数计算如表 9.3 所示,新种群的遗传过程如表 9.4 所示。

表 9.3　新种群参数计算

编号	初始种群位串	参数值 x	目标适应值 $f(x)=x^2$	选择率 $f_i/\sum f_i$	期望值 $f_i/\bar{f}$	实选值
1	0　1　1　0　0	12	144	0.08	0.33	0
2	1　1　0　0　1	25	625	0.36	1.42	1
3	1　1　0　1　1	27	729	0.42	1.66	2
4	1　0　0　0　0	16	256	0.15	0.58	1
总和 $\sum$			1754	1.00	4.00	4.0
平均值			439	0.25	1.00	1.0
最大值			729	0.42	1.66	2.0

表 9.4　新种群的遗传过程

选择后的交配池 (下画线部分交叉)	交叉对象 (随机选择)	交叉位置 (随机选择)	新的种群	x	$f(x)=x^2$
1 1 0 0 1	2	1	1 1 0 1 1	27	729
1 1 0 1 1	1	1	1 1 0 0 1	25	625
1 1 0 1 1	4	3	1 1 0 0 0	24	576
1 0 0 0 0	3	3	1 0 0 1 1	19	361
总和 $\sum$					2291
平均值					572
最大值					729

单纯用交叉而没有用变异,则遗传多少代都得不到最优解 31(11111)。主要是第三位所有个体都是 0,这样只能得到 27(11011)次优解。

若在第四位中挑选一个个体进行变异,由 0 变成 1,再进行遗传将会得到最优解。

9.1.4　遗传算法的特点

遗传算法是模拟自然选择和生物遗传机制的优化算法,利用 3 个遗传算子产生后代,通过群体的迭代,使个体的适应性不断提高,最终群体中适应值最高的个体即是优化问题的最优解或次优解。遗传算法与传统的优化方法有不同的特点。

1. 遗传算法是进行群体的搜索

传统的优化方法是从一个点开始搜索。例如,爬山(climbing)法是从当前点邻近的点中选出新点,如果新点的目标函数值更好,那么该新点就变成当前点,否则就选择和测试其他邻近点。如果目标函数值没有更进一步地改进,则算法终止。很显然,爬山法只能提供局部最优解,它依赖于初始点的选择。

遗传算法是对多个个体进行群体的搜索,即在问题空间中不同区域进行搜索,构成一个不断进化的群体序列。对于复杂问题的多峰情况,遗传算法也能以很大的概率找到全局最优解。

2. 遗传算法是一种随机搜索方法

遗传算法使用 3 个遗传算子,选择算子通过选择概率复制个体,交叉算子通过交叉概率在交配池中决定配对的个体是否需要进行交叉操作,变异算子通过变异概率确定某些基因位上的值进行变异。可见,3 个遗传算子都是随机操作,能产生好的后代,引导其搜索过程朝着更优化的解空间移动。可见遗传算法虽然是一个随机搜索方法,但它是高效有方向的搜索,而不是一般随机搜索方法那种无方向的搜索。

3. 遗传算法处理的对象是个体的编码,而不是参变量自身

遗传算法要求将优化问题的参变量编码转换成长度有限的位串个体,即参变量转换成编码个体。通过遗传算子的随机操作位串个体,并从中找出高适应值的位串个体。遗传算法不是对参数变量进行直接操作,而是对其编码进行操作(间接操作)。

编码操作可直接对结构对象进行操作。结构对象泛指集合、序列、矩阵、树、图、链和表等一维或二维结构形式的对象。这一特点使得遗传算法具有广泛的应用领域。

4. 遗传算法不需要导数或其他辅助信息

一般传统的搜索算法需要一些辅助信息,如梯度算法需要求导数,当这些信息不存在时(如函数不连续时),这些算法就失效。而遗传算法只需要适应值信息,用它来评估个体,引导搜索过程朝着搜索空间的更优化的解区域移动。

5. 隐含并行性

遗传算法实质上是模式的运算。对于一个长度为 l 的串,其中隐含着 2^l 个模式。若群体规模为 n,则其中隐含的模式个数介于 2^l 和 $n \cdot 2^l$ 之间。Holland 指出,遗传算法实际上是对 n 个位串个体进行运算,但却隐含地处理了大量的模式,这一性质称为隐含并行性(implicit parallelism)。

隐含并行性是遗传算法优于传统搜索方法的关键所在。

◈ 9.2　基于遗传算法的分类学习系统

9.2.1　概述

1978 年,Holland 等实现了第一个基于遗传算法的机器学习系统 CS-1。该系统由消息表(message list)、分类器(classifier)的字符串规则、遗传算法及一个信息分配机制组成。他还提出了桶队(bucket brigade)算法。1980 年,Smith 实现了分类器系统 LS-1。尽管 LS-1 诞生于 CS-1 之后,但 LS-1 系统在若干重要的方面与 CS-1 系统有根本性的差别。具体表现在字符串规则、染色体表示方法、搜索结构的形成以及遗传操作算子的应用上。LS-1 系统影响更大。

分类器系统是一种对字符串规则(又称为分类器)的学习系统,它由规则与消息(rule and message)系统、信任分配(apportionment of credit)系统及遗传算法 3 部分组成,其中规则与消息系统是产生式系统的一种特殊形式。产生式规则的一般形式:IF<condition>THEN<action>。它具有计算完备性,且其描述也较方便,一条规则或一个规则集往往能将一种复杂的情况非常紧凑地描述出来。因而它被众多的专家系统所采用。在分类器系统中,对产生式规则的语法做了很大的限制,采用了定长的表示形式,从而适于采用遗传操作。

传统的专家系统在每次匹配中采用单条规则激活的串行运行方式。分类器系统采用了并行激活方式,即在每一匹配周期,它允许许多条规则被同时激活,只有在出现两个互斥的动作或当匹配的规则集大小超出消息表的容量时,才考虑规则的选择问题。

传统的专家系统中的规则和规则相应的重要程度(strength)是事先由程序设计者根据专家经验给出的,是固定不变的。而分类器系统是一个自适应的学习系统,获取的规则和相应的重要程度是不固定的。

9.2.2　遗传分类学习系统的基本原理

我们研制了一种新的遗传分类学习系统(genetic classifier learning system,GCLS),与基本的分类系统相比,GCLS 采用了训练和测试同时进行的策略,使得系统能够在训练后继续学习,从而能更好地适应不断变化的客观环境。GCLS 还设计了工作和精炼两种不同的分类器，通过精炼分类器中对规则的进一步处理，减少了所获规则的冗余性。GCLS 中设计的信任分配机制可有效地处理训练样本带有噪声和异常特例等问题，同时体现了规则与训练样本的统计规律，使得判别结果容易用背景知识进行定性、定量相结合的解释，从而可获得与客观环境相容的判别规则。

1. GCLS 结构

遗传分类学习系统的结构如图 9.2 所示。

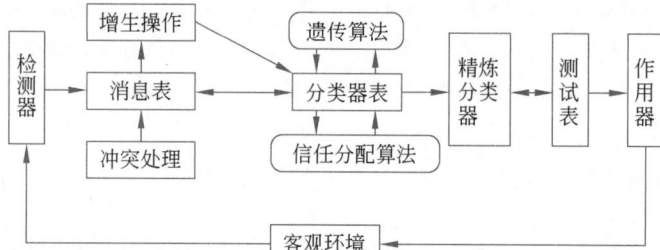

图 9.2　遗传分类学习系统的结构

客观环境信息通过分类系统的检测器被编码成有限长的消息后发往消息表，消息表中的消息触发位串规则（又称为分类器），被触发的分类器又向消息表发消息，这些消息又有可能触发其他的分类器或引发一个行动，通过作用器作用于客观环境。

1）检测器

检测器（detector）将环境信息由条件部分和结论部分组成的训练的例子集编码成二进制字符串的消息。一条消息 M_i 是一个二元组，其形式如下

$$M_i = [x_i, y_i]$$

其中，i 为消息号；x 为条件部分，即训练例子的各特征编码，$x_i \in \{0,1\}^n$；y 为结论部分，即训练例子的类别，$y_i \in \{0,1\}^m$。例如，$[(10001011),(1011)]$ 是一条由一个 8 位条件和 4 位结论组成的消息。

2）消息表

消息表包括当前所有的消息（训练例子集）。每个消息由条件（condition）部分和结论（action）部分组成。

3）分类器

分类器系统与一般的机器学习系统不同，它最后所获得的规则中包含通配符 ♯，这就会出现大量的冗余规则，如 1♯♯0,1110 是一致的。一般应该使系统产生最小的规则集获得较高的性能。规则集越小，系统的时间性能就越好。

一个分类器由当前遗传产生的一条规则组成，分类器表由所有分类器组成，构成了规则集。一个规则 C_i 是一个三元组，形式如下

$$C_i = [U_i, V_i, \text{fitness}_i]$$

其中，U_i 是条件部分，$U_i \in \{0,1,♯\}^n$，♯ 表示通配符；V_i 是结论部分，$V_i \in \{0,1\}^m$；fitness_i 是规则 i 的适应值，它又是一个二元组，其形式如下

$$\text{fitness}_i = [\text{fit1}, \text{fit2}]$$

其中，fit1、fit2 均为正整数，分别表示在该规则覆盖的范围内，与规则结论一致和不一致的消息个数。

在分类器中,将最后获得的规则放入精炼分类器中。

4) 测试表

测试表(test list)由所有测试例子组成,一个测试例子 T_i 也是一个同消息形式一样的二元组,只是它的结论部分 $y_i \in \{*\}^m$, $*$ 表示未确定。当它到精炼分类器匹配规则后,其结论部分 y_i 就被赋值成与消息 M_i 完全一样的形式,即 $y_i \in \{0,1\}^m$,变成一条新的消息。结论可直接作用于环境,也可通过环境将新消息反馈给系统,以便系统能继续学习,从而更好地适应不断变化的客观环境。

5) 作用器

作用器(effector)将所有测试例子的判别结果(类别)转换成具体问题的输出值,并作用于环境。

2. GCLS 的主要算法

1) 信任分配算法

信任分配算法(credit assignment algorithm,CAA)实质是对分类器表中各条规则作用于环境的有效性进行评价,而 GCLS 中的环境就是前面所说的训练例子集,将分类器表中的规则与消息表中的消息逐个匹配,根据匹配的成功与否,来修改规则的适应值,以保证好的规则的生存,以及不适应的规则的消亡,其主要步骤如下。

(1) 初始化规则的适应值,即 fit1←0,fit2←0。

(2) 从消息表[M]中取出一条消息,与分类器表中的规则逐个进行比较。

```
IF    条件和结论均匹配,THEN    fit1=fit1+1;
IF    条件匹配,结论不匹配,THEN    fit2=fit2+1;
IF    条件不匹配,THEN    fitness← fitness
```

(3) 返回步骤(2),直到[M]中的消息全部取完。

2) 遗传算法

遗传算法是用来产生新的规则。在 GCLS 中,遗传算法的调用是在分类器表中每一新的种群产生后,系统采用了一种限制交叉策略,也就是本地算子中的受限交叉,即只允许同类(规则的结论部分相同)的规则进行交叉。这样,对同一结论的规则,只允许其条件部分进化。假如规则的条件和结论同时进化,就可能引起种群不收敛的情况产生。此外,产生的新规则并不取代老规则,而是与老规则合并到一起,形成工作分类器的新的初始种群。

GCLS 中遗传算法的主要步骤如下。

(1) 在分类器表中,根据与各规则适应值成正比的概率,选择复制出 K 个规则。

本系统中采用了适应值比例法选择复制。按 $f_i \big/ \sum f_i$ 取整$\left(f_i \text{ 是 } X_i \text{ 的适应值,}\right.$ $\sum f_i$ 是种群中各规则的适应值之和$\Big)$来决定第 i 个规则在下一代中应复制其自身的数目 k_i,而 $K = \sum k_i$。

(2) 采用遗传算子(交叉、变异),重新产生 K 个新的规则。

在 GCLS 中,按一定的概率 P_c 从步骤(1)中随机选择出一对规则进行交叉,同样,也是按一定的概率 P_m 对规则中的某些位进行变异。这里的交叉概率 P_c 和变异概率 P_m 都是经验参数,在不同应用问题中的取值都是不同的。

3）合并操作

采用合并操作（merge operation）旨在减少冗余规则。

（1）对于分类器表中初始种群的每个规则，若其对应的 fit1 恒不等于 0，且 fit2 等于 0，则保留，否则淘汰。

（2）将保留下来的规则两两匹配。设 R1、R2 为两个保留下来的规则。

IF R1⊒R2，且 fit1(R1)＝fit1(R2)，THEN 保留 R2，淘汰 R1。

IF R1⊒R2，且 fit1(R1)＞fit1(R2)，THEN 保留 R1，淘汰 R2。

4）冲突处理

一般的分类系统不包括矛盾例子的处理，而在实际应用领域尤其在预测领域，这种情况经常出现，如天气预报。所以系统要能够对这些矛盾例子进行处理。GCLS 中设计的冲突处理（conflict process）是将消息表［M］中的消息两两匹配，对于那种只有条件匹配，而结论不匹配的消息作为冲突消息记录下来，并都从消息表［M］中删除，即在分类器中删除已生成的冲突规则。

5）增生操作

如果分类器表中没有一个与消息匹配的规则，则用增生操作（supplement operation）生成一个与之相匹配的规则。在消息位串上对条件部分的每位按系统给定的♯的生成率进行变异。若发生变异则由 1 或 0 改为♯，否则不变。然后将变异过的消息作为新的规则的条件部分，结论部分保留消息中的结论。新生成的规则加入分类器表中的方法有两种：①用新生成的规则置换掉分类器表中的适应值最小的规则；②直接加入分类器表中，只有当分类器表的增长超过一定限度时才进行淘汰。这样做的好处是在系统运行的初期，当适应值的强弱差别还不明显时，能较好地避免将有发展潜力、好的规则淘汰掉。在 GCLS 中，采用了后一种方法。

此外，在 GCLS 中采用了训练与测试同时进行。一般的分类系统同现存的机器学习系统一样：训练与测试是分开进行的，规则的获取完全依赖于训练例子选取的好坏。例如，训练例子中正、反例的比例应与实际问题中正、反例的比例相同，这一般是不可能做到的，且选取的训练例子不可能包含实际问题中的所有情况。而 GCLS 的这种策略使系统能在训练后继续学习，这就能保证不依赖于选取的例子，从而能更好地适应不断变化的客观环境，得到更符合实际的规则。

3. GCLS 获取规则的过程

遗传分类学习系统的学习过程就是一个获取规则的过程。GCLS 规则生成过程如图 9.3 所示。

规则的获取是通过初始化一个随机的种群（分类器），而后触发系统的信任分配算法和遗传算法等操作，直到获得一组源于环境信息（训练集）的、达到期望状态或特征的规则（分类器），再把最后获得的规则复制到一个精炼分类器中，以供下一步测试未知例子的类别使用，至此，GCLS 的一个学习过程结束。

在 GCLS 中一次学习过程的结束是当前分类器已收敛，即种群的规则与其父代完全相同，并且各规则的适应值已连续 p 次保持不变，即当前工作种群已不再进化了，p 是系统根据不同的应用问题而事先设置的一个参数，在 GCLS 应用实例中 p 均取 100。

GCLS 的执行步骤可概括如下。

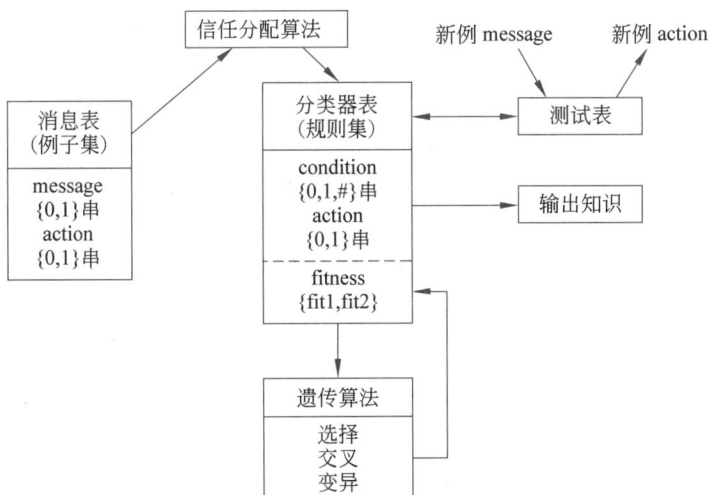

图 9.3 GCLS 规则生成过程

（1）初始化 GCLS 的所有预置参数（如分类器表中初始规则数目 n，交叉、变异概率 P_c、P_m，判断分类器收敛的参数 p 等）；初始化分类器表，设为初始种群 0，随机产生 n 个规则，并给每个规则赋一个相等的初始适应值。

（2）将环境信息（训练集）通过检测器编码成二进制消息放入消息表[M]中。

（3）对消息表[M]进行冲突处理。将消息表[M]中的消息进行两两匹配，把只有条件匹配而结论不匹配的消息做冲突处理后，直接送往精炼分类器中。

（4）对初始种群 0 调用信任分配算法，修改其中的规则适应值。如果种群 0 中没有与消息匹配的规则，则进行增生操作，生成一个相匹配的规则，将该规则直接加入种群 0 中。

（5）对种群 0 进行合并操作，合并后的种群设为种群 1。

（6）假如种群 1 已收敛，则复制该种群的规则到精炼分类器中，转向步骤（9）。

（7）调用遗传算法，生成新一代种群 2，将其与种群 1 合并，而后送给种群 0，从而形成新的种群 0。

（8）返回步骤（4）。

（9）对测试表[T]调用精炼分类器规则，生成测试表[T]的结论部分。

（10）将测试表[T]送往作用器，转换成实际的输出值以作用于环境。

9.2.3 遗传分类学习系统的应用

1. 应用说明

这是一个学习识别脑出血和脑血栓两种疾病的诊断规则的应用实例，这个问题实际上是从大量已知患者病例（训练例子集）中找到这两类病的识别规则。

在这一应用实例中，实际上只有两种类别：脑出血和脑血栓。

为了做出判断，应当考虑如下 6 方面的特征（属性）。

（1）病人的既往史，包括高血压（有 01，无 00）和动脉硬化（有 01，无 00）。

（2）起病方式（快 01，慢 00）。

（3）局部症状，包括偏瘫（是 01，否 00），瞳孔不等大（是 01，否 00），两便失禁（是 01，否

00),语言障碍(是 01,否 00),意识障碍(无 00,深度 01,轻度 10)。

(4) 病理反射(阳 01,阴 00)。

(5) 膝腱反射(无 00,活跃 01,不活跃 10)。

(6) 病情发展(快 01,慢 00)。

上面是从 6 方面 11 个特征来识别诊断患者到底得的是脑出血还是脑血栓。

2. 获取知识

从 60 个脑出血和脑血栓病人的病例中选出 30 个病例作为训练样本,30 个病例作为测试样本。

本实例采用二进制编码方式。每个训练例子都是由 11 个特征和 1 个类别组成的,每个特征和类别都由 2 位二进制字符表示。将例子编码成二进制字符串的消息就是一个由 22 位条件和 2 位结论组成的二元组,如消息 M=[(0100010101010110100101),(01)]。

训练集是由 15 个脑出血和 15 个脑血栓患者组成 30 个训练样本。本实验在对 30 个训练样本进行学习后,得到 12 个规则:学习终止于第 170 代。

获取的主要规则如下:

(1) 高血压=有 ∧ 瞳孔不等大=是 ∧ 膝腱反射=不活跃　　→脑出血(11)

(2) 瞳孔不等大=是 ∧ 语言障碍=是　　→脑出血(12)

(3) 高血压=有 ∧ 起病方式=快 ∧ 意识障碍=深度　　→脑出血(13)

(4) 高血压=有 ∧ 病情发展=快　　→脑出血(15)

(5) 高血压=有 ∧ 动脉硬化=有 ∧ 起病方式=慢　　→脑血栓(13)

(6) 动脉硬化=有 ∧ 病情发展=慢　　→脑血栓(15)

(7) 动脉硬化=有 ∧ 意识障碍=无　　→脑血栓(12)

以上括号内的数值表示该规则的适应值。

◇ 9.3 计算智能

9.3.1 计算智能概述

1. 计算智能的进展

现代科学技术发展的一个显著特点就是信息科学与生命科学的相互交叉、相互渗透和相互促进。

海豚的发声启发了人类发明了声呐传感器和雷达;鸟类的飞行激发了人类飞天的梦想,发明了飞机和飞船,实现了空中和宇宙飞行;原子弹爆炸与星球上的热核爆炸相对应。

人工神经网络(artificial neural network,ANN)研究自 1943 年开始,几起几落,波浪式发展。第一个对计算智能的定义是由贝兹德克(Bezdek)于 1992 年提出的,他认为,计算智能提供的数值数据,不同于传统人工智能的逻辑知识。直到 1994 年举行了"首届计算智能世界大会",才正式明确"计算智能"概念。

计算智能涉及神经计算、遗传算法、进化计算、蚁群算法、免疫计算和人工生命等领域,后来模糊计算也加入其中。它的研究和发展正反映了当代科学技术多学科交叉与集成的重要发展趋势。

1987 年，在美国 Los Alamos 召开的第一次"人工生命"研讨会上，兰顿(C. Langton)给出了人工生命(artificial life，AL)的定义：人工生命是研究能够展示自然生命系统行为特征的人造系统。

人工生命的许多早期研究工作：20 世纪 60 年代，罗森布拉特(Rosenblatt)研究了感知机;斯塔尔(Stahl)建立了细胞活动模型;林登迈耶(Lindenmayer)提出了生长发育中的细胞交互作用数学模型。这些模型支持细胞间的通信和差异。

从各种不同的自然生命的特征和现象中，可以归纳和抽象出自然生命的共同特征和现象。

(1) 自繁殖、自进化、自寻优。许多自然生命(个体、群体)都具有交配繁衍、遗传变异、优胜劣汰的自繁殖、自进化、自寻优的功能和特征。

(2) 自稳定、自适应、自协调。许多自然生命(个体、群体)都具有稳定内部状态、适应外部环境、动态协调平衡的自稳定、自适应、自协调的功能和特征。

(3) 能量转换。许多自然生命的生存与活动过程都基于光、热、电能或动能、位能的有关能量转换的生物物理和生物化学反应过程。

(4) 信息处理。许多自然生命的生存与活动过程都伴随着相应的信息获取、传递、变换、处理和利用过程。

如果把人工生命定义为具有自然生命现象和(或)特征的人造系统，那么凡是具有上述自然生命和(或)特征的人造系统，都可称为人工生命。

人工生命研究中的比较有代表性的实例如下。

(1) 计算机病毒。

计算机病毒(computer virus)提供了一个人工生命的生动的例子，计算机病毒是一种能够通过自身繁殖，把自己复制到计算机内已存储的其他程序上的计算机程序。

计算机病毒的病理机制与人体感染细菌和病毒病理现象十分相似。它能通过修改或自我复制向其他程序扩散(传染)，进而扰乱系统及用户程序的正常运行，引起计算机程序的错误操作或使计算机内存乱码，甚至使计算机瘫痪。

(2) 计算机的进程。

进程(process)是程序的一次执行过程。进程是在操作系统的管理下被启动，进入运行状态，并在一定条件下中止或结束。进程的运行需要使用一定的计算机资源(处理器、内存、各种外部设备等)。

一个进程可以在运行过程中派生出新的进程。新派生出来的进程又可以继续派生下一代的进程，于是形成了进程之间的"父子关系"。一个新的子进程诞生时，它所需要的资源是由其父进程的资源中划分而来。不同的进程在互相独立的内存空间中运行。

进程类似于计算机病毒，把进程当作生命体，它在时间和空间中可以繁殖，从环境中汲取信息，修改所在的环境。这里应当加以区分，不是说计算机是生命体，而是说进程是生命体。该进程与物质媒体交互作用以支持这些物质媒体(如处理器、内存等)，可把进程认为具有生命的特征。

(3) 智能机器人。

智能机器人(intelligent robot) 是具有人类所特有的某种智能行为的机器。智能机器人是一类具有高适应性的、有一定自主能力的机器人。它本身能模拟人或动物的行走、动作,感知工作环境、操作对象及其状态;能接受、理解人给予的指令;并结合自身认识外界的结果来独立地决定工作规划,利用操作机构和移动机构实现任务目标;还能适应环境的变化,调整自身行为。例如,自动装配机器人、移动式机器人、水下机器人等。

2. 关于智能的争论

在智能技术发展的历史进程中,有过一次争论——谁更体现人类智能?

1)"符号主义"学派

"符号主义"学派主要观点:思维的基元是符号,思维过程即符号运算;智能的核心是知识,利用知识推理进行问题求解;智能活动的基础是物理符号系统,人脑、计算机都是物理符号系统;知识可用符号表示,可建立基于符号逻辑的智能理论体系。代表性成果是专家系统。这是传统人工智能的看法。

2)"联结主义"学派

"联结主义"学派主要观点:智能系统以模仿人脑模式为主体。智能系统的基元是神经细胞,智能系统的过程是神经网络的信息传播过程,智能系统的结构采用了神经细胞的突触连接机制,代表性成果是神经网络 MP 模型、Hopfield 网络、BP 神经网络。这是计算智能的看法。

3)"行为主义"学派

"行为主义"学派主要观点:智能行为的基础是"感知—行动"的反应机制,需要在真实世界的复杂境遇中进行学习和训练,在与周围环境的信息交互与适应过程中不断进化和体现。代表性成果是布鲁克斯演示的新型智能机器人。

9.3.2 计算智能与人工智能

关于智能技术的争论,随着时间的前进和技术的发展已经淡化。但是,有两个根本问题需要明确。

1. 关于知识的理解

1)传统人工智能中对知识的理解

知识在传统人工智能中,理解为用逻辑符号表示。典型的是规则知识,即"如果……则……"。它用于逻辑推理,在专家系统中采用演绎推理(从一般规律推出个别现象)。在机器学习中采用归纳推理(从大量个别现象归纳出一般规律)。应用它的地方在于解决随机出现的问题。专家系统是用不同的知识解决不同表现的问题,例如,医疗治病的专家系统,针对不同人的病,需要用不同的知识。对于农业专家系统,针对田地、天气的不同情况,用不同的知识指导耕种。

用大量知识解决随机出现的问题,是最基本的智能技术。

2)计算智能中对知识的理解

在计算智能中,如神经网络先要学习大量的样本,获取神经网络的权值和阈值,用它们来识别样本和非样本。它们是知识吗?由于它们处于一个分布状态,又是数值。当时人们认为它不是知识,在于它和传统知识不一样。

现在我们可以说,它们也是知识,只不过它们的表现形式不一样。它们和网络结构一起,可以识别大量样本,但更重要的是鉴别大量非样本。

注意:知识可以解释更多的个体,信息只能解释单个的个体。

同样,它也是利用知识解决随机出现的问题,体现了智能行为。

3) 小结

知识的表现形式可以不一样,它们的共同特点是用知识解决随机出现的问题,体现了人类最基本的智能行为(随机应变)。

智能行为区别一般的信息系统在于,信息系统的输入输出是固定形式,不是随机变化的。智能行为是解决随机变化的问题。

2. 关于算法的讨论

1) 传统人工智能算法

传统人工智能有 3 类算法。

(1) 专家系统的演绎法。主要是"搜索＋匹配",搜索主要是在知识库中搜索所要的知识,搜索算法采用的是逆向推理的深度优先搜索算法;匹配是利用假言推理,由条件的满足推出结论的正确。

(2) 机器学习的归纳法。主要是在数据库(符号表示的数据)中找出大量相同的实例,归纳相同实例合并成为知识。归纳学习采用的理论方法分为信息论方法和集合论方法(本书第 6 章和第 7 章已做详细介绍)。

(3) 博弈算法。人工智能从兴起到现在就一直研究人机博弈,主要采用的是极小极大算法和 α-β 剪枝算法。这两个算法称为启发式算法,由于选择的路径具有盲目性,只能大面积搜索,为了减小搜索路径,人为地确定一个代表棋局的静态估计函数,用来分析棋局是对我方有利还是对对方有利,由此决定下一步的走法。

2) 计算智能算法

计算智能主要是仿生物算法,模拟生物的生理过程。由于模拟生物的对象不同,算法也各不相同。但是,有其共同点:①简化生物的生理过程的原理(由于生物的生理过程很复杂,目前还很难明白,只能采取简化的方法);②算法的计算方向(朝目标方向)需要给出。这样,利用计算机的大量反复计算,就能获得接近目标的解。

(1) 神经网络。①简化了神经元信息传输的原理(MP 模型);②在计算方向上,采用了误差梯度下降的思想迭代计算网络权值。通过大量反复迭代就能找出适应大量样本的网络权值。

(2) 遗传算法。①用选择、交叉、变异 3 个简单的算子来代替生物的复杂的遗传过程;②用适应值函数淘汰适应值低的后代。通过大量反复遗传后代就能找到适应值高的解。

可以说,计算智能的仿生物算法也是启发式算法。

3. 总结

虽然计算智能与传统的人工智能在智能技术方面有所不同,但是,总的目标都是模拟人的智能行为,人们已经习惯把它们统称为人工智能。计算智能就是人工智能的分支。同样,商务智能也是人工智能的分支。

实质上,计算智能的各个方法是属于人工智能中机器学习的范畴。

◇ **习　题　9**

1. 遗传算法与爬山法有什么不同?

2. 遗传算法用到运筹学的组合优化中有什么优势？

3. 用遗传算法对旅行商(TSP)问题求解，该如何实现？

4. 编写程序用遗传算法完成旅行商(TSP)问题。

5. 对分类学习问题如何用遗传算法设计适应值函数？

6. 为什么说计算智能也是利用知识解决随机变化的问题？

7. 为什么说计算智能的算法也属于启发式算法？

强化学习、迁移学习和公式发现

◆ 10.1 强 化 学 习

10.1.1 强化学习概念

强化学习(reinforcement learning)研究在动态环境中,对于当前状态,通过一个动作(行为)产生一个反馈信息,该学习方法使从环境中获得的累积反馈信息的总和达到最大。这里的反馈信息称为回报,也称为强化。简单地说,强化学习方法是利用所得到的回报,来确定某一环境状态下的最优动作行为的策略。

强化学习的基本原理:如果某个动作行为策略导致环境正的回报,那么以后产生这个动作行为策略的趋势便会加强;反之,如果某个动作行为策略导致环境负的回报(即惩罚),那么以后产生这个动作行为策略的趋势便会减弱。这个原理与巴甫洛夫的条件反射原理是一致的。动作行为应该是那些能够最大化某些长期累积回报量的行动,并且应该可以通过对系统的反复试验学习这样的行为。

试错法(trial and error method),搜索和延迟的回报是强化学习两个最显著的特征。通过试错,从中发现采取哪个行为从长远来说可以得到最大的累积回报。

例如,学习骑自行车就可以看作是一个强化学习问题。强化学习问题中,并不需要事先提供正例和反例的样本集合,而是通过试错法来发现最优动作行为的策略。

强化学习方法常用于解决顺序型决策任务,可以通过马尔可夫决策过程(Markov decision process,MDP)模型建模。

马尔可夫决策过程(图 10.1)是指随机过程从上一时刻点的状态 s_{t-1} 转移到下一时刻点的状态 s_t 的转移概率只依赖于上一时刻点的状态 s_{t-1} 和决策 a_{t-1},与以前的历史无关。也就是说,不管 s_i 是从上一时刻的状态 s_j 还是 s_k 迁移而来,一旦确定当前决策时刻的新决策,下一决策时刻点处的状态转移概率和相应报酬只与当前时刻的状态有关。这种随机过程的马尔可夫性可以用条件概率公式表示为

$$P(s_t \mid <s_{t-1},a_{t-1}>) = P(s_t \mid <s_0,a_0,\cdots,s_{t-1},a_{t-1}>)$$

简言之,当前状态的改变与该状态之前的环境状态或行为无关时,就说该模型具有马尔可夫性质。如果环境具有马尔可夫性质,则下一个状态和期望的回报就可以用当前状态和该状态下采取的行为计算出来。马尔可夫决策过程就是满

图 10.1 马尔可夫决策过程

足这种马尔可夫性的随机序贯决策过程。

一个 MDP 模型可以表示为四元组 (S, A, T, R)。

(1) S 是状态集。如学习骑自行车的问题中,"自行车静止""自行车行驶""自行车摔倒"等即属于环境状态集合。

(2) A 是动作行为集。如"上车""加速""刹车""下车""转弯"等属于系统动作行为集合。

(3) T 是状态转移概率函数。$T: S \times A \times S \to [0,1]$,记 $T(s, a, s')$ 为在状态 s 采用行为 a,使状态转移到 s' 的概率,而且对于 $s \in S, a \in A$ 要求满足 $\sum_{s' \in S} T(s, a, s') = 1$。

(4) R 是回报函数,$R: S \times A \to \mathbb{R}$,记 $R(s, a)$ 为在状态 s 采用行为 a 所得到的回报。如"正常前行""撞人""顺利到达"等则属于回报集合。如果速度较快且转弯较急的情况,则有一定的概率会使自行车摔倒。这说明在某个动作行为的作用下,环境状态会以一定概率向其他状态发生转移。

MDP 可以描述为这样的过程:在每个离散时刻 t,当前状态 s_t,决策采取一个行为 a_t 作用于环境,于是环境给予一个回报值 r_t,并产生一个后继状态 s_{t+1}。

可见,强化学习的过程与 MDP 是一致的,当学习的环境满足马尔可夫性的要求,称该环境为 MDP 环境,即 r_t 和 s_{t+1} 只依赖于当前状态和行为,而与历史时刻的状态和行为无关,这时可以基于 MDP 的理论定义学习任务和学习过程。目前,关于强化学习的研究主要是针对这类 MDP 环境下的学习问题。

MDP 环境可以分为确定型 MDP 环境和不确定型 MDP 两种:如果对于同一状态和行为,环境给予的回报值和后继状态都是确定的,这一过程称为确定型 MDP 环境,即下一时刻所转移的状态可以由当前时刻的状态和行为确定;如果 r_t 和 s_{t+1} 是有概率的输出(具有随机性),即可被看作首先基于 s 和 a 产生输出的概率分布,然后按此分布抽取随机的输出,称为不确定型 MDP 环境。

强化学习所面临的环境是〈状态、动作〉与回报未知,只能够依赖每次试错所获得的瞬时回报来选择策略。强化学习方法在策略和回报之间构造值函数(即状态的效用函数),用于策略的选择和策略的评估。当状态 s 的值函数等于从状态 s 往后所获得的累积回报总和。例如,骑车者需要选择在某个状态能够"骑上车""正常前行""加速"或某个状态下"刹车"、某个状态下"转弯"等,这就属于某个策略 π,如果骑车者采用这个策略,从某状态往后所获得的累积奖赏和,即称为该状态在此策略下的值函数。显然,使每个状态值函数最大的策略即是系统的最优策略。

策略的优劣取决于长期执行这一策略后得到的累积回报。在强化学习任务中,学习的目标是要找到能使长期累积回报最大化的策略。

下面用学骑自行车上车过程的简例来说明强化学习的过程。

状态 s	行为 a(动作)	回报 r
(1) 车偏左	左足站踏板上	车向左倒下

(2) 车偏右	左足站踏板上	车向右倒下
(3) 车正位	左足站踏板上	车向左微倒下
(4) 车正位	左足小角度踩踏板	车向前移动,车仍然向左微倒下
(5) 车正位	左足大角度踩踏板	车大步向前移动,人快速坐上车,车晃动
(6) 车正位	右足蹬转动踏板	车向前行走,车晃动减小
(7) 车正位	双足匀速转动踏板	车正位向前行走

强化学习的好处是通过反馈信息来增强好的行为和弱化差的行为,最终收敛为最优行为,特别适合学习者对环境了解甚少的问题。

10.1.2　强化学习算法与实例

强化学习需要建立一个状态集合 state 和一个动作行为集合 action。一个状态通过一个动作行为会产生一个回报 report,多个状态与多个动作也构成了一个集合。

强化学习中一个典型的算法是 Q 算法。这里采用了网络上介绍的简例加以说明。

简例中的 Q 算法设置了一个累积回报的 Q 矩阵,其初值均为 0,也设置了瞬间回报的 R 矩阵。Q 算法采用了一个公式来求解 Q 矩阵中的值

$$Q(\textbf{state},\text{action}) = R(\textbf{state},\text{action}) + \gamma \times \text{Max}\big[Q(\text{next } \textbf{state}, \text{all actions})\big] \tag{10.1}$$

它的含义:

$$Q \text{ 值(当前状态,动作)} = R \text{ 值(当前状态,动作)} + \gamma \text{(系数)} \times$$
$$Q \text{ 最大的 action(当前状态的下一个状态,}$$
$$\text{各个动作的 } Q \text{ 值中,选择 } Q \text{ 值最大动作)} \tag{10.2}$$

计算 Q 矩阵的最终值,需要从指定状态开始,按照 R 矩阵允许的路径,多次重复计算才能求出。

下面的简例是通过小迷宫似的多个房间中的一个房间走出来。

假设有 5 间房,如图 10.2 所示,这 5 间房有些房间是相通的,分别用 0~4 进行标注,其中 5 代表出口。状态集合为 state(0,1,2,3,4)。动作行为是一个房间到另一个房间,也表示为 action(0,1,2,3,4)。

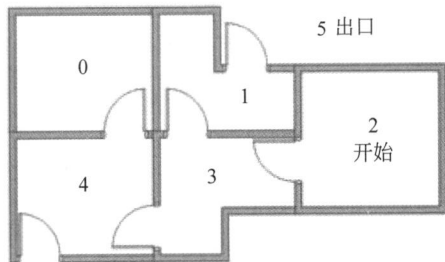

图 10.2　房间示意图

用图 10.3 表示房间之间的关系。

在这个例子里,我们的目标是能够走出房间,就是到达 5 的位置,为了能更好地达到这个目标,为每个门设置一个奖励。如果能立即到达 5,给予 100 的奖励,其他无法到达 5 的不给予奖励,初值为 0,如图 10.4 所示。

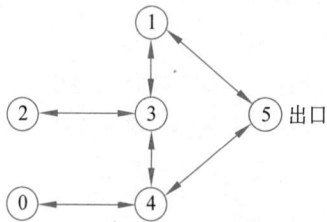

图 10.3　房间之间的关系

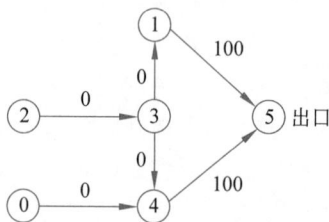

图 10.4　初始奖励值

在 Q 算法中,目标是奖励值累加的最大化,所以一旦达到 5,它将会一直保持。

假设有一个虚拟的机器人,它对环境一无所知,但它需要通过自我学习知道怎么样到外面,即到达 5 的位置。

现在讨论的 Q 算法,将每个房间看成一个状态 state,从一个房间到另一个房间的动作叫作 action,state 是一个节点,action 用一个箭头表示。

建立一个引导回报矩阵 R,表明状态与状态的关系。当相互不能到达的状态用 -1 表示,自己状态不能到自己状态(除状态 5 外),能够相互到达的状态用 0 表示,能到达状态 5 的用 100 表示,有如下矩阵

$$
R = \begin{pmatrix}
-1 & -1 & -1 & -1 & 0 & -1 \\
-1 & -1 & -1 & 0 & -1 & 100 \\
-1 & -1 & -1 & 0 & -1 & -1 \\
-1 & 0 & 0 & -1 & 0 & -1 \\
0 & -1 & -1 & 0 & -1 & 100 \\
-1 & 0 & -1 & -1 & 0 & 100
\end{pmatrix}
$$

其中,矩阵"行"表示起动状态$(0,1,2,3,4,5)$,"列"表示到达状态$(0,1,2,3,4,5)$。

这个矩阵称为 R 矩阵,表示起动状态动作后,到达状态的初始回报值,行与列对应矩阵中的值,是当前状态到动作后的状态的引导回报值。其中 -1 表示不能到达的状态;0 表示能够到达的状态;100 表示达到了目标状态,如第三行表示起动状态 2,如果取第五列(到达状态 4),就表示了从 2→4 的收益是 -1,即表示无法从 2 状态到 4 状态。

建立 Q 矩阵,也称为累计回报值矩阵,初始化的时候全为 0,即

$$
Q_0 = \begin{pmatrix}
0 & 0 & 0 & 0 & 0 & 0 \\
0 & 0 & 0 & 0 & 0 & 0 \\
0 & 0 & 0 & 0 & 0 & 0 \\
0 & 0 & 0 & 0 & 0 & 0 \\
0 & 0 & 0 & 0 & 0 & 0 \\
0 & 0 & 0 & 0 & 0 & 0
\end{pmatrix}
$$

经过反复计算,可以求出累积回报值,即求出最佳到达目的地的路径。

假设现在从状态 2 出发,从 R 矩阵可以看出,它可以到状态 3,而无法到状态 0、1、4。用式(10.1)Q 算法公式计算。

设 $\gamma = 0.8$,从房间 2 起步向前计算,有

$$Q(2, 3) = R(2,3) + 0.8\,\text{Max}[Q(3, 1), Q(3, 2), Q(3, 4)] \tag{10.3}$$

沿着状态 3 需要计算 $Q(3,1)$,从 R 矩阵看出,状态 1 可以到达状态 3 和状态 5。这样,继续向前走,按式(10.1)计算 $Q(3,1)$

$$Q(3,1)=R(3,1)+0.8\text{Max}[Q(1,3),Q(1,5)] \tag{10.4}$$

路径 $(1,3)$ 是 $(3,1)$ 的回路,暂不计算,取 Q 矩阵中 $Q(1,3)=0$。再计算 $Q(1,5)$,它涉及目标状态 5。继续向前走,按式(10.1)计算 $Q(1,5)$

$$Q(1,5)=R(1,5)+0.8\text{Max}[Q(5,1),Q(5,4),Q(5,5)]$$
$$=100+0.8\text{Max}[0,0,0]=100 \tag{10.5}$$

其中,状态 5 是目标状态,它的回路 $(5,1)$、$(5,4)$ 和 $(5,5)$ 都不考虑,取 Q 矩阵中的值是 0。

由于 $Q(1,3)=0$,$Q(1,5)=100$ 都求出,可以回溯到 $Q(3,1)$ 的式(10.4)计算

$$Q(3,1)=R(3,1)+0.8\text{Max}[Q(1,3),Q(1,5)]$$
$$=0+0.8\text{Max}[0,100]=80 \tag{10.6}$$

再回溯到 $Q(2,3)$ 式(10.3)计算,接着计算 $Q(3,2)$,这是 $Q(2,3)$ 的反方向,暂不计算回头路,它目前值为 0。再计算 $Q(3,4)$,按式(10.1)

$$Q(3,4)=R(3,4)+0.8\text{Max}[Q(4,0),Q(4,3),Q(4,5)] \tag{10.7}$$

其中,$Q(4,0)$ 的计算公式为

$$Q(4,0)=R(4,0)+0.8\text{Max}[Q(0,4)]=0+0=0 \tag{10.8}$$

路径 $(0,4)$ 是 $(4,0)$ 的回路,暂不计算,取 $Q(0,4)=0$。

式(10.7)中 $Q(4,3)$ 是 $Q(3,4)$ 的反方向,暂不计算回头路,它在 Q 矩阵中值为 0。

式(10.7)中有 $Q(4,5)$,它涉及目标状态 5,按式(10.1)计算

$$Q(4,5)=R(4,5)+0.8\text{Max}[Q(5,1),Q(5,4),Q(5,5)]$$
$$=100+0.8\text{Max}[0,0,0]=100 \tag{10.9}$$

返回到式(10.7),计算 $Q(3,4)$,继续它的计算。其中 $Q(4,0)$ 的值为 0,$(4,3)$ 是 $(3,4)$ 的回路,$Q(4,3)=0$;而 $Q(4,5)=100$。

这样,返回式(10.7)计算

$$Q(3,4)=R(3,4)+0.8\text{Max}[Q(4,0),Q(4,3),Q(4,5)]$$
$$=0+0.8\text{Max}[0,0,100]=80 \tag{10.10}$$

返回式(10.3),重新计算 $Q(2,3)$

$$Q(2,3)=R(2,3)+0.8\text{Max}[Q(3,1),Q(3,2),Q(3,4)]$$
$$=0+0.8\text{Max}[80,0,80]=64 \tag{10.11}$$

这时,完成了 $Q(2,3)=64$,$Q(3,1)=80$,$Q(1,5)=100$ 的路径计算。同时,也完成了 $Q(3,4)=80$,$Q(4,5)=100$ 的路径计算。

此时的 Q 矩阵为

$$Q_1=\begin{pmatrix} 0 & 0 & 0 & 0 & 0 & 0 \\ 0 & 0 & 0 & 0 & 0 & 100 \\ 0 & 0 & 0 & 64 & 0 & 0 \\ 0 & 80 & 0 & 0 & 80 & 0 \\ 0 & 0 & 0 & 0 & 0 & 100 \\ 0 & 0 & 0 & 0 & 0 & 0 \end{pmatrix}$$

说明,从房间 2 出发,有 2 条路径到达终点 5,即 $2\rightarrow3\rightarrow1\rightarrow5$ 和 $2\rightarrow3\rightarrow4\rightarrow5$。

以上计算过程,是一个向前搜索和向后回溯的过程。从一个起点出发,向前一直找可以前进的点,暂不考虑回路,一直找到目标点,再逐渐回溯,计算出从起点到目标点的路径的回报值。

注意:用计算机程序实现时,需要用栈来完成 Max[Q(next state,all actions)]中的多个(状态,动作)对的 Q 值计算。暂不能算出时,压入栈内。能计算时,计算出结果后退出栈。

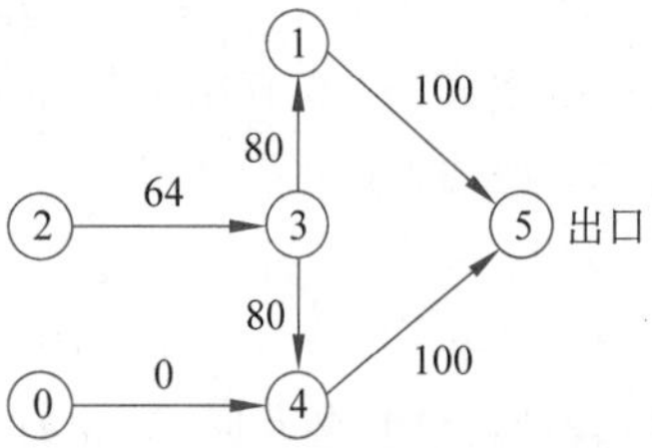

图 10.5　行走路径累计回报值

用图 10.5 表示路径 Q 值,即行走路径累计回报值。图 10.5 中箭头方向也表示了路径方向。

这里是针对给定一个初始状态,找出它到目标状态的计算过程,其中的直接回路是不必计算的。

强化学习的 Q 算法,能够找到最优的路径,它的累积回报值是逐渐增大的,到目标状态时达到最大奖励值。

目前,强化学习得到了广泛的应用。王长缨博士把强化学习应用到多 agent(智能主体)协作团队中,提出了多 agent 协同强化学习算法 SE-MACOL,并用于多个猎人合作追捕猎物实例中。她还把强化学习应用于随机博弈中,提出了马尔可夫博弈的多 agent 协同强化学习算法 TMG-MACOL。

◆ 10.2　迁 移 学 习

10.2.1　迁移学习综述

迁移学习(transfer learning)是运用已有领域(源域)的知识,应用到相关领域(目标域)问题中,去帮助求解的一种机器学习方法。迁移学习广泛存在于人类的活动中,两个不同的领域(源域和目标域)共享的因素越多,迁移学习就越容易,否则就越困难,甚至出现负迁移,产生副作用。例如,一个人要学会了骑自行车,那他就很容易学会开摩托车;一个人要熟悉五子棋,也可以轻松地将知识迁移到学习围棋中。但是有时候看起来很相似的事情,却有可能产生负迁移,例如,学会自行车的人来学习三轮车反而不适应,因为它们的重心位置不同。

不论是有监督学习(有标准标本的学习)、无监督学习(无标准标本的学习),还是强化学习(有反馈信息的学习),迁移学习的概念都有广泛的应用。

1. 迁移学习在神经网络中的应用

在一个多层神经网络中,每个节点的结构或权重从一个训练好的网络迁移到一个全新的网络里,新网络不是从头开始计算,新网络利用了迁移过来的网络结构或权值,迭代计算可以很快收敛,极大地减少神经网络的训练时间。

1) 只修改最后几层神经网络权值的迁移学习方法

例如,已经有了一个可以高准确度分辨猫和狗不同类的深度神经网络,之后想训练一个能够对狗类,再细分不同品种的狗的图片网络。迁移学习是把训练好的网络,前面多层网络结构和权值不改动,只训练最后几层神经网络的权值(即每次网络循环计算时,只修改这几层的网络权值),就可以很快训练出分辨狗类中的不同品种的狗。

对于图像识别中最常见的例子是,训练一个神经网络来识别不同品种的动物,若是从头开始训练,需要百万级的带标注数据(有输入输出标注的样本),若使用迁移学习,可以使用 Google 发布的 Inception 或 VGG16 这样成熟的物品分类的网络,只训练最后的几层神经网络的权值。这样,只需要几千张图片,使用普通的 CPU 就能完成识别不同品种的动物。

2) 对整个网络进行微调的迁移学习方法

假设已训练好了识别猫类各品种的神经网络,该网络能对 50 种猫按品种进行分类。接下来想对网络进行升级,让其能够识别 100 种猫,这时不应该只训练网络的最后一层,而应该逐层对网络中每个节点的权重进行微调(fine turing)。

显然,只训练最后几层,是迁移学习最简单的方法,而对节点权重进行微调效果更好。具体方法:对其他层的权重固定(不修改),只训练(修改)某一层的网络权重。再选另一层进行训练,此时其他层的权重固定。这样逐层训练,可以更好地完成学习任务。

3) 借用网络结构的迁移学习方法

该方法不是使用已训练好的网络权重,而是使用相同的网络结构。例如,多少层,每层多少节点,这样的信息都固定不动。对于各网络上的权重,使用随机生成作为训练的起点。

例如,训练"功能磁共振成像"(fMRI)的神经网络,就可以借鉴识别 X 光图片的神经网络。

4) 小结

神经网络中的知识:信息传播(向前传播和向后误差反馈)的计算公式是人们遵守的;网络结构(网络层的数目和每层上的节点数)是需要通过试验得出的;而网络上的连接权值是需要进行反复迭代计算求出的。

迁移学习一般是对网络结构和网络权值这两类知识进行迁移。但要注意的是,迁移的知识要和预训练的神经网络的类型差距不大,否则迁移学习的效果会很差。例如,如果要训练一个神经网络识别肺部 X 光片中是否包含肿瘤,可以使用一个已训练好的判断脑部是否包含肿瘤的神经网络。后者与当前的任务有相似的场景,很多底层的神经元可以做相同的事。而用来识别日常生活中照片的网络,则难以从 X 光片中提取有效的特征。

迁移学习的另一个好处是可以做多任务目标的学习,有了迁移学习,可以先去实现简单任务,将简单任务中得到的知识应用到更难的问题上,从而解决标注数据缺少、标注不准确等问题。

新一代的神经网络可以站在前人的基础上更进一步,而不必重新计算。可以使用一个由他人预先训练好、应用在其他领域的网络作为训练模型的起点。

2. 迁移学习的好处

1) 迁移学习属于小数据

人们在生活中遇到更多的是小数据。例如,小朋友看过一张猫的照片后,当他看到一只真猫时,就会说这是猫。我们不用给他一千万个正样本、一千万个负样本,他就有这种能力。这是人类自然就有的一种能力。利用小数据实现知识迁移是一种有效的智能。

2) 迁移学习具有可靠性

制造一个系统,希望它不仅能够在原来那个领域发挥作用,在周边领域也能够发挥作用。当我们把周边的环境稍微改一改时,这个系统还是可以一样好,这是迁移学习的可靠性,也是一种智慧。

3)迁移学习适合个性化

在手机上看新闻、看视频、购物,手机会提供个性化的提醒,提醒你下次可能要看的新闻和视频,以及需要购买的东西(这是远端的"推荐系统"所做的)。以后家里有了机器人,同样可以通过迁移学习为个人提供服务,而且这个服务越个性化越受用户欢迎。

3. 迁移学习的难点

迁移学习的难点在于如何发现共同点。

在教育学里,如何把知识迁移到不同的场景,这个理念已经有上百年的历史。例如,衡量一个老师是否优秀,往往可以不通过学生的期末考试,因为那只是靠特定的知识,学生有时候死记硬背也可以通过考试。一个更好的方法是观察这个学生在上完这门课后的表现,他有多大的能力能够把这门课的知识迁移到其他的课程。那时再衡量这个老师的教学是否优秀,这叫迁移学习。它的难点在于如何发现不同课程中的共同点。

4. 迁移学习的回顾

迁移学习最早来源于教育心理学。美国心理学家贾德(C. H. Judd)提出了迁移学习理论"类化说"。

首先,贾德认为在先期学习 A 中获得的东西,之所以能迁移到后期学习 B 中,是因为在学习 A 时获得了一般原理,这种原理可以部分或全部运用于 A、B 中。

根据这一理论,两个学习活动之间存在的共同要素是产生迁移的必要前提。也就是说,想从源域中学习知识并运用到目标域中,必须保证源域与目标域有共同性。

其次,贾德的研究表明,知识的迁移是存在的,只要一个人对他的经验、知识进行了概括,那么从一种情境到另一种情境的迁移是可能的。知识概括化(总结出重点知识)的水平越高,知识迁移的范围和可能性越大。

在教学中,鼓励学生对核心的基本概念进行概括和抽象(总结出重点知识)。概括和抽象的学习方法是最重要的方法,在学习时对知识进行思维加工,区别本质的和非本质的属性,偶然的和必然的联系,舍弃那些偶然的、非本质的元素,牢牢把握那些必然的本质(核心)元素。这种学习方法能使学生的认识从低级的感性阶段上升到高级的理性阶段,从而能够实现更深的记忆和更广泛的知识迁移。

迁移学习是模拟人的知识迁移方法移植到计算机中。

10.2.2　迁移学习与类比学习比较

1. 类比学习概述

类比学习(learning by analogy)是机器学习中开展较早的学习方法。

类比学习是在源域 S 和目标域 T 两个不同的领域,S 中的元素 a 和 T 中元素 b 具有相似的性质 P,即 $P(a) \sim P(b)$($\sim$ 表示相似),a 还具有性质 Q,即 $Q(a)$。根据类比推理(表示成 $|\sim$),b 也具有性质 Q,即

$$P(a) \wedge Q(a), P(a) \sim P(b) \mid \sim Q(b) \sim Q(a), \quad a \in S, b \in T$$

类比学习的一般步骤如下。

(1)找出源域与目标域的相似性质 P,以及源域中另一个性质 Q 和性质 P 对元素 a 的关系:$P(a) \rightarrow Q(a)$。

（2）在源域中推广 P 和 Q 的关系为一般关系，即

$$\forall x(P(x) \to Q(x))$$

这一步实际是归纳，由个别现象推广成一般规律。

（3）从源域和目标域的映射关系，得到目标域的新性质

$$\forall x(P(x) \to Q(x))$$

（4）利用假言推理

$$P(b), P(x) \to Q(x) \vdash Q(b)$$

最后得出 b 具有性质 Q。

这一步实际是演绎，由一般规律推出个别现象。

类比学习在科学技术发展的历史中，起着重要的作用，很多发明和发现是通过类比学习获得的。例如，卢瑟福将原子结构和太阳系进行类比，发现了原子结构；水管中的水压计算公式和电路中的电压计算公式相似。

2. 比较

类比学习实质上是通过源域和目标域的相似性，挖掘目标域中类似于源域的新性质。没有知识迁移，而是知识类比。

迁移学习是把源域中的知识用于目标域中（知识迁移），经过修改，解决目标域的问题。这里有知识的迁移，要求源域和目标域具有共性。迁移学习的共性比类比学习的相似性要求更强。

10.2.3　迁移学习与基于案例的推理比较

1. 基于案例的推理

基于案例的推理（case-based reasoning，CBR）是人工智能的一种方法，应用比较广泛。案例是一种表示内容较丰富的知识。例如，一次阅历、一条经验、一个故事或者一个过去的情景。基于案例推理就是对新案例在案例库（case base）中检索出相似的旧案例，并进行修改给出新案例的解。

人类专家对各种案例进行收集，并进行形式化描述，形成计算机可以操作的案例，再存入案例库中。由于人类专家是通过对以前经验的回顾来解决问题的，所以通过 CBR 解决问题时，需要对案例库中的新案例进行相似检索，这个检索过程对应了人类的回忆过程。对案例的检索可能会出现几种情况，检索出来的案例与待求的问题相同、相近似甚至完全不一致，这时候就需要进行匹配和对旧案例的某些结论进行修改，使其适合新案例，求得新问题的解。但是，值得注意的是，得到的解未必符合实际情况，这时就必须对解进行再调整和修改。

最后，新的案例（即对案例调整后的解释和过程）被存入案例库中，同时建立新案例的索引。这样，新的案例就成了系统所学到的新知识，这与人类专家学习新知识的过程对应。

CBR 解决新问题的基本思想如图 10.6 所示。

人类擅长借助其自身的经验及旧案例解决问题、评价求解方案和解释异常情况等，通过对旧事务的证实和修正不断获取新的知识。

2. 比较

基于案例的推理与迁移学习很相似。新案例需要利用旧案例的知识解决新案例的

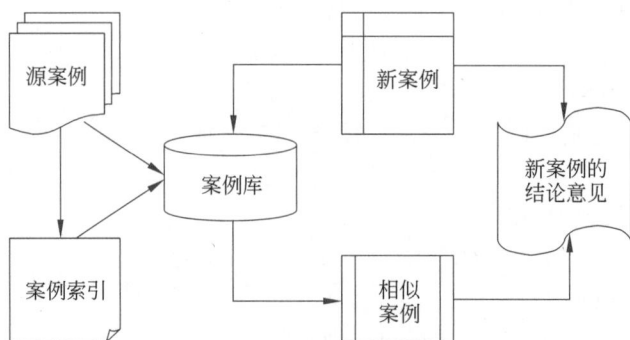

图 10.6 基于案例的推理结构图

问题。

它们的区别如下。

(1) 基于案例的推理中新案例利用旧案例的知识时,需要通过人为修改旧案例的知识,使其适应新案例问题的解决。

(2) 迁移学习中新问题利用旧问题的知识,有些直接使用不修改(如神经网络的结构和部分权值)。当要修改旧知识(某些层网络权值)时,也是计算机自动修改(按神经网络权值修正公式),无须人为干预。这是很大的不同。

(3) 迁移学习利用成熟的知识更灵活、更有效。这是技术的进步。

◇ 10.3 公 式 发 现

10.3.1 曲线拟合与发现学习

在科学发展史上,各种物理学、化学、天文学中的自然规律都是著名科学家们对大量的实验数据进行深入研究后得到的,如牛顿三大定律、万有引力定律、开普勒行星运行定律等。这些自然规律是科学发展和社会进步的奠基石。

自然界存在着无数的规律,除了已被发现的,还有很多规律需要人们继续发现。在大量的工程问题中,同样存在着大量的实验数据需要人们寻找它们的规律性。在找到完全精确的规律性前,一般用经验性规律(带有一定的误差)来代替,完成工程计算、设计和施工。经验规律的发现一般由有经验的工程师来完成。

1. 数值计算方法中的曲线拟合

随着计算机的出现,发展了数据拟合技术。它是数值计算的重要分支。数据拟合是利用科学试验中得出的大量测量数据,求自变量和因变量的一个近似公式。

例如,已知 N 个点(x_i,y_i)求自变量 x 和因变量 y 的一个近似表达式 $y=\phi(x)$。

曲线拟合问题的特点在于,被确定的曲线原则上并不特别要求真正通过给定点,只要求它尽可能从给定点的附近通过。对于含有观测误差的数据,不过点的原则显然更为适合,因为它可以部分抵消数据中含有的观测误差。给出一般的近似的数学公式有

$$y^* = a_0 + a_1\phi_1(x) + a_2\phi_2(x) + \cdots + a_k\phi_k(x) \tag{10.12}$$

在曲线拟合中,$\phi_k(x)$一般取 x^k 或正交多项式。其中,$a_0,a_1,\cdots,a_k$ 各个系数确定常

用的是最小二乘法,即使各点的误差平方和最小

$$\phi(a_0,a_1,\cdots,a_k) = \sum_{i=1}^{n}(y_i - y_i^*)^2$$

$$= \sum_{i=1}^{n}\{y_i - [a_0 + a_1\phi_1(x_i) + a_2\phi_2(x_i) + \cdots + a_k\phi_k(x_i)]\}^2$$

$$= \min \tag{10.13}$$

对于如何选择 $a_0,a_1,\cdots,a_k$ 使误差平方和最小,可以用数学分析中求极值方法,即函数 $\phi(a_0,a_1,\cdots,a_k)$ 对 $a_0,a_1,\cdots,a_k$ 求偏微商,再使偏微商等于 0,得到 $a_0,a_1,\cdots,a_k$ 应满足的方程

$$\begin{cases} \partial\phi/\partial a_0 = -2\sum_{i=1}^{N}[y_i - a_0 - a_1\phi_1(x_i) - \cdots - a_k\phi_k(x_i)] = 0 \\ \partial\phi/\partial a_1 = -2\sum_{i=1}^{N}[y_i - a_0 - a_1\phi_1(x_i) - \cdots - a_k\phi_k(x_i)] \cdot \phi_1(x_i) = 0 \\ \partial\phi/\partial a_k = -2\sum_{i=1}^{N}[y_i - a_0 - a_1\phi_1(x_i) - \cdots - a_k\phi_k(x_i)] \cdot \phi_k(x_i) = 0 \end{cases} \tag{10.14}$$

求得这组方程的解 $\{a_i\}$,即可得拟合式(10.12)。

用多项式作逼近公式

$$y = a_0 + a_1x^1 + a_2x^2 + \cdots + a_kx^k \tag{10.15}$$

根据数学定理,k 越大(x^k 的次数越高),逼近的精度越高。但实际计算表明,k 过大,不但求解过程中容易发生病态等麻烦情况,而且得到的多项式尽管在各 x_i 处的值与 y_i 很接近,但其他地方却产生不合理的波动现象。

为克服这方面的困难,取更一般的情况,即用正交多项式 $\Phi_k(x)$ 代替 x^k,它本身是 k 次多项式,例如典型的勒让德多项式。下面用一个例子来说明。

例如,在某个化学反应中,根据实验所得分解生成物的浓度与时间的关系数据如表 10.1 所示。

表 10.1 浓度与时间的关系数据

时间 t	浓度 y	时间 t	浓度 y	时间 t	浓度 y	时间 t	浓度 y	时间 t	浓度 y	时间 t	浓度 y
0	0	10	2.16	20	3.44	30	4.15	40	4.51	50	4.66
5	1.27	15	2.86	25	3.87	35	4.37	45	4.60		

由于用简单的多项式作逼近公式,得不到理想的精度,采用勒让德多项式来作逼近公式。在此,用 5 次正交勒让德多项式作为 y 的近似公式

$$y = \phi_5(x) = \sum_{i=0}^{5} a_i p_{i,10}(x)$$

其中,$x = t/5$,即 $x_0 = 0, x_1 = 1, \cdots, x_{10} = 10$。

利用曲线拟合方式得到具体的逼近公式

$$\phi_5(x) = 3.2627 \times 10^{-4} p_{0,10}(x) - 2.154\,55 \times 10^{-4} p_{1,10}(x) - 0.908\,104 \times 10^{-4} p_{2,10}(x)$$

$$- 0.164 \times 10^{-4} p_{3,10}(x) - 0.0195 \times 10^{-4} p_{4,10}(x) - 0.0102 \times 10^{-4} p_{5,10}(x)$$

其中各正交多项式为

$$p_{0,10}(x)=1$$

$$p_{1,10}(x)=1-2\cdot\frac{x}{10}$$

$$p_{2,10}(x)=1-6\cdot\frac{x}{10}+6\cdot\frac{x(x-1)}{10(10-1)}$$

$$p_{3,10}(x)=1-12\cdot\frac{x}{10}+30\cdot\frac{x(x-1)}{10(10-1)}-20\cdot\frac{x(x-1)(x-2)}{10(10-1)(10-2)}$$

$$p_{4,10}(x)=1-20\cdot\frac{x}{10}+90\cdot\frac{x(x-1)}{10(10-1)}-140\cdot\frac{x(x-1)(x-2)}{10(10-1)(10-2)}$$
$$+70\cdot\frac{x(x-1)(x-2)(x-3)}{10(10-1)(10-2)(10-3)}$$

$$p_{5,10}(x)=1-30\cdot\frac{x}{10}+210\cdot\frac{x(x-1)}{10(10-1)}-560\cdot\frac{x(x-1)(x-2)}{10(10-1)(10-2)}$$
$$+630\cdot\frac{x(x-1)(x-2)(x-3)}{10(10-1)(10-2)(10-3)}$$
$$-252\cdot\frac{x(x-1)(x-2)(x-3)(x-4)}{10(10-1)(10-2)(10-3)(10-4)}$$

该逼近公式的精度很高,但遗憾的是,此公式太复杂,计算起来烦琐,很难理解变量之间的内在关系。

曲线拟合中如何选取基函数(如勒让德多项式)的有效方法是正交筛选法。

可以说,曲线拟合方法基本上解决了在科学与工程中的大量实验数据中找出逼近公式,达到给定的精度。

数据拟合方法虽然能解决一些实际问题,但是它把寻找公式的范围限制在多项式形式之内。对正交多项式一般表示都很复杂,如勒让德多项式,它是由多个多项式组成的。每个多项式的系数都不相同,且多项式次数逐渐增加。由正交多项式表示的逼近公式对使用者很不直观,建立不起各个变量之间的直观概念。

2. 发现学习

随着人工智能技术的发展,近 10 年来,机器发现技术得到发展。比较典型的系统有科学定律发现系统 BACON、数学概念发现系统 AM 等,它们都产生了巨大的影响。

对于科学发现的自然规律,用数据拟合的方法在计算机上是绝对得不出来的,只能采用新的途径,这就需要用人工智能技术来完成。BACON 系统就是在这种思想指导下产生的。

发现学习是从一组观测结果或数据利用启发式求出这些数据的一个或多个规律。

例如,容器中的气体,人们能够观察到的具体数据是温度(T)、体积(V)、压强(P)和克分子个数(N)。它们之间的规律性是这些属性项之间的关系式:$PV/NT=$ 常数。公式发现就是找出能够解释给定数据集合的最本质的规律性。

发现学习有两种方式:数据驱动方式的公式发现和模型驱动方式的概念发现。

(1) 数据驱动方式的公式发现。根据在搜索数据中所发现的数据规律性,采用不同的启发式发现动作,在一系列发现动作后形成所发现的公式规律。BACON 系统和 FDD 系统是数据驱动的公式发现系统。

（2）模型驱动方式的概念发现。典型例子是数学概念发现系统 AM。它包括了各种各样的搜索法(242 个启发式规则)指导在数据领域中的搜索，从集合、表、项等 1000 多个基本数学概念出发，AM 使用具体化、一般化、类比、复合等操作产生新的数学概念，如得出自然数、质数等重要的数学概念。AM 系统还找到了与这些概念有关的定性规律，如唯一因子分解定理等。

10.3.2　科学定律发现系统

1. BACON 系统的思想

BACON 系统是运用人工智能技术从试验数据中寻找其规律性比较成功的一个系统，是 Pat Langley 于 1980 年研制的。它运用数据驱动方法，即这种方法使用的规则空间与假设空间是分开的。系统的规则空间包括若干精炼算子，通过精炼算子修改假设。精炼算子就是修改假设空间的子程序，每个精炼算子以特定的方式修改假设空间。整个学习程序由多个精炼算子组成，程序使用探索知识对提供的训练例进行分析，决定选用哪个精炼算子。这类学习方法的大致步骤如下。

（1）收集某些训练例。

（2）对训练例进行分析，决定应该使用的精炼算子。

（3）使用选出的精炼算子修改当前的假设空间。

重复执行步骤(1)~步骤(3)，直到取得满意的假设为止。

BACON 系统的思想是程序反复地考察数据并使用精炼算子创造新项，直到创造的这些项中有一个是常数时为止。于是一个概念就用"项＝常数"的形式表示出来，其中项为变量运算的组合而形成的表达式。

2. BACON 系统主要精炼算子

BACON 系统主要精炼算子如下。

1）发现常数

当某一属性变量取某一值至少两次时触发该算子，该算子建立这个变量等于常数的假设。

2）具体化

当已经建立的假设同数据相矛盾时触发该算子，它通过增加合取条件的形式把假设具体化。

3）斜率和截距的产生

当发现两个变量是线性相互依赖时触发该算子，它以建立线性关系的斜率和截距作为新变量。

4）乘积的产生

当发现两个变量以相反方向递增但又不线性依赖时触发该算子，产生两个变量的乘积作为新变量。

5）商的产生

当发现两个变量以相同方向递增但又不线性依赖时触发该算子，产生两个变量的商作为新变量。

6）模 n 变量的产生

当发现两个变量 v_1 和 v_2 在模某一数 n 相等时触发该算子，产生 $v_2 (\mathrm{mod}\ n)$ 作为新变量。

3. 开普勒第三定律的发现

太阳系行星运行数据包括行星运动周期 p(绕太阳一周所需时间),行星与太阳的距离 d(绕太阳旋转的椭圆轨道的长半轴),在此用参照数据,以水星数据为单位标准,如表 10.2 所示。

表 10.2　行星运行数据

行　　星	参　　数		行　　星	参　　数	
	p	d		p	d
水星	1	1	地球	27	9
金星	8	4			

利用 BACON 精炼算子发现行星运行规律发现过程如表 10.3 所示。

表 10.3　行星运行规律发现过程

行　　星	参　　数				
	p	d	d/p	d^2/p	d^3/p^2
水星	1	1	1	1	1
金星	8	4	0.5	2	1
地球	27	9	0.33	3	1

发现过程说明如下。

(1) 变量 p 和变量 d 都是递增的,建立两个变量相除的新变量 d/p(第 3 列)。

(2) 变量 d 与变量 d/p 以相反方向递增,建立两个变量相乘的新变量 d^2/p(第 4 列)。

(3) 变量 d/p 与变量 d^2/p 以相反方向递增,建立两个变量相乘的新变量 d^3/p^2(第 5 列)。

(4) 最新变量 d^3/p^2 是常数 1,发现公式为

$$d^3/p^2 = 1$$

4. 理想气体定律的发现

理想气体有 4 个变量:体积(V)、压强(P)、温度(T)和克分子个数(N),具体数据如表 10.4 所示。

表 10.4　理想气体数据

例　　子	参　　数			
	V	P	T	N
I_1	0.008 320 0	300 000	300	1
I_2	0.006 240 0	400 000	300	1
I_3	0.004 992 0	500 000	300	1
I_4	0.008 597 3	300 000	310	1

续表

例　子	参　数			
	V	P	T	N
I_5	0.006 448 0	400 000	310	1
I_6	0.005 158 4	500 000	310	1
I_7	0.008 874 7	300 000	320	1
I_8	0.006 656 0	400 000	320	1
I_9	0.005 324 8	500 000	320	1
⋮	⋮	⋮	⋮	⋮
I_{25}	0.026 624 0	300 000	320	3
I_{26}	0.019 968 0	400 000	320	3
I_{27}	0.015 974 0	500 000	320	3

　　为了发现它们之间的规律,先取变量 T 和 N 的相同数据(如前三列中 $T=300,N=1$),对变量 V 和 P 进行分析发现,由于 V 和 P 两个变量以相反方向递增,利用 BACON 精炼算子,建立两个变量相乘的新变量 PV,且 PV 等于常数 2496。

　　对于另一组相同的数据($T=310,N=1$),利用相同方法得到 PV 新常数 2 579.199 9。这样得到新的理想气体数据,如表 10.5 所示。

表 10.5　合并 PV 变量后的理想气体数据

例　子	参　数		
	PV	T	N
I_1'	2496	300	1
I_2'	2 579.199 9	310	1
I_3'	2 622.399 9	320	1
I_4'	4 991.999 9	300	2
I_5'	5 158.399 9	310	2
I_6'	5 324.799 9	320	2
I_7'	7488	300	3
I_8'	7 737.599 9	310	3
I_9'	7 987.2	320	3

　　从表 10.4 到表 10.5,合并了变量 P 和 V 成新变量 PV,它和变量 T 和 N 仍是 3 个变量。为了有效地发现它们之间的规律,仍先固定变量 N,研究变量 PV 与 T 之间的关系。表 10.5 中每三行数据均为 $N=1$、2、3 是常数的数据。

　　分析在 $N=$ 常数的三行数据中,变量 PV 与 T 是以相同方向递增,利用 BACON 精炼算子,建立两个变量相除的新变量 PV/T,且新变量等于常数(取不同的 N 时,PV/T 常数不同)。这样得到最新的理想气体数据如表 10.6 所示。

表 10.6 最新的理想气体数据

例 子	参 数		例子	参 数	
	PV/T	N		PV/T	N
I_1''	8.32	1	I_3''	24.95	3
I_2''	16.64	2			

对表 10.6 中数据,它是两个变量 PV/T 与 N 的数据。分析两变量 PV/T 与 N 的变化关系。两个变量以相同方向递增,利用 BACON 精炼算子,建立两个变量相除的新变量 $PV/T/N=PV/TN$,得到常数 8.32,按 BACON 精炼算子,发现公式为

$$PV/NT=8.32$$

BACON 系统在发现某些科学定律上取得很大成功,但是 BACON 系统也存在很多弱点。第一,BACON 系统对训练例所取得的具体值特别敏感,产生这种情况的原因是每个精炼算子都有十分具体的触发条件,训练例的值一变或提供训练例的次序一变,都会影响规则的触发。例如,对某类训练例 BACON 不能发现欧姆定律,如果变量的次序安排得不够好,BACON 发现单摆定律要多花 40% 的时间。

第二,BACON 不能处理干扰性的训练例。例如,发现常数精炼算子的触发仅仅是根据某项在两个训练例的值相等。这种触发条件显然对干扰是高度敏感的。

5. BACON 系统的进展

BACON 系统共有 5 个版本,不同的版本其规则空间也不同。

(1) BACON.1 提出了 6 条精炼算子,发现了开普勒定律。

(2) BACON.2 是 BACON.1 的扩展形式,包括两条附加的运算程序,能够发现递归序列并通过计算重复差的方法产生多项式,BACON.2 的能力有很大提高,可以解决一大类序列外推的任务。

(3) BACON.3 是 BACON.1 的另一个扩展形式,使用发现常数运算程序提出的假设重新构造训练例。它用不同的描述层次表示数据,其中最底层是直接观察的;最高层是对应于数据的假说;中间层相对于下层是假说,相对于上层是数据,它不把假说和数据截然分开。BACON.3 由大约 86 个产生式规则组成,共分 7 组,各组产生式规则负责不同的任务,有的负责直接搜索观测数据,有的负责数据的规律性,有的计算项的值,有的把新项分解为它的组成部分。

BACON.3 发现如下规律。

理想气体定律: $pv/(nt)=k_1$。

Coulomb 定律: $fd^2/(q_1q_2)=k_4$。

Galileo 定律: $dp^2/(lt)^2=k_5$。

Ohm 定律: $td^2/(l_c-k_6c)=k_7$。

(4) BACON.4 把观察变量的组合式认为是推理项,它使用了启发式搜索方法:程序总是注意两个数值变量之间增加和减少的单调关系,如果斜率为常数,则系统建立两个新的推理项(斜率项和截距项)作为有关变量的线性组合。如果斜率是变化的(不是线性关系),则

BACON.4 计算有关项的乘积或比值,并把这个变量当作一个新的推理项,一旦新的项确定了,就不需要区别推理项和观察变量。BACON.4 递归应用同样试探规则,使系统具有相当大的发现经验规律的能力。该系统还提出了固有性质解决符号变量的处理。

BACON.4 又发现了若干自然规律。

Snell 折射定律:$\sin(i)/\sin(r) = n_1/n_2$。

动量守恒动量:$m_1 v_1 = m_2 v_2$。

万有引力定律:$F = Gm_1 m_2/d_2$。

Black 比热定律:$c_1 m_1 t_1 + c_2 m_2 t_2 = (c_1 m_1 + c_2 m_2)t_f$。

(5) BACON.5 用简单的类比推理发现守恒定律,对两个物体具有完全相同的有关项,BACON.5 推测最后的定律是对称的。它把各项排序,使得属于同一物体的项首先改变,一旦该物体的这些变量中发现一个不变推理项,程序就假定必有一个类似项可用于另一个物体。因此,BACON.5 只需相同地改变另一个项集合中的推理项。当做到了这一点后,两个高层项取不同的值,可用其他试探规则查找它们之间的关系。这样一来,在物理中普遍存在的对称定律可以很容易地发现。

BACON.5 发现了能量守恒定律。

10.3.3 经验公式发现系统

经验公式发现系统(formula discovery from data,FDD)是陈文伟团队应用人工智能技术的机器发现技术、数值计算中的曲线拟合技术及可视化技术结合起来自行研制的系统。它是从大量试验数据中发现经验公式。逐步完成任意函数的任意组合(线性组合、初等运算组合、复合函数运算组合等)对自然规律和经验规律的发现。

FDD 系统有 3 个版本:FDD.1、FDD.2、FDD.3。

FDD.1 系统能够发现变量取初等函数或复合函数的组合公式。FDD.2 系统能够发现变量取导数的公式。FDD.3 系统能够发现多变量取初等函数或复合函数的组合公式。

1. 问题描述

给定一组可观察变量 $X(x_1, x_2, \cdots, x_n)$ 以及这组变量的试验数据 $D_i(d_{i1}, d_{i2}, \cdots, d_{in})$,$i = 1, 2, 3, \cdots, m$。公式发现系统找出该组变量满足的数学关系式:$f(x_1, x_2, \cdots, x_n) = c$,其中,$c$ 为常数,即对任意一组试验数据 $(d_{i1}, d_{i2}, \cdots, d_{in})$ 均满足关系式 $f(d_{i1}, d_{i2}, \cdots, d_{in}) = c$。

所找出的关系式 $f(x)$ 是任何形式的数学公式,包括分段函数。

对于关系式 $f(x_1, x_2, \cdots, x_n) = c$ 的复杂程度可做如下分类。

(1) 变量的初等运算:$f(x, y) = x\theta y$,其中,θ 为 +、-、*、/。

(2) 变量的初等函数运算:$f(x) = c$,其中,$f(x)$ 为初等函数。

(3) 初等函数的任意组合:$f(x, y) = a_1 f(x)\theta a_2 f(y)$。

(4) 复合函数的运算:$g(f(x)) = c$,其中,$g(x)$、$f(x)$ 均为初等函数。

(5) 复合函数的任意组合:$h(a_1 g_1(f(x))\theta a_2 g_2(f(y)))$,其中,$h(x)$、$g(x)$、$f(x)$ 均为初等函数。

(6) 多个初等函数的组合:$f(x, y) = a_1 f_1(x)\theta a_2 f_2(x)\cdots\theta a_k f_k(y)$,其中,$f(x)$、$f(y)$ 均为初等函数。

(7) 分段函数：对于不连续的点，分别用不同的函数加以描述。

以上是对两个变量的讨论。在现实世界中存在着多个变量的更为复杂的关系，在公式发现过程中采用先寻找两个变量的关系，再逐步扩充为多个变量的关系的方法。

2. FDD.1 的设计思想

FDD.1 系统的基本思想是利用人工智能启发式搜索函数原型、寻找具有最佳线性逼近关系的函数原型，并结合曲线拟合技术及可视化技术寻找数据间的规律性。

启发式方法是求解人工智能问题的一个重要方法。一般启发式是建立启发式函数，用于引导搜索方向，以便用尽量少的搜索次数，从开始状态达到最终状态。

FDD.1 系统在执行搜索的过程中，对原型函数的搜索以及对它们的组合函数的搜索也是一种组合爆炸现象。为解决这一问题，在设计系统时采用了启发式方法来实现。

对某个变量取初等函数与另一个变量的初等函数或基本数据进行线性组合，即从原型库中选取逼近效果最好的少数几个初等函数作为基函数，并进一步形成组合函数，直至找到最后的目标函数。FDD.1 系统的启发式函数形式为

$$f(x_2) = a + bf_1(x_1) \tag{10.16}$$

线性逼近误差公式为

$$dt = (a + bf(x_1) - f(x_2))/f(x_2) \tag{10.17}$$

通常总是选取 dt 最小的 $f(x_i)$ 作为继续搜索的当前节点。这一启发式函数在以后的多次应用中被证明是有效的。

3. FDD.1 系统中的知识

在 FDD.1 系统中，知识采用的是产生式规则的表示形式(if…then)。

主要的基本规则如下。

规则 1　发现常数

当某个变量 x 取一个常数，则建立该变量等于常数的公式，即 $x = c$。

规则 2　两变量的初等运算组合

当两变量进行初等运算若等于常数，则建立该变量的初等运算关系式

$$a_1 x_1 \theta a_2 x_2 = c$$

其中，θ 为 +、−、×、/。

规则 3　变量取初等函数

当某个变量取初等函数等于常数，则建立该变量的初等函数关系式

$$f(x) = c$$

其中，$f(x)$ 为初等函数。

规则 4　两个变量取初等函数的线性组合

两个变量分别取初等函数后的线性组合等于常数，则建立两个变量取初等函数的线性组合关系式

$$a_1 f_1(x_1) + a_2 f_2(x_2) = c$$

其中，$f_1(x_1)$、$f_2(x_2)$ 为初等函数。

规则 5　某个变量取某个初等函数与另一个变量的线性组合

对某个变量 x_i 取初等函数后与另一个变量 x_j 进行线性组合，若为常数，则建立关系式

$$c_1 f(x_i) + c_2 x_j = c$$

规则 6 对某个变量 x_j 取初等函数,另一个变量 x_i 取两个初等函数进行线性组合,若为常数,则建立关系式

$$c_1 f_1(x_i) + c_2 f(x_i) + c_3 g(x_j) = c$$

规则 7 建立新变量(启发式 1)

若两个变量的某初等运算结果接近常数,则建立新变量为该两个变量的某种初等运算。

规则 8 建立某个变量的某种初等函数为新变量(启发式 2)

若某个变量的某种初等函数与另一个变量或它的初等函数进行线性组合接近常数,则建立该变量的初等函数为新变量。

以上规则的嵌套或递归使用,将形成变量的任意函数间的任意组合。在应用规则时,利用可视化技术将减少各种函数和各种运算的选取,大大节省了搜索时间。

4. FDD.1 系统实例

1)行星运动开普勒第三定律的重新发现

(1)近似数据。

行星运行的近似数据如表 10.7 所示。

表 10.7 行星运行的近似数据

距离 d	1	4	9	16	25	36	49	64	81	100
周期 p	1	8	27	64	125	216	343	512	729	1000

(2)开普勒第三定律搜索树。

对于行星绕太阳运动的开普勒第三定律,BACON 系统利用变量的乘除运算,使得到的新变量趋向常数的思想,对该定律重新发现。利用变量取初等函数的线性组合趋向直线方程的思想,对该定律也重新发现,公式发现搜索树如图 10.7 所示。从搜索过程可见,FDD.1 系统的公式发现过程与 BACON 系统的公式发现过程是完全不同的。

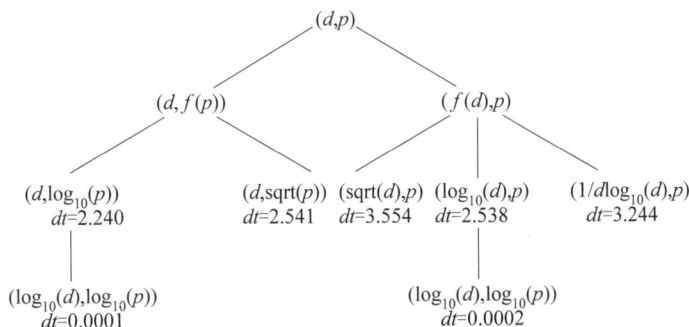

图 10.7 开普勒第三定律公式发现搜索树

公式发现搜索树中有两个分支,左分支路径:先固定 d,对变量 p 求各原型函数 $f(p)$,用 d 和 $f(p)$ 拟合线性方程 $f(p) = a + bd$,其中,a、b 是常数,求逼近 $f(p)$ 的相对误差,选误差最小的函数为 $\log_{10}(p)$,误差为 2.240,建立新变量 $p' = \log_{10}(p)$,并固定它,再对 d 变量求各原型函数 $g(d)$,对 $\log_{10}(p)$ 和 $g(d)$ 拟合线性方程,并求逼近 $g(d)$ 的相对误差,选取误差最小者为 $\log_{10}(d)$,误差为 0.0001,调用公式生成模块求得公式及系数,公式为

$$\log_{10}(d) = 0.0 + 0.666\,666\,667\log_{10}(p) \tag{10.18}$$

即为

$$d^3 = p^2$$

从右分支树也可以发现开普勒第三定律,这里不再详述。

2) 实例数据的公式发现

例如,炼钢厂出钢时所用盛钢水的钢包,在使用过程中由于钢液及炉渣对包衬耐火材料的侵蚀,使其容积不断增大,钢包容积与相应的使用次数(即包龄)的数据如表 10.8 所示。

表 10.8 钢包容积与相应的使用次数的数据

使用次数 x	容积 y	使用次数 x	容积 y
2	106.42	11	110.59
3	108.20	14	110.60
4	109.58	15	110.90
5	109.50	16	110.76
7	110.00	18	111.00
8	109.93	19	111.20
10	110.49		

对这组试验数据的搜索过程与行星运动例子相同,这里不再详细叙述其具体发现过程,只给出它的公式发现搜索树和最终公式形式,并与《计算方法引论》中的方法及结果做比较,公式发现搜索树如图 10.8 所示。

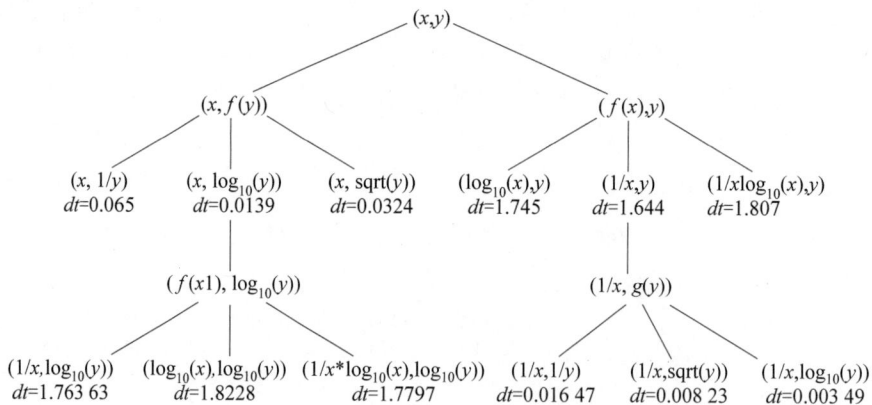

图 10.8 钢包容积变化公式发现搜索树图

从右分支开始搜索,得到了组成公式的两组基函数:$(1/x, \log_{10}(y))$;$(1/x, \text{sqrt}(x))$调用公式发现模块求得公式及系数,最终得到经验关系式为

$$\text{sqrt}(y) = 10.559\,190\,8 - 0.471\,126\,8/x \tag{10.19}$$

$$dt = 0.008\,233$$

$$\log_{10}(y) = 2.047\,297\,5 - 0.039\,212\,4/x \tag{10.20}$$

$$dt = 0.003\,49$$

经效果分析均满足误差要求。

这样就用 FDD.1 系统发现了上述两个公式。

《计算方法引论》所讲述的公式为

$$y = x/(0.008\,966 + 0.000\,830\,12x) \tag{10.21}$$

这个公式是该书作者根据自己的专业知识和经验，并根据其离散点在图上分布形状选择 $1/x$ 代替 x，$1/y$ 代替 y，再进行线性拟合而得到的公式。此公式与图 10.8 中得到的 $(1/x，1/y)$ 作为新变量求得的线性组合公式一样，其误差是 $dt = 0.016\,47$，比前两个公式的误差要大。这说明 FDD 方法能代替人的经验。

从许多试验数据的分布状况中，人们往往看不出它的具体规律，因此利用人的经验做法不具有普遍性，而且具有一定的盲目性。而使用 FDD.1 经验发现公式系统并不要求用户的经验和专业知识，FDD.1 系统很快便能发现效果良好的经验公式，这是 FDD 系统的一个显著优点。

5. FDD.2 和 FDD.3 版本

在 FDD.1 版本的基础上，又完成了 FDD.2 和 FDD.3 两个新版本。

FDD.2 是通过引入导数规则对 FDD.1 算法的规则进行扩充，同时修改算法流程，使得算法运行更加合理，扩大了发现公式的宽度和广度。FDD.3 算法引入多维函数处理规则后对 FDD.2 算法进行了扩充，同时通过嵌套 FDD.2 算法流程，实现了三维以上经验发现公式算法 FDD.3。

BACON 系统采用"项＝常数"的形式描述公式形式，而 FDD 系统采用"项＝初等函数或初等函数的复合形式"，并且引入导数规则等，与 BACON 系统相比 FDD 系统的范围和复杂度都有很大提高。

◇ 习 题 10

1. 用强化学习的原理解释自己有过的经历。

2. 形式化描述强化学习过程。

3. 迁移学习的本质是什么？你有过知识迁移的经历吗？

4. 数据拟合的基本思想是什么？有什么优点和缺点？

5. 从 BACON 系统的实例看，公式发现与数据拟合有什么不同？

6. BACON 系统的简练算子有哪些？

7. BACON 系统是如何发现理想气体定律的？

8. BACON 系统的启发式是什么？

9. FDD.1 系统的启发式函数是什么？

10. FDD.1 系统完成开普勒第三定律的发现过程是什么？它与 BACON 系统的发现过程有什么不同？

知 识 挖 掘

◇ 11.1 软件进化规律的知识挖掘

计算机虽然是非生物,但在人的帮助下,它解决问题的能力充分体现了由简单到复杂、由低级到高级的进化过程。这种进化过程的结果,使计算机逐渐在向人靠拢,逐步在代替人的智力工作。找出计算机进化的规律,一是为了提升人们利用计算机解决问题的能力,二是为了促进计算机的进一步进化。

计算机软件进化的主要经历:①数值计算的进化;②计算机语言的进化;③从"数值计算"到"数据处理"再到"知识推理"的进化。

11.1.1 数值计算的进化

数值计算的进化体现在从"算术运算"到"微积分运算"再到"解方程"的发展过程。

1. 数值计算能力的进化

数值计算能力的进化概括为(说明:→表示进化,← 表示回归)

$$+\rightarrow\pm\times\div\rightarrow初等函数\rightarrow微积分运算\rightarrow解方程$$

即+运算是数值运算的根本。

1) $\pm\times\div\leftarrow+$(加减乘除回归到加)

(1) 加(+)是最基本运算。

(2) 减(−)是利用减数的补数(求反加1),变减为负值,进行加。

(3) 乘(×)是把乘变成累加,如 $5\times3=5+5+5$,即 5 加 3 次。

(4) 除(÷)是把除变成累减的次数,如 $6\div3$ 为 $6-3-3=0$,减了 2 次,即商为 2。

2) 初等函数 $\leftarrow\pm\times\div$

初等函数的计算不是利用定义,而是利用台劳级数公式来计算的,即变成(回归到)加减乘除运算。如:

(1) 三角公式

$$\sin x=\frac{x}{1!}-\frac{x^3}{3!}+\frac{x^5}{5!}-\frac{x^7}{7!}+\cdots$$

(2) 指数公式

$$e^x=1+\frac{x}{1!}+\frac{x^2}{2!}+\frac{x^3}{3!}+\cdots$$

注意：取级数的项数在于满足计算的精度。

3）微积分运算 ←±×÷

（1）微分运算（差分化）

$$f'(x) = \lim_{\Delta x \to 0} \frac{f(x) - f(x_0)}{x - x_0} \quad \text{变成} \quad f'(x) \approx \frac{f(x) - f(x_0)}{x - x_0}$$

即导数的极限运算变成近似的差分求商，回到了加减乘除运算。

（2）积分运算（求和）

$$\int_a^b f(x)\,\mathrm{d}x = \lim_{\Delta x \to 0} \sum_{k=1}^n f(x_k)\Delta x \quad \text{变成} \quad \int_a^b f(x)\,\mathrm{d}x \approx \sum_{k=1}^n f(x_k)\Delta x$$

即积分的极限运算变成近似的求和，也回到了加减乘除运算。取 Δx 尽量小，就能满足误差精度。

（3）二阶导数的差分方程

$$\frac{\mathrm{d}^2 f(x)}{\mathrm{d}x^2} = \frac{\mathrm{d}}{\mathrm{d}x}\left(\frac{\mathrm{d}f(x)}{\mathrm{d}x}\right) \approx \frac{f(x_2) - 2f(x_1) + f(x_0)}{\Delta x^2}$$

一阶和二阶导数的节点关系如图 11.1 所示。

高阶导数处理方法类似。

（4）偏微分方程的差分方程

$$\frac{\partial u}{\partial y} + \frac{\partial^2 u}{\partial x^2} \approx \frac{u_n^{n+1} - u_{n+1}^n}{\Delta y} + \frac{u_{j+1}^n - 2u_j^n + u_{j-1}^n}{\Delta x^2}$$

说明：n 表示 y 方向的增长，j 表示 x 方向的增长。偏导数节点关系如图 11.2 所示。

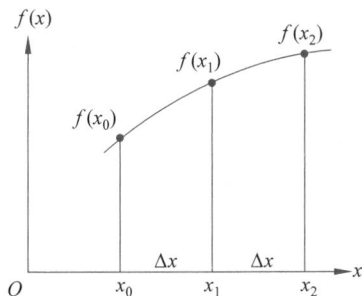

图 11.1　一阶和二阶导数的节点关系

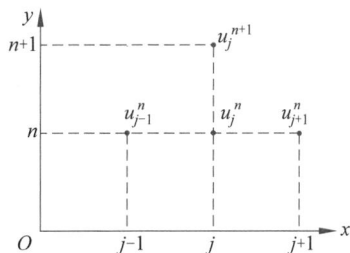

图 11.2　偏导数节点关系

4）解方程

方程的求解有两种方法：直接求解法和迭代求解法。

（1）直接求解法。

① 线代数方程组的直接求解。

线代数方程组的结构形式一般表示为

$$a_{11}x_1 + a_{12}x_2 + \cdots + a_{1n}x_n = b_1$$
$$a_{21}x_1 + a_{22}x_2 + \cdots + a_{2n}x_n = b_2$$
$$\vdots \qquad \vdots \qquad \qquad \vdots \qquad \vdots$$
$$a_{n1}x_1 + a_{n2}x_2 + \cdots + a_{nn}x_n = b_n$$

在计算机中，方程组用矩阵（数组）形式表示为

$$
\begin{pmatrix} a_{11} & a_{12} & \cdots & a_{1n} \\ a_{21} & a_{22} & \cdots & a_{2n} \\ \vdots & \vdots & \ddots & \vdots \\ a_{n1} & a_{n2} & \cdots & a_{nn} \end{pmatrix},\ \begin{pmatrix} x_1 \\ x_2 \\ \vdots \\ x_n \end{pmatrix},\ \begin{pmatrix} b_1 \\ b_2 \\ \vdots \\ b_n \end{pmatrix}
$$

说明：计算机中并不存在方程的结构形式，分别用 3 个数组表示，它们可以存放在计算机中不同的地方。这种表示把运算符（×、+、=）都隐藏起来，有利于同类数据集中存储，运算符将体现在指令操作中，即计算机程序把数据和运算符分开了，这是计算机程序的重要特点。

解方程时只对 3 个数组进行处理，最后得出 x_i 值。

线代数方程组的高斯主元消去法（加减乘除）：系数矩阵消元成单位矩阵，即

$$
\begin{pmatrix} 1 & 0 & \cdots & 0 \\ 0 & 1 & \cdots & 0 \\ \vdots & \vdots & \ddots & \vdots \\ 0 & 0 & \cdots & 1 \end{pmatrix},\ \begin{pmatrix} x_1 \\ x_2 \\ \vdots \\ x_n \end{pmatrix},\ \begin{pmatrix} b'_1 \\ b'_2 \\ \vdots \\ b'_n \end{pmatrix}
$$

② 偏微分方程边值问题的求解。

偏微分方程边值问题的求解一般是在一个区域内进行，区域中的点是未知数，区域边界点是已知数。例如，汽轮机转子进行热传导偏微分方程的计算，其网络划分如图 11.3 所示。

偏微分方程差分化后，经过整理变成了以区域中的点为未知数、区域边界点是已知数的线代数方程组。

偏微分方程的求解就变成了线代数方程组的求解，即回到了加减乘除的运算。

③ 微分方程数值计算的价值。

传统的数学分析解方程的方法是通过推演得到解

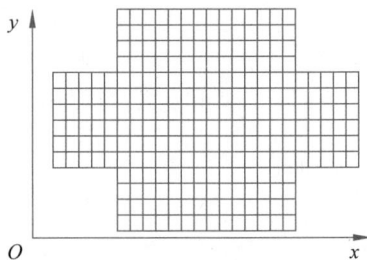

图 11.3　汽轮机转子的网络划分

析解，即用表达式形式表示的解。求方程的解析解只能解决少数的较简单的和典型的微分方程的求解。

微分方程的数值计算方法，无论是常系数还是变系数，是线性还是非线性，都能得到解决。解决的手段是对微分方程差分化，得到差分方程，让计算机解差分方程（加减乘除）得到数值解。

（2）迭代求解法。

① 迭代求解法的思想。

将方程 $f(x)=0$ 变成 $x=\varphi(x)$。

建立迭代求解法方程

$$
x_{n+1}=\varphi(x_n),\quad n=1,2,\cdots
$$

初值 x_1 任意选定，经过无限次迭代后，使

$$
|x_{n+1}-x_n|\leqslant \varepsilon
$$

这时，x_n 就是原方程的解

$$
f(x_n)=0
$$

典型的是牛顿迭代公式

$$x_{n+1} = x_n - \frac{f(x_n)}{f'(x_n)}, \quad n = 1, 2, \cdots$$

牛顿迭代公式中的导数是切线,经过多次迭代,很快就能求得方程的解 x_n。

② 迭代求解法适合于计算机求解。

用迭代求解法求解方程使解方程更简单和容易,省去了烦琐的步骤,思路简单。迭代求解法很适合让计算机来完成。因为迭代次数多,人来做就无法实现,而计算机来做就没有问题。计算机运算速度很快,适合重复性的计算。

计算机为迭代求解法求解方程开辟了新路。

③ 迭代公式的讨论。

迭代公式的计算结果有两种可能:收敛(求得结果)和发散。

当发散时需要构造反函数,才能使迭代收敛,即

$$x = \varphi^{-1}(x)$$

按以上思路,可以先将原方程构造迭代公式,不行时就构造反函数。

④ 迭代求解法的典型实例

BP 神经网络中权值和阈值的求解就是采用迭代求解法,具体公式为

$$W_{ij}(k+1) = W_{ij}(k) + \eta'\delta_i'x_j$$
$$\theta_i(k+1) = \theta_i(k) + \eta'\delta_i'$$

5) 数值计算的误差问题

数值计算的误差积累会引起结果的错误。例如,应该是正数的,但计算出来的是负数。为了使误差积累不产生错误的结果,需要做到以下两点。

(1) 原始数据的有效位数要比结果数据的有效位数多 1~2 位。

(2) 使用不是很合理的公式时,要检查可能出现错误的地方,增加判别公式,防止错误发生。

2. 二进制计算到二值数据表示

1) 二进制数从计算到表示

二进制数开始在计算机中是用于计算(代替十进制计算),后来发展成为表示形式(如汉字、图像、声音等)。概括为

十进制计算→二进制计算→二值数据表示→汉字编码+字形的二值数据表示(点阵)→图像点阵表示

从二进制计算到用二值数据表示汉字或多媒体是一次重大的观念转变。它使汉字或多媒体能够存入计算机中,也就可以在计算机中进行处理。这使计算机扩大了它的处理范围,使其进入了多媒体时代,也标志了计算机向前迈进了一大步。

2) 十进制到二进制的转换

计算机只能采用二进制。在使用计算机进行数值计算时,虽然输入的数是十进制数,但在计算机内有一个子程序(类似于初等函数子程序)会把数据转换成二进制。

3) 汉字表示

(1) 英文字母、数字、标点符号等用 ASCII 码值表示。

例如,A 的码值 65,数字 0 的码值 48。

（2）汉字编码。

一个汉字用 4 位十进制数字编码,前两位是区号,后两位是位号。一个汉字在计算机中的内码占 2 字节,前 1 字节用于区号,后 1 字节用于位号。

汉字的形状是方块体的多笔画的字,采用了二值数据的点阵形式来表示。这就使计算机能存储汉字,并能处理汉字。这克服了计算机只能处理拼音文字的狭隘范围,使汉字也能用计算机这个现代工具来处理。这既促进了汉字文化的发展,又使计算机的处理能力上升了一步。

4）图像的表示

图像看成点(像素)的集合,每像素的颜色用 3 字节(24 位)表示。任何颜色由红、绿、蓝三色混合而成,三色各占 1 字节,1 字节中用各位 0 或 1(二值数据)的不同来表示,构成了不同的颜色浓度。

一幅图像在计算机中表示为一个长度惊人的 0、1(二值数据)串。

图像用点阵数据表示,使计算机能存储图像,并能处理图像,从而使计算机进入了多媒体时代。

5）视频的表示

视频是连续播放一系列图像。每幅图像称为帧。每秒播出帧的数目在 24～30 幅图像时,就是像电影一样的视频。

由于视频数据量太大,一般采取 MPEG 压缩技术,相邻帧只记录前面帧的变化部分。不记录前面帧的重复部分,这样就可以节省大量的存储空间。

6）二值数据表示是"数字化"过程的基础

计算机的广泛应用在于"数字化"。汉字和多媒体用二值数据表示,才可以在计算机上存储和操作,计算机的应用才得到飞速发展。

11.1.2 计算机程序的进化

1. 计算机程序的进化过程

计算机程序的进化可以概括为

$$二进制程序 \rightarrow 汇编程序 \rightarrow 高级语言程序$$

1）机器语言(二进制)程序

二进制程序是最原始的计算机运行程序,由一串机器指令组成。

机器指令包括操作码和地址码。

例如：

操作码：02	加法	地址码：1001	x
05	取数	1002	y
06	送数	1003	空

完成 $x+y$ 的计算程序(八进制)为

```
05  1001  取 x
02  1002  加 y
06  1003  送结果
```

二进制程序有两个重要特点。

（1）在地址码中只放数据，不放运算符。运算符都在操作码中，即运算和数据是分开的。

（2）操作码中的指令是对变量的地址进行操作，而不是直接对变量的操作。这是一种间接操作，这适合机器的运算。

因为在对变量进行运算前，先要对变量进行存储，即把变量放入某个地址单元中，要进行运算就必须从地址单元中取出变量，再进行计算，指令对地址进行操作就是完成这些动作，这就形成了间接操作。

间接操作的好处如下。

（1）对于不同数据的相同操作，只需把不同数据放入相同地址单元中，程序不用变化。间接操作为程序的通用性带来了好处。它有别于人对变量的直接操作。人操作时，不需要把数据放入某个地址单元这个动作。

（2）编程序时，不要求先把数据都准备好后再编程序，只需要把数据的存放地址都分配好后就可以编程序。

我国 20 世纪 60 年代研制的第一台计算机（电子管）103 型，以及后来的 104 型、109 型等多台计算机，提供的都是机器语言（二进制）。

2）汇编程序

汇编程序是将二进制（或八进制、十六进制）程序中的数字用字母符号（助记符）代替。使用汇编程序简化了烦琐的数字。

上例二进制程序的汇编程序为

```
LDA    x    取 x
ADD    y    加 y
STA    r    送结果
```

汇编程序便利人书写，虽然程序中书写是变量 x、y，但是，汇编程序运行时还是要返回到二进制程序。程序中的变量仍然要用它的地址单元来表示。这时，变量的地址单元是由机器的解释程序来分配的。它不同于人编制的二进制程序，变量的地址单元是程序员分配的。

汇编程序通过解释程序返回到二进制程序。解释程序很简单，只需要两张对照表即可，一个是指令操作码的二进制对照表，另一个是数据地址的二进制对照表。

3）高级语言程序

高级语言程序是用接近自然语言和数学语言编写的程序。接近人们的习惯，便利非专业人员编写。高级语言程序种类很多，完成数值计算的高级语言有 C、Pascal、Ada 等；完成数据库操作的高级语言有 FoxPro、Oracle、Sybase 等；完成知识推理的高级语言有 PROLOG、LISP 等。高级语言程序需要先对所有的数据元素（变量、数组等）都要指定清楚，便利编译程序分配地址单元，即高级语言程序仍然是对数据的间接操作。

高级语言把程序的运算能力提高了一大步，即高级语言的结构化程序设计中，把程序结构归纳为 3 种基本结构的组合，这 3 种基本结构是顺序、选择、循环。任何复杂的程序都是这 3 个基本结构的嵌套组合。这种程序结构保证了程序的正确性，在"程序设计方法学"中给出了正确性的证明。它解决了 20 世纪 60 年代的软件危机。

在机器语言的指令集中，有比较和转移指令，也能完成选择和循环的运算，但当时程序员有一种追求编写精巧程序的愿望，于是大量使用 goto 语句。对于一个小程序是精巧程序

214

时，它是一个艺术品；对于一个大程序，在大量使用 goto 语句以后，发生错误的概率将大大增加，这就成了灾难，形成了软件危机。当时，不少人提出取消 goto 语句。最后，由于提出了结构化程序设计思想才解决了这场软件危机，使大型程序的正确性得到了极大提高。

高级语言的效果体现在以下 3 方面。

（1）高级语言便利了程序的编写。

（2）高级语言的功能更强了（很多标准的程序段通过连接程序直接嵌入用户程序中），极大提高了解决问题的能力和扩充了计算机的应用范围。

（3）高级语言的应用促进了新语言的出现，面向对象语言、数据库语言、网络编程语言以及第四代语言（程序生成）等陆续出现。

2. 高级语言程序的编译

1）编译程序的思想

高级语言程序同样要返回到二进制程序，这就是编译程序。

编译程序包括词法分析、语法分析、代码生成。它的技术原理与人工智能中的专家系统相同。即利用文法（知识）对程序中的语句进行归约（反向推理）或推导（正向推理），既要检查语句是否符合文法，又要将语句编译成中间语言或机器语言。

计算机程序的本质还是二进制程序。

转换过程为

$$源程序 \rightarrow （编译程序） \rightarrow 二进制程序$$

2）表达式的编译

表达式的编译是编译程序中最复杂的部分。人进行表达式计算时要按照规定进行：先乘除，后加减，括号优先。计算机对表达式的计算，不能按此规定进行，因为这不便于编制程序来适应这种规定。

表达式的编译采用了波兰逻辑学家 J. Lukasiewicz 1951 年提出的逻辑运算无括号的记法：①前缀表达式——波兰式；②后缀表达式——逆波兰式。

逻辑运算无括号的记法也就是将人习惯的中缀表达式变成后缀表达的逆波兰式，逆波兰式把表达式中的括号去掉了，把加减乘除的优先级别变成了前后的顺序关系，这就适合计算机的顺序处理。例如：

```
u * v+p/q → uv * pq/+
a * (b+c) → abc+ *
```

在《编译程序》中，将中缀表达式变成后缀表达的逆波兰式占了很大的篇幅。一般利用一个符号栈或者采用递归子程序的方法来完成这种转变。

11.1.3　数据存储的进化

1. 数据存储的进化过程

数据存储的进化可以概括为

$$变量 \rightarrow 数组 \rightarrow 线性表 \rightarrow 堆栈和队列 \rightarrow 数据库 \rightarrow 数据仓库$$

1）变量 → 数组 → 线性表

（1）变量。计算公式中的基本元素，分配一个存储地址。

（2）数组。相同类型的一维、二维数据集合，存储地址是连续的。

（3）线性表。不同类型数据的集中存储。例如,学生表中含姓名、性别、年龄等不同类型的数据集合。

2）堆栈和队列

堆栈和队列是指用于特殊运算而暂时存放的数组或线性表。

（1）堆栈。对进栈的数据采用后进先出的处理方式,如对急诊病人的处理:后来的先看病。

（2）队列。对进队的数据采用先进先出的处理方式,如对一般病人的处理:按排队先后顺序看病。

3）数据库

数据库是通过数据库管理系统管理的数据文件。

数据库管理系统（数据库语言）的主要功能如下。

（1）建立数据库。描述数据库的结构并输入数据。

（2）管理数据库。①控制数据库系统的运行;②进行数据的检索、插入、删除和修改等操作。

（3）维护数据库。①修改、更新数据库;②恢复故障的数据库。

（4）数据通信。完成数据的传输。

（5）数据安全。设置一些限制,保证数据的安全。

数据库存储结构不同于数组,数据库的存储结构由两大部分组成:文件头部分和记录正文部分。

文件头部分包括数据库记录信息和各字段的说明。数据库记录信息由年月日、记录数、文件头长度、记录长度等信息组成。0DH 和 00H 为文件头的尾,如图 11.4 所示。

数据库记录信息（32 字节）
字段说明　　　（32 字节）
...
0DH　　　00H
记录正文部分
...
...
...

图 11.4　数据库的存储结构

记录正文部分的存储结构如图 11.5 所示。

每个记录增加一个删除标志在于删除该记录时只做删除标志,并没有真正抹去该记录。这样使记录的索引不发生变化,不影响整个数据库的其他操作。增加删除标志,虽然多了冗余,但便利了数据库的操作。

数据库的数据存储量大小不一,一般在 100MB 左右。

记录 1	删除标志(1B)	第 1 字段内容	…	第 N 字段内容
记录 2	…			…
记录 3	…			…

图 11.5   记录正文部分的存储结构

4) 数据仓库

数据仓库是大量数据库(二维)集成为多维数据的集合,如图 11.6 所示。

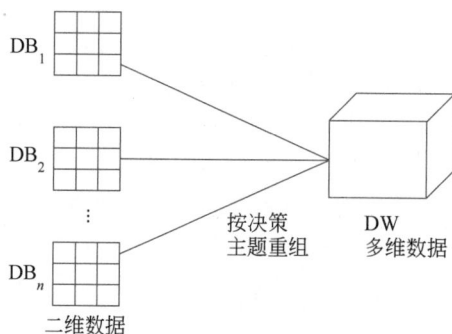

图 11.6   由数据库形成数据仓库的示意图

数据仓库中的数据分为多个层次,包括历史数据层、当前基本数据层、轻度综合数据层、高度综合数据层和元数据。

由于数据仓库的数据是多维数据,数据仓库的存储结构采用了"星形模型"。星形模型由"事实表"(大表)及多个"维表"(小表)组成。"事实表"中存放大量关于企业的事实数据。"维表"(相当于多维坐标系中的坐标维的数据)中存放坐标维的描述性数据,维表是围绕事实表建立的较小的表。每个表均采用关系数据库的存储结构形式。

数据仓库的数据存储量一般在 10GB 左右,相当于数据库的数据存储量的 100 倍。大型数据仓库的数据存储量达到了 TB(1024GB)级。这种数量级的数据存储,只有在计算机发展到今天的水平,存储量的飞速剧增才能实现。

2. 用于管理的数据库和用于决策的数据仓库

1) 用于管理的数据库

数据库一般只存储当前的现状数据,用于管理业务(商业计算)。数据库的特点如下。

(1) 不同的业务(人事、财务、设备等)需要建立不同的数据库。

(2) 随时间、业务的变化随时修改数据。

(3) 数据库是共享的数据。

由于数据库的出现使计算机走向了社会。现在社会中的各行各业已经离不开数据库了,数据库已成为各行各业现代化管理的基础设施。

2) 用于决策的数据仓库

决策需要大量的数据。有了数据仓库以后,计算机利用数据辅助决策成为现实,因为数据仓库中存储了当前数据、历史数据和汇总数据。辅助决策的方式主要有以下 3 种。

(1) 历史数据用于预测。

(2) 从汇总数据的比较(不同角度)中发现问题。

（3）从详细数据中找出原因。

3. 数据存储的进化小结

计算机的数据存储量愈来愈大，数据种类也愈来愈多，这样使计算机处理问题的能力也愈来愈强。

数组一般用于数值计算，数据库用于管理业务，数据仓库用于决策支持。

数据是计算机解决实际问题的基础。数据存储是计算机的重要组成部分，数据存储的进化是计算机进化的一个大的方面。

11.1.4　知识处理的进化

知识处理的进化中，一个典型过程可以概括如下。

知识表示与知识推理→专家系统→知识发现与数据挖掘

1. 知识表示与知识推理

1）知识表示

知识在计算机中存储和使用的形式，典型的知识表示为

产生式规则（$A \rightarrow B$）、谓词 $P(x,y)$ 等

2）知识推理

从已知条件利用知识推出结果为

规则的推理：假言推理 $p \rightarrow q, p \vdash q$

谓词的推理：归结原理（反证法）

3）谓词推理

谓词逻辑是用谓词公式表示文本内容。

例：每个储蓄的人都获得利息。表示成谓词公式为

$$\forall x[(\exists y)(S(x,y)) \wedge M(y)] \rightarrow [(\exists y)(I(y) \wedge E(x,y))]$$

其中，x 表示人，y 表示钱，$S()$ 表示储蓄，$M()$ 表示有钱，$I()$ 表示利息，$E()$ 表示获得。

谓词的推理分两部分：①把谓词公式化简成只含 $\vee$ 的子句（包括～）；②归结。

谓词公式中包含所有逻辑运算符，即 $\wedge$、$\vee$、～、$\rightarrow$、$\leftrightarrow$、$\exists$ 和 $\forall$。化简过程主要有：①消去：$\rightarrow$、$\exists$、$\forall$。②把谓词公式化为合取范式，如 $(A \vee B) \wedge (C \vee D)$。③分解合取范式为只含 $\vee$ 的子句。该子句变为 $A \vee B$、$C \vee D$。

上面谓词公式的子句为

（1）～$S(x,y) \vee$ ～$M(y) \vee I(f(x))$

（2）～$S(x,y) \vee$ ～$M(y) \vee E(x,f(x))$

对于谓词逻辑推理的归结原理（反证法）是利用前提谓词公式证明结论谓词公式。

（1）把前提谓词公式化简成子句。

（2）把结论谓词公式取非后化简成子句。

（3）归结时，消去两个子句中正、负谓词后合并为一个子句。

（4）归结的最后为空子句（产生矛盾），就证明了结论谓词公式的正确性。

4）知识推理不同于数值计算

知识推理使计算机进入符号处理的新领域。这种符号处理是建立在逻辑运算的基础上，逻辑运算符号有多个。在谓词逻辑中，对谓词公式要化简成只含 $\vee$ 的子句（包括～），这

样就大大简化了归结运算。在归结中需要找正、负子句,这少不了一个"对比"操作,在计算机的指令中,有"比较"操作。

可以看出,"比较"操作是逻辑运算的基础。

2. 专家系统

专家系统中,对规则知识的逆向推理并没有将所有的规则都连接成一棵知识推理树,进行深度优先搜索,而是利用规则栈,反复地搜索知识库中的知识,通过知识的进栈和出栈,达到推理树的深度优先搜索。为什么要这样做?

理由有两个:①将规则知识连接成知识推理树并不好做,因为树的分支个数是不固定形式的,用指针链表难于设计;②在规则栈中从栈顶规则知识找到和它连接的知识,需要在知识库中从头到尾搜索一遍,才能找到所要的知识。同样,继续找下一个连接的知识,又要在知识库中从头到尾搜索一遍,才能找到所要的知识。这种反复搜索知识库中知识的操作,对计算机程序是很容易的,可利用循环来完成。

虽然,知识推理采用规则栈的方式是合适的,这是用耗费计算机的计算时间(反复搜索知识库)来完成知识的推理。

知识库中搜索找到所要的知识,也是一个"比较"操作。可见,"比较"操作对于规则知识的推理和谓词推理的归结都是基础。可以归纳出,"比较"操作是符号处理的基础。

3. 知识发现与数据挖掘

知识发现与数据挖掘已经在第6章中做了详细说明。这里只讨论粗糙集方法的属性约简和分类知识获取的逻辑计算基础。

粗糙集以等价关系(不可分辨关系)为基础,用于分类问题。等价关系定义为,不同元组(对象)x 和 y 对属性 a 的等价关系是它们的属性值相同。等价类是所有具有等价关系的对象的集合。粗糙集定义了上、下近似两个集合来逼近任意一个集合 X。上近似定义:等价类中元素 x 都属于 X。下近似定义:等价类中元素 x 可能属于 X,也可能不属于 X。

1) 粗糙集的属性约简方法

粗糙集的属性约简原理:在条件属性集 C 中去掉一个条件属性 c 后,相对于决策属性 D 的正域与去掉属性 c 前的正域相同,该属性 c 可约简。

计算正域时需要进行等价类计算,等价类计算就是要对属性值进行"比较"操作,检查是否相同。

可见,"比较"操作是属性约简方法的基础。

2) 分类知识的获取

粗糙集的分类知识获取原理是依据集合的蕴含关系,当条件属性集中的等价类蕴含于决策属性的等价类,则存在它们之间的分类规则知识。这种蕴含关系若是上近似,则分类规则知识的可信度为1;这种蕴含关系若是下近似,则分类规则知识的可信度小于1。

蕴含关系的计算涉及集合域的比较,即条件属性集中的等价类与决策属性的等价类的比较。

可见,"比较"操作也是分类知识获取方法的基础。

知识发现与数据挖掘的其他方法中的逻辑计算都是以"比较"操作为基础的。

11.1.5　进化规律的知识挖掘

1. 计算机的原始本能

通过以上分析,总结的计算机原始本能主要包括如下 3 点。

1) 数值计算的加法

任何复杂的运算只要能化简成算术运算(加、减、乘、除),它就能在计算机中进行运算,如微积分计算、解方程等都要化简成算术运算。算术运算又可归结为加法运算。

2) 二值数据表示

二进制数据开始时用于计算,后来发展为用二值数据来表示。任何媒体只要能用二值数据表示,它就能在计算机中存储和处理,这是计算机存储的基础。

3) 逻辑运算的比较

数值计算、数据管理、知识处理等中间的逻辑运算的本质是"比较"操作,数值的比较是大小的比较,符号的比较在于是否相同。计算机程序的顺序、选择、循环结构的运行基础也是逻辑运算的"比较"操作。

2. 计算机的优势和不足

1) 计算机的优势

(1) 计算机的存储量很大。计算机的飞速发展使计算机的存储量愈来愈大。这样,使汉字、多媒体能以大量的二值点阵数据存入计算机中。使计算机既能求解未知数上万的方程组,也能处理变化多端的多媒体。

(2) 计算机的计算速度很快。计算机的飞速发展同样使计算机的运算速度愈来愈快。这样就使大量未知数的迭代方程能快速完成,智能计算的大面积搜索能迅速实现。

2) 计算机的不足

(1) 计算机不能做随机变化的运算(计算机程序无法编制),只能按顺序、选择、循环的方式执行。

(2) 计算机不能对大数量的节点按指数增长的方式搜索(计算机运行时间太长,跟不上需求)。

3. 复杂问题的解决途径

复杂问题求解需要把问题进行化解到计算机的本能所能解决的手段,即表示为

$$复杂问题求解＝计算机的本能＋问题化解后求解$$

4. 问题化解方法

1) 复杂问题的化解原则

(1) 所有复杂的数值计算问题都需要经过化简回归到加减乘除(＋、－、×、÷)。

(2) 所有复杂问题的运行结构都可用"顺序、选择、循环"3 种基本结构的嵌套组合来完成。

(3) 任何媒体数字化(二值化)后,就可以存入计算机并进行处理。

(4) 充分利用计算机的大量存储空间和快速运算,把复杂的物体在空间上细化(如二值化表示、未知数节点增加),或使计算重复化(如迭代、搜索),即充分发挥计算机的优势。

2) 表达式的化解原则

表达式的化解原则是把人为的优先规定,变成前后顺序过程。

(1) 改变算术运算的"先乘除,后加减,括号优先"原则,成为"前后"顺序关系。把算术表达式(中缀)变成逆波兰式(后缀),这是编译原理中最关键的地方。

(2) 改变函数微分运算中,对表达式中求微分的顺序是先低级(+、−)、后高级(×、÷)的原则,成为顺序关系。

把表达式(中缀)变成波兰式(前缀),例如:

$$u \times v + p/q \rightarrow + \times uv/pq$$
$$a \times (b+c) \rightarrow \times a + bc$$

对任意函数的中缀表达式变成前缀表达式后,其导数求解时,每次就很自然地按前缀表达式的顺序套用微分公式,计算机就能顺利地求出此函数的导数。按这种方法编制的导数自动求解系统能作为高等数学课程的辅助答疑系统。

3) 采用间接运算法

对于不能编制程序完成的随机求解的过程,可以采用间接运算法,即

$$随机求解过程 = 间接运算 + 循环运算$$

计算机程序中采用对数据地址的操作,开始了间接运算。这种方法可以扩展到对随机问题求解过程。

(1) 专家系统工具的研制。

在知识库还是空时,只要规定知识的结构形式,就可以编制推理机程序。推理机程序是对知识结构进行操作,包括对知识的搜索、进栈、退栈、提问、解释等。编制推理机程序就是采用间接运算的方法。

(2) 遗传算法。

遗传算法的重要特点是对个体编码位置的操作,而不是直接对编码本身的含义(参数)的操作。这也是典型的间接运算。

(3) 采用间接运算法解决方程随机求解的问题。

在求解运输问题的位势方程时,是一个随机求解过程。例如,有如下位势方程

$$c_1 + d_4 = 7 \quad c_2 + d_2 = 2 \quad c_2 + d_4 = 6$$
$$c_3 + d_1 = 9 \quad c_3 + d_3 = 4 \quad c_3 + d_4 = 8$$

以上 6 个方程 7 个未知数,在给定 $c_1 = 0$ 后,求解其他的 c_i 和 d_j。这 6 个方程的求解顺序是跳跃式的。因为在方程中,只能在两个未知数中有一个已求出,另一个未求出时,该方程才能求解。其他情况下都不能求解。对于这样的随机求解过程,程序是无法编制的。

为此,采用间接运算法,即对每个未知数设计一个是否求出的标志位,顺序搜索每个方程,检查未知数的标志位是否符合求解要求,不符合时跳过该方程,符合时再检查未知数的标志位中哪个已求出(设为 1)、哪个未求出(设为 0),再求未求出的未知数的值。这样,把随机求解过程变成"间接求解 + 循环顺序求解"过程。这种求解过程要循环多次才能完成。具体求解过程说明如下。

循环第一次位势方程的求解:第一个方程可求解(c_1 标志位改为 1,d_4 的标志位改为 0),求得解为 $d_4 = 7$,d_4 的标志位改为 1;第二个方程检查两个未知数的标志位均为 0,不能求解,跳过该方程;第三个方程检查两个未知数的标志位,c_2 标志位为 0,d_4 标志位为 1,能求解,求得解为 $c_2 = -1$,c_2 标志位改为 1;第四个方程检查两个未知数的标志位均为 0,不能求解,跳过该方程;第五个方程检查两个未知数的标志位均为 0,不能求解,跳过该方程;第 6

个方程检查两个未知数的标志位，c_3 标志位为 0，d_4 的标志位为 1，能求解，求得解为 $c_3=1$。第一次循环结束，通过这次循环，求出的未知数 d_4、c_2、c_3 的值。

按以上方法再循环求解，经过多次循环求解就能够把其他未知数都求出。这种间接运算法把随机求解变成了"间接求解＋循环顺序求解"。

4）有效使用标准程序工具

成熟的程序已经以工具的形式提供服务。

（1）成熟的程序（如初等函数、绘图、数据库接口、网络应用等计算）作为标准的子程序放入子程序库中，通过连接并入应用程序中。

（2）统计标准程序的工具，如 SAS、SPSS 等。

有效地使用标准程序工具将简化实际系统的编程。

5）多资源组合形成解决问题的方案

决策资源有数据、模型、知识，有效地组合这些资源能达到辅助决策。组合的方法是编制一个总控制程序，通过调用这些资源的接口，按照程序的顺序、选择、循环的基本结构形式进行嵌套组合，形成多个方案，建立决策支持系统，用于解决决策问题。

5. 利用计算机的优势

1）扩大存储量

（1）代数方程或微分方程的未知数已扩大到上万个。大面积的物理方程（天气预报等）的求解成为可能。

（2）用点阵的二值数据表示汉字、声音、图像、视频等，开始了多媒体的处理（于 20 世纪 80 年代兴起）。

（3）数据库（二维数据）扩充为数据仓库（多维数据）。存放大量数据的数据仓库为辅助决策开辟了新方向（于 20 世纪 90 年代兴起）。

2）不惜计算时间

（1）数值计算的迭代法。

数值计算的迭代法就是不惜计算时间，进行重复计算，来求得方程的解，迭代次数可以是几万次或更多，只要是收敛的，就总能够得到满足精度的解。

（2）用循环的顺序计算代替随机求解过程的计算。

例如，上面提到的运输问题的位势方程求解，它是随机求解过程，利用了"间接求解＋循环顺序求解"，这是利用多花计算时间来代替随机求解过程的编程困难。

（3）知识推理中的知识搜索。

在知识推理中对知识库中知识的多次反复搜索，完成了知识树的逆向推理。这也是不惜计算时间，简化了编程。

（4）人机博弈中走棋路径的搜索。

人机博弈中，计算机的走步是计算对抗双方所有的棋子的走棋路径，通过棋局的静态估计函数，选择最佳走棋路径。这是典型的不惜计算时间，达到人难以思考的深度，即计算机计算对抗中，双方一人一步对抗的回合数能够多于人，从而战胜人。例如，五子棋，计算机计算对抗双方一人一步的回合数，计算机可以搜索到最后的终止局面。人若犯一个错误，就将输给计算机。

若棋子多，双方对抗的回合次数又多，所有走棋路径将成指数次方的数量增长。要搜索所有走棋路径,一般需用亿次机来计算。

11.1.6　小结

计算机(包括软件、硬件)虽然是非生物,但在人类的帮助下,计算机在模拟人的能力方面得到了飞速的发展。本书作者针对计算机进化过程进行了研究,发掘了一些进化规律,以便能更清楚地认识计算机的本质,这对于提高人们对计算机的使用效果,以及进一步促进计算机的进化起到了积极的作用。希望通过学习计算机进化规律的知识发现这个有意义的课题,能够唤起有兴趣者发掘更多的计算机进化规律,加速计算机的进化,使计算机更有效地为人类服务。

◇ 11.2　数学进化规律的知识挖掘

数学从创造数学符号和包容对立概念中获取了最早的数学知识。数学符号组合而成的表达式和方程,使数学问题变换成了形式化表示。表达式和方程通过推演和求证就形成了公式和定理,它们是数学中的基础知识。推演和求证过程采用了等价变换。数学进化中更重要的知识发现方法是利用映射变换(对变量、函数、方程、方法的变换)来拓展数学的新领域和解决不能求解的问题,从而建立了数学的理论体系。创造法、包容法、形式化变换、等价变换和映射变换都是数学进化中的知识发现方法,它们推动了数学的进化发展。

11.2.1　数学进化综述

数学经过了几千年的进化发展,下面从以下 3 方面来分析数学的进化过程。

1. 数学本质的进化

数学本质的进化过程可以简单地表述为

$$数学概念 \rightarrow 初等数学 \rightarrow 变量数学 \rightarrow 现代数学 \rightarrow 计算数学$$

数学概念时期主要是建立了自然数和简单的计算;初等数学时期主要有算术、几何、代数、三角等;变量数学时期主要有函数、微积分、概率论等;现代数学时期主要有非欧几何、向量、群论、线性代数、集合论等。以上进化过程是建立在严格的逻辑推理基础的解析求解,笛卡儿指出:唯有数学证明是最科学和最严密的。

计算数学时期主要是利用计算机对数学问题进行数值求解,它开始是用来解决不能进行解析求解的问题。随着计算机的发展,所有的数学问题都可以进行数值求解,这极大地推动了数学在自然科学和社会科学的应用,使人类社会进入了信息化社会。

2. 数学符号表示的进化

数学符号表示使数学问题简化,它是数学进化的基础,数学符号进化过程可以表述为

$$数字 \rightarrow 符号 \rightarrow 表达式 \rightarrow 方程式 \rightarrow 图形 \rightarrow 程序$$

数字是数学的原始表示,主要是印度-阿拉伯数字($0、1、2、3、4、5、6、7、8、9$);数学符号包括特定数字(e, π, ∞)、变量(x, y, z)、运算($+、-、\times、\div$)、关系($=、<、>、\infty、\wedge、\vee$)、结合($\{\}、()$)、省略($\because、\log、\sum、!$)等符号,它们极大地推动了数学的发展。表达式和方程式是用数学符号组合而成的,它是数学中最重要的表示形式;图形是空间的表现形式,主要用于解析几何和拓扑学中;程序是计算机解决数学问题的表示形式。

3. 数学理论的形成

数学理论的形成过程可以概括为

$$形式化表示 \rightarrow 推演求证 \rightarrow 公式和定理 \rightarrow 理论体系$$

数学问题用表达式或方程式(数学符号的组合)进行表示,实质上完成了"从数学问题到形式化表示的转换",形式化表示是数学进化最重要方法之一。它省去了问题的内容,形成了既直观又简单的有效表示方式。它便利推演与求证,即利用等价变换得到正确的公式或证明定理。这种抽去了内容的正确结论,具有通用性,形成了数学理论。数学中各门类的理论集合形成了数学的理论体系。

11.2.2　数学进化的知识发现方法

1. 创造法

创造法使数学从无到有。包括人类创造的数字、符号、图形、函数、微积分、方程等。

1)数字的创造

数字的创造有几千年的历史,阿拉伯地区、印度、中国等古老国家和地区都创造出了自己的数字。最后统一为印度-阿拉伯数字。

2)符号的创造与进化

$$数字符号 \rightarrow 运算符号 \rightarrow 函数符号 \rightarrow 微积分符号 \rightarrow 方程表示$$

这些符号的创造形成了数学的形式化,极大地推动了数学的进化。

3)图形的创造与进化

$$坐标图形 \rightarrow 平面曲线 \rightarrow 空间曲面 \rightarrow 拓扑表示$$

这些图形的创造使数学更形象化了,数学家把这些图形用函数来表示,即把图形变换成函数。

2. 包容法

数学的进化得益于采用了包容法,它把矛盾的双方都包容共存下来,承认矛盾的双方都合理,把它们合起来构成一个新领域。典型表现在于数的进化和几何的进化,这是数学进化的重要特点。这种包容法称为包容变换,表示为

$$T_+{}^*(A+A^{-1}) = AA^{-1}$$

其中,A 和 A^{-1} 是数学中相反的双方。

1)数的进化

数的进化是在不断创造新数,它与原来的数又存在矛盾,但采用包容法,承认矛盾的双方都合理,把双方都包容共存起来形成一个更大范围的新数。

数的进化过程表述为

$$自然数 \rightarrow 整数 \rightarrow 有理数 \rightarrow 无理数 \rightarrow 实数 \rightarrow 虚数 \rightarrow 复数$$

(1)自然数与零(0)是矛盾的,正数与负数是矛盾的。

自然数(正数)是有值的数,零(0)是无值的数,正好相反。正数与负数也是相反的。把它们都包容共存起来,构成新数即整数。用包容变换表示为

$$T_+{}^*(正数+0+负数) = 整数$$

(2)有理数与无理数的矛盾。

用包容变换表示为

$$T_+^*(\text{有理数} + \text{无理数}) = \text{实数}$$

(3) 实数与虚数的矛盾。

用包容变换表示为

$$T_+^*(\text{实数} + \text{虚数}) = \text{复数}$$

以上包容变换完成了数的进化,使数成为一个完整的整体。其中 0 本身是"一无所有",但是它在记数中表示"空位",它作为一个数可以参与运算,又是数轴上的起点和分界点,在数中发挥了重要的作用。其中虚数($\sqrt{-1}$)最早是在方程式求根公式中出现,不被人看好。德国数学家高斯创立虚数的图解法,虚数的意义才逐渐明确。复数可以表示力、位移、速度等向量,有了实际意义,才为人们广泛承认。现在复变函数的理论在流体力学、热力学等方面有了广泛的应用。

2) 几何的进化

几何的进化同样是不断地包容矛盾的双方得以进步。最早建立的比较严格的几何体系是欧几里得几何(简称欧氏几何)。在欧氏几何中第五公设"给定一条直线 l 和不在直线上的一点 P 时,过点 P 和直线 l 平行的直线 m 有且只有一条"。该公设不直观、难于验证。

罗巴切夫斯基用与欧几里得第五公设相反的断言:通过直线外一点,可以引不止一条而至少是两条直线平行于已知直线,由此推导下去,他得到一系列前后一贯的命题,形成逻辑上没有任何矛盾的与欧氏几何完全不同的另一种新几何系统,称为罗巴切夫斯基非欧几何(简称罗氏非欧几何)。

罗氏非欧几何与欧氏几何是相矛盾的。当时受到嘲笑,罗氏非欧几何在创立后的三四十年的时间内完全被学术界忽视。后来,黎曼建立了空间曲率概念,黎曼指出:如果设曲率为 α,当 $\alpha = 0$ 时,这个空间的模型便是欧氏几何;当 $\alpha > 0$ 时,得到罗氏非欧几何;而对于 $\alpha < 0$ 时,则是黎曼本人的创造,它对应于另一种非欧几何学,即黎曼非欧几何。实际上,普通球面的几何就是黎曼非欧几何。可是,黎曼非欧几何与罗氏非欧几何在空间曲率上是相反的。

克莱因用"群"的观点来研究几何学,他认为:变换群的任何一种分类对应几何学的一种分类。这样,表面上互不相干的几何学就被联系在一起了,克莱因统一了几何学,后人称为克莱因几何。

包容法把几个矛盾的几何都包容进来了,极大促进了几何的进化。包容变换表示为

$$T_+^*(\text{欧氏几何} + \text{罗氏非欧几何} + \text{黎曼非欧几何}) = \text{克莱因几何}$$

爱因斯坦提交的《引力场方程》的论文,标志广义相对论的诞生。文章提出的引力使光线弯曲的计算,正是引用了黎曼非欧几何的数学表述。

3. 形式化方法

数学是从"内容"中抽取出它的"形式",用各种数学符号的组合形成了表达式和方程,来描述数学问题,这样既简化了问题又便利推演。形式化表示实质上完成了把问题的自然语言描述变换成了问题的形式化描述。这样极大地推动了数学的进化。我们把这种变换称为形式化变换。

形式化变换表示为

$$T_{\text{form}}(\text{问题的自然语言描述}) = (\text{问题的形式化描述})$$

形式化变换是数学进化的重要里程碑。我国古代数学的发展较迟缓的一个重要原因在

于没有把问题进行形式化变换。而西方数学的发展较快的原因正是得益了把数学问题进行了形式化变换。

物理学中用形式化公式有效地描述了自然界的规律。例如,开普勒行星运动定律: $T^2/a^3=C$;牛顿物体运动定律: $F=ma$;爱因斯坦公式: $E=mC^2$;等等。

4. 等价推演

数学中一个重要的解题方法是用等价推演进行解析求解或者进行定理证明。等价推演的前后会发生变化,即数学结构元素变化或数值变化。

1) 数学结构元素变化的等价推演

数学中绝大多数的运算都是数学结构的元素发生变化的等价推演,即相等运算的元素前后都发生了变化。

例如,线代数方程组用矩阵表示为

$$\begin{pmatrix} a_{11} & a_{12} & \cdots & a_{1n} \\ a_{21} & a_{22} & \cdots & a_{2n} \\ \vdots & \vdots & \ddots & \vdots \\ a_{n1} & a_{n2} & \cdots & a_{nn} \end{pmatrix} \begin{pmatrix} x_1 \\ x_2 \\ \vdots \\ x_n \end{pmatrix} = \begin{pmatrix} b_1 \\ b_2 \\ \vdots \\ b_n \end{pmatrix}$$

线代数方程组利用消元法求解,通过对矩阵的元素进行: 选主元、主元归一、消元等步骤反复推演,最后得到具有单位矩阵的线性方程组,其中每步相等运算前后的元素都发生了变化。最后得到的具有单位矩阵的线性方程组,即

$$\begin{pmatrix} 1 & 0 & \cdots & 0 \\ 0 & 1 & \cdots & 0 \\ \vdots & \vdots & \ddots & \vdots \\ 0 & 0 & \cdots & 1 \end{pmatrix} \begin{pmatrix} x_1 \\ x_2 \\ \vdots \\ x_n \end{pmatrix} = \begin{pmatrix} b'_1 \\ b'_2 \\ \vdots \\ b'_n \end{pmatrix}$$

它和原始的线性方程组在数学结构的元素上发生了巨大的变化,这时已经求出方程组的解。

2) 数值变化的等价推演

数学中的迭代法的等价推演,其运算的前后都不发生数学结构元素变化,但是发生数值变化。经过成千上万次迭代,最后得到方程的解。

例如,BP 神经网络中权值和阈值求解的迭代法如下。

(1) 网络权值的变换 T_w 为

$$T_w(w_{ij}^{(k)}) = w_{ij}^{(k+1)}$$

该变换的计算公式为

$$w_{ij}^{(k+1)} = w_{ij}^{(k)} + \eta \delta_j x_i$$

(2) 阈值的变换 T_θ 为

$$T_\theta(\theta_j^{(k)}) = \theta_j^{(k+1)}$$

该变换的计算公式为

$$\theta_j^{(k+1)} = \theta_j^{(k)} + \eta \delta_j$$

迭代公式每次迭代时公式形式不会发生变化,但每次迭代时元素的值在发生变化。

数学中的等价推演是解决“未知”与“已知”的问题。等价推演是在数学原理(定义、定理等)或数学方法(消去法、迭代法等)的指导下进行的,通过等价推演或相等计算来完成从“未

知"到"已知"的转变。

11.2.3 数学发展中的映射变换

1. 变量的映射变换

对变量的映射变换产生了函数的新概念,函数的创造使常量数学进入了变量数学。笛卡儿《几何学》第一次涉及变量,对变量的变换就形成了函数。函数是使变量 x 映射变换为变量 y。变量 y 随着变量 x 改变是按照函数的关系而改变的。

函数的数学表达式和进化变换的表示分别为

$$y = f(x) \qquad T_f(x) = y$$

函数的进化过程表述为

函数 → 初等函数 → 复合函数 → 复变函数 → 函数方程 → 特殊函数

函数的创造在数学中是具有重要意义的标志或里程碑。数学家克莱因说:"函数是数学思考和科学思考的心脏和灵魂。"

2. 函数的映射变换

1) 微积分

微分学研究物体运动的瞬时速度、曲线的切线、函数的极值等问题,积分学解决计算曲线所围成的面积、曲面所围成的体积、曲线长、物体的中心等问题。

微积分实质上是对函数的一种映射变换,即把一个函数 $f(x)$ 变换成了另一个函数(导数 $f'(x)$ 或原函数 $g(x)$),导数和积分的数学表达式和映射变换分别表示如下。

(1) 导数

$$\frac{\mathrm{d}}{\mathrm{d}x}f(x) = f'(x) \qquad T_\mathrm{d}(f(x)) = f'(x)$$

(2) 积分

$$\int f(x)\mathrm{d}x = g(x) \qquad T_\mathrm{s}(f(x)) = g(x)$$

微分和积分是数学的基础,也是科学发展的基石。对于无限的征服,成为微分和积分发展的原动力。

微积分的进化过程表述为

导数 → 微分 → 积分 → 常微分方程 → 偏微分方程 → 积分方程 → 变分方程

导数表示当前变化的情况,积分表示长期积累的结果。微积分的创造是数学进化的重要里程碑,微积分的发展形成了"数学分析"的新领域。

微积分的价值在于:用微分方程表示自然现象和法则(多个变量变化时相互之间的关系)的内在本质。例如,电磁学原理的麦克斯韦方程(历史上最伟大的 10 个方程之一);流体力学中的纳维-斯托克斯方程等都是用微分方程表示。

2) 傅里叶变换

傅里叶变换能将一个复杂函数变换成相对简单的正弦基函数的线性组合。在物理学的信号处理中,傅里叶变换将原来难以处理的时域信号转换成了易于分析的频域信号。这样就很容易对这些频域信号进行处理(电视、手机都是信号处理)。最后还可以利用傅里叶反变换将这些频域信号转换成时域信号。

傅里叶变换也是对函数的一种映射变换。它用简单的正弦函数的累加来求解复杂函数,被认为是主宰人类生活的 7 个方程之一。

3. 方程的变换

把一个不能求解的问题通过变换,将原问题变成一个可求解的问题。对于数学中一些不能求解的问题,采用对方程的变换或者对表达式的变换,使问题变成可求解的问题,这种方程的变换也是一种映射变换。

1) 解析求解的拉普拉斯变换

当微分方程求不出解析解时,可以利用拉普拉斯变换(T_1)把它变换成代数方程,对代数方程求解,就容易求出它的解,再利用拉普拉斯逆变换(T_1^{-1}),把代数方程的解变换成微分方程的解,从而解决原微分方程求不出解析解的矛盾。用进化变换表示为

$$T_1(微分方程)=(代数方程)$$
$$T_1^{-1}(代数方程解析解)=(微分方程解析解)$$

例如,求常微分方程 $y''+4y'+3y=e^{-t}$ 满足初始条件 $y(0)=y'(0)=1$ 的特解。

设拉普拉斯变换为

$$T_1[y(t)]=Y(p)$$

对常微分方程的拉普拉斯变换为

$$T_1(y''+4y'+3y=e^{-t})=[p^2Y(p)-p-1+4Y(p)-4+3Y(p)=1/(p+1)]$$

对变换后的代数方程求解,得出解为

$$Y(p)=(p^2+6p+6)/((p+1)^2(p+3))$$

对此解进行拉普拉斯逆变换

$$T_1^{-1}[Y(p)]=y(t)$$

得到常微分方程的解为

$$y(t)=1/4[(7+2t)e^{-t}-3e^{-3t}]$$

2) 微分方程的差分变换

所有不能进行解析求解的微分方程或积分方程,在变换成差分方程以后,都可以在计算机中进行数值求解。微分方程要进行数值求解,就必须进行差分化,即把微分方程变换成差分方程。用映射变换表示为

$$T_{diff}(微分方程)=(差分方程)$$

例如,偏微分方程

$$\frac{\partial u}{\partial y}+\frac{\partial^2 u}{\partial x^2}=0$$

经过差分化后,得到差分方程为

$$\frac{u_j^{n+1}-u_j^n}{\Delta y}+\frac{u_{j+1}^n-2u_j^n+u_{j-1}^n}{\Delta x^2}=0$$

差分方程经过整理后,就形成了线代数方程组,在计算机中就可以进行数值计算了,最后求得偏微分方程的数值计算结果。

3) 数值计算的表达式变换

表达式有两种:一种进行算术运算,另一种进行导数求解。这两种表达式计算都对运算符有优先顺序的规定,算术运算的优先顺序是"先乘除,后加减,括号优先"的原则;函数表

达式求导数时,对运算符的优先顺序规定是,先对低级运算符号(+、-)求导数,再对高级运算符号(×、÷)求导数。这种人为规定,不适合在计算机中编程完成,需要将表达式进行变换。把有优先顺序规定的表达式变换成只有前后顺序的表达式,这样才能编制程序在计算机中完成表达式的算术运算或导数求解。

(1) 算术运算的逆波兰式变换。

这种变换实质上完成了表达式的中缀表达,变成了表达式的后缀表达,即逆波兰式变换。用映射变换表示为

$$T_{\text{pola}}^{-1}(\text{中缀表达式})=(\text{后缀表达式})$$

例如

$$T_{\text{pola}}^{-1}(a * (b+c))=(a\,b\,c + *)$$

这样,后缀表达式对符号的算术运算就成了先后顺序,既没有了括号,又没有了优先等级,编程序就很容易了。

(2) 求导数的波兰式变换。

这种变换实质上完成了函数表达式的中缀表达,变成了函数表达式的前缀表达,即波兰式变换。用映射变换表示为

$$T_{\text{pola}}(\text{中缀表达式})=(\text{前缀表达式})$$

例如

$$T_{\text{pola}}(u(x) * v(x) + p(x)/q(x))=(+ * u(x)v(x)/p(x)q(x))$$

这样,对函数的前缀表达式求导数时,套用运算符号求导公式的顺序就一目了然了。

4. 方法的变换

在数学上,有大量的非线性方程和复杂的偏微分方程是很难求出它的解析解的。但是,将它们变换成数值求解方程后,即非线性方程变换成迭代方程,偏微分方程变换成差分方程,完成了从解析求解到数值求解的变换,问题就可以求解了。从解析求解到数值求解的变换,实质上是求解方法的变换,它使现代数学的解析求解方法变换成计算数学的数值求解方法。这是数学史中最大规模的一次进化,这种进化是对方法的一种映射变换,具体表示为

$$T_{\text{means}}(\text{现代数学的解析求解方法})=(\text{计算数学的数值求解方法})$$

计算机的发展推动了计算数学的发展,计算数学属于数值计算。数值计算的发展又推动了非数值计算的发展(数据处理和知识推理),使计算机进入了家庭和社会,从而又推动了社会信息化进程。

11.2.4　数学进化规律小结

数学进化是在不断利用的包容矛盾、形式化表示、等价推演、映射变换等方法的争论中发展起来的。

1. 包容矛盾

原始社会在人数增加和物质增加的状况下,创造了数字,在分配中创造了运算。数的发展在"承认现实、包容矛盾"中不断充实完善。人们承认无理数的存在,并把它和有理数包容起来,形成实数。

0 是一个不存在的数,但在数轴上,必须要有它的位置,这样才能区分正数和负数。0 在

数字进位中(十、百、千、万等),更是不可缺少的位数。

虽然出现过 $\sqrt{-1}$ 这样的不存在的虚数,但是它的平方为 -1。虚数可以看成是一个过渡的数。高斯创立虚数的图解法,虚的意义才逐渐明确。虚数和实数的结合形成了复数。后来,复变函数成了数学的一个重要分支。

0、$\sqrt{2}$、$\sqrt{-1}$ 都是经过了多年的矛盾争论,才承认它的重要性。

欧几里得几何、罗巴切夫斯基非欧几何和黎曼非欧几何,也是在漫长的矛盾争论中,最后证明都是正确的,包容在克莱因几何中。

2. 形式化表示

形式化表示方法在数学发展中,起了奠定作用。作为使用拼音文字的国家,如希腊、英国等,这些国家的数学家,容易想到用简单的字母来代表常量、变量,如 $(e、\pi、\infty)$、$(x、y、z)$。再引入一些新的数学符号,如 $+$、$-$、$\times$、$\div$、$=$、$<$、$>$、$\cap$、$\wedge$、$\vee$ 等,开始了运算式、表达式和方程等的描述。数学是从"内容"中抽取出它的"形式",这样既简化了问题又便利推演。把问题的自然语言描述变换成了问题的形式化描述。这样极大地推动了数学的进化,也带动了自然科学和社会科学的发展。

3. 等价推演

等价推演是数学中采用的极其重要的手段。从定义出发,通过等价推演,能求得问题的解或者证明某个结论。这充分体现了数学的逻辑思维。这种等价推演也成为数学教育中的训练手段。

4. 映射变换

映射变换中的函数(变量的变换)和微积分(函数的变换)都极大地推动了数学的发展,形成了变量数学,它们又分别形成了数学中两大分支领域。特别是微分方程在物理力学中的应用,推动了自然科学的进步。

傅里叶变换简化了复杂函数的计算,普拉斯变换简化了复杂微分方程的解析求解,微分方程的差分变换让微分方程进行数值求解。算术表达式和函数表达式的变换,去掉了符号的优先级别,变成了从前向后的顺序计算,便利了计算机的计算。

随着计算机的出现,计算数学的兴起,完成了现代数学的解析求解向计算数学的数值求解方向进化。这是数学的最大一次进化。计算机的数值求解又向非数值求解进化(即数据库的数据处理和知识推理等)。这时,计算机进入了家庭和社会,从而推动了社会的发展。

我们还需要进一步研究数学发展中的进化规律。数学是自然科学的基础,又是现代社会的奠基石。

◇ 11.3　变换规则的知识挖掘

本节介绍一种新的规则知识,即含变换的规则知识,称为变换规则知识,这是一种适应变化环境的新知识,也是元知识的一种新的表示形式。变换规则知识的挖掘是在数据挖掘获得的规则知识的基础上,加上规则中前提或结论的变换,获得变换规则知识。

11.3.1 适应变化环境的变换和变换规则

1. 数学变换与可拓变换

1) 数学变换

(1) 数学中的函数是一种变换,如 $y=f(x)$ 表示把 x 值经过函数计算变换成 y 值。

(2) 数学中的变量求值也是一种变换,如方程 $f(x)=0$ 的求解,实质上是对变量 x 通过方程的求解,得到 x 的具体值,即变量 x "从未知到已知"的变换,可称"求值变换"。

(3) 计算机中的过程是向量变换,如过程 $F(X,Y)$ 表示把输入向量 $X(x_1,x_2,\cdots,x_n)$ 值经过过程计算变换成输出向量 $Y(y_1,y_2,\cdots,y_m)$ 值。

(4) 数学中的坐标变换,如坐标的平移和旋转,把曲线(曲面)方程的一般形式变换成标准形式,使不清晰的方程变换成清晰的椭圆、抛物线(面)、双曲线(面)等标准方程。

(5) 数学中的积分变换,如拉普拉斯变换把不能求解的微分方程变换成可求解的代数方程。在代数方程求出解后,再通过拉普拉斯逆变换,把代数方程的解变换成微分方程的解。

以上数学变换均把未知的变量、不能求解的方程变换成已知的量值、能求解的方程,体现了定量变化的特点。

2) 可拓变换

在可拓学中,利用可拓变换来解决矛盾问题。

定义 11.1 可拓变换定义为对对象(物元、事元、关系元、准则、论域)的变换,即

$$Tu=v \tag{11.1}$$

可拓变换 T 将对象 u 变为对象 v。可拓变换包括置换变换、增删变换、扩缩变换、分解变换、复制变换等。

3) 变换的逻辑表示

数学变换或可拓变换在此统称为变换。

变换将对象 u 变为对象 v,实际上完成了 u 自身变为 $\sim u$,并使 v 成为真。这样,变换可以用形式逻辑表示。

定义 11.2 变换的形式逻辑表示为

$$Tu=v \leftrightarrow \sim u \wedge v \tag{11.2}$$

4) 变换的宏观抽象作用

(1) 数学和计算机中的变换概括了函数、求值、过程的概念,是隐含了具体的计算,抽象为一个宏观变换。实质上是"从定量到定性"的抽象。

(2) 专家系统的目标包含了多个取值,对不同问题目标取值是不同的,对一个实际问题的目标取值是通过知识推理来获得的。它实质上是一个目标求值的变换,起到了宏观的"从定性到定性"抽象的作用。

可见,变换可以是简单变换,即把一个具体的对象变换成另一个具体的对象;变换可以是复杂的宏观变换,即把一个目标变换成另一个目标。目标既可以是一系列定量计算过程的抽象,也可以是多次定性推理过程的抽象。

2. 变换规则

变换可能由某个条件(原因)产生或者变换会引起某个结果。本书作者在变换的基础上

提出了变换产生式,即变换规则概念。

1）变换 T 由某一条件或原因所引起

$$\text{condition} \rightarrow Tu = v \qquad (11.3)$$

（1）条件 condition 可能是某一事实 $F = f$,具体表示为

$$F = f \rightarrow Tu = v \qquad (11.4)$$

（2）条件 condition 可能是另一个变换 $Ta = b$,具体表示为

$$T_a a = b \rightarrow T_u u = v \qquad (11.5)$$

注意：为区分不同的变换,在变换的下角加以标注,即 T_a、T_u。

（3）条件 condition 可能是一个算子 A 求出变量 X 的值,表示为

$$A(x) = b \rightarrow Tu = v \qquad (11.6)$$

2）变换 T 产生一个结果

$$Ta = b \rightarrow \text{result} \qquad (11.7)$$

结果 result 同样可能是一个事实,也可能是另一个变换。

3）变换规则定义

定义 11.3 包含变换的规则,即与变换有关的具有产生式关系的规则式,统称为变换规则,或称为变换产生式。

变换规则是一种新的知识表示形式。这种新的知识,用于解决矛盾问题时,称为可拓知识。在式(11.3)～式(11.7)中,式(11.5)是典型的变换规则的代表形式。在可拓学中,式(11.5)中结论的可拓变换称为前提可拓变换的传导变换,变换规则知识称为可拓知识。

4）变换规则知识与规则知识的对比

（1）规则知识。

在人工智能中一般知识表示成规则形式,即规则知识,表示为

$$P \rightarrow Q$$

其中,P 与 Q 均为事实(变量的取值),它表示事实 P 是事实 Q 的原因,事实 Q 是事实 P 的结果。知识只体现了 P 与 Q 两个事实间的静态关系。

（2）变换规则知识。

变换规则知识中,规则的前项或者后项中包括了变换,而变换将一个对象变换为另一个对象,体现了变化的特点。

式(11.5)表示变换 T_a 把 a 变换 b,引起了另一个变换 T_u 把 u 变成 v,这种变换规则知识完全体现了变化的情况,因此,变换规则知识是适应变化的知识,相对而言,人工智能的知识是静态知识。也可以说变换规则知识是知识的推广,是一种更有价值的知识。

11.3.2 变换规则的知识挖掘的理论基础

数据挖掘是利用算法获取规则知识(条件→结论)。在数据挖掘获取知识的基础上,若规则的条件和结论都存在变换,将获得变换规则知识

$$T_{条件} \rightarrow T_{结论}$$

把这种挖掘变换规则知识称为新型的变换规则的知识挖掘,即在规则知识的基础上挖掘变换规则知识。它不同于数据挖掘是在数据的基础上挖掘知识。

1. 变换规则的知识挖掘定理

定理 11.1   对于两类规则

$$A \rightarrow P \tag{11.8}$$

$$B \rightarrow N \tag{11.9}$$

一般情况 $A = \wedge a_i, B = \wedge b_i$。

若存在条件的变换 T_B 为

$$T_B(B) = A \tag{11.10}$$

并存在结论的变换 T_N 为

$$T_N(N) = P \tag{11.11}$$

则成立变换规则知识

$$T_B(B) = A \rightarrow T_N(N) = P \tag{11.12}$$

即

$$\text{if } T_B(B) = A \text{ then } T_N(N) = P \tag{11.13}$$

证明：

(1) 定理的已知条件表示成命题逻辑公式,并化为子句型。

① $A \rightarrow P \leftrightarrow \neg A \vee P$。

② $B \rightarrow N \leftrightarrow \neg B \vee N$。

③ $T_B(B) = A \leftrightarrow \neg B \wedge A \leftrightarrow \neg B, A$。

④ $T_N(N) = P \leftrightarrow \neg N \wedge P \leftrightarrow \neg N, P$。

(2) 对定理的结论取非后化成子句型。

$\neg(T_B(B) = A \rightarrow T_N(N) = P) \leftrightarrow \neg[(\neg B \wedge A) \rightarrow (\neg N \wedge P)] \leftrightarrow$
$\neg[\neg((\neg B) \wedge A) \vee (\neg N \wedge P)] \leftrightarrow \neg[(B \vee \neg A) \vee (\neg N \wedge P)] \leftrightarrow$
$\neg(B \vee \neg A) \wedge \neg(\neg N \wedge P) \leftrightarrow \neg B \wedge A \wedge (N \vee \neg P) \leftrightarrow \neg B, A, N \vee \neg P$。

(3) 对全部子句集进行归结。

① 全部子句集为

$$\neg A \vee P, \neg B \vee N, \neg B, A, \neg N, P, N \vee \neg P$$

② 归结过程如下。

子句 $\neg A \vee P$ 与子句 A 归结为 P,它与子句 $N \vee \neg P$ 归结为 N,再和子句 $\neg N$ 归结为空子句,产生矛盾,故证明定理正确。

定理 11.2   对于两条同类规则

$$A \rightarrow P \tag{11.14}$$

$$C \wedge B \rightarrow P \tag{11.15}$$

若存在可拓变换 T_B 为

$$T_B(B) = A \tag{11.16}$$

则成立可拓变换规则知识

$$T_B(B) = A \rightarrow P \tag{11.17}$$

即

$$\text{if } T_B(B) = A \text{ then } P \tag{11.18}$$

该定理同样可用归结原理证明,此处省略。

2. 变换规则的知识挖掘过程

从变换规则的知识挖掘定理中,可以概括变换规则的知识挖掘过程如下。

(1) 对分类问题利用数据挖掘方法获得分类规则,即获得式(11.8)和式(11.9)的规则知识。

(2) 确定规则的前提中存在的变换以及结论中存在的变换,即找出满足式(11.10)和式(11.11)的变换。

(3) 利用定理 11.1 和定理 11.2 获得变换规则的知识,即式(11.12)或式(11.17)。

3. 变换规则的知识挖掘实例

在 6.2.2 节中,对表 6.1 气候训练集,利用 ID3 算法得到决策树知识(图 6.4),将它转换为规则知识(树中从根节点到叶节点的每条路径构成一条知识)。

1) 数据挖掘获取的规则知识

if 天气＝晴　and　湿度＝正常　then 类别＝P

if 天气＝多云　then 类别＝P

if 天气＝雨　and　风＝无风　then 类别＝P

if 天气＝晴　and　湿度＝高　then 类别＝N

if 天气＝雨　and　风＝有风　then 类别＝N

2) 存在的变换

(1) 条件变换

$$T_1(天气＝晴)＝(天气＝多云)$$
$$T_2(天气＝晴)＝(天气＝雨)$$
$$T_3(天气＝雨)＝(天气＝多云)$$
$$T_4(天气＝多云)＝(天气＝晴)$$
$$T_5(天气＝雨)＝(天气＝晴)$$
$$T_6(天气＝多云)＝(天气＝雨)$$
$$T_7(湿度＝高)＝(湿度＝正常)$$
$$T_8(湿度＝正常)＝(湿度＝高)$$
$$T_9(风＝无风)＝(风＝有风)$$
$$T_{10}(风＝有风)＝(风＝无风)$$

(2) 结论变换

$$T(N)＝P$$
$$T(P)＝N$$

3) 利用变换规则的知识挖掘的定理 11.1 和定理 11.2,可以得到变换规则知识

(1) 类别发生变化的知识

$$(天气＝晴) \text{ and } (T_7(湿度＝高)＝(湿度＝正常)) \rightarrow T(N)＝P$$
$$(湿度＝高) \text{ and } (T_1(天气＝晴)＝(天气＝多云)) \rightarrow T(N)＝P$$
$$(天气＝雨) \text{ and } (T_{10}(风＝有风)＝(风＝无风)) \rightarrow T(N)＝P$$
$$(风＝有风) \text{ and } (T_3(天气＝雨)＝(天气＝多云)) \rightarrow T(N)＝P$$
$$(天气＝晴) \text{ and } (T_8(湿度＝正常)＝(湿度＝高)) \rightarrow T(P)＝N$$

（天气＝雨）and（T_9（风＝无风）＝（风＝有风））→ $T(P)=N$

（2）类别不发生变化的知识

（湿度＝正常）and（T_1（天气＝晴）＝（天气＝多云））→ 类别＝P

（风＝无风）and（T_3（天气＝雨）＝（天气＝多云））→ 类别＝P

（风＝无风）and（T_6（天气＝多云）＝（天气＝雨））→ 类别＝P

（湿度＝正常）and（T_4（天气＝多云）＝（天气＝晴））→ 类别＝P

这些变换规则知识告诉人们,在天气变化时,类别会不会发生变化。这种适合变化环境的变换知识,比静态知识有时更有用。

11.3.3 变换规则的知识推理

在智能科学中,知识推理采用了形式逻辑中的假言推理。变换规则知识的推理是对变换规则知识的假言推理。

1. 变换规则的知识推理式

定义 11.4 变换规则的知识假言推理表示为

$$(T_u u = u') \land [(T_u u = u') \to (T_v v = v')] \vdash (T_v v = v') \tag{11.19}$$

变换规则的知识推理是在知识推理的基础上扩展的。下面证明变换规则的知识推理式(11.19)是正确的。

证明:

（1）将式(11.19)中推理（$\vdash$）的左部写成等价的命题逻辑公式。

$$(\neg u \land u') \land [(\neg u \land u') \to (\neg v \land v')]$$

（2）上式化为子句型。

$$(\neg u \land u') \land [(\neg u \land u') \to (\neg v \land v')] \leftrightarrow$$
$$(\neg u \land u') \land [\neg(\neg u \land u') \lor (\neg v \land v')] \leftrightarrow$$
$$(\neg u \land u') \land [(u \lor \neg u') \lor (\neg v \land v')] \leftrightarrow$$
$$(\neg u \land u') \land [(u \lor \neg u' \lor \neg v) \land (u \lor \neg u' \lor v')] \leftrightarrow$$
$$(\neg u \land u') \land (u \lor \neg u' \lor \neg v) \land (u \lor \neg u' \lor v') \leftrightarrow$$
$$\neg u, u', (u \lor \neg u' \lor \neg v), (u \lor \neg u' \lor v')$$

（3）将推理（$\vdash$）的右部取非后,化为子句型。

$$\neg(Tv = v') \leftrightarrow \neg(\neg v \land v') \leftrightarrow v \lor \neg v'$$

（4）归结过程如下。

子句 $v \lor \neg v'$ 与子句 $(u \lor \neg u' \lor \neg v)$ 归结为 $\neg v' \lor u \lor \neg u'$,它与子句 $\neg u$ 归结为 $\neg v' \lor \neg u'$,与 u' 归结为 $\neg v'$,再与子句 $(u \lor \neg u' \lor v')$ 归结为 $u \lor \neg u'$,与 $\neg u$ 归结为 $\neg u'$,再与 u' 归结为空子句。产生矛盾,证明可拓推理式(11.19)是正确的。

变换规则知识只表明存在对象变化的可能性。变换规则知识的推理表明实际对象变化的发生。在式(11.19)中,变换规则知识（$T_u \to T_v$）只表明对 u 的变换 T_u 会引起对 v 的变换 T_v。在推理式中现已发生变换 T_u,按推理式的推理必然出现变换 T_v。

2. 变换规则的知识推理实例

在"脑血栓"与"脑出血"两类疾病的数据库中进行数据挖掘和变换规则的知识挖掘。

1）在数据库中通过数据挖掘获取规则知识

从"脑出血"和"脑血栓"两种疾病的大量实例数据库中，通过数据挖掘的遗传算法可以获取两种疾病独立诊断的规则知识。获得的主要 7 条规则(具体数据挖掘过程从略)如下。

（1）（高血压＝有）∧（瞳孔不等大＝是）∧（膝腱反射＝不活跃）→脑出血。

（2）（瞳孔不等大＝是）∧（语言障碍＝是）→脑出血。

（3）（高血压＝有）∧（起病方式＝快）∧（意识障碍＝深度）→脑出血。

（4）（高血压＝有）∧（病情发展＝快）→脑出血。

（5）（高血压＝有）∧（动脉硬化＝有）∧（起病方式＝慢）→脑血栓。

（6）（动脉硬化＝有）∧（病情发展＝慢）→脑血栓。

（7）（动脉硬化＝有）∧（意识障碍＝无）→脑血栓。

2）确定存在的条件变换和结论变换

在医疗中病人存在的条件变换

$$T_{条件}(起病方式慢) = 起病方式快$$

$$T_{条件}(无意识障碍) = 深度意识障碍$$

也存在结论变换

$$T_{结论}(脑血栓) = 脑出血$$

3）利用变换规则的知识挖掘理论获取变换规则知识

根据定理 11.1 得到变换规则知识为

$$T(有动脉硬化 \land 起病方式慢 \land 无意识障碍) = 起病方式快 \land 有深度意识障碍$$
$$\to T(脑血栓) = 脑出血 \tag{11.20}$$

还可以得出其他的变换规则知识。

4）变换规则知识的推理

变换规则知识中的前提一旦在现实中出现，就可以利用变换规则的知识推理判断变换规则知识中结论的出现。当发现某病人由"起病方式慢"变成"起病方式快"，同时"无意识障碍"变成"有深度意识障碍"，即变换规则知识式(11.20)的前提已经出现，利用变换规则知识的推理式(11.19)就可以判断变换规则知识式(11.20)的结论已经出现，即应该诊断该病人已经由"脑血栓"变成了"脑出血"。治疗方式就应改由"脑血栓"的治疗方法变成治疗"脑出血"的方法。

两种疾病的治疗方法是完全相反的，"脑血栓"的治疗方法是通血管，使血流通畅；而"脑出血"的治疗方法是堵血管，不让血流外溢。当"脑血栓"已变成了"脑出血"后，若仍然用"脑血栓"的治疗方法治疗"脑出血"，即继续通血管，这样只可能造成更大范围的脑出血，将会加重"脑出血"症状，甚至导致死亡。这条变化知识对医生是极其重要的。

可见，挖掘具有变化特点的变换规则的知识挖掘比挖掘静态规则知识的数据挖掘更有意义。

11.3.4　变换规则链的知识挖掘

1. 基于集合的变换规则知识

在集合论中有集合蕴含关系，定义如下。

定义 11.5　若集合 P 和 Q 存在关系 $P \subseteq Q$，则成立蕴含关系

$$P \rightarrow Q \tag{11.21}$$

即集合 P 中的元素 x 一定属于集合 Q。由此定义可以得到定理 11.3。

定理 11.3 (基于集合的变换规则)对于变换 $T_a a = b$ 和变换 $T_e e = f$,若存在集合关系 $a \subseteq e, b \subseteq f$,则存在变换规则知识

$$T_a a = b \rightarrow T_e e = f \tag{11.22}$$

简写为 $T_a \rightarrow T_e$,并称变换 T_a 与 T_e 是同类变换,即两个变换前的对象 $\{a, e\}$ 与两个变换后的对象 $\{b, f\}$ 均在各同类集合中。

证明:

(1) 由于 $a \subseteq e$,由定义 11.5 可知,存在蕴含关系

$$a \rightarrow e \tag{11.23}$$

(2) 由于 $b \subseteq f$,同样存在蕴含关系

$$b \rightarrow f \tag{11.24}$$

根据定理 11.1 可知,对于式(11.23)和式(11.24),存在可拓变换 $T_a a = b$ 和 $T_e e = f$,则存在变换规则知识式(11.22)。

2. 基于本体的变换规则链

本体(ontology)是目前研究最多的知识表示形式,本体是共享概念的规范化说明,本体在概念分类层次的基础上,加入了关系、公理、规则来表示概念之间的关系。

定义 11.6 (本体)本体由概念、关系、函数、公理和实例五类基本元素构成,表示为如下形式

$$O = [C、R、F、A、I] \tag{11.25}$$

其中,C 为概念,R 为关系,F 为函数,A 为公理,I 为实例。关系 R 有 4 种: subclass-of(或 kind-of,子类,简写为 sub-of)、part-of(部分)、instance-of(实例)和 attribute-of(属性)。

本体概念树的层次关系主要是 subclass-of 关系,即树的下层概念是上层概念的子集,如图 11.7 所示。

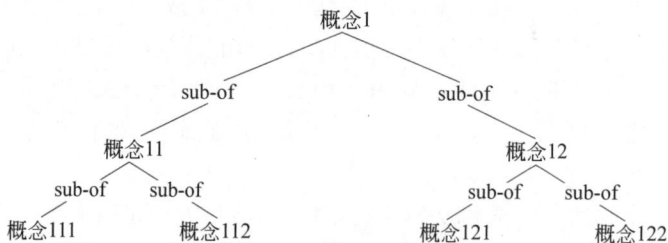

图 11.7 本体概念树

概念 11 是概念 1 的子集,而概念 111 是概念 11 的子集等。

根据本体概念树的特点和定理 11.3,可以得到定理 11.4。

定理 11.4 本体概念层次关系中,下层概念的变换 T_d 与上层概念的同类变换 T_u,存在变换规则

$$T_d \rightarrow T_u \tag{11.26}$$

证明:

本体概念层次关系中,下层概念集合 S_d 与上层概念集合 S_u 存在蕴含关系

$$S_d \subseteq S_u \tag{11.27}$$

根据定理 11.3 可知,下层概念集合 S_d 中的变换 T_d 与上层概念集合 S_u 中的同类变换 T_u 存在变换规则的蕴含关系,即变换规则式(11.26)。

定理 11.5　(基于本体的变换规则链)在本体概念树中,叶节点中的变换 T_0 与各级上层节点中的同类变换 T_i 之间形成了变换规则链,即

$$T_0 \rightarrow T_1 \rightarrow T_2 \rightarrow \cdots \rightarrow T_{\text{root}} \tag{11.28}$$

证明:由定理 11.3 可知,本体概念树的上下两层的同类变换都存在蕴含关系(变换规则知识)。由本体概念树叶节点开始,逐层向上到本体概念树的根节点,将同类变换连接起来,就形成式(11.28)的变换规则链。

3. 多维层次数据中原因分析的变换规则链获取实例

对在我国航空公司数据仓库中发现的问题进行原因分析,从中获取变换规则链。数据仓库中的多维数据中含层次粒度的大量数据,对发现的问题进行原因分析主要是进行多维数据的钻取操作。在每次钻取中进行一次变换,获得出现问题原因的深层数据。数据仓库中的多维层次数据集合是符合本体概念树的层次关系。

在我国航空公司的数据仓库的多维分析中发现了"西南地区总周转量相对去年出现负增长"的问题,该问题的本体概念树如图 11.8 所示。

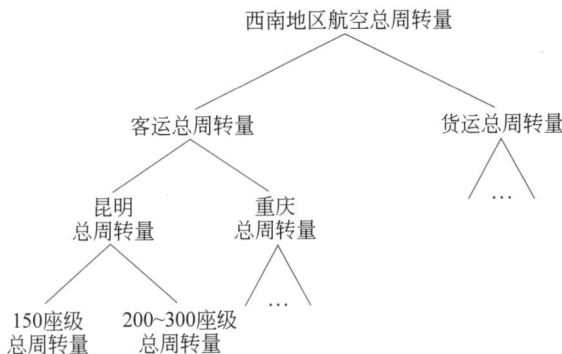

图 11.8　西南地区航空总周转量的本体概念树

该问题在本体树的根节点航空总周转量上的减变换表示为

$$T_{\text{西南总量}}(\text{今年总周转量} - \text{去年总周转量}) = -19.91(\text{负增长})$$

通过下钻到本体树下层,客运总周转量节点上的减变换为

$$T_{\text{西南客运}}(\text{今年客运总周转量} - \text{去年客运总周转量}) = -19.35(\text{负增长})$$

再下钻到昆明客运总周转量节点上的减变换为

$$T_{\text{昆明客运}}(\text{今年总周转量} - \text{去年总周转量}) = -16.5(\text{负增长})$$

再下钻到昆明座机为 150 座级与 200~300 座级机型的总周转量两个节点上的减变换分别为

$$T_{\text{150座级}}(\text{今年总周转量} - \text{去年总周转量}) = -16.83(\text{负增长})$$

$$T_{\text{200~300座级}}(\text{今年总周转量} - \text{去年占用转量}) = -26.9(\text{负增长})$$

根据定理 11.5,可得到变换规则链为

$$T_{\text{150座级}} \wedge T_{\text{200~300座级}} \rightarrow T_{\text{昆明客运}} \rightarrow T_{\text{西南客运}} \rightarrow T_{\text{西南总量}} \tag{11.29}$$

该变换规则链说明:出现西南地区总周转量相对去年出现较大负增长,主要原因之一是昆明地区 150 座级机型和 200~300 座级机型相对去年出现较大负增长造成的。而该变

换规则链的获得是从问题结论的减变换，$T_{西南总量}$ 出现负增长，通过多维数据钻取，逆向找它的前提减变换，再下钻，一直到最底层(叶节点)中的减变换，即($T_{150座级}$ 及 $T_{200\sim300座级}$)出现较大的负增长，该叶节点的减变换才是本体根节点问题的根本原因。

在下钻过程中，有时也能发现新问题，如在搜索货运总周转量时，发现东南地区出现了一个较大的负增长，这是除西南地区出现负增长外新发现的问题，可以在寻找西南地区客运总周转量的根本原因之后，再去寻找东南地区出现货运总周转量出现负增长的原因。

除了寻找负增长以外，还可以寻找正增长的原因，即从正、负两方面寻找问题产生的原因，这样可以得到更大的决策支持。

寻找问题原因让计算机自动完成，必须建立多维层次数据的本体概念树，并在树中进行深度优先搜索，来发现问题并找到所有原因。

4. 小结

数据挖掘是从数据中挖掘知识，变换规则的知识挖掘是在规则知识的基础上挖掘变换规则知识。规则知识是静态的，而变换规则是变化的知识。变换规则定理帮助人们从规则知识及相关的变换中获取变换规则知识。基于本体的变换规则链定理帮助人们在数据仓库中的多维层次数据中获取变换规则链。

目前，对数据仓库的问题的分析基本上是在人的指导下，对多维层次数据进行钻取操作，找到问题发生的原因。若在多维层次数据中建立本体概念树，就可以让计算机沿着本体概念树进行深度优先搜索，既可以发现问题，又能自动找到各问题的所有原因。这项工作是很有意义的。

11.3.5　适应变化环境的变换规则元知识

元知识是知识的知识，是对一般知识的描述、概括、处理、使用的知识。在此提出用变换规则作为元知识的一种新表示形式。变换规则是以变换为基础，是变换的产生式，它具有变化的特点，适应变化的环境。这种新的元知识表示称为变换规则元知识。

1. 神经网络的变换规则元知识

神经网络模型是将人脑神经元组织结构用数学模型进行形式化表示。它学会实际样本需要利用两个原理性的计算公式：①神经网络模型的运行机制：由输入节点值，经过 MP 模型计算公式，计算出输出节点的值。②利用输出节点值的误差，修正网络权值和阈值的计算公式(在 8.1.3 节中已说明)。此处利用变换规则作为元知识的表示形式进行神经网络计算的概括。

1) 建立判别函数

给定一个小数 ε，利用误差函数

$$\delta_i = \sum_j |O_j^i - t_j^i|$$

其中，t_j^i 是给定样本 i 的输出节点的实际值，O_j^i 是输出节点的计算输出值。

建立判别函数值为 $K_i = \varepsilon - \delta_i$，$K_i < 0$ 表示神经网络未学会样本，$K_i \geqslant 0$ 表示神经网络学会样本。

2) 确定解决问题的变换

解决该问题需要引入 5 个变换，分别如下。

（1）输入节点到输出节点的变换 T_{IO}。

利用 MP 模型，将输入节点值 $I=(x_1,x_2,\cdots,x_n)$，按神经网络公式计算，得出输出节点值 $O=(O_1,O_2,\cdots,O_m)$，其变换为

$$T_{IO}(I)=O$$

该变换的计算公式为

$$O_j=f\left(\sum_i w_{ij}x_i-\theta_j\right)$$

（2）输出节点的减变换 T_-。

将样本输出节点的计算值与实际值进行相减，得到误差，即

$$T_-(O)=\sum_j |o_j^i-t_j^i|=\delta_i$$

（3）网络权值的变换 T_w 为

$$T_w(w_{ij}^{(k)})=w_{ij}^{(k+1)}$$

其中，

$$w_{ij}^{(k+1)}=w_{ij}^{(k)}+\eta\delta_j x_i$$

（4）阈值的变换 T_θ 为

$$T_\theta(\theta_j^{(k)})=\theta_j^{(k+1)}$$

其中，

$$\theta_j^{(k+1)}=\theta_j^{(k)}+\eta\delta_j$$

（5）判别函数值的变换 T_k 为

$$T_k(K_i)=K_{i+1}$$

3）神经网络学会样本的变换规则元知识表示为

$$T_{IO}\wedge T_-\wedge T_w\wedge T_\theta\to T_k \tag{11.30}$$

该变换规则表示，经过 4 个变换 T_{IO}、T_-、T_w、T_θ 将引起判别函数值的变换 T_k，使判别函数的值增加。该变换规则元知识高度概括了神经网络学会样本的运算过程。

4）算法

（1）首先要给定神经网络上的网络初始权值和阈值（随机数），即 $w_{ij}=w_{ij}^{(0)}$，$\theta_i=\theta_i^{(0)}$。

（2）反复进行变换规则知识的计算，直到判别函数 $K_i\geqslant 0$ 为止。

（3）输出网络权值的结果：$w_{ij}^*=w_{ij}^{(n)}$，$\theta_i^*=\theta_i^{(n)}$。

2. 知识发现的变换规则元知识

在知识发现中，属性约简和数据挖掘是两个重要步骤，本节利用粗糙集理论，用变换规则元知识高度概括这两个步骤的本质。

1）属性约简的变换规则元知识

属性约简问题是在数据库中保持分类效果不变的情况下，删除多余的属性。它的基础理论主要是粗糙集理论和信息论。按粗糙集理论，需要对数据库中的每个条件属性计算其重要度 SGF，为此引入计算重要度算子 A_{SGF}。对条件属性集 C 中的任一属性 c_i 相对决策属性 D，计算其重要度 $A_{SGF}(c_i)$。

$A_{SGF}(c_i)$ 算子计算过程如下。

（1）计算条件属性集 $(C-\{c_i\})$ 的等价集。

（2）计算决策属性的 D 等价集。

（3）计算正域 $\mathrm{Pos}(C-\{c_i\},D)$。

（4）计算依赖度 $\gamma(C-\{c_i\},D)$。

（5）计算 C_i 的重要度 $\mathrm{SGF}(C-\{c_i\},D)$。

在粗糙集属性约简中，若 $\mathrm{SGF}(C-\{c_i\},D)=0$，即 $A_{\mathrm{SGF}}(c_i)=0$。表示属性 c_i 关于 D 是可省略的，即可以对属性 c_i 进行约简，用下式表示属性约简变换

$$T_{\mathrm{reduce}}(C)=(C-\{c_i\})$$

该约简变换 T_{reduce} 是在算子 $A_{\mathrm{SGF}}(c_i)$ 计算出 $A_{\mathrm{SGF}}(c_i)=0$ 时才进行的变换。

算子 A_{SGF} 与约简变换 T_{reduce} 之间的因果关系可以表示为变换规则元知识

$$A_{\mathrm{SGF}}(c_i)=0 \rightarrow T_{\mathrm{reduce}}(C)=(C-\{c_i\}) \tag{11.31}$$

该元知识表示：若算子 A_{SGF} 对 c_i 属性计算出重要度 $\mathrm{SGF}(C-\{c_i\},D)=0$ 时，进行对属性 c_i 的约简变换。

该变换规则元知识高度概括了属性约简的原理和本质。

2）数据挖掘的变换规则元知识

数据挖掘是从大量数据中获取知识，这些知识实质上是这些数据的高度浓缩，仍保留了数据的本质。这里讨论基于粗糙集理论的数据挖掘方法的元知识。

该方法是通过条件属性集 E_i 与决策属性集 Y_j 之间的上下近似关系来获取知识。为此要建立一个求解两个集合 E_i 和 Y_j 之间上下近似关系的算子 A_{updow}。

（1）$A_{\mathrm{updow}}(E_i,Y_j)$ 算子的计算过程如下。

① 求条件属性集 C 中的等价类 E_i。

② 求结论属性集 D 中的等价类 Y_j。

③ 求 E_i 和 Y_j 之间的交集，分别有 3 种情况

$$E_i \cap Y_j = E_i \quad E_i \cap Y_j \neq E_i(\neq \varnothing) \quad E_i \cap Y_j = \varnothing$$

该算子对前两种情况能生成两类规则知识，它实际上是从数据库 D_{set} 中获取规则知识的数据挖掘变换，表示为

$$T_{\mathrm{DM}}(D_{\mathrm{set}})=(E_i \rightarrow Y_j)$$

（2）基于粗糙集的数据挖掘方法的变换规则元知识。

数据挖掘的变换 T_{DM} 是算子 $A_{\mathrm{updow}}(E_i,Y_j)$ 的计算结果引起的，从中可得到两条变换规则元知识

$$(A_{\mathrm{updow}}(E_i,Y_j)=E_i) \rightarrow (T_{\mathrm{DM}}(D_{\mathrm{set}})=(E_i \rightarrow Y_j)) \tag{11.32}$$

$$(A_{\mathrm{updow}}(E_i,Y_j)\neq E_i) \wedge (A_{\mathrm{updow}}(E_i,Y_j)\neq \varnothing) \rightarrow T_{\mathrm{DM}}(D_{\mathrm{set}})=((E_i \rightarrow Y_j),\mathrm{cf}) \tag{11.33}$$

其中，可信度 $\mathrm{cf}=|E_i \cap Y_i|/|E_i|$

这两条变换规则元知识高度概括了粗糙集获取知识的原理和本质。

3. 专家系统的变换规则元知识

专家系统中的元知识主要用来对专家系统运行进行控制，用变换规则知识来表示控制专家系统运行的元知识是很合适的。专家系统一般采用逆向推理，它运行控制的元知识主要包括：指定目标开始推理；检查当前变量是否处于推理树的叶节点，若是则进行提问；提问回答符合要求时，推理进行回溯；提问回答不符合要求时，继续提问；目标求出值后，停止推理或转向另一棵推理树的目标；等等。下面对其中部分元知识利用变换规则表示形式，更

能体现变化的特点。

（1）叶节点提问处理：当推理过程中发现当前节点 x 是叶节点 x_0 时，将叶节点变换成给定叶节点的提问句，元知识表示为

$$Compare(x, x_0) = yes \rightarrow T_{ques}(x_0) = (question(x_0) = \text{“提问句”})$$

（2）叶节点用户回答正确处理：当用户回答的值 $v(user)$ 属于叶节点取值 $v(x_0)$ 的范围时，推理进行回溯，即将上层节点 x' 置换叶节点 x_0，元知识表示为

$$Compare(v(user), v(x_0)) = yes \rightarrow T_{repl}(x_0) = x'$$

（3）叶节点用户回答不正确处理：当用户回答的值 $v(user)$ 不属于叶节点取值 $v(x_0)$ 的范围时，则继续提问，元知识表示为

$$Compare(v(user), v(x_0)) = no \rightarrow T_{ques}(x_0) = (question(x_0) = \text{“提问句”})$$

（4）单推理树推理控制：当目标节点 G 通过推理求出值 v_G 时，停止推理。元知识表示为

$$Check(v(G) = v_G) \rightarrow T_{stop}(x = G) = R_{stop}$$

（5）多推理树推理控制：当一个推理树的目标节点 G 通过推理求出给定值 v_G^* 时，控制推理机从该推理树转向另一棵推理树 i 的目标节点 G_i，元知识表示为

$$Check(v(G) = v_G^*) \rightarrow T_{repl}(G) = G_i$$

用变换规则知识，即变换产生式来表示专家系统中的元知识，比原来采用的元知识表示更能体现变化的特点，也便利了专家系统程序，容易控制专家系统有效运行。

4. 小结

通过以上研究可知，神经网络、知识发现都是一个过程，需要经过若干个步骤来完成，用变换规则作为元知识来描述，既适应了求解过程的变化需求，又起到了把定量问题进行定性化描述的效果，即浓缩了具体的定量计算过程的效果。在专家系统中的元知识用变换规则表示，更突出了运行专家系统的控制效果。

变换规则作为元知识的一种新的表示形式，是对元知识的扩充，既能有效把握问题的本质，又能有效地起到指导和控制系统运行的效果。变换规则作为元知识的表示形式，能够适应变化的环境，具有广泛的应用前景。

◇ 习 题 11

1. 计算机程序为什么采用对数据的存放地址的间接操作？

2. 为什么说"任何复杂的程序都是顺序、选择、循环这 3 个基本结构的嵌套组合"，它能保证程序的正确性吗？

3. 为什么数值计算都要回到加减乘除运算？

4. 说明汉字与多媒体的数字化过程的重要性。

5. 如何从软件进化看软件的本质？

6. 说明形式化过程在数学进化中的重要作用。

7. 说明"变换"方法在软件进化和数学进化中的重要作用。

8. 变换规则知识与规则知识有什么不同？为什么要研究变换规则知识？

9. 变换规则的知识推理与一般规则的知识推理有什么不同？

10. 变换规则链定理说明了什么问题？

11. 用变换规则作为元知识的表示形式有什么好处？

大数据与人工智能

◇ 12.1 大数据时代

12.1.1 从数据到决策的大数据时代

1. 大数据时代的来临

2012 年,"大数据"(big data)一词开始成为热门词汇。联合国在 2012 年发布了大数据政务白皮书,指出大数据对于联合国和各国政府来说是一个历史性的机遇,人们如今可以使用极为丰富的数据资源,来对社会经济进行前所未有的实时分析,帮助政府更好地响应社会和经济运行。

大数据的主要来源:社交网络数据;遥测数据;传感器数据;监控通信数据;全球定位系统(GPS)的时间数据与位置数据;网络上的文本数据(如电子邮件、短信、微博等)。这些数据来源都是信息化过程(数字设备的进步,如传感器、GPS 和手机等)以及数据的多元化(各种渠道)形成的。

可以简单概括为

$$大数据 = 海量数据 + 复杂类型数据$$

大数据具有 4 个基本特征:①数据量巨大。有资料证实,到目前为止,人类生产的所有印刷材料的数据量为 200PB。②数据类型多样。现在的数据类型不仅是文本形式,更多的是图片、视频、音频、地理位置信息等多类型的数据,个性化数据占绝对多数。③处理速度快,时效性要求高。从各种类型的数据中快速获得有价值的信息。④价值密度低。以视频为例,1h 的视频,在不间断的监控过程中,可能有用的数据仅仅只有 1~2 秒。概括大数据用 4 个 V 表示:海量数据(volume)、数据多样性(variety)、处理速度快(velocity)、价值密度低(value)。

大数据将带来的变化:①从掌握局部数据变为掌握全部数据;②从纯净数据变为凌乱数据,可能会发现生活的许多层面是随机的、而不是确定的;③从探求因果关系到掌握事务的相关联系。从了解社会运转方式的因果原因,转变为弄清现象之间的相关联系,以便利用这些信息来解决问题。

大数据主要是回答"是什么",而不是直接回答"为什么"的问题。通常有这样的回答就足够了。如何分析这些数据? 如何利用这些数据来改变业务? 数据的威力体现在如何处理这些数据上。

未来,数据将会像土地、石油和资本一样,成为经济运行中的根本性资源。

2. 利用大数据的决策

大数据时代一个显著特点是利用数据的优势来决策。

利用大数据进行有效决策的方式大致归纳如下：跟着当前潮流走，或者不满足于现状逆着潮流走，或者跟着新观念走，或者从互联网上搜索获取知识等。

1）跟着当前潮流走

跟着当前潮流走的典型实例："德温特资本市场"公司首席执行官保罗·霍廷每天的工作之一，就是利用计算机程序分析全球 3 亿～4 亿账户的留言，进而判断民众情绪，再以 1～50 进行打分。根据打分结果，霍廷再决定如何处理手中数以百万美元计的股票。霍廷的判断原则很简单：如果所有人似乎都高兴，那就买入；如果大家的焦虑情绪上升，那就抛售。这一招收到的效果显著，当年第一季度，霍廷的公司获得了 7％的收益率。

2）逆着潮流走

2013 年 6 月 9 日，美国国家安全局 29 岁的技术分析员爱德华·斯诺登，披露了美国国家安全局一项代号为"棱镜"的计划的细节。爱德华·斯诺登说："国家安全局打造了一个系统可截获几乎所有信息。有了这种能力，该机构可自动收集绝大多数人的通信内容。如果我想查看你的电子邮件或你妻子的电话，我只需使用截获功能。你的电子邮件、密码、电话记录和信用卡信息就都在我手上了。"这是逆着潮流走的典型。

3）跟着新观念走

跟着新观念走的典型实例：IBM 公司在上一个十年，他们抛弃了个人计算机（PC，这是该公司的首创），成功转向了软件和服务，而这次将远离服务与咨询，更多地专注于大数据分析软件带来的全新业务增长点。IBM 前首席执行官罗睿兰认为，数据将成为一切行业当中决定胜负的根本因素，最终数据将成为人类至关重要的自然资源。

在个人决定前途时的选择，跟着新观念走的实例：某大学信息科学技术学院某副院长说，他在完成学业以后，选择个人今后发展方向时，看到作者在《计算机世界报》上，首次向国内介绍"数据挖掘"（当时称为"数据开采"）新技术后，决定今后就选择"数据挖掘"作为方向，从而形成了他的人生新轨迹。

4）从互联网上搜索获取知识

在互联网上进行知识搜索，即"知识在于搜索"形成了当今获取知识的新趋势。它是"知识在于学习"和"知识在于积累"的传统模式的新发展。这也造就了 Google、百度等搜索公司的辉煌成就。

决策和创新的基础，首先是在自己希望有所建树的领域里，利用"知识在于学习"和"知识在于积累"的方法，在人的大脑中打下坚实的事实性知识基础。在进行决策和创新时，需要在网络上利用搜索，得到相关知识和最新的知识，在头脑中进行融合和再创造，进行决策。

"知识在于搜索"能解决信息不对称现象。"信息不对称"现象普遍存在社会中，特别在市场经济活动中，各类人员对有关信息的了解存在很大的差异。掌握信息多的人处于有利的地位，而信息贫乏的人则处于不利的地位。信息不对称理论是由乔治·阿克尔洛夫、迈克尔·斯彭斯和约瑟夫·斯蒂格利茨 3 位美国经济学家提出的，从而获得 2001 年诺贝尔经济学奖。

例如，在识别流感疫情时，谷歌公司利用监测无数个搜索词（如"最好的咳嗽药"）并加入详细地址的追踪，从而有效掌握疫情区域。

搜索当前信息后做决策,已经成为即时决策的新趋势。

5)开源软件和维基百科激发了人们的创造热情

人们在开源网站上交流,相互之间激发出创新热情。利用自己的智慧,在别人的研究基础上,增加更有用的或更有效果的功能,共同开发出免费的软件。

任何人都可以在维基百科上编辑任何条目,在互联网上共同撰写百科全书。

6)制造假信息和病毒数据

制造假信息进行恐吓,让受骗者做愚蠢的决策,送钱或银行账号及密码给骗子。这些受骗者都是严重的信息缺乏者。

制造病毒数据,破坏网络系统或是个人计算机。

7)大数据时代的小数据

什么是小数据?小数据就是个体化的数据,是每个个体的数字化信息。人们爱说,大数据将改变当代医学,譬如基因组学、蛋白质组学、代谢组学等。不过由个人数字跟踪驱动的小数据,也将有可能为个人医疗带来变革。特别是当可穿戴设备更成熟后,移动技术将可以连续、安全、私人地收集并分析数据,这可能包括个人的工作、购物、睡觉、吃饭、锻炼和通信,追踪这些数据将得到一幅只属于个人的健康自画像。

药物说明书上会有一个用药指导,但那个数值是基于大量病人的海量数据统计分析得来的,它是否适合此时此刻的你?这就需要了解关于你自己的小数据。因此,对许多患者用同一个治疗方法是不可能成功的。个性化或者说层次式的药物治疗是要按照特定患者的条件开出药方——不是"对症下药",而是"对人下药"。这些个性化的治疗都需要记录和分析个人行为随时间变化的规律,这就是小数据的意义。

从大数据中得到规律,再用小数据去匹配个人。这使得大数据时代的小数据能改变人生。

8)网络丰富了人们的生活

网络丰富了人们的生活主要体现在以下两方面。

(1)手机和电视。现在,手机中的微信代替了以前普遍使用的写信、通电话、发电报、看报纸和小说、现金购物、听音乐、看电影等个人的日常生活。

微信通话可以是语音通话,也可以与对方视频通话,可以使地球上任何有 WiFi 网络的地方的人相互联络。旅游到南半球的新西兰、澳大利亚,或者北欧挪威、瑞典等相隔万里之遥的地方,也可以即时通话、发消息和收消息,而且是免费的。若和美国的亲戚用微信通话长达 1 小时多,也是免费的,这在以前是不可想象。以前要和美国朋友通电话,每分钟就要好几元。

用手机支付(手机要联上一张银行卡),在超市买物品或在小摊贩上买小吃,均可以用支付宝或微信方式支付,非常方便,特别是对有零钱(角、分)的支付,对商家或个人都更方便。这种支付方式将逐渐代替现金或银行卡。

电视上的频道越来越多,既可以看当前的电视节目,也可以看以前播放过的电视剧或电影。例如,广东有线电视台可以回放 7 天前各频道的节目。

(2)网上购物。阿里巴巴公司已经将 11 月 11 日这天变成了购物节。这天购物半价打折,人们(特别是年轻人)纷纷抢购物品。这天的销售额,一年比一年迅猛增长。这天已经变成了全球的狂欢节。据新闻报道,2018 年,"天猫双 11 全球狂欢节"全天成交额达到 2135

亿元,全天物流订单量达到 10.42 亿包;"京东"平台总体销售额达 2017 年同期的 3 倍。

据阿里巴巴公司披露,数以亿计的消费者在同一时间涌入"天猫",某品牌普洱茶在 6s 内售罄,来自墨西哥的牛油果在几分钟内被抢购超 10 万个,澳大利亚某女装在 30min 内的成交额相当于澳大利亚当地线下门店 30 天的销量。

网上购物也成就了物流业,除了购物,餐饮外卖也流行起来,快递小哥随处可见。广州顺丰速运有限公司(顺丰速运),自 1993 年 3 月 26 日成立,经过十几年的发展,现经营范围已经包括国际货运代理、货物进出口、跨省快递业务、国际快递业务、道路货物运输等,成为国内知名的物流公司。

大数据时代极大地改变了人们的生活。

大数据既支持领导者的决策,也支持个人决策。支持领导者的决策,利用的是粗粒度数据(经过综合的数据);支持个人决策,利用的是细粒度数据(不综合的数据)。它们都是利用数据之间的比较和联系来发现问题并做出决策。

12.1.2　大数据的分析方法和决策支持方式

1. 大数据的统计方法

数据分析离不开统计。在统计学中用总量、平均数、百分比、比率等数值,建立了对大数据的概括认识。用同类单位的数据做比较或者用自己的历史数据做比较,来发现问题、找出差距,为辅助决策提供依据。

1) 世界顶级大学排名分布

世界前 100 名顶级大学所在国家的分布:美国占 32%;英国占 17%;澳大利亚占 7%;中国占 6%;日本占 5%;韩国占 5%;法国占 3%;加拿大占 3%;荷兰占 3%;瑞士占 3%……该排名主要评级指标为教学、研究、论文引用、国际化、产业收入 5 个范畴共计 13 个指标等,在学术同行中评议和全球雇主中评价。

这个统计数据基本上说明了各国的高等教育水平程度。

2) 自然语言处理的统计学习方法

统计语言学成功地实现了计算机上的自然语言处理。自然语言属于上下文有关的文法,一个单词有多个解释,对于比较复杂的句子。以前一直在用语法规则进行自然语言处理,但进展不大。

利用统计语言模型有效地解决了自然语言处理,即一个句子 s(它由一串特定顺序排列的词 $w_1, w_2, \cdots, w_n$ 组成)是否合理,就看它的可能性(概率 $P(s)$)大小。统计语言模型给出了计算概率 $P(s)$ 的公式为

$$P(s) = P(w_1, w_2, \cdots, w_n) = P(w_1) \cdot P(w_2 \mid w_1) \cdot P(w_3 \mid w_2) \cdot \cdots \cdot P(w_n \mid w_{n-1})$$

公式中反映了单词的上下文关系,如 w_2 与 w_1 之间的条件概率等,故用这种方法有效地判断了句子 s 中词的排列顺序的合理性。

统计学还有很多方法可用于数据分析达到辅助决策效果。例如,回归分析是研究一个变量与其他多个变量之间的关系,建立回归方程;假设检验是根据样本对关于总体所提出的假设,做出是接受还是拒绝该假设的判断;聚类分析是将样品或变量进行聚类的方法;主成分分析是把多个变量化为少数的几个综合变量;等等。

2. 从数据中归纳出数学模型

自然科学发展最重要的方法是从数据中归纳出规律,用数学模型(公式或方程)这种数量形式描述。例如,牛顿的运动三大定律、牛顿的万有引力定律、开普勒的行星运动三大定律、麦克斯韦的电磁方程组、爱因斯坦质能方程、纳维-斯托克斯流体力学方程、薛定谔量子方程等。下面用3个典型例子具体说明。

1) 开普勒的行星运动三大定律的发现过程

天文学家开普勒是利用他的老师第谷观察的天文数据,加上他自己的观测数据归纳总结出行星运动的三大定律。

开普勒先从火星的观测数据开始,想找出它的运动规律,并试探用一条曲线表示出来。起先他按传统观念,认为行星做匀速圆周运动。为此,他采用传统的偏心圆轨道方程来试探计算。但是经过反复推算发现,不能算出同第谷的观测相符的结果。经过大约70次试探后,他找到的最佳方案还差8角分。

开普勒深信老师第谷的数据是精确可靠的,自己的计算没有问题,这个8角分差异不应该有。开普勒开始大胆设想,火星可能不是做圆周运动。他改用各种不同的几何曲线方程来表示火星的运动轨迹,经过多年的艰苦计算,终于发现了火星沿椭圆轨道绕太阳运行,太阳处于焦点之一的位置这一规律。开普勒又研究了在第谷观察的数据中其他几个行星的运动,证明它们的运动轨道都是椭圆,这就推翻了天体必然作匀速圆周运动的传统偏见,得到行星运动的第一定律(椭圆定律)。

当时的天文学还不知道行星与太阳之间的实际距离,只知道各个行星距离的比例,而各行星公转的周期是人们所熟悉的。

经过了9年的苦战,开普勒终于得出了行星公转周期的平方与它距太阳的距离的立方成正比的结论($p^2/d^3 = $ 常数),这就是著名的开普勒行星运动第三定律。三大定律是开普勒的科学思辨和第谷的精确观测的大量数据相结合的产物。

2) 微软的世界杯预测模型

微软的世界杯模型成功地预测出2014年7月的世界杯最后阶段的比赛结果。德国在世界杯赛中战胜阿根廷,这不仅仅是德国国家队的胜利,也是微软公司大数据团队的胜利。在世界杯淘汰赛阶段,微软公司正确预测了赛事最后几轮每场比赛的结果,包括预测德国将最终获胜。

微软公司的经济学家、世界杯模型的设计者戴维·罗思柴尔德说:"我设计世界杯模型的方法与设计其他事件的模型相同。诀窍就是在预测中去除主观性,让数据说话。"戴维·罗思柴尔德掌握了有关球员和球队表现的足够信息,这让他可以适当校准模型并调整对接下来比赛的预测。不同于其他世界杯预测模型都是使用比赛前的数据,而戴维·罗思柴尔德的模型的数据随着每场比赛不断更新。在这个时代,数据分析能力终于开始赶上数据收集能力。分析师不仅有比以往更多的信息可用于构建模型,也拥有在短时间内通过计算将信息转化为相关数据的技术。戴维·罗思柴尔德回忆说:"几年前,我得等每场比赛结束后才能获取所有数据。现在,数据是自动实时发送的,这让我们的模型能获得更好的调整且更准确。"

3) 计算机上利用数据归纳出数学模型的方法是数据挖掘的公式发现

典型的方法如下。

（1）Pat Langley 研制的 BACON 系统。

（2）陈文伟研制的 FDD 系统。

3. 从数据中获取知识

在计算机中的知识是定性的，一般表示为规则形式。从数据中获取知识主要是利用数据挖掘技术。典型的数据挖掘方法主要分为属性约简方法、信息论挖掘方法、集合论挖掘方法、Web 挖掘、流数据挖掘等。

定性知识一般比定量知识更宏观一些，但定量知识（如数学模型）比定性知识更精确一些。

4. 大数据的决策支持方式

在大数据时代，数量并不意味着价值。虽然数据是知识的来源，但对于我们来说，更多的是利用数据中的信息，做出更明智的决策。

对于数据的利用，必须知道它的上下文背景，但上下文并不总是与数据一起呈现。这就需要人在逻辑上将它们整合在一起，和人的需求建立起关联。数据的收集必须与想达到的目标相关。

大数据的决策支持方式概括如下。

（1）采用商务智能（基于数据仓库的决策支持系统）和智能决策支持系统为领导者提供决策支持。在云计算环境中，存在大量的数据仓库群、数据库群，也存在各种类型的知识资源和模型资源，利用这些资源建立各种类型的决策支持系统，以决策问题方案的形式支持领导者的决策。

（2）各类网站、数字图书馆、微博、微信等为组织和个人提供了网络查询或网络交互的平台，组织和个人能利用网络获取所需的信息和知识，达到有效地支持领导决策和个人决策。

（3）大数据为即时决策提供了强有力的支持。大数据涉及的范围很宽，即时数据的传播很快，这为即时决策提供了基础。

（4）从大数据中挖掘各类知识，能有效地利用知识辅助决策。数据挖掘技术是大数据分析的一个重要的手段。

（5）从大数据中归纳出数学模型，这是学者们采用的定量分析方法。数学模型能有效地反映社会现象或者是自然界的规律，它的影响更深远。历届诺贝尔经济学奖的获得者中，不少是建立经济学的数学模型，有效地解析了社会中重大的经济学现象。值得说明的是，建立数学模型往往要忽略一些次要因素。

（6）在大数据中寻求相互关系，已经成为分析大数据的首要任务。人们的大多数决策是利用相互关系来完成的。寻求原因关系需要更广泛的数据或者粒度更细的数据，再经过深入的分析来完成，这种决策需求相对较少，成为次要任务。大数据的关联分析是支持决策的重要手段。

（7）大数据是一个环境，在大数据中的小数据，利用关联关系，能找到更有效地支持个人决策的信息。

大数据的决策支持面很宽，能为各类人员带来有效的决策支持。

12.1.3　数据仓库与云计算

数据仓库与云计算是在大数据环境中,存储数据及应用数据最有效的两种形式。数据仓库一般用于政府各部门或大企业中,他们需要的数据基本集中在数据仓库中。数据仓库的原理、结构、组织形式、应用方式在第 2 章中已经清楚介绍了。这里只举一个实际应用效果显著的例子。云计算在大数据环境中具有更重要的地位,云计算不仅有存储大数据的服务,而且具有利用算法分析大数据的服务。云计算提供了基础设施(硬件和网络)、平台(操作系统、编程语言、数据库管理系统和 Web 服务器等)和软件这三大类的服务。

1. 数据仓库的典型应用

这里用上海证券交易所(简称上证所)数据仓库的应用进行说明。上海证券交易所前总工程师白硕说:"数据仓库不是奢侈品,而是必需品。"

上证所是全球最大的散户证券交易所,交易最高峰时每秒钟就有 1 万笔以上的订单。15 年来,其产生的数据可谓浩如烟海。上证所不仅"清洗"完了十几年来累积的海量数据,还让数据仓库真正归位于其日常运转、业务创新的基础。

1)统一数据格式

以前,上证所的增量数据与存量数据的格式不一致,难以以统一的格式进行处理。白硕领导的项目组做了一个基于 XBRL 的电子文件模板,把上证所数据仓库的存量和增量数实现了统一的数据格式。

2)数据仓库的应用

上证所数据仓库项目组开发了一个财务预警模型:利用这个模型,通过分析上市公司各种财务报表之间的钩稽关系,判断出该上市公司报送的数据是否真实可靠。再通过进一步数据挖掘,分析该上市公司的财务状况存在哪些问题,并通过直观图形化的方式反馈给监管部门。

最终,通过对上市公司每个季度、每年数据的比较分析,上证所就可以建立起上市公司的诚信数据库。由于上市公司风险特点在不断变化,这个财务预警模型需要每年做一次调整。如今,上证所和有关部门将更多领域的数据汇总起来,这样可以做到尽快掌握上市公司的最新情况,更有效地化解金融风险。

3)业务创新

在上证所的股票期货、权证、国债买断式回购、ETF(交易型开放式指数基金)等,需要建立一套复杂的套利行为识别模型。项目组在数据仓库的基础上,针对 ETF 专门开发了一个套利模型,能够根据不同业务部门的要求,按照不同类别(如账户、投资者类型、交易所会员)进行汇总分析。

有了数据仓库的支持,业务部门可以把精力放在业务创新、市场分析等事情上。

2. 云计算及其应用

1)云计算的定义

云计算的定义:云计算是一种按使用量付费的模式,提供可用的网络访问,进入计算资源共享池,资源包括网络、服务器、数据存储、应用软件、各类服务等,这些资源能够被快速提供。通俗地说,云计算就是通过大量在云端的计算资源进行计算。

例如,用户通过自己的计算机发送指令给提供云计算的服务商,通过服务商提供的大量

服务器进行用户所需的计算,再将结果返回给用户。可以理解为

$$云计算 = 因特网上的资源(云) + 分散的信息处理(计算)$$

"云"指互联网上提供服务的资源池。也就是说,不是构建一两台机器的问题,而是要构建一定规模的集群,并且对该集群统一管理,形成"资源池",才能满足云计算的需求。

云计算是通过互联网来使用的:①使用模式,可随时随地接入互联网的终端,即时申请/注册,即时使用;②业务模式,自助服务(用户不需要专业的支持就能使用),可定制,按需使用;③商业模式,免费或按使用付费。

从本质上说,云计算不仅是科学技术的创新,同时也是商业模式的创新。

2)云计算的特点

云计算的特点如下。

(1)超大规模。"云"具有相当的规模,Google 云计算已经拥有 100 多万台服务器,Amazon、IBM、微软、Yahoo 等的"云"均拥有几十万台服务器。

(2)虚拟化。云计算支持用户在任意位置、使用各种终端获取应用服务。所请求的资源来自"云",而不是固定的有形的实体。应用在"云"中某处运行,但实际上用户无须了解,也不用担心应用运行的具体位置。

(3)高可靠性。"云"使用了数据多副本容错、计算节点同构可互换等措施来保障服务的高可靠性,使用云计算比使用本地计算机可靠。

(4)通用性。云计算不针对特定的应用,在"云"的支撑下可以构造出千变万化的应用,同一个"云"可以同时支撑不同的应用运行。

(5)高可扩展性。"云"的规模可以动态伸缩,满足应用和用户规模增长的需要。

(6)按需服务。"云"是一个庞大的资源池,按需购买;云可以像自来水、电、煤气那样计费。

(7)极其廉价。由于"云"的特殊容错措施可以采用极其廉价的节点来构成云,"云"的自动化集中式管理使大量企业无须负担日益高昂的数据中心管理成本,"云"的通用性使资源的利用率较传统系统大幅提升,因此用户可以充分享受"云"的低成本优势,通常只要花费几百美元、几天时间就能完成以前需要数万美元、数月时间才能完成的任务。

3)云计算机服务

云计算包括以下 3 个层次的服务:基础设施即服务(infrastructure as a service,IaaS),平台即服务(platform as a service,PaaS)和软件即服务(software as a service,SaaS)。

(1)IaaS。

IaaS 通过网络向用户提供计算机(物理机和虚拟机)、存储空间、网络连接、负载均衡和防火墙等基本硬件资源,用户在此基础上部署和运行各种软件,包括操作系统和应用程序。例如,硬件服务器租用。

IaaS 提供给用户的服务器不是真正的物理服务器,而是虚拟服务器,称为虚拟机。虚拟机其实是通过软件模拟出来的,但是对用户来说,它所表现出来的行为却与物理服务器一模一样,因此用户完全可以把它当作一台普通的服务器。

(2)PaaS。

PaaS 平台一般为开发者提供操作系统、多种编程语言、数据库管理系统和 Web 服务器,用户在此平台上部署和运行自己的应用。用户不能管理和控制底层的基础设施,只能控

制自己部署的应用。例如,软件的个性化定制开发。

(3) SaaS。

SaaS 是一种通过 Internet 提供软件的模式,用户无须购买软件,而是向提供商租用基于 Web 的软件,来管理企业经营活动。

云提供商在云端安装和运行应用软件,云用户通过云客户端(通常是 Web 浏览器)使用软件。云用户不能管理应用软件运行的基础设施和平台,只能使用提供的应用程序。

云计算服务可以简单说明如下。

数据、软件、平台、基础设施都是"云计算"的资源,"云计算"服务用一个简单的公式表示

$$云计算服务 = (数据 + 软件 + 平台 + 基础设施)服务$$

当今社会用计算机处理文档、存储资料,通过电子邮件或 U 盘与他人分享信息。如果计算机硬盘坏了,人们会因为资料丢失而束手无策。而在"云计算"时代,"云"会替人们做存储和计算的工作。届时,只需要一台能上网的手机,一旦有需要,可以在任何地点用手机快速地找到需要的资料并处理,再也不用担心资料丢失。

云服务提供商(如华为云、阿里云等),能够为中小企业搭建信息化所需要的所有网络基础设施及软件、硬件运作平台,并负责所有前期的实施、后期的维护等一系列服务,企业无须购买软硬件、建设机房、招聘 IT 人员,只需要前期支付一次性的项目实施费和定期的软件租赁服务费,即可通过互联网享用信息系统。

云服务提供商通过有效的技术措施,可以保证每家企业数据的安全性和保密性。企业采用云服务模式在效果上与企业自建信息系统基本没有区别,但节省了大量用于购买 IT 产品、技术和维护运行的资金,且像打开自来水龙头就能用水一样,方便地利用信息化系统,从而大幅降低了中小企业信息化的门槛与风险。

◇ 12.2 大数据型科学研究

12.2.1 大数据型科学研究范式

随着大数据时代的到来,科学研究的方法推进到了第四范式和第五范式。

1. 科学研究范式

关于范式的概念和理论,美国哲学家托马斯·库恩在《科学革命的结构》中称:范式是一种公认的模式,是从事科学研究中共同遵守的世界观和行为方式。科学范式的价值不仅在于它描述了科学研究已有的习惯、传统和模式。科学的发展是靠范式的转换完成的。

1)第一范式:实验型范式

第一范式产生于几千年前,描述自然现象是以观察和实验为依据的研究,即实验型科研(experimental science)方法,通过实验来获得新知识,例如,法拉第的电磁感应效应(相互转换)实验、爱迪生留声机实验、波波夫的电报实验等。从实验中发现新事物,称为实验型范式。

2)第二范式:理论型范式

第二范式产生于几百年前,是以归纳和推理为基础的理论型科研(theoretical science)方法,从实验数据中总结出了各种定律和定理,比如天文学的开普勒定律、运动力学的牛顿

运动定律、电磁原理的麦克斯韦方程等,用这些原理来解释各种自然现象,一个显著的特点是从定律中说明"自然界的因果关系"。这种理论分析范式,称为理论型范式。

3)第三范式:计算型范式

第三范式产生于几十年前,是以模拟复杂现象为基础的计算型科研(computational science)方法,用计算机对自然界中各种原理的数学方程进行数值求解,这样就可以用"计算"代替"实验"。例如,对飞机模型求解流体力学的纳维-斯托克斯方程,来代替风洞实验,这样可以大大地节省经费和时间。这种计算科学范式,称为计算型范式。

4)第四范式:数据密集型范式

2007 年,吉姆 · 格雷(Jim Gray)描绘了数据密集型科研"第四范式"(the fourth paradigm)。微软公司于 2009 年 10 月发布了《e-Science:科学研究的第四种范式》论文集,首次全面地描述了快速兴起的数据密集型科学研究。

针对海量数据问题,一种科研新模式产生了:大量产生的数据,以及得到的信息或知识存储在计算机中,我们只需从这些计算机中查找数据,就可以进行分析研究。将大数据科学从第三范式(计算机模拟)中分离出来单独作为一种科研范式,是因为其研究方式不同于基于数学模型的传统研究方式,也称为大数据型科研范式。它是对大数据进行采集、管理和分析,一个显著的特点是从数据分析中找出"事物中相互关系"。

现在,我们可以做到没有模型和假设就可以分析数据。大量数据进入计算机中,只要有相互关系的数据,统计分析算法可以发现过去的科学方法发现不了的新模式、新知识甚至新规律。国外不少学者认为数据科学的主要任务就是搞清楚数据背后的"关系网络"。

5)第五范式

第四范式作为一种新的科学研究范式,也暴露出了很多不足。例如,数据不确定性问题、数据复杂性问题、数据的维数爆炸问题、数据的尺度边界问题等。目前,网络科学、脑科学、社会科学等领域面临的重大问题都是极其复杂且动态变化的难题。

第三范式和第四范式都用到计算机:第三范式是"人脑+计算机",人脑是主角;第四范式是"计算机+人脑",计算机是主角。数据科学和智能系统的发展催生"第五范式"。

第五范式是科学研究从对物理世界、人类社会的研究拓展到"人-机-物"融合的三元空间。第五范式不仅仅是传统的科学发现,更是对智能系统的探索和实现。目前,还难以给出"第五范式"的清晰界定。

2. 大数据型研究方法说明

1)深度学习推动大数据的发展

深度学习需要大量的样本数据才能完成图像识别和语音识别。例如,2009 年,李飞飞创建了 ImageNet 图像数据库(全球最大的图像识别数据库),含有 1500 万张照片的数据库,涵盖了 22 000 种物品。

斯坦福大学每年都会举行一个比赛,邀请谷歌、微软、百度等 IT 企业,使用 ImageNet 图像数据库,测试他们的系统运行情况。过去几年中,图像识别功能大大提高,出错率仅为约 5%(比人眼还低)。

2)从数据仓库到云计算

数据仓库一般是为政府及大企业做决策用,它是商务智能的基础,它能解决随机出现的问题。数据仓库本身就是政府及大企业的大数据。由于云计算的出现,它不仅能够存储大数据,还能提供各类运算服务。这样云计算再次为大数据提供了技术基础。

3）大数据催生了"数据相关性"的研究

大数据不要求像第二范式那样,追求因果关系。相关关系同样也能产生知识。像科学家发现公式那样,用小数据即可完成。

在第四范式中,强调找出"事物中相互关系"。在相关关系中,"比较"、"矛盾"和"机遇"是用得最多的相关关系。它们是最基本的也是最重要的关系。它们是个人或群体获取知识和做决策的依据。

12.2.2 大数据中的小数据

英国数学家托马斯·克伦普在《数字人类学》一书中指出,数据的本质是人,分析数据就是在分析人类族群自身。数据产生于人类社会的各种活动,其价值也在于服务人类社会,让生活变得更加美好。

大数据的产生,简化了人们对世界的认知。大数据关注的是总体和大致规律。小数据也很重要,它和大数据一起改变着我们的生活。

小数据包括经常影响当前决策的小数据集,它对短期和当前的决策有更大的影响。

小数据的主要好处如下。

(1) 更容易理解、更可操作:小数据更容易被人类理解和处理。它在短期内更具可操作性,这意味着它可以立即转化为商务智能。

(2) 可视化和检查:小数据更容易进行可视化和检查,因为大数据不可能手动进行。

(3) 更贴近最终用户:了解业务的最佳方式之一是关注最终用户,由于小数据更接近最终用户并且通常关注个人体验,因此有助于实现这一点。

(4) 更简单:小数据比大数据更简单,这使得从利益相关者到决策者的每个人都更容易理解。

小数据方法大致可分为 5 种:迁移学习、数据标记、人工数据生成、贝叶斯方法及强化学习。

(1) 迁移学习(transfer learning)是先在数据丰富的环境中执行任务,然后将学到的知识迁移到可用数据匮乏的任务中。

(2) 数据标记(data labeling)是添加有意义的信息标签(署名)。用主动学习(挑选未标记样本,请求外界提供标记信息),来处理未标记的数据。

(3) 人工数据生成(artificial data generation)是对数据进行随机变化(在一定的区间内)生成数据。它可以抹去个人信息,保护个人隐私。

(4) 贝叶斯方法(bayesian method)是将未知参数的先验概率与样本概率综合,再根据贝叶斯公式(条件概率公式),得出后验概率,然后根据后验概率去推断未知参数信息。

(5)强化学习(reinforcement learning)是通过反复试验来学习与环境交互。强化学习使用的数据通常是在系统训练时生成的。强化学习通常用于训练机器人和自动驾驶汽车。

人脑就是小样本学习的典型。2～3 岁的小孩看少量图片就能正确区分马与狗、汽车与火车。

目前,一些企业将目光投向了传统的小数据,并据此改善了相关产品。由于小数据成本较低,收集小数据更为实用。小数据可能会成为未来主导企业做出决策运营的一个重要部分。比如,手机和触摸屏的进步,使书写简化、人与人之间的交流更便利;老人的智能手环,便利随时测血压、紧急呼叫等。

大数据和小数据的区别如下。

（1）大数据利用机器学习,进行聚类、分类、关联分析和预测。典型的应用有对图像和声音的识别。小数据重在做具体事件的决定。

（2）大数据做整体上的感知,比如舆情监测、流感监测、网络营销、智慧城市等应用,影响的范围广。小数据关注数据的真实性和代表性,小数据一般用于个人或小企业。即大数据重群体,小数据重个体和小企业。

（3）大数据往往包含了众多真假难辨的数据,而小数据通常对于数据来源有严格的要求,所以小数据更精准。

（4）大数据重在数据的相关性,不注重于为什么,只注重是什么。通过相关性来给出问题的解决方案。小数据注重现象背后的内在机理,关注因果关系。

人工智能的前期都是使用因果关系的知识,现在大数据的相关关系也是知识。小数据是提供决策和实现创新的有效途径。它也是人工智能的新研究内容。

12.2.3　科学研究中的相关性

相关性研究是大数据时代的重要特征。现从大量科学发现中,通过事务的相关性创造新知识的实例,启迪我们在大数据环境中去寻找各种不同的相关性,去创造新知识。事务的相关性中包含了多种不同的关联关系。现把几种典型的关联关系,通过实例进行说明。

1. 零和关系

零和关系是两者之间生死存亡斗争的关系。下面用青霉素的发现例子进行说明。

亚历山大·弗莱明曾从病人的脓中提取了葡萄球菌,放在盛有果子冻的玻璃器皿中培养,繁殖起来的金黄色葡萄球菌,使人生疖、长痈、患骨髓炎,引起食物中毒,很难对付。亚历山大·弗莱明培养它,就是为了找到能杀死它的方法。经过一个暑假,他看到玻璃器皿里有一个地方粘上绿色的霉,开始向器皿四周蔓延。亚历山大·弗莱明发现了一个奇特的现象:在青绿色霉花的周围出现一圈空白——原来生长旺盛的金色葡萄球菌不见了! 他兴奋地迅速从培养器皿中刮出一点霉菌,小心翼翼地放在显微镜下观察。他终于发现这种能杀死金色葡萄球菌的青绿色霉菌是青霉菌。

亚历山大·弗莱明把过滤过的培养液滴到金色葡萄球菌中。奇迹出现了——几小时之内金色葡萄球菌全部死亡。他又把培养液稀释 1/2、1/4……直到 1/800,分别滴到金色葡萄球菌中。结果,他发现金色葡萄球菌们全部死亡。他还发现,青绿色霉还能杀灭白喉菌、炭疽菌、链球菌和肺炎球菌等。青霉菌具有高强而广泛的杀菌作用被类似的实验证实了。亚历山大·弗莱明为它取名"青霉素",在 1929 年提交了论文《青霉素——它的实际应用》。

后来,亚历山大·弗莱明制取了少量青霉素结晶,请医生临床试用于人体,但多次遭到拒绝。就这样,青霉素被打入冷宫。它被打入冷宫还有另一个重要原因,就是提取青霉素太困难了。

青霉素和葡萄球菌或白喉菌或炭疽菌等是生与死的零和关系。

2. 扶植关系

一种事务帮助另一种事务发展,称两者之间是扶植关系。下面用青霉素的培养物的发现例子进行说明。

沃尔特·弗洛里和鲍里斯·钱恩在查寻资料时,发现了 10 年前亚历山大·弗莱明的论文《青霉素——它的实际应用》。1941 年 2 月,沃尔特·弗洛里等终于从发霉的肉汤里,提取出了一小撮比黄金还贵重的青霉素。1941 年 5 月,为一个受葡萄球菌严重感染,被认为已无法医治的 15 岁少年挽回了生命。这个少年成为第一个被青霉素救活的人。但是,当他们把它介绍给医生的时候,却得到"不"的回答。

他们来到美国,终于找到最爱吃玉米的 832 绿霉菌种,而美国正好是玉米生产大国。这样,大批量生产的青霉素终于在世界各地的大医院成功用于临床。

如果没有沃尔特·弗洛里和鲍里斯·钱恩在检索资料中的偶然发现,青霉素不可能在亚历山大·弗莱明发现之后的第 14 年开始大放异彩,而是会被推迟。他们三人在青霉素大量投产的 1945 年,荣获诺贝尔医学和生理学奖。玉米对大批量生产青霉素是扶植关系。

后来,英国分析化学家马丁和英国生物化学家赛恩其,发明了分离复杂化学物质的技术——分配色层分析法。用这种方法就能顺利提炼青霉素。两人因此荣获 1952 年诺贝尔化学奖。分配色层分析法对大批量生产青霉素也是扶植关系。

3. 化学关系

两个物体在一起发生了化学变化,称它们之间的关系是化学关系。下面用碘和溴的发现进行说明。

一只猫把装浓硫酸的瓶子碰倒了,浓硫酸正好倒在装有海草灰提取硝石后的剩液瓶中。在这一偶然事件中,一个奇怪的现象发生了:瓶中冉冉腾起一股淡淡的紫色蒸气,慢慢充满房间,而且散发出一股刺鼻的臭味,而且蒸气接触冷物体的时候不呈液态,而是呈固态黑色结晶。库尔特瓦立即进一步研究剩液,他把剩液水分蒸发,结果得到一种紫黑色的晶体。在 1814 年,盖·吕萨克把它命名为碘(iodine,意为紫色)。

硫酸和硝石之间起了化学作用,产生新物质"碘",硫酸和硝石之间是化学关系。

法国青年化学家巴拉尔用海藻提取碘。他先将海藻烧成灰,用热水浸泡,再往里通入氯气,其中的碘就被还原出来。1826 年,巴拉尔偶然发现,在剩余的残渣底部,有一层褐色的沉淀,散发出一股刺鼻的臭味。这一奇怪的现象引起了巴拉尔的注意。他经过深入的研究后确定,这是一种新元素——溴(bromine,意为恶臭)。他因此写出论文《海藻中的新元素》,发表在刊物《理化会志》上。

碘和氯气之间起了化学作用,产生新物质溴,碘和氯气之间是化学关系。

4. 物理关系

两个物体在一起,虽然各自不发生任何质的变化,但相互间在物理上出现了新现象,称它们之间的关系是物理关系。下面用微生物的发现例子来说明。

荷兰科学家安东尼·列文虎克是磨制显微镜的实践者,他把显微镜的放大倍数提高到 270 倍以上。1675 年 9 月,列文虎克把花园水池中雨水的一个"清洁"水滴放在显微镜下观察。一看,他大吃一惊:各种各样"非常小的动物"在水中不停地扭动。这就是安东尼·列文虎克偶然发现的"微生物世界",水滴内是一个完全意想不到富有生命的"小人国"。他还观察到几乎任何地方都有这种小动物,在污水中、在肠道中……为此,安东尼·列文虎克撰写了关于微生物的最早专著——《列文虎克发现的自然界的秘密》。他还描述了细菌的 3 种类型:杆菌(bacilli)、球菌(cocci)和螺旋菌(spirilla)。

微生物的发现是安东尼·列文虎克对人类的又一重大贡献,对后来的生物学的发展产生了巨大的影响。在《历史上最有影响的 100 人》中,安东尼·列文虎克排在第 39 位。显微镜在安东尼·列文虎克之前几十年就诞生了,但是这几十年内别人并没有做出相同或类似的发现。

显微镜和雨水或食物等之间是物理关系。

5. 类比法

类比是人们知识发现的重要方法。下面用威尔逊发明云室的例子来说明。

1894 年,威尔逊登上了涅维斯山,进行气象观测,他登上山顶之后,偶然看到太阳照耀在山顶的云雾层上,产生了一个光环。这使他觉得很奇怪:如果没有阳光,看不到光环;如果没有云雾,只有阳光,也看不到光环。为什么"看不见"的阳光会在云雾中形成"看得见"的光环呢?经过分析,他得知,这是由于"看不见"的光遇上云雾这些微粒的缘故。他由此联想:在原子物理中,一些小的微粒看不见,如果遇上云雾这些微粒不就可以看得见么?这给他研制云室以极大启迪。

1911 年,威尔逊终于在云室(云雾室)的照片中找到了射线粒子的径迹,宣告云室正式诞生。它的工作原理是,云室内有清洁的空气、饱和的水及酒精蒸气,将云室里的活塞迅速下拉的时候,室内气体体积骤胀而温度降低,此时室内的蒸气由饱和变为过饱和,这时有 α 射线粒子从中经过,就使气体分子电离而形成以这些离子为核心的雾迹。这一雾迹,就是粒子运动的轨迹。这样,"看不见"的粒子运动的轨迹就"看得见"了。因为发明了云室这一探测微观粒子的重要仪器,威尔逊荣获 1927 年诺贝尔物理学奖。

光环产生的现象和云室中看见粒子轨迹现象是通过类比方法得到的。

6. 比较关系与其他的关联关系

1) 比较关系

比较是科学研究及社会生活中的最重要的关系。比较是发现问题、认识问题、解决问题的重要手段。比较无处不在,但是人们没有太重视它。

前面介绍的"科学研究中的相关性"的例子,都少不了比较。

(1)零和关系中,弗莱明比较了绿色霉花的周围没有金色葡萄球菌,他意识到绿色霉花具有杀死葡萄球菌的能力,从而发明了青霉素。

(2)扶植关系中,弗洛里比较了玉米中的绿霉菌种,从而开始了青霉素的大批量生产。

(3)化学关系中,库尔特瓦从硫酸和硝石的化学关系中,发现前人未知的新元素,后称为"碘"。

(4)物理关系中,列文虎克把雨水放在显微镜下,发现有各种各样的"小动物",比较以前没有人知道这个现实,从而开启了微生物的研究。

(5)类比法中,威尔逊在山顶看到太阳光通过云雾产生了光环,对比在原子物理中,小的微粒遇上云雾就能看见,从而发明了"云室"。

更多的科学发现和发明,都离不开比较(对比)。这是科学研究的重要手段。

2) 其他的关联关系

有很多关联关系,如归纳法、演绎法、和(and)关系、或(or)关系、蕴含(→)关系等,都是创造新知识的有效方法。

(1)在人工智能的机器学习及数据挖掘中,对于分类问题,基本上是采用归纳方法,即从大量数据中归纳(多个相同的关联)出少量的知识。知识一般用蕴含(→)关系(即规则)表示,即"条件→结论"形式。条件中各属性之间是 and(和)关系,而各条知识之间是 or(或)关系。

(2) 在人工智能的专家系统中,是采用演绎方法,即利用大量知识来解决个别的实际问题。

还有很有价值的相关关系,在此作一个简要说明。

①实验:找物体与事物(目标)之间的关联性。②思考:头脑中思索事物的关联性。③联想(类比):由某人、某事、某物而想起其他有关的人、事、物。④勤奋:这是人的心态与做事的关系。⑤交流:对不同看法(信息)的相互交流。⑥兴趣:对事物的变化,引起了关注。⑦综合:把有关联的事物统一起来。⑧分解:把问题分解成若干子问题,分别求解。⑨阅读:从书中的内容,滋养自己。

下面将详细介绍"从关联关系中创造新知识"的关系:矛盾关系与机遇关系。

12.2.4 矛盾与机遇两类相关性

矛盾与机遇是两类重要的相关性。虽然矛盾只涉及矛和盾两者的关系,机遇只涉及人和事之间的关系。在大数据的环境下,矛盾与机遇将会大量出现。如果能有效处理事业中的矛盾,及时地抓住个人的机遇,就能得到很好的回报。简单地说,在大数据的环境下,矛盾可以成就事业,机遇可以成就个人。

1. 矛盾的相关性

从自然科学到社会科学到处都存在着矛盾,人们就是在发现矛盾、解决矛盾、制造矛盾、利用矛盾中,逐步提高自己的认识,不断创新,推动社会的进步。归纳了以下从矛盾中决策和创新的实例,以此来启迪人们的创新思维。

1) 发现矛盾的创新

自然科学的进步,很重要的方面在于发现矛盾。例如,天体的运转、生物的进化、化学元素的发现等。本书用两个例子进行说明。

(1) 微生物学和免疫学的诞生。

人们很早就在日常生活中发现,做好的饭菜和奶制品等放久会变酸的现象,这个矛盾问题促使了路易·巴斯德投入这一问题的研究,他从一份鲜奶和一份变酸的奶中各取出少量物质放到显微镜下观察,在两个样本中发现同一种微小的生物(乳酸菌)。区别在于所含细菌数目不同,鲜奶中的乳酸菌数量明显少于酸牛奶。路易·巴斯德又对新酿造的酒和放置一段时间已变酸的酒进行类似的实验,在两种酒中也发现同样的生物(酵母菌),而且前者所含细菌少于后者。他经过分析、研究,最终确认牛奶和酒变酸都是因为细菌数量的增加和活动的加强所致。路易·巴斯德把这类极小的生物称为微生物。1857 年,路易·巴斯德的论文《关于乳酸发酵的记录》正式发表,此文标志着微生物学的诞生。

1880 年,路易·巴斯德收集了一名狂犬病患者的唾液,将其兑水后注射到一只健康的兔子身上。一天以后,兔子死去,他再把这只兔子的唾液接种给另一只健康的兔子,它也很快死去。巴斯德在显微镜下观察死兔的体液,发现一种新的微生物,初步确认是这种病菌(其实是病毒)导致狂犬病,于是对这类病菌用低温(0~12℃)的方法减毒,后又用干燥的方法再次加以减毒。过了一段时间后,经实验发现其毒性已不能使动物致病,可以用来免疫。

1885 年 6 月,路易·巴斯德第一次使用减毒疫苗治愈了一名患狂犬病的男孩,从此狂犬疫苗进入实用阶段。它的原理是,病菌侵入人体就会使人产生抗体,要让失去毒性的病菌进入人体,使之产生抗体以杀灭后来侵入的有毒病菌,就可以达到免疫效果。

(2) 无理数的提出。

古希腊毕达哥拉斯学派(简称毕氏学派)重视研究数的理论(约公元前 470 年),该学派认为"万物皆数"。这里的数仅指整数和分数。毕氏学派有一个善于独立思考的青年希帕斯,他发现若正方形边长为 1 时,他的对角线长不是一个整数,也非分数,而是一个新数。希帕斯这一发现犹如晴天霹雳,动摇了毕氏学派"万物皆数"的哲学基础。

新数引发了历史上第一次数学危机,后来人们把它称为无理数,以区别于有理数。把有理数和无理数包容起来,统称为实数。这次数学危机的解决,使数学进一步发展。

2) 解决矛盾的创新

我国学者蔡文创立了可拓学,提出用"变换"的方法解决矛盾问题。他用"曹冲称象"的历史故事给予说明。一般的"称"是无法去称庞大的象的重量。曹冲把象牵到船上,在船的水面处做记号。象上岸后,往船上装大量石头,使船沉到做记号的位子。再对船上所有石头分别称重量,所有石头的总重量就是象的重量。

这里,把象的重量变换成大量石头的总重量,解决了"小称"称不了大象重量的矛盾问题。应该说,这里隐藏了一个浮力定律,只有在定律下,才能进行这种变换。

用一个科学发展史上的例子,来说明用变换的方法解决矛盾问题。

屠呦呦用沸点较低的乙醚提取青蒿素。

2015 年 10 月 5 日,中国药学家屠呦呦荣获诺贝尔医学奖,屠呦呦曾获得了被认为是仅次于诺贝尔奖的拉斯克临床医学奖,获奖理由是"因为发现一种用于治疗疟疾的药物——青蒿素,挽救了全球特别是发展中国家的数百万人的生命。"

东晋时期葛洪的《肘后备急方》给了屠呦呦灵感。她发现青蒿药材含有抗疟活性的部分是叶片。一旦加热到 60℃,青蒿素的结构就被破坏,失去了活性,杀不死疟原虫了。屠呦呦想到了改用乙醚(沸点 34.60℃)来提取。

这里采用变换的方法,把沸点低的乙醚代替沸点高的水来提取青蒿素。

1971 年 10 月 4 日,屠呦呦终于第一次成功地用沸点较低的乙醚制取青蒿提取物,并在实验室中观察到这种提取物对疟原虫的抑制率达到了 100%。这个解决问题的转折点是在经历了第 190 次失败后才出现的。青蒿素是从植物中提取的成分单一、结构明确的化学药。

屠呦呦和同事们勇敢地充当了首批志愿者,在自己身上进行实验。在当时没有关于药物安全性和临床效果评估程序的情况下,这是用中草药治疗疟疾获得信心的唯一办法。在自己身上实验获得成功后,课题组深入海南地区,进行实地考察。在 21 位感染了疟原虫的患者身上试用后,发现青蒿素治疗疟疾的临床效果出奇之好。

3) 制造矛盾的创新

制造矛盾也是创新的重要方法,这里用数学中的例子进行说明。

数理逻辑的归结原理是使用反证法来证明结论语句的正确性。具体做法是,把要证明的结论语句取为"非",和已知正确的语句放在一起,进行归结,当导出矛盾时,就证明了结论语句是正确的。

利用命题逻辑公式的归结原理进行说明。先把逻辑表达式化成合取范式、前束范式,再化成子句。一个子句定义为由文字的析取组成的公式。对公理集 F、命题 S 的归结如下。

（1）把 F 的所有命题转换成子句型。

（2）把否定 S 的结果(取"非")转换成子句型(制造矛盾)。

（3）重复下述归结过程,直到找出一个矛盾为止。

① 挑选两个子句,称为母子句。其中一个母子句含 L,另一个母子句含 $\neg L$。

② 对这两个母子句进行归结,结果子句称为归结式。从归结式中删除 L 和 $\neg L$,得到剩下的文字的析取式。反复对子句集进行归结。

③ 若出现归结式为空子句,表明矛盾已发生。这时,就证明了命题 S 是正确的。

4）利用矛盾的创新

利用矛盾也是创新的方法,这里用棋类的发明和兵棋推演进行说明。

象棋与围棋的发明就是利用矛盾的创新。

象棋与围棋都是要制对方于死地。这些棋类是利用游戏的形式,激发人们的对抗思维,既带来乐趣,又帮助思考。对于指挥员来说,围棋能帮助他对战场的态势设计出灵活的战术。

军事上,利用兵棋推演,通过红蓝双方的对抗作战,来验证双方作战方案的优劣。世界各国都在利用兵棋推演来模拟实际作战。

5）小结

在大数据的环境中,处处存在各种矛盾,在现实世界中,大到国家,小到工作单位或者个人都存在矛盾。有效处理矛盾,将成就事业。

矛盾是决策和创新的重要来源,这里主要是从自然科学和军事中,研究从矛盾中决策和创新。

2. 机遇的相关性

人的一生会遇到各种不同的机遇,有的机遇使人成功,也有的机遇使人失败。大数据时代给人的机遇会更多。可以说,机遇成就个人。

机遇有 3 类：自己争取来的机遇、偶然遇到的机遇、别人给予的机遇。这 3 类机遇相互组合会形成多种机遇。

1）自己争取来的机遇

（1）"毛遂自荐"是大家熟悉的历史故事,是典型的争取来的机遇。

（2）高考上大学就是自己去争取的机遇。大家都会经过高考,高考就是自己争取考上一所好大学,念一个好专业。好大学有优秀的教师,好专业符合自己的兴趣。今后自己的进步和发展能有更好的基础。这就是自己去争取的机遇。

2）偶然遇到的机遇

（1）改变命运前途的偶然机遇。

海因里希·鲁道夫·赫兹(Heinrich Rudolf Hertz)出生于 1857 年,他曾经学习工程学,想成为一名建筑工程师。有一次,他听了赫尔曼·冯·亥姆霍兹的学术报告,受到很大启发。这次偶然的机遇,改变了他的志向。随后他进入柏林大学,改学物理学和电学。他成了亥姆霍兹的学生。赫兹获得博士学位后,继续跟随亥姆霍兹学习。1888 年他证实了电磁波的存在。后来,人们把频率的国际单位命名为"赫兹"。

（2）科学史中很多伟大的发现是在偶然中发现的。

德国物理学家伦琴在试验一个经过改良的阴极射线管时,偶然中发现了 X 射线;荷兰科学家列文虎克利用显微镜观察花园水池中雨水时,偶然发现了微生物世界;等等。

3) 别人给予的机遇

华罗庚成为大数学家是熊庆来给予了他机会。这是典型的别人给予的机遇。

熊庆来在清华大学担任数学系主任。一天,他像往常一样翻阅书桌上的书籍时,无意中被一篇刊登在《科学》杂志上的论文所吸引。这篇论文名叫《论苏家驹教授的五次方程之解不能成立》,而作者正是当时只有初中学历的华罗庚。

在仔细阅读了华罗庚的论文后,熊庆来觉得华罗庚是一个数学界百年难得一见的奇才。经过几番周折,当知道华罗庚当时还只是一个拥有初中学历的青年时,更是大为震惊,为了扶持这位智力和毅力都超越常人的人才,熊庆来毅然决定打破常规,让这位只有初中文化程度的华罗庚进入了清华大学,在数学系图书馆担任了助理员一职。在这里,借着图书馆的各种数学专著和熊庆来的悉心教导,华罗庚的数学修养得到了极大的提升。

终于,在经历了助教、讲师等职位后,华罗庚被聘为了中华文化教育基金董事会研究员。几年之后又作为访问学者被推荐到英国剑桥大学,从而成为国际知名的大数学家。

4) 不同机遇的结合

历史上不同机遇的结合有很多,下面用例子说明。

(1) 三国时期,刘备三顾茅庐求见诸葛亮的故事。这是不同机遇的结合。刘备希望得到诸葛亮的帮助,这是一种争取的机遇。而诸葛亮最终接受了刘备的邀请,出山协助刘备打天下,并贡献了打天下的谋略。诸葛亮得到了刘备给予他的机遇。从此,刘备在诸葛亮的协助下,建立了蜀国,形成了"魏、蜀、吴"三国的局面。

这是"自己争取的机遇"与"别人给予的机遇"的完美结合。

(2) 人才招聘会。现在社会中有很多人才招聘会。企业需要人才,利用招聘会来招人;大学生争取获得工作的机会,在招聘会上选择适合于自己能发挥能力的企业。这同样是"别人给予的机遇"与"自己争取的机遇"的结合。

3. 小结

在大数据的环境中,给予人的机遇会很多。能有效地抓住机遇,对于个人的发展有极大帮助。机遇一般是给予有准备的人。个人首先要努力奋斗,做出成绩。再积极地争取机遇,偶然的事件会促使人获得偶然的机遇,良好表现会得到别人给予机遇。有了机遇只是进了发展之门,还要经过勤奋的工作,才能取得丰硕的成果。

12.2.5　大数据应用现状

1. 新冠病毒下的核酸检测与健康码和行程码

从 2020 年开始的三年中,大规模的新冠病毒在世界各国爆发。核酸检测成了检查是否被感染的依据,在我国用健康码和行程码来控制病毒流行范围。

健康码是手机 APP 上的"绿码、红码、黄码"三色动态码,由各地政府运营的后台系统根据防疫大数据自动审核生成,作为疫情时期的数字化健康证明,凭码通行公交地铁、社区、办公场所、医保支付、商场超市、机场车站等场所。一旦在某个场所接触到感染者,绿码(未感染者)就会变成黄色(体温 37.3℃ 及以上,或来自疫情中风险地区的人员等)或红色(确诊病例、疑似病例、无症状感染者的密切接触者),就需要采取隔离措施。

疫情期间各地区调用健康码次数超过 12 亿次。健康码是疫情下人员有序流动的数字化管理工具。

健康码的工作原理是利用大数据：我们每个人出门都会带手机，然后会用手机进行各种支付、交易、扫码购物、乘坐交通工具等，这些数据都会被采集。当用手机扫描健康码时，系统就会马上调取到相关信息，然后大数据会对活动轨迹和活动过的区域进行分析，规划出一个活动"地图"。然后把活动"地图"跟所在地的疫情，包括确认病例或者疑似病例的活动"地图"，进行比对，看有无重合，以此来得出健康码状况。

"健康码"是综合了通信、交通、公安及卫生健康委等多个部门的防疫大数据以及个人申报的健康数据，然后比对生成的一个专属二维码。

"行程码"能在手机上查询到在前 14 天内国内停留 4 小时的城市与国外到访的国家，是否包含疫情地区。去过疫情地区，就需要隔离，隔离期间每天进行核酸检测，直到出现绿码后放行。

健康码、行程码的创始人是马晓东，健康码、行程码为我国疫情起到有效的管控作用。这是大数据最典型的应用。

2. 人脸识别

人脸识别应用范围广泛。通过人脸识别，可以支付、购物，还可用于身份验证、交通安全、犯罪侦察等方面。

3. 2022 年开发的聊天机器人 ChatGPT

ChatGPT 训练的大数据包括语言、图像、视频等各种类型的数据，其数据量相当于 1351 万本牛津词典。其使用的设备包括 28.5 万个 CPU 和 1 万个 GPU。

◈ 12.3 人 工 智 能

人工智能是研究用计算机来模拟人的智能行为(如对外感知、语言理解、形象思维、逻辑判断、知识学习、问题求解、制定决策、发明创造等)，即研究如何让计算机去完成需要人的智力才能胜任的工作，构造具有一定智能的人工系统。

麦卡锡(McCarthy,1955)给出的定义为：人工智能是制造智能机器的科学与工程。

12.3.1 人工智能发展过程

在 1.3.1 节智能技术简述中，对发展历史作了一些说明。这里对人工智能的发展再简单归纳一下，分为五个阶段。

1) 第一阶段：20 世纪 50 年代人工智能的兴起

人工智能概念是在 1956 年由麦卡锡、明斯基、信息论创始人申农、IBM 公司的塞缪尔、艾伦·纽厄尔和赫伯特·西蒙等 10 名学者在美国达特莫斯(Dartmouth)大学召开的长达 2 个月的研讨会上首次提出来的。这次研讨会是人工智能学科诞生的标志。

当时，相继出现了一批显著的成果。这一阶段的特点是：重视问题求解的方法。

2) 第二阶段：20 世纪 60 年代末至 70 年代，专家系统的出现，使人工智能出现了新高潮

1968 年斯坦福大学 E.A.Feigenbaum 和生物学家莱德伯格等合作研制了 DENDRAL

专家系统,该系统中用了大量的化学知识,达到了帮助化学家推断出分子结构的作用等。

这一阶段的特点:重视知识,开始了专家系统的研究,使人工智能走向实用化。

3)第三阶段:20 世纪 80 年代末,神经网络的再次兴起和计算智能的形成

W. S. McCulloch 和 W. Pitts 于 1943 年提出了人工神经元网络模型。1958 年 Rosenblatt 提出了感知机模型,形成了神经元网络的第一次高潮。由于 M. Minsky 和 S. Papert 在《感知机》(*Perceptron*)一书中证明了感知机的局限性,即它不适合于非线性样本而使神经网络走向低潮(时间达 10 多年之久)。

1985 年 Rumelhart 等提出 BP 反向传播模型,解决了非线性样本问题,从而扫除了神经网络的障碍,兴起了神经网络的第二次高潮。

1992 年贝兹德克(Bezdek)提出了计算智能的定义。计算智能采用了数值数据,利用生物简化原理的神经网络和遗传算法等,结合大量的计算来实现人工智能。

20 世纪 80 年代机器学习方面也得到了很大发展,如基于集合论的归纳学习 AQ11 和基于信息论的决策树算法 ID3,以及神经网络 BP 算法。

这个阶段兴起了神经网络和机器学习等人工智能新技术。

4)第四阶段:21 世纪初,深度学习的兴起

深度学习是在神经网络的基础上,增加了网络的层次(10 层以上),采用了大量的学习样本(千万数量的样本,随着数据规模的提升,会提高算法的效果),计算机的 CPU(中央处理单元)和 GPU(图形处理单元,上千的内核做并行处理)相结合,大幅度加快了计算速度。这样的组合达到了前所未有的效果,成为人工智能的最大成就,也是人工智能发展的新阶段。

2016 年 3 月,谷歌公司开发的阿尔法围棋(AlphaGo)程序战胜了围棋世界冠军李世石 2020 年,深度学习算法已经把图像识别的错误率降低到 2% 以下。

从而形成了一种观点,人工智能的基本三要素是:数据、算法和算力。这里的"数据"是指大规模的样本数据,"算法"指深度学习模型的算法,"算力"指计算机的运算能力(GPU 的并行计算)。

需要指出的是,这时的人工智能的基本三要素中,忽略了一个重要的内容,就是神经网络计算后,获得的网络权值(卷积网络中的卷积核),它是一个离散的数据(一般都没有提取出来,分析它的价值)。实质上,网络权值和网络结构合起来,是深度学习得到的知识。有了它才能达到深度学习的分类效果。可惜三要素中没有提及这类知识。

这个阶段的特点是深度学习。

5)第五阶段:21 世纪 20 年代,生成式人工智能的崛起

美国 OpenAI 公司 2022 年 11 月 30 日发布的"聊天机器人"ChatGPT(chat generative pre-trained transformer),它是人工智能自然语言处理工具,能够通过理解和学习人类的语言来进行对话,还能根据聊天的上下文进行互动,生成像人类一样的语言来聊天交流,甚至能完成撰写邮件、视频脚本、文案、翻译、代码,写论文等任务。它影响了全世界,其用户已经有了几亿人。

OpenAI 公司 2024 年 2 月 15 日,正式发布人工智能"文本生成视频模型 Sora",即 Sora 可以根据用户的文本提示,创建最长 60 秒的逼真视频。

这个阶段开创了生成式人工智能,使人工智能进入了一个全新的阶段。

20 世纪 50 年代到 21 世纪初,人工智能从起步到现在,得到了飞速的发展,例如,AlphaGo 围棋战胜李世石、人工智能在医学领域的成功应用、汽车无人驾驶已经开始运行、无人飞机和无人舰艇已经用于战争。

又例如沃森人工智能系统,有大量的癌症资料,它诊断时,能分析大量信息数据,患者的病史、原医生的备注等,用大量癌症临床案件,做交叉对比,推断出结论,做出可行的治疗方案。整个过程非常快速,近百万服务器,同时评估分析两万页资料。该人工智能系统成为全球医疗系统不可缺少的一部分。日本东京大学使用该系统诊断疾病的成功率达 80%。

2015 年,一名加拿大女性患者,由于罕见的乳腺癌,需要进行双乳切除手术。但后来用人工智能系统,在其乳房 X 光照片中,找到了位置隐藏的肿瘤,进行了针对性的治疗,避免了做切除手术。这位加拿大女性患者已经痊愈。这是一次人工智能有效治疗的案例。

人工智能的诊断速度比放射医生的平均速度快很多,医生的诊断时间需要 2～3 小时,但使用人工智能只需要 2 分钟。

为了对人工智能有更深入的认识,人们把人工智能分成两大类:弱人工智能和强人工智能。

1. 弱人工智能

弱人工智能属于专用型人工智能,即只能在某一领域行动,只能专注于一件事情,对超出其预设的程序范围的事情,弱人工智能是束手无策的。

如围棋水平超越人类棋手的阿尔法围棋(AlphaGo),虽然在围棋领域有很高的水平,但它只在围棋领域有所成就,对其他领域可以说一无所知。扫地人工智能也是如此,其"大脑"中只嵌入了扫地的程序,在扫地这件事之外,它是一无所知的。

现在世界上所有的人工智能技术都处在弱人工智能阶段。可以说,我们目前仍属于弱人工智能时代。

弱人工智能只能在行为上表现出具有人类智力的特点,它实现功能时,依靠的是提前编写好的运算程序。它只会按部就班地工作,并且工作能力也不会提升。

弱人工智能没有自主性。

2. 强人工智能

"强人工智能"一词是约翰·罗杰斯·希尔勒提出的。

强人工智能是指具有独立意志,能在预设的程序范围外自主决策并采取行动的人工智能。

强人工智能属于通用型人工智能,它的活动已经不再局限于某一领域。强人工智能在各方面都和人类相似,可以胜任人类所有工作。人类所能做的体力和脑力劳动,强人工智能也能完成得同样好,甚至因为自身特点的原因,在某些方面,强人工智能比人类更具优势,比如搬运重物、组装机械或在有毒有害的环境下工作。

当前强人工智能只存在于概念中,随着深度学习、云计算等技术的不断发展,强人工智能的实现是可能的。因为这些技术会使人工智能的思维模式更加像人、使人工智能的决策更加具有合理性。当人工智能对外界环境的反应像人一样合理时,我们就认为其与人类相差无几。这也达到了人类创造人工智能的目标——实现机器对人类智能的模仿。

强人工智能的特点是具有独立意志,能够在预设的程序范围外决策并采取行动。强人工智能采取行动实现的是自身的意志,而不是设计者或使用者的意志。

计算机最难学会的就是"顿悟"。计算机在学习和"实践"方面难以学会"不依赖于量变的质变",很难从一种"质"联系到另一种"质",或者从一个"概念"联系到另一个"概念"。

曾担任微软全球副总裁的李开复表示,AI 存在三大明显的短板。

(1) 创造力。AI 不具备进行创造、构思以及战略性规划的能力。它无法选择自己的目标,无法跨领域构思,无法进行创造性的思考,也难以具备那些对人类而言不言自明的常识。

(2) 同理心。AI 没有"同情""关爱"之类的"感同身受"的感觉,无法在情感方面实现与人类的真正互动,无法给他人带去关怀。

(3) 灵巧性。AI 和机器人技术无法完成一些精确而复杂的体力工作,如灵巧的手眼协作。此外,AI 还难以很好地应对未知的或非结构化的空间。

12.3.2 人工智能目前研究的主要内容

从人工智能的发展过程可知,它的基础是知识(专家系统)和数据(深度学习)。在世界发展的大环境中——1990 年兴起了知识经济、2006 年兴起了信息社会(信息化时代)、2012 年兴起了大数据时代。"数据""信息""知识"成了 3 个最重要的概念。

1. "数据""信息""知识"的定义和关系

世界银行 1998 年出版的《世界发展报告》以"知识和发展"为主题,对数据、信息和知识的定义为:数据是数字、词语、声音、图像;信息是以有意义的形式加以排列和处理的数据;知识是用于生产的有价值的信息。以下为更通俗的解释。

数据是用来对现实世界做记录的符号,例如:字母(a、b、c…)、数字(0、1、2…)、标点符号(,。!? …)、文字、文本(如甲骨文)、图像(X 光片、CT 照片)等,它们都是数据。

信息是数据的含义,赋予数据含义,它就变成了信息,例如,数据库中的所有数据,如果不看它的属性含义,它就是一堆"数据",对应它上面的属性标识(含义),它就是"信息"。例如,一个数据"20",不看它的属性,它就是"数据",看它上面的属性是"年龄"时,这个"20"表明是 20 岁,若它上面的属性是"价格"时,这个"20"表明是 20 元。可见,数据赋予不同的含义,它就形成了不同的信息。

知识是归纳出的有用信息,它是大量有用的相同信息的浓缩。例如,北方人爱吃面食,南方人爱吃米饭。这些都是从大量数据中归纳出来的。

可见,知识来源于信息,信息来源于数据。这样,知识也是来源于数据。

从数量来说,数据量是大量的,信息量较少,知识量更少。对个人或专家而言,他们不明白含义的数据太多;他们明白含义的信息是有限的;他们掌握的知识是少量的。人们只能记住并应用这些少量的知识和相关的信息。

这里要说明一下,大数据中使用的数据,实质上都是有含义的数据,也就是说都是信息。而信息社会(信息化时代)的"信息"主要是指信息获取(传感器)、信息处理(计算机)和信息交流(互联网)。大数据时代的"信息"用于决策和人工智能(深度学习)。

2. 人工智能研究的基础核心内容

在人类的进化过程中,达尔文学说是"适者生存"。人类区别于动物之处在于智能的行为。而智能的形成,在于人比动物能更快地适应生存的"变化"的环境。动物也有智能,那是比较低级的智能,如狗对气味的识别,鹰的眼睛对猎物的识别都具有很强的识别能力。

人工智能是用计算机模拟人类智能,其基础核心是,解决随机出现的现象。对于人类的更强智能,如"认知、思维和创造能力",人工智能仍处于初级阶段。

对于人工智能的目前现状,其基础核心研究内容可以归纳为以下 4 点。

1) 人工智能表现为,解决随机出现的问题(模拟人的随机应变能力)

例如,无人驾驶汽车,需要及时随机出现在道路上的各种情况处理。

计算机其他的信息系统基本上都不是处理随机出现的问题(有明确的已知条件和最终目标,研究解决方法)。

2) 人工智能研究的核心就是知识

用知识来解决随机出现的问题,对于不同的情况用不同的知识。人工智能研究的核心是知识。用一个简单的例子来说明:具有人工智能的计算机模拟高考,对于千变万化的考题,计算机能用它拥有的知识和推理能力,给出正确的答案。可见,知识是解决问题的关键。

人工智能中的知识分两类:明确知识和启发式知识。

(1) 明确知识

明确知识是能给出正确答案的知识。在计算机中知识表示形式有多种,以"规则(如果…则…)"表示的知识为代表。人工智能对知识的研究包括:知识的表示、知识的推理、知识的获取、知识的应用等。

(2) 启发式知识

启发式知识相当于对一个问题解的近似说明,或者是给出一个向目标前进的方向。它很适合用计算机反复迭代,最后得到问题的近似最优解。启发式知识愈来愈受到人工智能的重视。

3) "机器学习"提升了人工智能中知识获取的能力

人需要学习(从小学到中学,再到大学需要 16 年的时间),才能获取生活和就业的基本知识。真正走向社会参加工作,还要不断地学习,在工作中学习专门的知识。

早期人工智能知识的获取,是从书本里或从专家那里获取知识,或者从人的经验中获取知识。

现在,人工智能中的机器学习、数据挖掘,就是通过多个算法来获取知识。算法很重要,它是获取知识的关键。机器学习兴起了新的学习算法,如深度学习(神经网络+卷积网络)。它们就是利用了启发式知识,在计算机的大量反复的计算后,求得问题的有效近似解。

"数据挖掘"是从"机器学习"中与数据库有关的学习方法分离出来的(如,各种归纳学习方法),后又增加了一些新的学习方法,如关联规则的挖掘方法。一般获取的知识是用规则形式表示的。

获取知识的算法原理主要有 3 类:①集合论方法(如粗糙集);②信息论方法(如决策树);③仿生物技术(如神经网络)。

仿生物技术使用了启发式知识。例如,棋局的静态估计函数;神经网络的信息传递公式以及网络权值修正公式;遗传算法的 3 个算子(选择、交叉、变异)和适应值函数等。

4) "大数据"为人工智能提供了丰富资源

数据的用途有 3 个:①从数据中挖掘知识(数据挖掘);②提供反映现状的事实(信息);③寻找相关的信息。

大量的数据能够给你提供大量的现状信息(数据的含义),这使人工智能在应用中能够减少利用知识量。

这里举一些简单的例子：谷歌用了 4 年的时间把无人驾驶汽车研究出来了，而很多研究所和企业做无人驾驶汽车花了 10 多年的时间，结果效果不如谷歌。谷歌为什么只花了 4 年时间，就超过了别人呢？它用了大数据。

谷歌公司有一个"谷歌地球"，在谷歌地球里面，包含了地球上所有的地理信息。就是说汽车在道路上任何地方，都能够即时得到这些地理信息和环境信息。无人驾驶汽车在道路上有了大量的地面现状信息，那开车不是很容易吗？只需要用普通的驾驶知识就可以了。

可见，大数据提供的大量现状信息，减少了智能问题中所需要的知识。大数据中存在大量的相关信息，它可以用来辅助决策和创新。

12.3.3　人工智能的最新进展——生成式人工智能

生成式人工智能(generative AI, GAI 或 AI generated content, AIGC)是通过各种机器学习方法从数据中学习，进而生成全新的、完全原创的内容(如文字、图片、视频)的人工智能。特点是具有创造性。

生成式人工智能，可以以相对低廉的价格大规模地生成包括文本、图片、视频、3D 形象等在内的各种素材，极大地丰富了网络环境。

生成式人工智能从 2022 年以来迎来了爆发式的发展，有如下成就。

(1) 2022 年 8 月，在美国科罗拉多州博览会上的艺术比赛中，一幅名为《太空歌剧院》的作品一举夺得了数字艺术类别的冠军。不过，它并不是由真人创作的，而是一幅 AI 生成作品。作者用了"生存式已训练变换模型 GPT"生成图像。

(2) 纽约拍卖行曾经拍卖了一幅名为《埃德蒙·贝拉米》的肖像画，它也是一幅人工智能作品。此画并非佳作，像未完成的作品一样，画中还留有空白。该画估价 7000～10 000 美元，实际拍卖为 43.25 万美元。这次拍卖震惊了艺术界。

此画的作者用了"生成式对抗网络"(generative adversarial networks ,GAN)的模型，它是能画画的 AI 工具。

注：GAN 网络包含两个神经网络模型，一个是生成网络 G(generator)、一个是判别网络 D(discriminator)。当 G 接收了一个随机的信息 z 后，生成图片，记做 G(z)。D 在输入图片是 x 后，输出为 D(x)(代表图片 x 是否真实的概率，如果为 1，就代表 100% 是真实的图片，而输出为 0，就代表不可能是真实的图片)。

在训练过程中，生成网络 G 的目标就是尽量生成真实的图片去欺骗判别网络 D。而 D 的目标就是尽量把 G 生成的图片和真实的图片区分开来。这样，G 和 D 构成了一个动态的"博弈过程"。

最后博弈的结果在最理想的状态下，G 可以生成足以"以假乱真"的图片 G(z)。对于 D 来说，它难以判定 G 生成的图片究竟是不是真实的，因此 D(G(z))＝0.5。

举个简单的例子：①生成模型：给一系列猫的图片，生成一张新的猫(不在数据集里)；②判别模型：给定一张图(上面生成新的猫)，判断这张图里的动物是猫(当概率为 1，表明该猫是真实的猫图片，不是新的)还是狗(概率为 0，这张图片没有用)。当概率为 0.5 时，说明是一个新的猫，此时生成了新图片 G(z)，目的就达到了。

(3) 聊天机器人 ChatGPT 是最有影响的"生成式人工智能"成就。目前，引起了世界各国的关注。ChatGPT 在开放试用的短短几天，就吸引了超过 100 万互联网注册用户，现在的用户已经超过了1亿人。

用户只需要在对话框中键入相关内容,ChatGPT就会给出对应的回答。它可以进行长时间、流畅的对话,回答问题等工作,以及撰写人们要求的几乎任何类型的书面材料,包括小说、广告、诗歌、笑话、计算机代码和电影剧本等。

以下是一段有趣的人机对话。

人向机器人ChatGPT提问:"美国学生用ChatGPT写论文拿下全班最高分,如何看待这一行为?"。

机器人ChatGPT的回答:"使用ChatGPT自动生成的文本来代替学生自己的作业是不道德的。这会对学生的学习和发展造成负面影响。如果发现学生使用自动生成的文本,学校应该采取措施来处理这种行为。"

可以看出,聊天机器人ChatGPT的回答很流畅,具有人情味。表明它不但完美地通过了图灵测试(不像是机器人的回答),回答问题时还具有一定的道德观念。可见聊天机器人ChatGPT的水平很高。

聊天机器人ChatGPT向大众开放后,在和人交流中,会出现一些不合常理的内容,当人们纠正后,ChatGPT会自我改正,这就是强化学习。ChatGPT在开放中,进行各方面内容的强化学习,将会变得更有效。这正是ChatGPT开放带来的自我提升的效果。

最近,由ChatGPT和GPT-3.5提供支持的全新搜索引擎Bing和Edge浏览器,全面超过了最有影响的谷歌(Google)的搜索引擎。谷歌的搜索能得到有关的多个信息,而ChatGPT的搜索能给出一个综合的信息,效果更好。

注1:ChatGPT的成功在于,运用了大模型、大数据和大算力。"大模型"是"大型语言模型(large language models),简称LLMs"。大模型中的算法是公开发表的transform算法(统一了卷积神经网络(CNN)和循环神经网络(RNN))和深度残差网络(ResNet)等。

ChatGPT训练的大数据包括语言、图像、视频等各种类型的数据,其中语言数据用了45TB,近1万亿个单词,相当于1351万本牛津词典。

训练ChatGPT需要使用大量算力资源,微软为OpenAI建设了超过28.5万个CPU核心、1万个GPU和400GB/s带宽的算力基础设施。

注2:比尔·盖茨评价ChatGPT,称这种人工智能技术出现的重大历史意义,不亚于互联网和个人电脑的诞生。ChatGPT做的是通用各领域的问题解答,不需像AlphaGo只会下围棋这一个领域。

注3:ChatGPT的基础和计算。

ChatGPT的源头是神经元的M-P(McCulloch-Pitts(麦卡洛克-皮茨))模型。深度学习的核心是深度神经网络,这是一种模拟人脑工作原理的计算模型。它也继承了反向传播模型的算法,根据网络输出与目标值之间的差距(损失)来调整权重(它的初值是随机数,通过优化算法(如梯度下降)实现权值的修改)。

深度学习的另一个关键元素是非线性激活函数,如ReLU(Rectified Linear Unit)或Sigmoid等。这些函数用于增加神经网络的表达能力,使其可以学习和表示非线性的复杂模式。

ChatGPT到底是如何计算?为什么能够成功?Wolfram的解释是:ChatGPT尝试写一篇文章时,基本上只是一次又一次地询问"在已有的文本基础上,下一个单词应该是什么?",然后每次都添加一个单词。那么,是否每次都选取概率最大的那个单词呢? 并非简单如此。Wolfram 告诉了我们 ChatGPT 如何靠概率来"写"出一篇文章:

① 每一步,ChatGPT 都会生成一个带有概率的单词列表。

② 但若总是选择最高"概率"的单词,通常会得到一篇非常"平淡"的文章。

③ 有一个特定的所谓"温度"参数,它控制了较低排名的单词会被使用的频率。

④ 对于文章生成,我们发现"温度"为 0.8 时效果最好。概率和随机性,再次显示出神奇的魔力。

在《人工通用智能的火花:GPT-4 的早期实验》的报告里,如此表述:

"我们过去几年,人工智能研究中最显著的突破是大型语言模型(LLMs)在自然语言处理方面取得的进展。这些神经网络模型基于 Transformer 架构,并在大规模的网络文本数据体上进行训练,其核心是使用一个自我监督的目标来预测部分句子中的下一个单词。"

(4) 文本生成视频模型 Sora。

Sora 是 OpenAI 公司于 2024 年 2 月 15 日正式发布的最新成就。Sora 可以根据用户的文本提示,创建最长 60 秒的逼真视频。该模型通过物体的存在方式,模拟在真实物理世界中,生成具有多个角色、包含特定运动的复杂场景。人工智能在理解真实世界并与之互动的能力方面再次实现了飞跃。

Sora 还具备根据静态图像生成视频的能力,能够让图像内容动起来,使得生成的视频更加生动逼真,这一功能在动画制作、广告设计等领域具有较广阔的应用前景 。

Sora 能够获取现有视频并对其进行扩展或填充缺失的帧,这一功能在视频编辑、电影特效等领域具有应用前景,可以帮助用户快速完成视频内容的补充和完善。

Sora 能够连接两个输入视频,在具有完全不同主题和场景组成的视频之间实现无缝过渡。

对比 2022 年底,OpenAI 推出的人工智能 "自然语言处理工具 ChatGPT",即能够通过学习和理解人类的语言来进行对话,使人工智能从对文字的理解力和逻辑能力上,上升到文本到视频的生成,人工智能又前进了一步!

12.3.4　中国人工智能研究的进展

1. 中国人工智能的研究实例

1978 年吴文俊提出的利用机器证明与发现几何定理的新方法——几何定理机器证明(吴氏方法),这是我国人工智能的重大成就。

20 世纪末,中国科学院合肥智能所开发的"中国农业专家系统"包括了水稻、棉花、小麦等的施肥、灌溉等生产管理专家系统,鸡、鸭、猪、鱼病等防治专家系统等,该专家系统已经在全国 27 个省市 500 个县推广应用,应用土地面积超过了 1 亿亩。

北京中医学院开发的"关幼波肝病诊断专家系统";胡桐清团队完成的"作战决心军事专家系统";陈文伟团队完成的"TOES 专家系统工具"和"基于 C/S 的智能决策支持系统开发平台"等。

在数据挖掘方面,陈文伟团队于 1997 年在"计算机世界"报刊上,向国内最早介绍"数据开采(数据挖掘)"概念。钟鸣和陈文伟研制的"基于信道容量的决策规则树算法 IBLE",对大量的苯类化合物的识别率达到 93%,远超人类的识别率。

在企业中,中国"大疆"公司的无人飞机,处于全球领先水平。中国各大海港中都用上了无人运输车。中科大"讯飞"开发的智能语音识别处于国内领先地位。网络公司"百度"开发了"文心4.0"大模型,达到了OpenAI公司开发的GPT-4的水平(支持图像和文本输入,以文本形式输出)。"华为"开发了"云盘古气象"大模型,其气象预报比传统的气象预报提速了1万倍。

影响面最大的是智能手机,成了我们每个人必备的生活用品! 我国在新冠疫情发生时,智能手机成了出入社区的必备证件。文字、图像、视频的输入和传播可以通过"微信"遍及世界各地。"微信"又可以作为现金的支付方式。智能手机极大地方便了人们的生活。

目前,我国在学术论文数量一直处于全球领先地位。2021年中国发表了约4.3万篇关于人工智能的论文,这个数量大约是美国论文数量的两倍。中国在高质量论文中占据了显著优势,有7410篇论文被引用,相比之下,美国的这一数量约为4500篇。特别是在图像识别和生成方面,中国取得了优异的研究成果。我国人工智能在无人机、算法和深度学习等领域领先。

根据世界知识产权组织(简称WIPO)的统计,从2017年开始,我国AI专利申请数量开始超过美国。2022年,中国企业与机构申请了29 853项AI相关专利,这比美国的申请量多出近80%。

2. 结束语

自20世纪50年代以来,早期人工智能的概念主要集中在符号逻辑推理、专家系统、神经网络等领域。随着计算机技术的不断发展,机器学习、数据挖掘、深度学习等新兴技术逐渐崭露头角,为人工智能的发展提供了强大的支持。

人工智能技术已经成为推动社会进步的重要力量。它在医疗、人文、网络、金融等各个领域都产生了深远的影响,为人类的生产和生活带来了前所未有的便利。

人工智能作为当今科技发展的前沿领域,逐渐展现出超越人类智慧的潜力。它为人类带来了无限可能,也让我们面临前所未有的挑战(如安全隐患)。我们需要在推动AI发展的同时,关注其带来的社会影响,制定合理的法规和政策,引导AI技术健康发展。努力实现人工智能与人类社会的和谐共生,共同开创更加美好的未来。

◇ 习 题 12

1. 说明从知识经济到信息社会再到大数据时代的区别与联系。

2. 说明如何从数据的优势转换成决策的优势。

3. 大数据的分析方法有哪些?

4. 说明数据仓库与云计算的差别与联系。

5. 数据的关联分析与原因分析有什么区别和联系?

6. 通过自己及所见所闻说明机遇成就个人。

7. 用实例说明处理矛盾问题能够成就事业。

8. 说明大数据与人工智能的关系。

9. 如何理想人类智能和人工智能?

10. 如何理解人工智能研究的核心内容?

11. 如何参与到人工智能的领域中?

12. 人工智能、计算智能和商务智能三者各自实用技术的代表是什么? 彼此之间的关系是什么?

13. 人工智能发展过程中,从深度学习阶段到生成式人工智能阶段,如何理解没有提及"知识"的作用?

各章习题中部分问答题的参考答案

习题 1　部分问答题的参考答案

1. 从数据库发展到数据仓库的原因是什么？它们的本质差别有哪些？

答：20 世纪 80 年代至 90 年代初，数据库应用在各行各业得到广泛的开展。计算机中的数据库逐渐代替了纸张的账本，从而使计算机在各行各业的管理业务中发挥了很好的效果。但是，利用数据库来辅助决策，显得不足。同一个企业中的各部门的数据库，各自独立，兼容性差。表现为数据太多、信息贫乏。为了达到辅助决策的目的，就必须把企业中的各部门的数据库进行规范统一，从而兴起了数据仓库。

数据库和数据仓库的本质差别：①数据库用于管理业务，数据仓库用于决策支持；②数据库是二维结构的数据，数据量小，而数据仓库是多维结构的数据，数据量大。其他差别见本书表 1.1 内容。

3. 为什么要研究元数据？

答：数据越多，越需要一个对此数据说明的数据，这就是元数据。在数据库中需要一个字典来说明数据库中数据的内容是什么的元数据。在数据仓库中，大量的数据更需要有详细的说明，于是数据仓库有了 4 类元数据。

4. 说明数据仓库与大数据的关系？

答：数据仓库是企业或大单位的大数据。数据仓库中的数据包含了所有现在的详细数据，还包含了多年的历史数据，以及为各级领导提供的各类综合数据。

数据仓库是大数据的一种表现形式。大数据是当前社会的所有数据的总称。对于一个企业、政府部门等并不需要所有的数据，他们只关心与他们有关的数据。数据仓库就是企业或大单位的基本大数据。

5. 为什么数据挖掘要从机器学习中分离出来？

答：因为在 20 世纪 80—90 年代，数据库应用已经很广泛了，更多的人关注如何提高数据库的价值，从数据库中获取知识就是人们关注的问题。在机器学习中，有一类归纳学习算法，需要大量的数据。而数据库中存有大量有规律的数据，于是采用归纳学习算法从数据库中获取知识就成了很自然的结合。这样，在数据库中知识发现（KDD）与数据挖掘（DM）就成了更现实的需求。它们从机器学习中分离出来，对数据库和对机器学习的发展都有好处。

7. 数据挖掘应用于数据库与数据仓库有什么不同？

答：数据挖掘的算法都是在二维表中进行的,适合于数据库。对于多维的数据仓库,要利用数据挖掘的算法,需要抽取出二维表的数据。

8. 基于数据仓库的决策支持系统与传统决策支持系统有哪些区别?

答：决策支持系统从兴起到现在已经经历了 30 多年的发展,经历了 4 个阶段：基本决策支持系统、智能决策支持系统、基于数据仓库的决策支持系统和网络环境决策支持系统。

基本决策支持系统是在运筹学单模型辅助决策的基础上发展起来的,以模型库系统为核心,以多模型和数据库的组合形成方案辅助决策。它开创了用计算机技术实现科学决策的时代。

智能决策支持系统把基本决策支持系统和专家系统结合起来,强化了定量(数学模型)和定性(以知识推理的专家系统)相结合的辅助决策的效果。

基于数据仓库的决策支持系统是 20 世纪 90 年代中期兴起的,以数据仓库的大量数据为基础,结合多维数据分析以及数据挖掘技术,起到了一种新的辅助决策效果。它能从数据中获得信息和知识,实现了商务智能的要求,故它也是商务智能的结构。

网络环境决策支持系统是在网络上采用客户/服务器结构。决策支持系统的综合部件(人机交互与问题综合)由网络上的客户机来完成。数据、模型和知识资源以服务器形式在网络上提供并发共享服务。这样,可以实现多人在网络上同时完成各自的决策支持系统。

9. 说明人工智能与商务智能在智能方面的共同点。

答：人工智能的最高要求是模拟人的智能。但是,人的认知能力是很难用计算机来实现的。

目前,人工智能能够完成随机出现的问题,如医疗专家系统看病(不同的人有不同的病)、医疗中影像(X 光片、CT、核磁共振片等,图像千变万化)的计算机识别,无人驾驶汽车处理道路上随时变化的情况等。这些都属于随机出现的问题。

商务智能要求解决商务活动中随机出现的问题,它利用数据变为信息和知识来处理随机出现的现象。

可以归纳出,人工智能与商务智能在智能方面的共同点是利用知识解决随机出现的问题。这不同于一般的信息系统解决固定需求的问题(输入输出的要求是固定形式的)。

商务智能可以看成是人工智能的一个分支。后面将讨论的计算智能也是人工智能的一个分支。人工智能可以说是各种机器智能的总称。

习题 2　部分问答题参考答案

1. 数据库中的数据和数据仓库中的数据,在辅助决策上有什么不同?

答：数据库中的数据表现了当前的实际状况,其数据组织是二维关系数据库,它是为管理业务服务的。另外,数据库中的数据能为模型计算所使用,它本身不直接作为辅助决策用。数学模型利用数据库中的数据算出结果后的数据,是为辅助决策用的。数据仓库中的数据是直接为辅助决策用的,其数据组织是多维数据,实际存储时采用关系数据库的星形结构形式或者采用多维数据库形式(超立方体)。通过 OLAP 发现问题或找出原因,或通过统计分析辅助决策。建立数据仓库就是为决策服务的。

2. 为什么辅助决策需要更多的数据?

答：数据越多反映的现实情况越全面,使决策更加准确。例如,银行能从用户储蓄数据库中知道用户的储蓄数据,又知道用户信用卡数据库中使用信用卡的数据,还知道用户贷款数据库中使用贷款的数据,就能清楚地知道此用户的经济状况、信用状况和贷款使用和偿还贷款情况,这对于是否继续给该用户贷款的决策,提供了很强的依据。数据仓库就是要把多个数据库的数据集中起来,为决策服务。

3. 数据仓库结构图中轻度综合数据层与高度综合数据层的数据是临时计算出来的吗?

答:不是临时计算出来的,而是在建数据仓库时同时建好的。轻度综合数据与高度综合数据是为中层和高层领导决策时,快速提供所需数据。一般常规决策用到的综合数据是已知的,这样可以预先计算好。

临时计算轻度综合数据与高度综合数据,需要花费较多的计算时间,不能满足快速决策的要求。

4. 数据仓库结构图、数据仓库系统结构图和数据仓库运行结构图各代表什么含义?

答:数据仓库结构图代表数据仓库中各类数据(详细数据、综合数据、历史数据、元数据)的组成以及它们之间的关系。数据仓库系统结构图说明数据仓库本身与仓库管理中的各个功能(数据建模、抽取、转换、装载、元数据、系统管理),以及分析工具(查询工具、C/S 工具、OLAP 工具、DM 工具)之间的关系和组成。数据仓库运行结构图代表数据仓库在实际运行时,采用三层客户/服务器(C/S)形式,为客户提供并行服务。3 个结构图能全面地反映数据仓库的本质。

5. 对数据仓库的运行结构图,说明三层 C/S 结构与两层 C/S 结构的不同点。

答:三层 C/S 结构中的 OLAP 层存放了 OLAP 工具,便利客户端调用这些工具,进行数据分析。对于两层 C/S 结构,客户端进行数据分析时,需要在客户端上安装 OLAP 工具。当有很多个客户端,每个客户端都要安装有 OLAP 工具,不如三层 C/S 结构中的公用 OLAP 层,可以减少客户端的负担。

6. 数据模型与数学模型有什么区别?

答:数据模型是指数据库和数据仓库中的数据在计算机中的存储结构形式,它包括物理模型(实际存储在计算机中的地址分配结构形式)、逻辑模型(用户使用数据的结构形式,如星形模型)和概念模型(用户对数据需求的结构形式,如 E-R 图表示)。

数学模型是指用数学方程式表示的,需要用一定的计算方法进行求解的模型。如线性规划模型,它由目标方程和约束方程组成,利用单纯形法进行求解。

数据模型与数学模型两者只差一个字,但含义完全不同。

7. 说明数据仓库的数据模型为什么含时间维数据。

答:在数据库中一般没有“时间”属性,是因为数据库中数据都属于当前数据。当时间变化时,数据库中数据需要更新,总保持数据属于当前状态。例如,学生数据库,当学生毕业了就要删除这些学生的数据;当新学生入学时,就要增加这些新学生的数据。

在数据仓库中,既有当前状态的数据(当前基本数据层),还有历史基本数据层,这些历史数据必须要有“时间”属性,历史数据是用来预测未来的。预测时,需要建立一个随时间变化的曲线,用它的延长线来预测未来。

8. 第三范式数据模型与星形模型有什么不同及它们的优缺点?

答:当数据仓库按第三范式进行数据建模,不同于星形模型,它把事实表和维表的属性作为一个实体都集中在同一数据库表中,或分成多个实体用多个表来表示,每个表按第三范式组织数据。它减少了星形模型中维表中的键和不必要的属性。它适合大规模数据的存储。

星形模型的模式适用于决策分析应用。星形模型的数据比第三范式存储的数据要多一些各维的键号和各维中的说明内容。相对来说,这些数据对于第三范式的数据,是冗余数据。但是,它更方便决策分析。

9. 说明 ETL 过程对于建立数据仓库的重要性。

答:ETL 过程是建立数据仓库的基础。需要从大量的各种不同的数据来源,按数据仓库的目标,经过统一化处理,即经过抽取、转换和装载 3 个过程,完成所有数据的装入。工作量很大,占开发数据仓库工作量的 70%,直接影响数据仓库的有效使用和效果。

习题 3 部分问答题的参考答案

1. 如何理解数据库的二维数据和数据仓库的多维数据?

答:在数据库中,数据是采用"属性,记录"的二维数据。对于不同的属性,都放入属性维(排成一列)中。另一个维为"记录",把一个个体取不同的属性值,排成一行,形成了一个记录。所有个体按行的顺序全部给出。数据库中的数据用于管理业务。

在数据仓库中,"属性"有层次之分。如"销售额"是企业最关心的数据,它涉及多个方面,包括多种"产品"、多个"销售员"、多个"客户"等。为了分析方便,把"销售额""产品""销售员""客户"等都分开独立成为一个维,这就变成了多维数据。数据仓库的"星形模型"组织的数据,就明确地表示了这样的多维数据。多维数据便利决策分析。

2. OLAP 准则中有哪些内容?

答:"准则"是作为依据的标准。OLAP 准则一共有 12 条,书中列出了主要 6 条,如多维数据视图、客户/服务器结构、多用户支持及一致的报表性能等方面。

OLAP 的对象是数据仓库,帮助数据仓库进行有效的决策。

4. 多维数据在平面上显示采取哪些方法?

答:多维数据在平面上显示,只能采取压缩维的成员个数。如一个维只取一个成员,另一个维只取少数几个成员,对关键维的数据显示出来。这样才能在平面上显示多维数据。

表示方法有多维类型结构表示所有维成员,用多维分析视图减少维成员方法表示关注的多维数据。

6. 说明 OLAP 的多维数据分析的切片操作的目的。

答:切片操作的目的是在多维数据中选择所需的二维数据进行切片取出。从这二维数据中,找出相关的数据进行比较,从中发现问题。例如,在三维数据(地区、时间、产品)中,选定广州地区进行切片,只剩下二维(时间、产品)中的销售额。可以看出在不同时间上,不同产品(电视机、电冰箱……)的销售额情况。查看最大值和最小值都发生在什么时间、什么产品上,为销售制订生产计划。

7. 说明 OLAP 的多维数据分析的钻取功能的目的。

答:钻取功能的目的是从综合数据中进行比较发现问题,通过钻取到下层详细数据中找出原因。如 4.3.1 节航空公司数据仓库简例可知,在综合数据中发现"西南地区总周转量出现最大的负增长"经过层层下钻,才发现问题出在"昆明航线两个机型产生的负增长最大"引起的。

8. 广义 OLAP 功能是如何提高多维数据分析能力的?

答：广义 OLAP 是在 OLAP 基础上,增加数据分析模型或商业分析模型来增加多维数据分析能力。

OLAP 主要是在数据中进行分析,“模型”能反映变量之间存在的关系,通过这种关系可以找到更多的有用数据,从而提高数据分析能力。

10. 了解多维数据分析的 MDX 语言。

答：多维表达式(multi dimensional expressions,MDX)是联机分析处理(OLAP)和数据仓库应用中使用最广泛的软件语言。语法的结构如下。

(1) 关键字 SELECT 后带需要检索内容的子句。

(2) 关键字 ON 和维(坐标轴)的名称一起使用,以指定数据库维显示位置。

(3) MDX 用大括号｛ ｝包含某个特定维或者多个维的一组元素。一个维(度量维或时间维)的多个元素间用逗号“,”隔开。元素名称用方括号［ ］引用,并且不同组成部分之间用点号“.”分隔。

(4) 在一个 MDX 查询中,不同查询的维(坐标轴)的数量可能不同。前 3 个坐标轴以 columns、rows 及 pages 命名,更多的坐标轴命名为 chapters、section 等。也可以统一用 axis(0)、axis(1)、axis(2)等表示坐标轴。

(5) MDX 查询中 FROM 子句指明用于查询数据的多维数据集。

(6) WHERE 子句指定在列或行(或者其他的坐标轴)上没有出现的多维数据集的成员。

例如：切片查询

在多维数据集 Sales 中,顾客所在的 MA 州,对时间 2009 年 Q1(一季度)和 Q2(二季度)的销售额 Dollar Sales 和销售数量 Unit Sales 的情况,进行切片查询。

MDX 语言的切片查询语句如下。

```
SELECT
{ [Measures]. [Dollar Sales], [Measures]. [Unit Sales]}
On columns,
{ [Time]. [Q1, 2009], [Time]. [Q2, 2009] }
On rows
FROM [Sales]
WHERE ([Customer]. [MA])
```

切片查询结果如表 A.1 所示。

表 A.1　多维数据集 Sales 的切片查询

Quarter	Sales	
	Dollar Sales	Unit Sales
Q1,2009	96 949.1	3866
Q2,2009	104 510.2	4125

习题 4　部分问答题的参考答案

1. 数据仓库的两类用户有什么本质不同?

答：数据仓库的用户有两类,即信息查询者和知识探索者。

信息查询者是使用数据仓库的大量用户。他们以一种重发性的方式使用数据仓库平台。他们通常查看概括数据或聚集数据,查看相同的商业维(如产品、客户、时间)和指标(如收入和成本)随时间的发展趋势。他们天天重复同样的活动,很少使用元数据。

知识探索者完全不同于信息查询者,他们有一个非重复性的数据使用模式。知识探索者查看海量的详细数据,而概括数据则会妨碍知识探索者的数据分析。他们经常查看历史数据,而且查看的历史数据的时间要比信息查询者长得多。知识探索者的任务是寻找公司数据内隐含的价值并且根据过去事件努力预测未来决策的结果。知识探索者是典型的数据挖掘者。

2. 聚集数据与聚类数据有什么不同?

答：聚集数据是在统计意义下,对数据的聚集运算。聚集函数有 sum()、count()、average()等,经过计算可以得到累加和、总数、平均数等统计数据。

聚类数据是利用数据挖掘的聚类算法,对数据进行聚类,得到类别数据。聚类表明整个数据集中,包含了多少类别。相同类中的数据,彼此距离短;不同类间的数据,彼此距离长。

3. 达到数据仓库 5 种决策支持能力,对数据仓库的要求是什么?

答：从数据仓库的结构图和数据仓库系统结构图,就可以实现数据仓库前 3 种决策支持能力。查询与报表是数据仓库的最基本的能力;多维分析与原因分析是通过 OLAP 来完成的,通过切片、切块对维成员的比较可以发现问题,通过从上层数据钻取到下层数据,可以找出上层数据出现问题的原因在于下层数据表示的现实;预测未来是对历史数据中随时间演变规律(通过曲线拟合)推演未来的可能结果;实时决策与自动决策需要建立动态数据仓库,即保留更短时间间隔的数据,当发现有突发事件时,由人工介入处理并决策,这是实时决策;当有突发事件发生时,由程序中准备好的处理方法实现自动决策。

习题 5 部分思考题参考答案

1. 如何理解知识发现和数据挖掘的不同和关系?

答：知识发现是从数据库中挖掘知识的一个过程,而数据挖掘是知识发现过程中的一个重要步骤,数据挖掘由一系列算法组成。这是基本认识。

有些人从宏观来看,认为知识发现和数据挖掘是一个含义,这是可接受的。作为研究人员,应该把两个概念分清楚,概念越清晰越能掌握事物的本质。

3. 聚类与分类有什么不同?

答：聚类与分类在数据挖掘中是不同的任务。聚类是在没有类的数据中,按"距离"概念聚集成若干类。分类是在聚类的基础上,对已确定的类找出该类别的概念描述。这两个概念是很明确的。

值得指出的是在汉语中很容易把这两个概念搞混,把聚类看成是分类。在这里一定要把这两个概念分清楚。

7. 规则知识与决策树知识和知识基是等价的吗?

答：从等价性来说,规则知识与决策树知识和知识基都是等价的,都可以化成规则知识的形式,不会出现矛盾。但从数量来说,化成的规则知识,会出现一些差异。

8. 人类社会的知识表示是什么?为什么要研究计算机中的知识表示?人工智能的知

识表示与数据挖掘的知识表示各有哪些?

答:人类社会的知识表示主要是书本(文本),文本可以输入计算机中,但计算机不明白文本的含义,人一看文本就知道其含义,这是由于人能很快明白文中的主语、谓语。计算机要明白文中的主语、谓语,就需要文本识别程序,即"自然语言理解",这是人工智能多年来比较难解决的问题,其中还有语义二义性的问题也较难解决。

计算机中的知识表示主要是便利程序的理解与应用,人工智能中的知识表示为:规则、命题与谓词、框架、语义网络、剧本、主体等。而数据挖掘中的知识表示为:规则、决策树、知识基、神经网络权值和阈值、公式、案例等。

9. 人工智能的机器学习与数据挖掘有什么关系?

答:数据挖掘是从人工智能的机器学习中分离出来的新观念。人工智能的机器学习就是研究如何获取知识,从数据库数据中获取知识是机器学习中的一大类,这类学习算法被拿出来,独立成为数据挖掘的内容。机器学习还包括概念学习、类比学习以及后来发展的强化学习和目前兴起的深度学习等。

数据挖掘除了从数据库数据中获取知识外,后来发展了关联规则挖掘。由于"数据挖掘"一词很形象,很快流传开来,又把神经网络、遗传算法以及粗糙集等方法纳入其中。现在成为一门独立课程。

10. 数据库中的数据挖掘与数据仓库中的数据挖掘有什么相同和不同点?

答:数据库中的数据挖掘主要是在二维数据(记录行与属性列)中进行的。数据仓库中的数据是多维数据,若利用现在二维数据中的挖掘方法,只能对多维数据进行切片成二维数据,进行数据挖掘。今后会研究出多维数据的挖掘方法。

习题 6 部分问答题的参考答案

1. 互信息的含义是什么?

答:互信息是信源 U 发出信息前的平均不确定性(信息熵 $H(U)$)和收到输出符号集 V 后关于输入符号 U 的平均不确定性(条件熵 $H(U|V)$)之间的差。互信息中的"互"字,就体现了两者之间的关系。

信息熵 $H(U)$ 的不确定性大,条件熵 $H(U|V)$ 的不确定性小(因为收到了信息 V),它们的差表示了获得的信息,即不确定性的减少就是获得的信息(这是《信息论》中最核心的观点)。

在数据库中,分为条件属性和结论属性(或称为类别属性)两类。单纯考虑结论属性的信息熵 $H(U)$,按式(6.4)计算。在条件属性中某个属性 A,它的取值(多个)均与结论属性的取值有关,即条件属性的取值(V)影响了结论属性的取值(U)。这样,需要计算条件熵 $H(U|V)$,按式(6.5)计算。再计算每个条件属性 A 的互信息,按式(6.6)计算。

在计算了每个条件属性 A、B、C……的互信息后,就可以知道各个条件属性和结论属性之间的相关信息。

2. 信道容量的含义是什么?它与互信息有什么关系?

答:信源 U 的取值个数变化时,概率 $P(U)$ 就会发生变化。互信息 $I(U,V)$ 是 $P(U)$ 的 $\cap$ 形函数,最大的互信息就称为信道容量(capacity),记为 C。这样,信道容量 C 就不会受概率 $P(U)$ 变化的影响。

可知,用信道容量 C 比用互信息更好地反映条件属性和结论属性之间的相关信息。

3. 决策树 ID3 算法的基本思想是什么?

答:决策树 ID3 算法用了"信息增益"这个词,从它的计算公式可知,它就是信息论中的互信息。在条件属性中,用互信息最大的属性作为决策树的根节点,用它的各个取值作为分支。在每个分支(最大的属性的一个分支)下,余下的数据再同样取其他属性,互信息最大的属性作为子树根节点。这样延续下去,直到其中的数据都属于同一类型,以此类型作为叶节点。

6. 信息增益率与信息增益有什么不同?

答:利用信息增益(互信息)计算信息量,存在一个缺陷:当一个属性的取值个数偏多时,它的信息增益就会偏大。为了克服这个缺陷,采用信息增益率代替信息增益,能较好地克服这个缺陷。在 C4.5 算法中用信息增益率作为选择属性的标准,就是来克服信息增益的缺陷。

7. 简述 IBLE 算法构造决策规则树的方法,比较 ID3 决策树的不同和效果。

答:IBLE 算法构造决策规则树的方法主要有两个关键点。

(1) 用信道容量作为属性的信息量,比 ID3 算法用互信息作为信息量更合理。

(2) 决策树节点是选取多个信息量大的属性,构成一个节点,这样比 ID3 算法的决策树节点,只选取 1 个信息量最大的属性的效果更合理。

由于 IBLE 算法的节点中包含了多个信息量大的属性,这带来了一个新问题,往下的分支如何进行? 为此,需要对同一个节点中各属性计算它的权值和标准值,再给出两个阈值。

该节点向下的分支有 3 个:一个分支判为正例;一个分支判为反例;再一个分支为向下继续计算,暂时不能判别是哪类。

权值、标准值和两个阈值的计算见 6.3.2 节。IBLE 算法对比 ID3 算法的效果见表 6.5,预测正确率 IBLE 算法比 ID3 算法高出近 10%。

9. 基于信息论的学习方法中都用了哪些信息论原理?

答:信息论方法主要是计算信息量。典型的信息论方法有 ID3、C4.5、IBLE 算法。

(1) ID3 算法。它是计算每个条件属性相对于结论属性的互信息(ID3 算法中称为信息增益),从中选择互信息最大的条件属性作为决策树的根节点,以属性的取值作为分支。对于各分支余下的数据,继续计算其他条件属性相对于结论属性的互信息,再从中选择互信息最大的条件属性作为子树的根节点。这样一直进行到各分支余下的数据属于同一个类型为止,标记该分支为所属类别。

互信息是由结论属性(类别)的不确定性(信息熵)减去条件属性相对于结论属性的不确定性(条件熵)。互信息正是从不确定性的减少中得到了信息。

ID3 算法思想明确、计算简单、效果明显,得到广泛应用。

(2) C4.5 算法。它是在 ID3 算法基础上,用信息增益率(互信息除以条件属性的信息熵)最大的属性作为决策树的根节点。这样,提高了决策树的分类效果。

(3) IBLE 算法。①用信道容量作为选择属性的标准。信道容量是最大的互信息,它不受数据中例子的取值个数多少的影响。②一次选择多个信道容量大的属性建立规则节点。这样建立的是决策规则树。③树的分支是用各属性的权和值与阈值的比较来决定的。

IBLE 算法的识别效果高于 ID3 算法 10%。

习题 7　部分问答题参考答案

6. 基于集合论的归纳学习方法中都用了哪些集合论原理?

答:集合论方法主要是讨论集合的覆盖关系,即集合的蕴含关系和集合的交集关系。

(1) 粗糙集。它研究等价集的上下近似关系就是集合的覆盖关系。下近似(A_-)和正域(Pos)的概念就是蕴含关系。上近似(A^-)是交集关系,它由下近似(A_-)加上边界(BND)组成。

① 属性约简。要求条件属性集(C)相对于决策属性集的正域 $Pos_C(D)$ 和删除一个条件属性$\{c\}$后的条件属性集($C-\{c\}$)相对于决策属性集的正域 $Pos_{(C-\{c\})}(D)$ 相等,此条件属性$\{c\}$可删除,说明属性$\{c\}$不影响条件属性集对于决策属性集的正域的大小。

② 规则获取。当条件属性集的等价集与决策属性集的等价集之间的交集非空时,就存在规则。当条件属性集的等价集是决策属性集的等价集的下近似时是可信度为 1 的规则,属于蕴含关系;当条件属性集的等价集是决策属性集的等价集的上近似时是可信度小于 1 的规则,属于交集关系。可信度大小由交集部分的元组个数与条件属性集的等价集元组个数之比定义。

(2) 聚类方法。依据集合之间的覆盖与相交状况。具体涉及集合中点与点之间的距离(一般用欧几里得距离公式计算)。同类中的点与点之间的距离小。不同类中的点与点之间的距离大。

(3) 关联规则挖掘。关联规则挖掘方法中的支持度和可信度的计算公式,是用集合中个数之间的比例。支持度是 A、B 两个项集同时发生的数目|AB|,与总数|D|的比例。可信度是数目|AB|与单个项集的数目|A|的比例。

① 两个商品同时出现次数相对于所有商品出现次数的条件概率大于最小支持度。

② 两个商品同时出现次数相对于其中一个商品出现次数的条件概率大于最小信任度。满足以上两个条件就可以构成关联规则。

计算概率就是要算集合中的个数。概率是蕴含关系,条件概率是交集关系。

习题 8　问答题参考答案

1. 如何理解神经网络的 MP 模型原理?

答:神经网络的 MP 数学模型是对人的神经元的信息传递原理的简化。在公式中,对输入变量 x 取 1 次方,即所有输入变量的组合是线性关系。能否取 2 次方? 黄金才同志提出的"超圆神经网络模型 CC"的公式为

$$y = f\left(\sum_i (x_i - a_i)^2 - c^2 \right)$$

径向基函数(radial basis function,RBF)神经网络取高斯函数。它也是非线性函数。

所以说,MP 数学模型只是对人的神经元的信息传递原理的简化。但是,这种简化后,再通过误差函数对权值的偏导数(梯度)下降的方法,利用计算机逐步修改权值计算,最终能够得出识别样本的网络权值。

现在流行的深度学习的神经网络也是以 MP 数学模型为基础的。说明这个简化模型,通过多层网络,用卷积网络及其他网络取得了很好效果。

9. 神经网络的解是否有无穷多个?

答:从神经网络的几何意义中可知,一个神经元相当于一个超平面,它起到分割两类样本的效果。从超平面位置可知,它可以在两类样本中任意移动,都可以分割两类样本。超平面位置就是神经网络的解。这就说明了神经网络可以有无穷多个解。

10. 说明 BP 网络与卷积网络有什么相同和不同之处,以及它们各自的优缺点。

答:它们的共同点:①都遵守多层网络信息传播公式(正向传播采用 MP 网络计算,反向传播采用误差梯度下降的链式法则);②都能解决非线性问题;③同层网络间不连接,两层间网络连接。

它们的不同点:①BP 网络中两层间网络是全连接,卷积网络是部分连接;②卷积网络中的卷积核(权值)是采用一种扫描方式和下层连接,又增加了池化层。网络表现为一种新形式。

BP 网络优点:一般只有 3 层,除了输入层与输出层外,增加一个隐节点层。对于输入节点数较小的分类问题非常有效,在 20 世纪 90 年代非常流行,现在仍是一个好方法。它的缺点:对图像这样输入节点数较大的分类问题不合适。

卷积网络的优点:对图像这样输入节点数较大的分类问题很合适。它采用卷积层缩小两层网络之间的连接,并压缩图像节点。增加了池化层,再次压缩图像节点。这样处理既取出了图像的特征,又减少了图像的节点。它的缺点:网络层次增加,一般都有 10 多层。样本数要求尽可能多,最多时要求上万张图像。这样,卷积网络计算量很大。

习题 9　部分问答题参考答案

1. 遗传算法与爬山法有什么不同?

答:爬山法每次选择的后代只有一个,即在后代(它的周围)中最好的一个(处于最高位),向上爬行。这样爬行的结果,容易爬到局部最优解,即局部山头。漏掉了更高的山头。

遗传算法每次产生的后代是一群。这样,所有后代同时向上爬行,就可以避免出现局部最优解。在一群后代中,个别的后代可能到达局部最优解,另外的后代可以在其他位置上继续向上爬行,最后达到最优解。这就是遗传算法的优点。

2. 遗传算法用到运筹学的组合优化中有什么优势?

答:组合优化问题至今为止还没有找到一种求最优解的算法,只能通过枚举法得到最优解,这在问题规模较小时是十分有效的,也是非常全面的。但对于复杂的问题,枚举法显然是无法接受的。例如,典型的旅行商(traveling salesman problem,TSP)问题,若采用枚举法,则计算时间如表 A.2 所示。

表 A.2　旅行商问题

城市数	24	25	26	27	28	29	30	31
计算时间	1s	24s	10m	4.3h	4.9d	136.5d	10.8a	325a

说明:s 表示秒;m 表示分;h 表示小时;d 表示天;a 表示年

人们不得不尝试采用一些并不一定能保证可以求得最优解的算法来求解组合最优化问题,这类算法称为启发式算法。遗传算法就是一个很有效的启发式算法。

5. 对分类学习问题如何用遗传算法设计适应值函数?

答：分类学习问题是在数据库中，找出（挖掘出）包含多条实例的规则知识。要想找出数据库中的规则知识，就需要忽略个别属性，找出重要属性，使尽量多的实例（消息）都具有重要属性。为此，在实例（消息）的条件部分，用♯表示省略的属性。

对于初始选出的多个实例种群中，各实例分别任意选择某个属性为省略的属性，即对它用♯代替，测试它是否能覆盖数据库中实例的个数更多。这样，适应值函数设计为覆盖数据库中实例的个数。覆盖数据库中实例的个数越多时，它繁殖后代的概率越大，最后它将成为规则知识。覆盖数据库中实例个数少时，它将被淘汰。

这样，用遗传算法反复遗传，将能找出覆盖数据库中实例个数多的规则知识。

6. 为什么说计算智能也是利用知识解决随机变化的问题？

答：知识是有规律的信息，有规律就是它能适应（代表）更多的个例。若只能适应（代表）单个的实例，只能说明它是信息，不是知识。

计算智能中具有代表性的神经网络包含的网络权值和阈值及神经网络结构，虽然是数据（权值和阈值）和网络连线（结构），但它们能用来识别所有样本并能鉴别非样本，就具有规律性。完全可以认为它们是知识，但是它们不同于用符号或文字表示的知识。

计算智能中的遗传算法，3个算子分别是一种算法，从知识角度属于过程性知识。在遗传算法中具有规律性，反复使用。就像数学中的有规律性的算法当然是知识。

遗传算法中的适应值函数用来检验实例是否合格。这和数学中的函数一样，具有规律性。同样，它也是知识。

计算智能中的知识所解决的问题同样具有随机性。神经网络中的大量样本和非样本就是随机的。遗传算法的初始种群和产生的后代都具有随机性。

可以说，计算智能也是利用知识解决随机变化的问题，这就具有智能。

7. 为什么说计算智能的算法也属于启发式算法？

答：启发式算法是从启发式搜索延伸过来的。启发式搜索是对那些穷举盲目的搜索问题（组合优化问题）提出的，它是为了缩小搜索路径的有效方法。

启发式的含义是针对那些对问题的本质和原理不太了解的情况下，提出的一种模糊认识，用来对问题进行解释和探索方向。

如果对问题的本质和原理完全了解，就用不着启发式。如爱因斯坦提出的质量与能量关系的公式 $E=mc^2$，说明了物质的原子在被中子冲击下，部分质量会转换成能量，这时的能量将会得到 m 乘以 c^2 的量，这是一个极大能量的原理。有了原理，套公式计算即可。

但是，人类头脑中的思考过程，现在仍然没有理解，所以才用 MP 模型来简化它。这就是一种启发式做法。公式中的网络权值和阈值又是一个未知数，如何求出？于是，提出了误差对权值和阈值的梯度（导数）下降的思想，构成了一个迭代公式，从任意初值开始，经过反复迭代，最后收敛到最优近似解。这个梯度下降法指明了求解方向，也是启发式。

遗传算法的 3 个算子，更体现简化生物进化过程的启发式。

因此，计算智能的算法属于启发式算法。

习题 10　部分问答题参考答案

2. 形式化描述强化学习过程。

答：强化学习过程与马尔可夫决策过程（MDP）是一致的，即当前状态的改变与该状态之前的环境状态或行为无关。在每个离散时刻 t,当前状态 S_t,决策采取一个行为(动作)a_t 作用于环境,于是环境给予一个回报值 r_t,并产生一个后继状态 s_{t+1}。

强化学习需要建立一个状态集合 state 和一个动作行为集合 action。一个状态通过一个动作行为,会产生一个回报 report,多个状态与多个动作也构成了一个集合。

强化学习中一个典型的算法是 Q 算法。设置了一个累积回报的 Q 矩阵,其初值均为 0,也设置了瞬间回报(起引导作用)的 R 矩阵。Q 算法采用了一个公式来求解 Q 矩阵中的值

$$Q(\textbf{state},action) = R(\textbf{state},action) + \gamma \times \text{Max}\big[Q(\text{next } \textbf{state}, \text{all actions})\big]$$

它的含义如下。

Q 值(当前状态,动作)= R 值(当前状态,动作) $+ \gamma$(系数)$\times$

Q 最大的 action(当前状态的下一个状态,各个动作的 Q 值中,选择 Q 值最大动作)

计算 Q 矩阵的最终值,需要从指定状态开始,按照 R 矩阵允许的路径,多次重复计算才能求出。

3. 迁移学习的本质是什么? 你有过知识迁移的经历吗?

答:迁移学习是运用已有的知识(源域),应用于具有共同性的其他领域(目标域)的问题求解。知识迁移是人们一种很自然的习惯,也是一种有效的获取知识、提高解决问题效率的方法。

学生的学习过程就是知识迁移的过程。学生接受了老师讲解的知识并变成了学生掌握的知识。如果学生能对学习的内容进行概括和抽象,总结出规律性知识,学生自然就容易掌握这门课程。做练习时用规律性知识做题,就轻而易举了。人们读书、听学术报告都是知识迁移过程,可以丰富自己的知识水平。

具有规律性的知识更适合迁移到一般领域。逻辑学中的演绎推理是从一般原理推出个别现象,就具有知识迁移的效果。这种方法已经应用到计算机中的专家系统。

华罗庚说过,书是愈读愈薄,就是将书中内容抽取出主线(把前后的概括性知识连接起来,把书中和书外的知识联系起来,形成有连贯的知识链),这本书的全貌就清楚了。

孔子说,学而不思则罔。思就是要进行归纳总结,不思考就容易忘记。

5. 从 BACON 系统的实例看,公式发现与数据拟合有什么不同?

答:BACON 系统利用启发式方法求出开普勒第三定律,计算简单。如果用数据拟合,计算复杂,得到的公式是多项式,离真正的公式差距太远。

用启发式方法的公式发现,有很大的优点,符合人的思维习惯。

8. BACON 系统的启发式是什么?

答:BACON 系统的启发式就是它的精炼算子,利用这些算子对数列进行启发式计算(加减乘除等),它的结果要向常数靠拢。一旦得到常数数列,这些计算步骤的合并就得到了这个数列满足的公式。

9. FDD.1 系统的启发式函数是什么?

答:FDD.1 系统的启发式函数是一个线性公式,即在两个变量中,任一个变量取初等函数后与另一个变量进行线性组合,是否接近直线。每次选取初等函数时,选最接近直线的函数代替此变量。再对另一个变量做同样的函数选择,直到两个新变量形成了线性组合。这

就是两个变量的初等函数所满足的方程。

FDD.1 系统的启发式比 BACON 系统启发式复杂,但是它发现的公式比 BACON 系统发现的公式有更复杂的形式。FDD.2 系统可发现含导数的公式,FDD.3 系统可发现多维函数的公式。

习题 11　问题答案

1. 计算机程序为什么采用对数据的存放地址的间接操作?

答:计算机程序的运算都是对数据地址进行操作,这是一种间接操作。它的好处是当地址中的数据改变时,不会影响程序的改变。这样,程序就可以对不同的数据进行相同的运算。就像数学中的公式,公式中变量的数据可以不同,但是变量之间关系都满足公式的要求。例如,天体中地球、火星、木星等运行数据都不同,但它们都满足开普勒三大定律公式。

2. 为什么说"任何复杂的程序都是顺序、选择、循环"这 3 个基本结构的嵌套组合,它能保证程序的正确性吗?

答:复杂的程序存在转移的复杂性,这就容易产生程序运行错误。20 世纪 60 年代产生的软件危机就是这个原因。为此,提出了用"顺序、选择、循环"3 个基本结构的嵌套组合代替原来的复杂程序,才解决了当时的软件危机。

"顺序、选择、循环"3 个基本结构都是单一的输入输出,它避免了 goto 语句的不规则转移。使程序具有结构化形式。目前,已经证明了它的正确性。

3. 为什么数值计算都要回到加减乘除运算?

答:计算机的基本功能是只能进行加法。加减乘除运算也要转换成加法。而非加减乘除运算,要转换成加减乘除运算。这样,计算机才能进行计算。例如,初等函数、微积分等非加减乘除运算,需要用幂级数和差分化等手段来化成加减乘除运算。

现在,在进行数值计算时,并没有要求要做这项工作。这主要是有库函数已经做了这件事,编写的程序会自动调用这些库函数,完成这项最基础的工作。计算机只能接受二进制程序,而用高级语言编制的程序,机器会通过编译程序自动转换成二进制程序。不需要直接编制二进制程序。

4. 说明汉字与多媒体的数字化过程的重要性。

答:汉字与多媒体存入计算机在 20 世纪 90 年代是一个大难题,困惑了人们 10 多年。最后找到了用二值数据表示汉字和多媒体的方法,才完成了存入计算机并可操作的难题。这是数字化过程的重要体现。

数字化过程使计算机应用得到了飞速发展,使其能进入社会的各个阶层。现在科学技术的发展都离不开计算机,当前人工智能、云计算、大数据、互联网、物联网等新技术都是以计算机芯片为基础的。

5. 如何从软件进化看软件的本质?

答:软件的功能愈来愈强大,但是软件的基础在于软件的本质:加法、二值数据表示、比较。这是计算机硬件所能完成的工作,软件只能在这个基础上逐步进化。软件进化过程:加法→加减乘除→非加减乘除(数值计算);二进制程序(用地址操作)→汇编程序→高级语言程序;标点符号的编码→汉字和多媒体的二值数据表示(数字化)。

软件的进一步进化都要回归到软件的本质。软件进化的方法可以应用到今后软件进化中。

6. 说明形式化过程在数学进化中的重要作用。

答：形式化过程是数学进化的基础。由于形式化是把内容抽出去，只保留符号形式。这样，数学的通用性就增加了（符号可以表示不同的内容，符号组成的结构代表了原理）。数学推演变成了符号的推演，极大地减少了数学的操作，也更快地推动了数学的进化。

符号推演是严格的，它从定理开始，推理的每步都必须要有依据，这样得出的结论才是正确的。数学已变成了自然科学的基础。

7. 说明"变换"方法在软件进化和数学进化中的重要作用。

答："变换"是解决复杂问题的一种有效方法。在软件进化中，汉字与多媒体存入计算机中，并可以处理（增加、删除、修改），采用二值数据表示这个变换，使数字化过程前进了一大步。数字化过程又推动了计算机进入社会各行各业，并推动了高科技发展。

在数学进化中，形式化方法就是采用变换方法，把文字表达的问题采用符号表示和运算，由于符号推理的严密性，使数学成为自然科学的基础。形式化是数学进化的关键。

数学中的等价变换和映射变换都是采用了变换方法。可见变换方法的重要作用。

8. 变换规则知识与规则知识有什么不同？为什么要研究变换规则知识？

答：变换规则知识是在规则知识中，引入了"变换"，这样的知识由原来没有变换的知识，即静态知识变成了动态知识。变换规则知识的应用范围更广泛。现实世界中，大量存在变化的情况。由于变化引起的现象，通过"变换规则知识"就可以很好表示出来。这也是研究变换规则知识的原因。

9. 变换规则的知识推理与一般规则的知识推理有什么不同？

答：变换规则的知识推理仍能采用假言推理。由于规则中含有变换内容，利用了归结原理来验证变换规则的知识推理公式的合理性。书中定理 11.1 和定义 11.4 的证明都用了归结原理的验证。

10. 变换规则链定理说明了什么问题？

答：规则知识表示了前提是结论的原因。知识链表示最前面的前提是最后结论的深层原因。它比浅层原因更有说服力。

在本体概念树的叶节点（数据仓库中详细数据）的差别，是根节点（数据仓库中综合数据）出现问题的根本原因。

11. 用变换规则作为元知识的表示形式有什么好处？

答：元知识是对知识的描述。目前，采用的元知识是用规则知识表示的，它属于静态的。对于很多有动态变化的情况，静态描述就显得不足。采用变换规则作为元知识的表示形式，就能很好适应动态变化情况。

书中对属性约简、数据挖掘、专家系统等用变换规则作为元知识，就可以高度概括其原理和本质。

习题 12　部分问答题参考答案

1. 说明从知识经济到信息社会再到大数据时代的区别与联系。

答：知识经济是 1990 年联合国提出的；信息社会是 2006 年联合国确定的；大数据时代是 2012 年联合国开始重视的。它们都是对当时社会的概括。为什么分别用"知识、信息、数据"3 个词汇来描述当时社会呢？

首先要明确数据、信息和知识的区别与联系。数据是对事务的记录，表现为符号形式。信息是赋予数据的含义，它比数据更有用。信息的数量就比数据的量来得少。古代人做的很多记录符号，有很多现代人不理解，说明信息量比数据量少。而知识是对信息的归纳和概括，这样，知识比信息更精炼、更有用。这说明知识的数量比信息的量来得少。可见，数据量最大，信息量次之，知识量最少。从使用价值来说，知识最有用，"知识就是力量"这句名言，说明知识的重要价值。信息是事务的说明，它的价值是低于知识的。数据是事务的记录符号，它的价值低于信息。人们往往只关心所需要的数据，更多的其他数据往往是不过问的。

联合国提出"知识经济"概念，是说明知识经济是继农业经济（以土地和劳动力为经济增长的决定因素）和工业经济（以资本和机器等资源为经济增长的决定因素）之后的第三个经济时代（知识将取代土地、劳动力及资本、机器等资源成为经济增长的决定因素）。

知识如何获得呢？由于知识是对信息的归纳和概括，可见知识来源于信息。那么，信息又从哪里来？这就需要信息化过程。

信息社会也称为信息化社会。信息化过程是在信息设备和信息技术的飞速发展的情况下，产生了大量信息，通过信息不但改造和提升了工农业、服务业等产业的能力，也促进人类生活方式、社会体系发生了深刻变革。2006 年，联合国大会通过决议，确定每年 5 月 17 日为"世界信息社会日"。信息愈来愈多，这为提取知识创造了更有利的条件。

信息化也催生了大数据时代。信息和数据是同源的，为什么"大数据时代"不叫"大信息时代"呢？主要是各人对数据的要求是不一样的，对不需要的数据何必去追求它的含义？不需要的数据，就把它看成是记录符号。可见，用"大数据时代"这个词汇更合适。

大数据时代的特点是实现对大数据的分析，从数据到决策。这样，要充分利用统计方法、关联分析方法、从数据中归纳出模型或者从数据中挖掘出知识，采用不同粒度的数据对比或者建立决策支持系统，达到辅助决策。

2. 说明如何从数据的优势转换成决策的优势。

答：研究大数据的目的在于为决策服务。政府部门利用大数据是为政府制定当前或长期的有效决策。企业利用大数据是为企业获取更大利润做出更有利的决策。个人同样可以利用大数据中的小数据针对当前问题和长远做明智的决策。

大数据是一个环境，其中蕴含着丰富的内容。只有知道数据的含义，它才是信息，对人才有用。人也不需要知道太多数据的含义，如你的 X 光片，它对你来说，只是数据，只有当你去请教医生，他帮你解读 X 光片，才能为诊断做决策。大数据中也包含着大量虚假信息，误导做错误的决策。

大数据为所有人群都提供了决策资源，这就是大数据的好处。但是，信息不对称的现象总是存在的，掌握信息多的人总是能获得更多的好处。利用网络是解决信息不对称的有效方法，但是，仍然有很多信息并没有上网。总之，利用数据优势才能取得决策的优势。

4. 说明数据仓库与云计算的差别与联系。

答：数据仓库是大企业和政府部门所直接需要的大数据。通过 OLAP 和数据挖掘获取所需的信息和知识，解决常规决策和随机出现问题时的决策。

云计算是开放型的更大规模存储数据和利用数据的场所。云计算提供 3 种服务：基础设施即服务（IaaS）、平台即服务（PaaS）和软件即服务（SaaS）。大数据需要靠云计算来发挥作用,云计算需要靠大数据的资源实现 3 种服务,促进社会的进步。

5. 数据的关联分析与原因分析有什么区别和联系?

答:关联关系与原因关系都是事务之间的相互关系。关联关系更普遍些,也更容易找到。

关联分析与原因分析最大的区别在于相关度的差别。关联分析中的相关度远小于原因分析中事务(原因和结果)的相关度。关联事务的关系可以很松散,也可以较紧密,这要看它们之间的关联度大小。而原因分析中事务,即原因和结果的关系是一种依赖关系,只有当原因(条件)成立时,结果(结论)才能成立。可以说,原因和结果的关系是相关度最大的关联关系。

在数据挖掘中关联分析方法是找出两种事务之间的关系。当两种事务同时出现的概率大于支持度,且两种事务间的条件概率大于信任度时,就可以判定两种事务之间是关联的。

在数据挖掘的分类知识挖掘中,得到由条件属性的取值判定结论属性的取值的规则知识,这属于原因分析方法。

在数据仓库中的多维数据分析中的下钻,即从粗粒度数据(综合数据)向细粒度数据(详细数据)钻取,得到细粒度数据的变化就是引起粗粒度数据变化的原因。

在 12.2.2 节中,科学发现的例子,都是科学家们寻找两种事务之间的关联性。

8. 说明大数据与人工智能的关系。

答:在人工智能本质中的第 4 点,基本上说明了大数据是人工智能的丰富资源。由于大数据的兴起,有人错把大数据变得比知识还重要。要强调的是,人工智能主要是靠知识解决问题,这个主线不要忽略。大数据是人工智能一个很有价值的资源。

大数据为人工智能在 3 方面提供支持:①从大数据中挖掘出知识,用这些知识解决随机出现的问题;②大数据提供的大量的信息,可以使人工智能解决随机问题时,减少用知识;③在大数据中寻找相关关系,为人工智能开辟了一个新方向。很多随机问题是由随机事件造成的,找到这种随机的相关关系,也就能解决这个随机问题。

寻找相关关系正是大数据中非常重要的应用。也正是在大数据中,更容易找相关关系。机遇和矛盾是两个很重要的相关关系(见 12.2.3 节详细介绍)。可以说,机遇成就个人,矛盾成就事业。

9. 如何理解人类智能和人工智能?

答:人类智能可以概括为:自我意识(生老病死的存在感);情感(喜怒哀乐);认知(识别人事物(通过语言文字图像的标记和联想));学习(文化传统知识;基础科学知识(数理化);语言表达;通信交流、获取知识);思维(直觉、顿悟、判断、优化、决策);行动(走、跑、跳、动);实践创新(实验、推理、经验、发明、创造)等。这些功能是人类千百年来不断进化的结果,它是在适应不断变化的自然环境和社会环境中形成的。

人工智能是用计算机模拟人类智能,目前主要在“认知、学习、思维、行动”等方面采用“数据、信息、算法”,通过计算机强大的算力,来获取知识,适应“变化”需求的智能行为。例如,AlphaGo 战胜李世石,汽车无人驾驶、无人飞机和无人舰艇、ChatGPT 人机全方位的自由对话、Sora 文本生成视频等。

10. 如何理解人工智能研究的核心内容?

答:人工智能最早是麦卡锡在 1956 年提出的,即人工智能就是要让机器的行为看起来就像是人所表现出的智能行为一样。这个定义有些宽泛,人的智能行为很多。现在兴起人工智能热潮,提出人工智能分为弱人工智能和强人工智能。

目前,人工智能达到的程度是弱人工智能,如 AlphaGo 战胜世界围棋冠军,它背后充满着软件、算法和数据,但是它只会下围棋。目前的主流科研也集中在弱人工智能。

什么是强人工智能呢?强人工智能是具有人类的心智和意识,具有自主的选择行为,且拥有超越人类智慧水平的人工智能。如果强人工智能发展起来,对人类产生威胁才是有可能的。但是,要让机器具有自主的意识和情感是一件非常困难的事情。

弱人工智能的重要表现是,能解决随机出现的问题(模拟人的随机应变能力)。如下棋、无人驾驶汽车等。解决随机出现的问题靠知识,不同的知识能解决不同的问题。用解决随机出现的问题解释人工智能,能够形象地解释和理解人工智能的基本智能行为(见 12.3.2 节详细说明)。

11. 如何参与到人工智能的领域中?

答:目前我们的科研都是集中在弱人工智能。除了智能机器人和无人驾驶汽车等与硬件有关外,社会中各行各业都存在着需要解决的随机问题,这些都属于人工智能研究范围。

通常解决的随机问题的知识是因果关系的知识。在大数据中寻找相关关系是解决随机出现问题的新思路。刑事侦查破案就是先找相关关系,经过推理得出因果关系。

可见,各行各业都可以进入人工智能,提高企事业的科技水平。

12. 人工智能、计算智能和商务智能三者各自实用技术的代表是什么?彼此之间的关系是什么?

答:人工智能实用技术的代表是专家系统和机器学习。计算智能实用技术的代表是神经网络和遗传算法。商务智能实用技术的代表是多维数据分析和数据挖掘。

其中,数据挖掘已经把机器学习的主要方法(归纳学习的 ID3 算法和 AQ11 算法等)包括进来了,也把计算智能的仿生物技术(神经网络和遗传算法等)包括进来了。后来又把新发展起来的粗糙集方法和关联规则挖掘方法等也包括进来了。这样,数据挖掘基本上就成为一个独立的学科方向,作为在数据库中获取知识的计算机技术。

近年来,兴起的深度学习是在神经网络的基础上发展起来的,可以说这是计算智能的延伸。这样,人们的重心又回到了机器学习。人们更重视人工智能概念。计算智能和商务智能都是人工智能的分支。

目前,人们又把人工智能分为弱人工智能和强人工智能。现阶段只属于弱人工智能。弱人工智能的代表是能解决随机出现的问题。只有充分地做好弱人工智能,向强人工智能发展才有基础和可能。

13. 人工智能发展过程中,从深度学习阶段到生成式人工智能阶段,如何理解没有提及"知识"的作用?

答:人工智能发展过程中,深度学习阶段和生成式人工智能阶段,都是以神经网络为基础,需要用大量的样本进行学习。学习后得到的是神经网络的权值(深度卷积网络中的卷积核),它和网络结构一起构成了"知识"。利用这个"知识",除了识别样本外,也能识别非样本实例。

由于这些网络权值是大量的离散数据,人们没有仔细分析它的作用,也就没有关注它。就这样放弃了说明这些"知识"。在 8.2 节神经网络的几何意义中,说明了一个神经网络是一个超平面,它起分割样本的作用,经过多层神经网络,最终把各种样本的类别完全分离开来。

神经网络的权值和它的结构就是深度学习和生成式人工智能的"知识"。它能完成大量样本的分类,不能忽略它的价值!

"知识"的表示形式是多样的,网络权值是大量的离散数据和网络结构是一种不同于一般形式的知识。

现在一般认为人工智能主要在于"数据、算法和算力"的说法是不够的。应该加上"知识",即"数据、算法、算力和知识"。其实这里的"数据",实质上是"信息",是有含义的"数据"。

各章习题中设计题和计算题的参考答案

习题 4　设计题和计算题参考答案

4. 对 4.2.2 节中原因分析的实例,设计并画出决策支持系统结构图。

答:对 4.2.2 节中原因分析的实例的决策支持系统结构如图 B.1 所示。

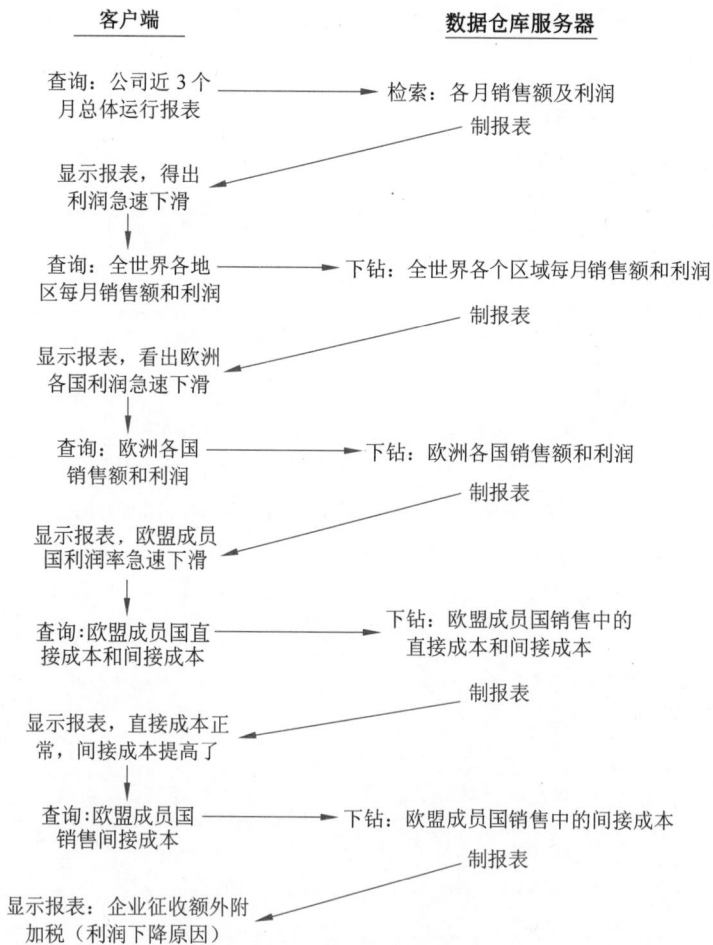

客户端　　　　　　　　　　　　数据仓库服务器

查询:公司近 3 个　───────→　检索:各月销售额及利润
月总体运行报表
　　　　　　　　　　　　　　制报表

显示报表,得出
利润急速下滑

查询:全世界各地　───────→　下钻:全世界各个区域每月销售额和利润
区每月销售额和利润
　　　　　　　　　　　　　　制报表

显示报表,看出欧洲
各国利润急速下滑

查询:欧洲各国　───────→　下钻:欧洲各国销售额和利润
销售额和利润
　　　　　　　　　　　　　　制报表

显示报表,欧盟成员
国利润率急速下滑

查询:欧盟成员国直　───────→　下钻:欧盟成员国销售中的
接成本和间接成本　　　　　　　直接成本和间接成本
　　　　　　　　　　　　　　制报表

显示报表,直接成本正
常,间接成本提高了

查询:欧盟成员国　───────→　下钻:欧盟成员国销售中的间接成本
销售间接成本
　　　　　　　　　　　　　　制报表

显示报表:企业征收额外附
加税(利润下降原因)

图 B.1　决策支持系统结构

6. 数据仓库型决策支持系统简例说明,若通过层次粒度数据来建一个本体概念树,并利用深度优先搜索技术,在高层切片中发现的问题,通过钻取到详细数据层找出原因,这样是否更能发挥决策支持的效果?

答:数据仓库中的多维数据中含层次粒度的大量数据,对发现的问题进行原因分析主要是通过进行多维数据的钻取操作。在每次钻取中进行一次变换,获得出现问题原因的深层数据。数据仓库中的多维层次粒度和数据集合是符合本体概念树的层次关系。

我国航空公司的数据仓库的多维分析中发现了"西南地区总周转量相对去年出现负增长"的问题,该问题的本体概念树如图 B.2 所示。

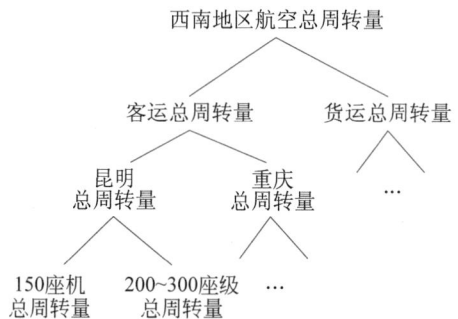

图 B.2 西南地区航空总周转量的本体概念树

该问题在本体树的根节点上的变换表示为

$$T_{西南总量}(今年总周转量-去年总周转量)=-19.91(负增长)$$

通过下钻到本体树下层,客运总周转量节点上的变换为

$$T_{西南客运}(今年客运总周转量-去年客运总周转量)=-19.35(负增长)$$

再下钻到昆明客运总周转量节点上的变换为

$$T_{昆明客运}(今年总周转量-去年总周转量)=-16.5(负增长)$$

再下钻到昆明座机为 150 座级与 200～300 座级机型的总周转量两个节点上(计算的量纲不同)的变换分别为

$$T_{150座级}(今年总周转量-去年总周转量)=-16.83(负增长)$$

$$T_{200～300座级}(今年总周转量-去年占用转量)=-26.9(负增长)$$

根据本体树挖掘思想,可得到规则知识链为

$$T_{150座级} \wedge T_{200～300座级} \rightarrow T_{昆明客运} \rightarrow T_{西南客运} \rightarrow T_{西南总量}$$

该变换知识链说明:出现西南地区总周转量相对去年出现较大负增长,原因主要是昆明地区 150 座级机型和 200～300 座级机型,相对去年出现较大负增长造成的。而该规则知识链的获得是从问题结论的变换,$T_{西南总量}$ 出现负增长,通过多维数据钻取,逆向找它的前提变换,再下钻,一直到最底层(叶节点)中的变换,$T_{150座级}$ 及 $T_{200～300座级}$ 出现大的负增长,该叶节点的变换才是本体根节点问题的根本原因。

除了寻找负增长以外,还可以寻找正增长的原因。即从正、负两方面寻找问题产生的原因,这样可以得到更大的决策支持。

让计算机自动完成寻找问题原因,必须建立多维层次数据的本体概念树,并在树中进行深度优先搜索,来发现问题并找到所有原因。

7. 利用数据仓库的数据资源建立的决策支持系统与传统的利用模型资源和数据库的

数据资源建立的决策支持系统有什么区别？如何合并起来建立具有更强能力的决策支持系统？

答：决策支持系统的发展过程实质上是从 3 个方向发展。

(1) 智能决策支持系统。它是从基本决策支持系统发展而来。基本决策支持系统是建立在运筹学的单模型辅助决策的基础上，发展为组合多模型和数据库，形成方案来辅助决策。

基本决策支持系统结构如图 B.3 所示。

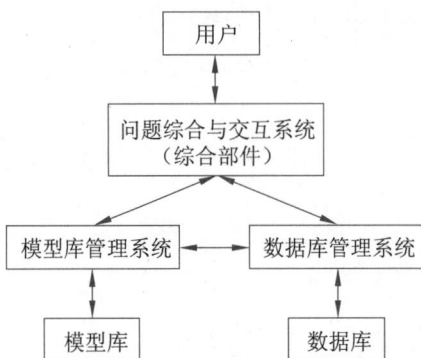

图 B.3　基本决策支持系统结构

基本决策支持系统属于定量辅助决策。在基本决策支持系统基础上，增加知识库管理系统和推理机，就形成了智能决策支持系统。

智能决策支持系统结构如图 B.4 所示。

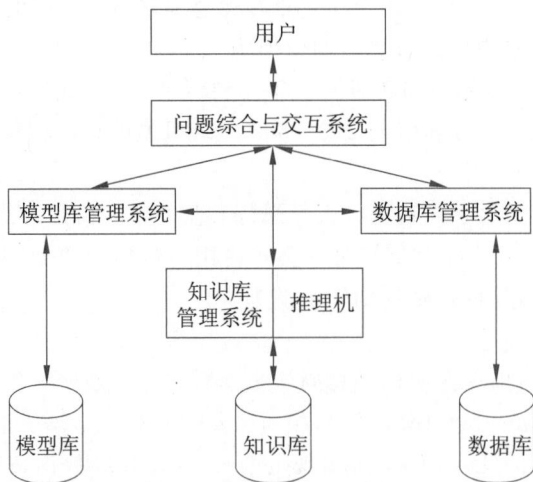

图 B.4　智能决策支持系统结构

智能决策支持系统既能完成定量辅助决策，又能完成定性辅助决策，即可以完成定量和定性结合辅助决策。

(2) 基于数据仓库的决策支持系统。它是以数据仓库为基础，利用联机分析处理的多维数据分析和数据挖掘方法辅助决策的，结构图如图 B.5 所示。

这类决策支持系统主要是以数据为基础，从高层综合数据中的数据比较发现问题，通过

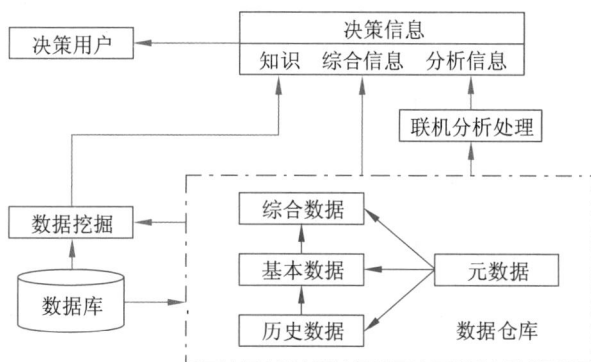

图 B.5　基于数据仓库的决策支持系统

下钻获得底层数据中产生的原因。通过历史数据的拟合曲线来预测未来。通过数据挖掘从数据中获取知识来辅助决策。

（3）综合决策支持系统。传统决策支持系统是以模型和知识辅助决策的，基于数据仓库的决策支持系统是以数据辅助决策的。在计算机中，模型、知识和数据都是共享资源，它们归纳为决策资源。把智能决策支持系统和基于数据仓库的决策支持系统结合起来，形成综合决策支持系统，结构图如图 B.6 所示。

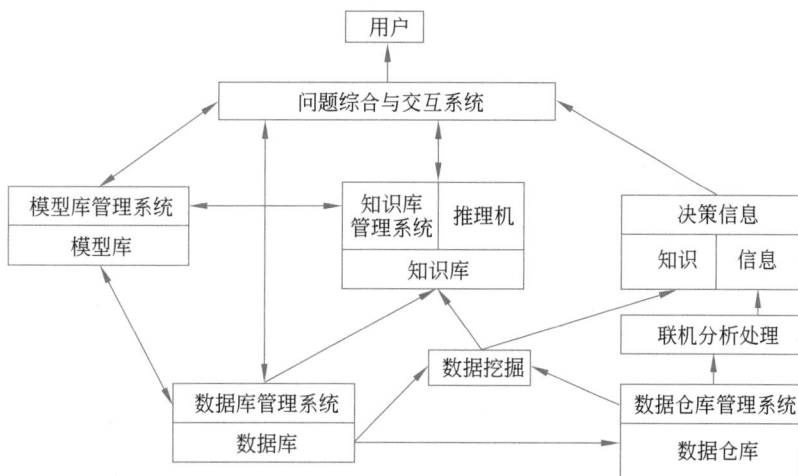

图 B.6　综合决策支持系统

综合决策支持系统在计算机上，组合这些决策资源形成解决问题的方案，能够有效支持决策。它比运筹学单模型辅助决策前进了一大步，比单纯的知识推理的专家系统辅助决策也前进了一大步，为科学决策提供更有效的依据。

习题 6　计算题参考答案

5. 对于表 6.1 气候训练集，用 CLS 算法建树：任意选一字段项（如气温）为根节点，其字段项各取值为分支，对各分支数据子集重复上述操作，向下扩展此决策树，直到数据子集属于同一类数据（即叶节点）为止，并标记叶节点为 P 类或 N 类。

比较 CLS 决策树与 ID3 决策树的优缺点。

答:用 CLS 算法建树。选"气温"为根节点,以它的取值为分支。分出的例子集中,仍然存在两类例子时,再选其他属性作为子树根节点,再按它的取值为分支,分成有更小的例子集。这样一直向下建更小子树,直到例子集中是相同类别,并标语为 N 类或 P 类。

这样建立的决策树如图 B.7 所示。

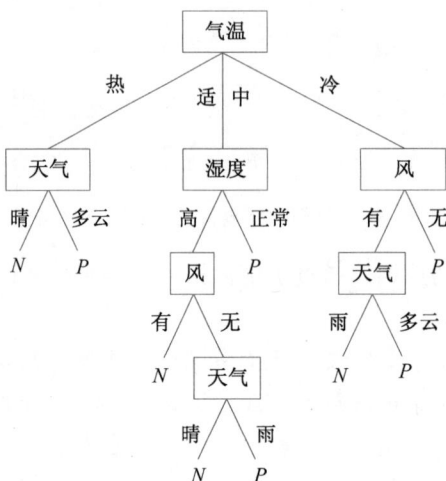

图 B.7　CLS 决策树

可以看出:此 CLS 决策树比 ID3 决策树复杂多了。由此可知,用互信息(信息增益)选树根节点和子树根节点的方法,得到的树的节点数最小。

8. 设某例子集的 IBLE 决策规则树的节点规则为

特征	a	b	c	d
权值	0.021	0.048	0.282	0.282
标准值	1	1	2	2
阈值	$S_n = 0.564$		$S_p = 0.585$	

现有两个例子的特征取值分别如下。

(1) $a=1, b=2, c=2, d=2$。

(2) $a=1, b=1, c=1, d=2$。

用该节点规则判别它们属于{P 类、N 类、不能判别}中的哪种情况?

答:(1) $a=1, b=2, c=2, d=2$,计算该例权和为 $0.021+0.282+0.282=0.585=S_p$,它属于 P 类。

(2) $a=1, b=1, c=1, d=2$,计算该例权和为 $0.021+0.048+0.282=0.351<S_n$,它属于 N 类。

注意:实例中的属性取值若与节点规则中的标准值相等,累加该属性的权值,不相等时不累加。最后的权值累加和要与阈值比较,决定该实例属于 3 种情况中的哪种。

习题 7　计算题参考答案

4. 用粗糙集的条件属性 $C(a,b,c)$ 实现相对于决策属性 $D(d)$ 的约简定义,对两类人数据库(见表 7.8)进行属性约简计算,并进行知识获取。

答:

（1）计算条件属性 C 与决策属性 D 的等价类。

$IND(C) = \{(1),(2),(3),(4),(5),(6),(7),(8),(9)\}$

$IND(D) = \{(1,2,3,4),(5,6,7,8,9)\}$

（2）计算条件属性 C 去掉一个属性与决策属性 D 的等价类。

$IND(C-\{a\}) = \{(1,3),(2),(4),(5,9),(6,7),(8)\}$

$IND(C-\{b\}) = \{(1,6),(2,3,7),(4),(5),(8),(9)\}$

$IND(C-\{c\}) = \{(1,4,9),(2),(3,5),(6),(7,8)\}$

（3）计算各条件属性 C 与决策属性 D 的正域。

$Poc_C(D) = \{(1),(2),(3),(4),(5),(6),(7),(8),(9)\} = U$

$Poc_{C-\{a\}}(D) = \{(1,3),(2),(4),(5,9),(6,7),(8)\} = U$

$Poc_{C-\{b\}}(D) = \{(4),(5),(8),(9)\} \neq U$

$Poc_{C-\{c\}}(D) = \{(2),(6),(7,8)\} \neq U$

（4）结论。

由于 $Poc_C(D) = Poc_{C-\{a\}}(D) = U$，故可以省略属性 $\{a\}$。

约简集是 $\{b,c\}$

（5）删除属性 $\{a\}$ 后，再合并相同的记录，数据表如表 B.1 所示。

表 B.1 数据表

序号	头发 b	眼睛 c	类别 d
1	金色	蓝色	一
2	红色	蓝色	一
3	金色	灰色	一
4	金色	黑色	二
5	黑色	蓝色	二
6	黑色	灰色	二

（6）知识获取。

条件属性各组之间不存在等价类，等价集为

$\{1\},\{2\},\{3\},\{4\},\{5\},\{6\}$

决策属性有两个等价集为

$\{1,2,3\},\{4,5,6\}$

由于条件属性的等价集分别是决策属性两个等价集的下近似，故可以获取规则如下。

头发＝金色∧眼睛＝蓝色 → 第一类人

头发＝红色∧眼睛＝蓝色 → 第一类人

头发＝金色∧眼睛＝灰色 → 第一类人

头发＝金色∧眼睛＝黑色 → 第二类人

头发＝黑色∧眼睛＝蓝色 → 第二类人

头发＝黑色∧眼睛＝灰色 → 第二类人

7. 用粗糙集属性约简和规则获取方法，对表 7.9 的数据进行属性约简和规则获取。

答：(省略计算过程,直接给出结果)。

对表 7.9 的数据进行属性约简,肌肉痛(b)属性可以约简。约简后,得到了简化数据表(表 B.2)。

表 B.2   流感数据简化表

U	头痛(a)	体温(c)	流感(d)
e_1'	是(1)	正常(0)	否(0)
e_2'	是(1)	高(1)	是(1)
e_3'	是(1)	很高(2)	是(1)
e_4'	否(0)	正常(0)	否(0)
e_5'	否(0)	高(1)	否(0)
e_6'	否(0)	很高(2)	是(1)

利用获取规则方法,流感(d)的两个类别(0 和 1)中的条件属性均属于正域(规则可信度都是 1)。得到如下规则。

(1) $d = 0$ 的类别有规则知识为

① $a = 1 \land c = 0 \rightarrow d = 0, cf = 1$

② $a = 0 \land c = 0 \rightarrow d = 0, cf = 1$

③ $a = 0 \land c = 1 \rightarrow d = 0, cf = 1$

(2) $d = 1$ 的类别有规则知识为

① $a = 1 \land c = 1 \rightarrow d = 1, cf = 1$

② $a = 1 \land c = 2 \rightarrow d = 1, cf = 1$。

③ $a = 0 \land c = 2 \rightarrow d = 1, cf = 1$。

对规则知识进来化简

(1) 对 $d = 0$ 的类别有规则知识为:①和②进行合并,有:$(a = 0 \lor a = 1) \land c = 0 \rightarrow d = 0$
其中 a 的取值包括了全部取值,故属性 a 可删除,即:$c = 0 \rightarrow d = 0$

(2) 对②和③ 进行合并有:$(a = 1 \lor a = 0) \land c = 2 \rightarrow d = 1$

同样,可删除属性 a,得到:$c = 2 \rightarrow d = 1$

最后的规则表示为

(1) 体温=正常 → 流感=否(即 $c = 0 \rightarrow d = 0$)

(2) 头痛=否 $\land$ 体温=高 → 流感=否(即 $a = 0 \land c = 1 \rightarrow d = 0$)

(3) 体温=很高→流感=是(即 $c = 2 \rightarrow d = 1$)

(4) 头痛=是 $\land$ 体温=高→流感=是(即 $a = 1 \land c = 1 \rightarrow d = 1$)

习题 8   计算题参考答案

2. 用感知机模型对异或样本进行学习,如图 8.26 所示,通过计算说明是否能求出满足样本的权值?

答：此例感知机模型计算公式为

$$y = f(w_1 x_1 + w_2 x_2)$$

权值修正公式为

$$W_i(k+1)=W_i(k)+(d-y)X_i, \quad i=1,2$$

权值的初值

$$W_1(0)=0, W_2(0)=0。$$

具体计算如下。

(1) 对第 1 个样本学习。

$$Y(1)=f(0\times0+0\times0)=f(0)=0$$
$$W_1(1)=W_1(0)+(0-0)x_1=0+0\times0=0$$
$$W_2(1)=W_2(0)+(0-0)x_2=0+0\times0=0$$

(2) 对第 2 个样本学习。

$$Y(2)=f(0\times0+0\times1)=f(0)=0$$
$$W_1(2)=W_1(1)+(1-0)x_1=0+1\times0=0$$
$$W_2(2)=W_2(1)+(1-0)x_2=0+1\times1=1$$

(3) 对第 3 个样本学习。

$$Y(3)=f(0\times1+1\times0)=f(0)=0$$
$$W_1(3)=W_1(2)+(1-0)x_1=0+1\times1=1$$
$$W_2(3)=W_2(2)+(1-0)x_2\ =1+1\times0=1$$

(4) 对第 4 个样本学习。

$$Y(4)=f(1\times1+1\times1)=f(2)=1$$
$$W_1(4)=W_1(3)+(0-1)x_1=1+(-1)\times1=0$$
$$W_2(4)=W_2(3)+(0-1)x_2=1+(-1)\times1=0$$

经过 4 个样本的学习,权值由初值为 $W_1(0)=0,W_2(0)=0$,在第 2 个样本学习后变为 $W_1(2)=0,W_2(2)=1$;第 3 个样本学习后变为 $W_1(3)=1,W_2(3)=1$;第 4 个样本学习后变为 $W_1(4)=0,W_2(4)=0$;又回到了初值。

再往下学习,只可能无限循环,不能收敛。

注意:1969 年,M. Minsky 就是根据这个例子的计算结果来否定感知机模型的。异或样本是一个非线性样本。

3. 函数型网络是在感知机模型上对样本增加一个新变量 x_3,它由变量 x_1 和 x_2 内积产生,如图 8.28 所示,仍用感知机模型计算公式进行网络计算和权值修正。现对改造后的异或样本,计算出满足新样本的权值。

答:函数型网络计算公式为

$$y=f(w_1x_1+w_2x_2+w_3x_3)$$

作用函数为阶梯函数

$$f(x\leqslant0)=0, f(x>0)=1$$

权值修正公式为

$$W_i(k+1)=W_i(k)+(d-y)X_i, \quad i=1,2,3$$

权值的初值

$$W_1(0)=0, W_2(0)=0, W_3(0)=(-2)$$

具体计算如下。

(1) 对第 1 个样本学习。

$$Y(1) = f(0 \times 0 + 0 \times 0 + (-2) \times 0) = f(0) = 0$$
$$W_1(1) = W_1(0) + (0-0)x_1 = 0 + 0 \times 0 = 0$$
$$W_2(1) = W_2(0) + (0-0)x_2 = 0 + 0 \times 0 = 0$$
$$W_3(1) = W_3(0) + (0-0)x_3 = (-2) + (-2) \times 0 = (-2)$$

(2) 对第 2 个样本学习。

$$Y(2) = f(0 \times 0 + 0 \times 1 + (-2) \times 0) = f(0) = 0$$
$$W_1(2) = W_1(1) + (1-0)x_1 = 0 + 0 \times 0 = 0$$
$$W_2(2) = W_2(1) + (1-0)x_2 = 0 + 1 \times 1 = 1$$
$$W_3(2) = W_3(1) + (1-0)x_3 = (-2) + 0 \times 0 = (-2)$$

(3) 对第 3 个样本学习。

$$Y(3) = f(0 \times 1 + 1 \times 0 + (-2) \times 0) = f(0) = 0$$
$$W_1(3) = W_1(2) + (1-0)x_1 = 0 + 1 \times 1 = 1$$
$$W_2(3) = W_2(2) + (1-0)x_2 = 1 + 1 \times 0 = 1$$
$$W_3(3) = W_3(2) + (1-0)x_3 = (-2) + 1 \times 0 = (-2)$$

(4) 对第 4 个样本学习。

$$Y(4) = f(1 \times 1 + 1 \times 1 + (-2) \times 1) = f(0) = 0$$
$$W_1(4) = W_1(3) + (0-0)x_1 = 1 + 0 \times 1 = 1$$
$$W_2(4) = W_2(3) + (0-0)x_2 = 1 + 0 \times 1 = 1$$
$$W_3(4) = W_3(3) + (0-0)x_3 = (-2) + 0 \times 1 = (-2)$$

对 4 个样本循环了一遍,权值的结果变成了 $W_1(4)=1, W_2(4)=1, W_3(4)=(-2)$。

这时的网络权值已经能适应 4 个样本,各样本计算结果如下

$$Y(1) = f(1 \times 0 + 1 \times 0 + (-2) \times 0) = f(0) = 0$$
$$Y(2) = f(1 \times 0 + 1 \times 1 + (-2) \times 0) = f(1) = 1$$
$$Y(3) = f(1 \times 1 + 1 \times 0 + (-2) \times 0) = f(1) = 1$$
$$Y(4) = f(1 \times 1 + 1 \times 1 + (-2) \times 1) = f(0) = 0$$

注意:函数型网络的计算表明可以解决非线性样本问题。

再次说明:如果网络权值的初值设为 $W_1(0)=0, W_2(0)=0, W_3(0)=0$。

则要进行 3 遍对 4 个样本的学习。

4. 利用如下 BP 神经网络的结构和权值及阈值,计算神经元 y_i 和 z 的 4 个例子的输出值。其中作用函数简化(便利手算)为

$$f(x) = \begin{cases} 1, & x \geqslant 0.5 \\ x + 0.5, & -0.5 < x < 0.5 \\ 0, & x \leqslant -0.5 \end{cases}$$

例子如图 8.29 所示。

答:

(1) 计算公式为

$$y_i = f\left(\sum_j W_{ij} X_j - \theta_i\right)$$
$$z = f\left(\sum_i T_i y_i - \varphi\right)$$

（2）4 个例子的计算值如下。

（1 例）

$$x=(x_1,x_2)=(0,0)$$
$$y_1=f(0+0-0.5)=f(-0.5)=0$$
$$y_2=f(0+0-1.5)=f(-1.5)=0$$
$$z=f(0+0-0.5)=f(-0.5)=0$$

（2 例）

$$x=(x_1,x_2)=(0,1)$$
$$y_1=f(0+1-0.5)=f(0.5)=1$$
$$y_2=f(0+1-1.5)=f(-0.5)=0$$
$$z=f(1+0-0.5)=f(0.5)=1$$

（3 例）

$$x=(x_1,x_2)=(1,0)$$
$$y_1=f(1+0-0.5)=f(0.5)=1$$
$$y_2=f(1+0-1.5)=f(-0.5)=0$$
$$z=f(1+0-0.5)=f(0.5)=1$$

（4 例）

$$x=(x_1,x_2)=(1,1)$$
$$y_1=f(1+1-0.5)=f(1.5)=1$$
$$y_2=f(1+1-1.5)=f(0.5)=1$$
$$z=f(1-1-0.5)=f(-0.5)=0$$

6. 对如图 8.30 所示的 BP 神经网络,按它的计算公式(含学习公式),并对其初始权值以及样本 $x_1=1$、$x_2=0$、$d=1$ 进行一次神经网络计算和学习(系数 $\eta=1$,各点阈值为 0),即算出修改一次后的网络权值。

作用函数简化为

$$f(x)=\begin{cases}1, & x\geqslant 0.5 \\ x+0.5, & -0.5<x<0.5 \\ 0, & x\leqslant -0.5\end{cases}$$

答：

（1）网络对样本的信息处理。

$$y_1=f\left(\sum_i w_{ij}x_i\right)=f(0.2+0)=0.7$$

$$y_2=f\left(\sum_i w_{ij}x_i\right)=f(0.4+0)=0.9$$

$$y_3=f\left(\sum_i T_{ij}y_i\right)=f(0.7\times0.9+0.9\times(-0.8))=0.41$$

（2）权值修正。

① 输出层。

Z 的误差为

$$\delta^{(2)}=z(1-z)(d-z)=0.41\times(1-0.41)\times(1-0.41)\approx0.143$$

输出层权值修正为

$$\binom{T_1}{T_2}^{(1)} = \binom{T_1}{T_2}^{(0)} + \delta^{(2)}\binom{y_1}{y_2} = \binom{0.9}{-0.8} + 0.143 \times \binom{0.7}{0.9} = \binom{1.0}{-0.67}$$

② 隐节点层。

隐节点误差为

$$\delta_{y1}^{(l)} = 0.7 \times (1-0.7) \times 0.143 \times 1 \approx 0.03$$

$$\delta_{y2}^{(l)} = 0.9 \times (1-0.9) \times 0.143 \times (-0.7) \approx -0.01$$

隐节点权值修正为

$$\binom{w_{11}}{w_{12}}^{(1)} = \binom{w_{11}}{w_{12}}^{(0)} + \delta_{y1}^{(1)}\binom{x_1}{x_2} = \binom{0.2}{0.7} + 0.03 \times \binom{1}{0} = \binom{0.23}{0.7}$$

$$\binom{w_{21}}{w_{22}}^{(1)} = \binom{w_{21}}{w_{22}}^{(0)} + \delta_{y2}^{(1)}\binom{x_1}{x_2} = \binom{0.4}{0.3} - 0.01 \times \binom{1}{0} = \binom{0.39}{0.3}$$

(3)一次神经网络计算和权值修正后的网络权值。

$$T_1 = 1 \quad T_2 = -0.67$$

$$w_{11} = 0.23 \quad w_{12} = 0.7 \quad w_{21} = 0.39 \quad w_{22} = 0.3$$

说明：此题目是通过一次神经网络节点计算和权值修正的计算,增加对神经网络计算公式和权值修正公式的深入了解。这样再编制计算机程序就很容易了。

8. 神经元网络的几何意义是什么？说明下列样本是什么类型样本,为什么？

(1)

输入		输出
x_1	x_2	d
0	0	0
0.5	0.5	1
1	1	0

(2)

输入		输出
x_1	x_2	d
0	0	0
0.5	0	1
1	1	0

答：神经网络从几何角度看,一个神经元就是一个超平面。若是二维,它代表直线。若是三维,它代表平面。若是四维以上,它代表超平面。

(1)该样本 3 个点都在一条直线上：$x_2 - x_1 = 0$；而 3 个点属于两个类别(0 类和 1 类)。这样无法找到一条直线把这两类分开。故此样本是非线性的。

(2)该样本中,0 类两个点(0,0)和(1,1)都在一条直线($x_2 - x_1 = 0$)上。而 1 类一个点

$(0.5,0)$在x_1轴线上。这样很容易找到一条线把它们分开。直线$(x_2-x_1=0)$就把它们分开了。故此样本是线性的。

11. 对卷积网络的误差反向传播公式计算进行理论上的推导。

答：具体用一个三维下层网络与二维卷积核做卷积运算，得到二维卷积层。有公式

$$
\begin{pmatrix}
o_{11}^{(l-1)} & o_{12}^{(l-1)} & o_{13}^{(l-1)} \\
o_{21}^{(l-1)} & o_{22}^{(l-1)} & o_{23}^{(l-1)} \\
o_{31}^{(l-1)} & o_{32}^{(l-1)} & o_{33}^{(l-1)}
\end{pmatrix}
\otimes
\begin{pmatrix}
w_{11}^{(l)} & w_{12}^{(l)} \\
w_{21}^{(l)} & w_{22}^{(l)}
\end{pmatrix}
=
\begin{pmatrix}
i_{11}^{(l)} & i_{12}^{(l)} \\
i_{21}^{(l)} & i_{22}^{(l)}
\end{pmatrix}
$$

按卷积定义(不同于一般的矩阵相乘，W 矩阵整体在 O 矩阵中滑动，对应元素相乘后累加)，得到的结果为

$$i_{11}=o_{11}w_{11}+o_{12}w_{12}+o_{21}w_{21}+o_{22}w_{22}$$

$$i_{12}=o_{12}w_{11}+o_{13}w_{12}+o_{22}w_{21}+o_{23}w_{22}$$

$$i_{21}=o_{21}w_{11}+o_{22}w_{12}+o_{31}w_{21}+o_{32}w_{22}$$

$$i_{22}=o_{22}w_{11}+o_{23}w_{12}+o_{32}w_{21}+o_{33}w_{22}$$

卷积网络的误差反向传播公式计算的理论依据，是用误差反向传播公式来推导的。误差反向传播公式为

$$\delta^{(l-1)}=\delta^{(l)}\frac{\partial I^{(l)}}{\partial I^{(l-1)}}=\delta^{(l)}\cdot\frac{\partial I^{(l)}}{\partial O^{(l-1)}}\frac{\partial O^{(l-1)}}{\partial I^{(l-1)}}=\delta^{(l)}\cdot\frac{\partial I^{(l)}}{\partial O^{(l-1)}}\cdot f'(\text{cont})=\delta^{(l)}\cdot\frac{\partial I^{(l)}}{\partial O^{(l-1)}}$$

两项换个位置为

$$\delta^{(l-1)}=\left(\frac{\partial I^{(l)}}{\partial O^{(l-1)}}\right)^{\mathrm{T}}\cdot\delta^{(l)}$$

各变量都用向量为

$$\boldsymbol{i}^{(l)}=(i_{11}^{(l)},i_{12}^{(l)},i_{21}^{(l)},i_{22}^{(l)})$$

$$\boldsymbol{o}^{(l-1)}=(o_{11}^{(l-1)},o_{12}^{(l-1)},o_{13}^{(l-1)},o_{21}^{(l-1)},o_{22}^{(l-1)},o_{23}^{(l-1)},o_{31}^{(l-1)},o_{32}^{(l-1)},o_{33}^{(l-1)})$$

$$\boldsymbol{w}^{(l)}=(w_{11}^{(l)},w_{12}^{(l)},w_{21}^{(l)},w_{22}^{(l)})$$

$$\boldsymbol{\delta}^{(l)}=(\delta_{11}^{(l)},\delta_{12}^{(l)},\delta_{21}^{(l)},\delta_{22}^{(l)})^{\mathrm{T}}$$

输入变量 $\boldsymbol{i}^{(l)}$(含 4 个分量)对输出变量 $\boldsymbol{o}^{(l-1)}$(含 8 个分量)中的任意一个 o_{ij} 的偏导数，按梯度(多变量求导数，导数沿该方向变化最快)的计算公式为

$$\frac{\partial I^{(l)}}{\partial o_{ij}}=\left(\frac{\partial i_{11}^{(l)}}{\partial o_{ij}}\cdot\frac{\partial i_{12}^{(l)}}{\partial o_{ij}}\cdot\frac{\partial i_{21}^{(l)}}{\partial o_{ij}}\cdot\frac{\partial i_{22}^{(l)}}{\partial o_{ij}}\right)$$

则

$$\delta_{ij}^{(l-1)}=\frac{\partial I^{(l)}}{\partial o_{ij}^{(l-1)}}\cdot
\begin{pmatrix}\delta_{11}^{(l)}\\\delta_{12}^{(l)}\\\delta_{21}^{(l)}\\\delta_{22}^{(l)}\end{pmatrix}
=\left(\frac{\partial i_{11}^{(l)}}{\partial o_{ij}^{l-1}}\cdot\frac{\partial i_{12}^{(l)}}{\partial o_{ij}^{l-1}}\cdot\frac{\partial i_{21}^{(l)}}{\partial o_{ij}^{l-1}}\cdot\frac{\partial i_{22}^{(l)}}{\partial o_{ij}^{l-1}}\right)\cdot
\begin{pmatrix}\delta_{11}^{(l)}\\\delta_{12}^{(l)}\\\delta_{21}^{(l)}\\\delta_{22}^{(l)}\end{pmatrix}$$

对照上面 $i_{11},i_{12},i_{21},i_{22}$ 的计算公式，对它们的公式求导。下面举例说明。

(1) 对 $\delta_{11}^{(l-1)}$ 的计算如下

$$\delta_{11}^{(l-1)} = \left(\frac{\partial i_{11}^{(l)}}{\partial o_{11}^{l-1}}, \frac{\partial i_{12}^{(l)}}{\partial o_{11}^{l-1}}, \frac{\partial i_{21}^{(l)}}{\partial o_{11}^{l-1}}, \frac{\partial i_{22}^{(l)}}{\partial o_{11}^{l-1}}\right) \cdot \begin{pmatrix} \delta_{11}^{(l)} \\ \delta_{12}^{(l)} \\ \delta_{21}^{(l)} \\ \delta_{22}^{(l)} \end{pmatrix} \cdot (w_{11},0,0,0) \cdot \begin{pmatrix} \delta_{11}^{(l)} \\ \delta_{12}^{(l)} \\ \delta_{21}^{(l)} \\ \delta_{22}^{(l)} \end{pmatrix} = w_{11} \cdot \delta_{11}^{(l)}$$

结果和矩阵运算式(8.70)中的 $\delta_{11}^{(l-1)}$ 相同。

(2) 对 $\delta_{22}^{(l-1)}$ 的计算如下

$$\delta_{22}^{(l-1)} = \left(\frac{\partial i_{11}^{(l)}}{\partial o_{22}^{l-1}}, \frac{\partial i_{12}^{(l)}}{\partial o_{22}^{l-1}}, \frac{\partial i_{21}^{(l)}}{\partial o_{22}^{l-1}}, \frac{\partial i_{22}^{(l)}}{\partial o_{22}^{l-1}}\right) \cdot \begin{pmatrix} \delta_{11}^{(l)} \\ \delta_{12}^{(l)} \\ \delta_{21}^{(l)} \\ \delta_{22}^{(l)} \end{pmatrix} = (w_{22},w_{21},w_{12},w_{11}) \cdot \begin{pmatrix} \delta_{11}^{(l)} \\ \delta_{12}^{(l)} \\ \delta_{21}^{(l)} \\ \delta_{22}^{(l)} \end{pmatrix}$$

$$= w_{22} \cdot \delta_{11}^{(l)} + w_{21} \cdot \delta_{12}^{(l)} + w_{12} \cdot \delta_{21}^{(l)} + w_{11} \cdot \delta_{22}^{(l)}$$

结果和矩阵运算式(8.70)中的 $\delta_{22}{}^{(l-1)}$ 相同。

说明式(8.69)和式(8.70)的计算方法的原理来自误差反传计算式(8.64)。

12. 已知 l 层的误差 $\delta^{(l)}$ 和卷积核 $\boldsymbol{W}^{(l)}$,利用卷积网络的误差计算公式,反向计算 $l-1$ 层的误差 $\delta^{(l-1)}$。数据如下

$$\begin{pmatrix} \delta_{11}^{(l)} & \delta_{12}^{(l)} \\ \delta_{21}^{(l)} & \delta_{22}^{(l)} \end{pmatrix} = \begin{pmatrix} 0.1 & 0.12 \\ 0.11 & 0.13 \end{pmatrix}$$

$$\begin{pmatrix} w_{11}^{(l)} & w_{12}^{(l)} \\ w_{21}^{(l)} & w_{22}^{(l)} \end{pmatrix} = \begin{pmatrix} 3 & 4 \\ 1 & 2 \end{pmatrix}$$

$$\begin{pmatrix} \delta_{11}^{(l-1)} & \delta_{12}^{(l-1)} & \delta_{13}^{(l-1)} \\ \delta_{21}^{(l-1)} & \delta_{22}^{(l-1)} & \delta_{23}^{(l-1)} \\ \delta_{31}^{(l-1)} & \delta_{32}^{(l-1)} & \delta_{33}^{(l-1)} \end{pmatrix} = ?$$

答:把卷积核 rot180,有

$$\begin{pmatrix} w_{22}^{(l)} & w_{21}^{(l)} \\ w_{12}^{(l)} & w_{11}^{(l)} \end{pmatrix} = \begin{pmatrix} 2 & 1 \\ 4 & 3 \end{pmatrix}$$

再利用公式

$$\begin{pmatrix} 0 & 0 & 0 & 0 \\ 0 & \delta_{11}^{(l)} & \delta_{12}^{(l)} & 0 \\ 0 & \delta_{21}^{(l)} & \delta_{22}^{(l)} & 0 \\ 0 & 0 & 0 & 0 \end{pmatrix} \otimes \begin{pmatrix} w_{22}^{(l)} & w_{21}^{(l)} \\ w_{12}^{(l)} & w_{11}^{(l)} \end{pmatrix} = \begin{pmatrix} \delta_{11}^{(l-1)} & \delta_{12}^{(l-1)} & \delta_{13}^{(l-1)} \\ \delta_{21}^{(l-1)} & \delta_{22}^{(l-1)} & \delta_{23}^{(l-1)} \\ \delta_{31}^{(l-1)} & \delta_{32}^{(l-1)} & \delta_{33}^{(l-1)} \end{pmatrix}$$

进行卷积运算有

$$\delta_{11}^{(l-1)} = \delta_{11}^{(l)} w_{11}^{(l)} = 0.1 \times 3 = 0.3$$

$$\delta_{13}^{(l-1)} = \delta_{12}^{(l)} w_{12}^{(l)} = 0.12 \times 4 = 0.48$$

$$\delta_{31}^{(l-1)} = \delta_{21}^{(l)} w_{21}^{(l)} = 0.11 \times 1 = 0.11$$

$$\delta_{33}^{(l-1)} = \delta_{22}^{(l)} w_{22}^{(l)} = 0.13 \times 2 = 0.26$$

$$\delta_{12}^{(l-1)} = \delta_{11}^{(l)} w_{12}^{(l)} + \delta_{12}^{(l)} w_{11}^{(l)} = 0.1 \times 4 + 0.12 \times 3 = 0.76$$

$$\delta_{21}^{(l-1)} = \delta_{11}^{(l)} w_{21}^{(l)} + \delta_{21}^{(l)} w_{11}^{(l)} = 0.1 \times 1 + 0.11 \times 3 = 0.43$$

$$\delta_{23}^{(l-1)} = \delta_{12}^{(l)} w_{22}^{(l)} + \delta_{22}^{(l)} w_{12}^{(l)} = 0.12 \times 2 + 0.13 \times 4 = 0.76$$

$$\delta_{32}^{(l-1)} = \delta_{21}^{(l)} w_{22}^{(l)} + \delta_{22}^{(l)} w_{21}^{(l)} = 0.11 \times 2 + 0.13 \times 1 = 0.35$$

$$\delta_{22}^{(l-1)} = \delta_{11}^{(l)} w_{22}^{(l)} + \delta_{12}^{(l)} w_{21}^{(l)} + \delta_{21}^{(l)} w_{12}^{(l)} + \delta_{22}^{(l)} w_{11}^{(l)}$$

$$= 0.1 \times 2 + 0.12 \times 1 + 0.11 \times 4 + 0.13 \times 3 = 1.15$$

$l-1$ 层的误差 $\delta^{(l-1)}$ 为

$$\begin{pmatrix} \delta_{11}^{(l-1)} & \delta_{12}^{(l-1)} & \delta_{13}^{(l-1)} \\ \delta_{21}^{(l-1)} & \delta_{22}^{(l-1)} & \delta_{23}^{(l-1)} \\ \delta_{31}^{(l-1)} & \delta_{32}^{(l-1)} & \delta_{33}^{(l-1)} \end{pmatrix} = \begin{pmatrix} 0.3 & 0.76 & 0.48 \\ 0.43 & 1.15 & 0.76 \\ 0.11 & 0.35 & 0.26 \end{pmatrix}$$

13. 已知 l 层的误差 $\delta^{(l)}$ 和 $l-1$ 层的输出 $o^{(l-1)}$，要求修正卷积核 $w^{(l)}$。数据如下

$$\begin{pmatrix} \delta_{11}^{(l)} & \delta_{12}^{(l)} \\ \delta_{21}^{(l)} & \delta_{22}^{(l)} \end{pmatrix} = \begin{pmatrix} 0.1 & 0.12 \\ 0.11 & 0.13 \end{pmatrix}$$

$$\begin{pmatrix} o_{11} & o_{12} & o_{13} \\ o_{21} & o_{22} & o_{23} \\ o_{31} & o_{32} & o_{33} \end{pmatrix} = \begin{pmatrix} 1 & 2 & 4 \\ 3 & 1.1 & 1.3 \\ 2.1 & 2.2 & 1.5 \end{pmatrix}$$

$$\begin{pmatrix} \Delta w_{11} & \Delta w_{12} \\ \Delta w_{21} & \Delta w_{22} \end{pmatrix} = ?$$

答：按卷积网络的卷积核（权值）的修正公式为

$$w_{11}^{(l)}(k+1) = w_{11}^{(l)}(k) + \eta(\delta_{11}^{(l)} \cdot o_{11}^{(l-1)} + \delta_{12}^{(l)} \cdot o_{12}^{(l-1)} + \delta_{21}^{(l)} \cdot o_{21}^{(l-1)} + \delta_{22}^{(l)} \cdot o_{22}^{(l-1)})$$

$$= w_{11}^{(l)}(k) + \eta(0.1 \times 1 + 0.12 \times 2 + 0.11 \times 3 + 0.13 \times 1.1)$$

$$= w_{11}^{(l)}(k) + \eta(0.1 + 0.24 + 0.33 + 0.143)$$

$$= w_{11}^{(l)}(k) + 0.813\eta$$

$$w_{12}^{(l)}(k+1) = w_{12}^{(l)}(k) + \eta(\delta_{11}^{(l)} \cdot o_{12}^{(l-1)} + \delta_{12}^{(l)} \cdot o_{13}^{(l-1)} + \delta_{21}^{(l)} \cdot o_{22}^{(l-1)} + \delta_{22}^{(l)} \cdot o_{23}^{(l-1)})$$

$$= w_{12}^{(l)}(k) + \eta(0.1 \times 2 + 0.12 \times 4 + 0.11 \times 1.1 + 0.13 \times 1.3)$$

$$= w_{12}^{(l)}(k) + \eta(0.2 + 0.48 + 0.121 + 0.169)$$

$$= w_{12}^{(l)}(k) + 0.97\eta$$

$$w_{21}^{(l)}(k+1) = w_{21}^{(l)}(k) + \eta(\delta_{11}^{(l)} \cdot o_{21}^{(l-1)} + \delta_{12}^{(l)} \cdot o_{22}^{(l-1)} + \delta_{21}^{(l)} \cdot o_{31}^{(l-1)} + \delta_{22}^{(l)} \cdot o_{32}^{(l-1)})$$

$$= w_{21}^{(l)}(k) + \eta(0.1 \times 3 + 0.12 \times 1.1 + 0.11 \times 2 + 0.13 \times 2.2)$$

$$= w_{21}^{(l)}(k) + \eta(0.3 + 0.132 + 0.22 + 0.286)$$

$$= w_{21}^{(l)}(k) + 0.936\eta$$

$$w_{22}^{(l)}(k+1) = w_{22}^{(l)}(k) + \eta(\delta_{11}^{(l)} \cdot o_{22}^{(l-1)} + \delta_{12}^{(l)} \cdot o_{23}^{(l-1)} + \delta_{21}^{(l)} \cdot o_{32}^{(l-1)} + \delta_{22}^{(l)} \cdot o_{33}^{(l-1)})$$

$$= w_{22}^{(l)}(k) + \eta(0.1 \times 1.1 + 0.12 \times 1.3 + 0.11 \times 2.2 + 0.13 \times 1.5)$$

$$= w_{22}^{(l)}(k) + \eta(0.11 + 0.156 + 0.242 + 0.195)$$

$$= w_{22}^{(l)}(k) + 0.693\eta$$

14. 池化层若采用均值池化，误差反向传播的计算方法是什么？

答：池化层若采用均值池化，信息向前传播时，相当于区域中各点的值要除以区域中的总个数，这个均分数值就是权值，各点的值乘以权值后，再累加到池化后的点上。用图 B.8 神经网络描述如下。

误差反向传播时，池化层中的点的误差按式(8.64)，乘以网络权值得到下层节点的误差

l−1层

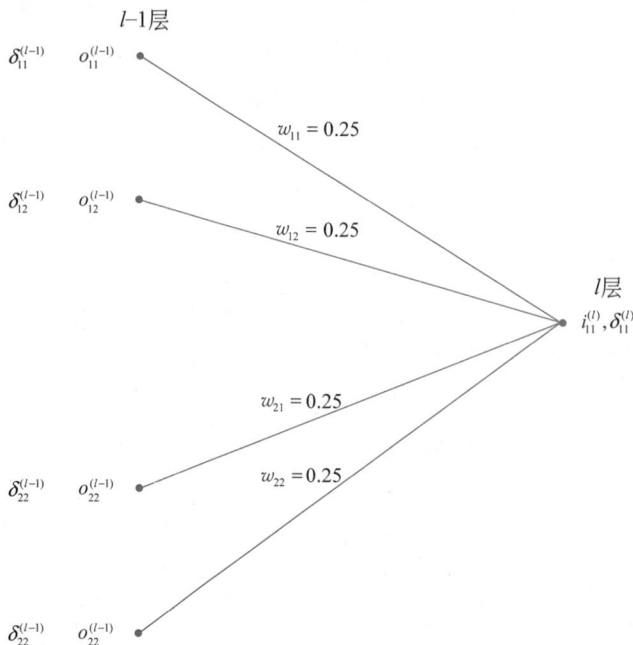

图 B.8　神经网络

值。即 l 层的误差传回 l−1 层是误差乘以各权值（即均值）而得到。

15. 说明如图 8.31 所示的卷积网络图中每次卷积和池化操作是如何进行的？

答：卷积网络图说明如下。

(1) 输入彩色图像是 32×32×3（这里 3 是指 3 个基本色（通道）），经过 1 个 5×5×3 卷积核，步长为 1 卷积后会形成 1 个 28×28×1 图像（按卷积公式求出）。1 个 32×32×3 图像经过 6 个 5×5×3 卷积核，步长为 1，就形成了 6 个 28×28 图像，表示为 28×28×6（这里 6 是指经过 6 个卷积核得到 6 个特征图）。

(2) 28×28×6 图像经过 2×2 方格池化，步长为 2，形成 6 个 14×14 图像（按池化公式求出），表示成 14×14×6（这里 6 是指 6 个特征图）。

(3) 14×14×6 图像中，每个 14×14 图像有 3 个 5×5 卷积核，原 6 个图像共有 18 个卷积核，经过卷积后，成为 18 个 10×10 图像（按卷积公式求出，14×14 图像卷积后是 10×10 图像），写成 10×10×18。

(4) 10×10×18 图像经过 2×2 方格池化，步长为 2，形成 18 个 5×5 图像（5×5×18）。

(5) 5×5×18 图像和 10 个输出点（类别点）进行全连接。

整个网络结构图形成了能对任意彩色图像，识别出 10 个不同类别图像的卷积深度网络。

习题 9　设计题参考答案

3. 用遗传算法对旅行商（TSP）问题求解，该如何实现？

答：已知 n 个城市的地理位置 (x,y)，求经过所有城市，并回到出发城市且每个城市仅经过一次的最短距离。这是一个 NP 完全问题，其计算量为城市个数的指数量级。现用遗传算法来解决这个问题。

1）编码

每条路径对应一个个体，个体表示为 $R = \{City\_No \mid City\_No\ 互不重复\}^n$，$n$ 为城市数。例如，对于 $n = 10$ 的 TSP 问题，对其中一个个体：

3	1	5	7	8	9	10	4	2	6

它表示一条城市路径 $3 \rightarrow 1 \rightarrow 5 \rightarrow 7 \rightarrow 8 \rightarrow 9 \rightarrow 10 \rightarrow 4 \rightarrow 2 \rightarrow 6$。

2）适应值函数

每个个体代表一条可能的路径。个体 n 的适应值为

$$\text{fitness}^n = \sum_{m=1}^{N} D_m - D_n$$

其中，N 为种群数；D_n 为沿个体标示的城市序列的所经过的距离，即

$$D_n = \sum_{i=1}^{10} \sqrt{(x_{n_i} - x_{n_{i+1}})^2 + (y_{n_i} - y_{n_{i+1}})^2}$$

其中，n_i 表示个体中第 i 位的城市编号。

适应值是所有个体距离的总和减去所选个体的距离，它一定为非负，且取值越大（表明所选个体的距离最小）越好。

3）交叉

交叉采用部分匹配交叉策略。

根据交叉概率 P_c，随机地从种群中选出要交叉的两个不同个体，随机地选取一个交叉段。交叉段中两个个体的对应部分通过匹配换位实现交叉操作。对个体 A 和 B

```
A=9  8  4 │ 5  6  7 │ 1  3  2  10
B=8  7  1 │ 4  10 3 │ 2  9  6  5
          交叉段
```

两个个体交叉段互换，而且对个体 A，对交叉段中由 B 换位来的数，如 4、10、3，在 A 中其他位相同的数进行反交换，即 4 换为 5，10 换为 6，3 换为 7；对个体 B，对交叉段中由 A 换位来的数，如 5、6、7，在 B 中其他位相同的数进行反交换，即 5 换为 4，6 换为 10，7 换为 3。最后得到

```
A=9  8  5 │ 4  10 3 │ 1  7  2  6
B=8  3  1 │ 5  6  7 │ 2  9  10 4
```

4）变异

根据变异概率 P_m，随机地从种群中选出要变异的个体，随机地在该个体上选出变异的两个位置，然后两个位置上的城市序号进行交换。如

```
A =9  8  4  5  6  7  1  3  2  10
```

下画线部分为要变异的两个位置。

变异为

```
A'=9  7  4  5  6  8  1  3  2  10
```

5）遗传算法结果

遗传算法能很有效地计算出满意的结果。计算结果表明：n 个城市的最佳路径接近一个外圈无交叉的环路。

注意：希望有能力的读者按此思路编制出计算机程序（任意给出 10 个城市的坐标位置 x_i、y_i 值，进行计算），算出结果后，看路径点是什么样的图形。

参 考 文 献

[1] 张效祥.计算机科学技术百科全书[M].3 版.北京：清华大学出版社,2018.

[2] 雷明.机器学习原理、算法与应用[M].2 版.北京：清华大学出版社,2019.

[3] 陈文伟.数据仓库与数据挖掘教程[M].2 版.北京：清华大学出版社,2011.

[4] 陈文伟.决策支持系统及其开发[M].4 版.北京：清华大学出版社,2014.

[5] 陈文伟.决策支持系统教程[M].3 版.北京：清华大学出版社,2017.

[6] 陈文伟,陈晟.知识工程与知识管理[M].2 版.北京：清华大学出版社,2016.

[7] 陈文伟.智能决策技术[M].北京：电子工业出版社,1998.

[8] 杜晖.决策支持与专家系统实验教程[M].北京：电子工业出版社,2007.

[9] 王珊.数据仓库技术与联机分析处理[M].北京：科学出版社,1998.

[10] 洪家荣.归纳学习：算法理论应用[M].北京：科学出版社,2001.

[11] 史忠植.知识发现[M].北京：清华大学出版社,2002.

[12] 陈国良.遗传算法及其应用[M].北京：人民邮电出版社,1999.

[13] 刘清.Rough 集及 Rough 推理[M].北京：科学出版社,2001.

[14] 陈文伟,陆飙,杨桂聪.GFKD-DSS 决策支持系统开发工具[J].计算机学报,1991,14(4)：241-248.

[15] 陈文伟,黄金才,陈元.决策支持系统新结构体系[J].管理科学学报,1998(9)：54-58.

[16] 钟鸣,陈文伟.示例学习的抽象信道模型及其应用[J].计算机研究与发展,1992,29(1)：37-43.

[17] 钟鸣,陈文伟.示例学习算法 IBLE 和 ID3 的比较研究[J].计算机研究与发展,1993,30(1)：32-38.

[18] 陈文伟.挖掘变化知识的可拓数据挖掘研究[J].中国工程科学,2006,8(11)：70-73.

[19] 陈文伟,黄金才,陈晟.数学进化中的知识发现方法[J].智能系统学报,2011,6(5)：391-395.

[20] 陈文伟.论新常数 μ,θ 和新公式 $\pi=1/2e^{\theta}$[J].高等数学研究,2009,6(12)：2-5.

[21] 陈文伟.新常数 μ,θ 和新公式 $\pi=1/2e^{\theta}$ 的含义与应用[J].高等数学研究,2015,18(3)：31-33.

[22] 陈文伟,陈晟.计算机软件进化中的创新变换和回归变换[J].广东工业大学学报,2012,29(4)：1-6.

[23] 陈文伟,杨春燕,黄金才.可拓知识与可拓知识推理[J].哈尔滨工业大学学报,2006,38(7)：1094-1096.

[24] 陈文伟.基于本体的可拓知识链获取[J].智能系统学报,2007,2(6)：68-71.

[25] 陈文伟,黄金才,毕季明.适应变化环境的元知识的研究[J].智能系统学报,2009,4(4)：331-334.

[26] 陈文伟,陈晟.π 的简洁公式[J].理论数学前沿,2020,2(3)：82-93.

[27] 陈文伟,张帅.经验公式发现系统 FDD[J].小型微型计算机系统,1999(6)：410-413.

[28] 陈文伟,黄金才.基于神经网络的模糊推理[J].模糊系统与数学,1996(4)：26-30.

[29] 赵新昱,陈文伟,何义.基于算子空间的公式发现算法研究[J].国防科技大学学报,2000,22(4)：51-56.

[30] 陈文伟.可拓学与智能科学、信息科学[C].香山科学会议,2005.

[31] 陈文伟.数据开采与数据仓库论文集[J].信息与决策系统,1998,3(1)：71-73.

[32] 陈文伟,赵东升,罗振华.医疗事故(事件)辅助鉴定与管理系统[J].计算机工程与应用,1999(7)：104-106.

[33] 陈文伟,高人伯,黄金才.数据仓库与决策支持系统[N].计算机世界,1998-6-15.

[34] 陈文伟,黄金才.综合决策支持系统[N].计算机世界,1998-6-15.

[35] 陈文伟,邓苏.数据开采与知识发现综述[N].计算机世界,1997-6-30.

[36] 陈文伟,钟鸣.数据开采的决策树方法[N].计算机世界,1997-6-30.

[37] 马建军,陈文伟.数据开采的集合论方法[N].计算机世界,1997-6-30.

[38] 邹雯,陈文伟.数据开采中的遗传算法[N].计算机世界,1997-6-30.

[39] 陈文伟.决策支持系统语言的设计和开发[C].全国程序设计语言发展与教学会议论文集,1993.

[40] 黄金才.网络环境下决策资源共享与决策支持系统快速开发环境研究[D].长沙：国防科技大学,2001.

[41] 赵新昱.模型规范化与多主体域组织模型研究[D].长沙：国防科技大学,2001.

[42] 陈元.基于分类模型的知识发现过程研究[D].长沙：国防科技大学,2002.

[43] 赛英.粗糙集扩展模型及其在数据挖掘中的应用研究[D].长沙：国防科技大学,2002.

[44] 徐振宁.基于本体的 Web 数据语义信息的表示与处理方法研究[D].长沙：国防科技大学,2002.

[45] LIAUTAUD B. 商务智能[M].北京：电子工业出版社,2002.

[46] 陈巍.ChatGPT 发展历程、原理、技术架构详解和产业未来[C].清华大数据软件团队官方微信平台,2023(2).

[47] QUINLAN J R. C4.5：Program for machine learning[M]. NewYork：Margan Kovnfmenn Publishers,1993.

[48] CHEN W,HUANG J C,ZHAO X. Evolutionary innovations of formalization and digitalization[J]. Extenics and Innovation Methods,2013(8)：89-94.

[49] ZOU W, CHEN W. A new genetic classifier learning system (GCLS)[C]. Genetic Programming Conference(GP'97),1997.

[50] CHEN W. Two new constants μ、θ and a new formula $\pi = 1/2e^{\theta}$[J]. Octogon Mathematical Magazine,2012,20(2)：472-480.

[51] CHEN W ,ZHAO X. Research on the imaginary relationship and rational relationship between π and e[J]. Inrwenational Journal of Applied Physics and Mathematics,2017,7(1)：33-41.

[52] CHEN W,CHEN S. A new formula and new constants hidden after the Euler's formula and the Euler's constant[J]. Fuzzy Systems and Data Mining, 2018(4)：246-251.

图书资源支持

◇◇

感谢您一直以来对清华版图书的支持和爱护。为了配合本书的使用,本书提供配套的资源,有需求的读者请扫描下方的"书圈"微信公众号二维码,在图书专区下载,也可以拨打电话或发送电子邮件咨询。

如果您在使用本书的过程中遇到了什么问题,或者有相关图书出版计划,也请您发邮件告诉我们,以便我们更好地为您服务。

◇◇

我们的联系方式:

清华大学出版社计算机与信息分社网站: https://www.shuimushuhui.com/

地　　　址: 北京市海淀区双清路学研大厦 A 座 714

邮　　　编: 100084

电　　　话: 010-83470236　010-83470237

客服邮箱: 2301891038@qq.com

QQ: 2301891038(请写明您的单位和姓名)

资源下载: 关注公众号"书圈"下载配套资源。

资源下载、样书申请　　　　　图书案例

书圈　　　　　清华计算机学堂　　　　　观看课程直播